U0171765

本书获福建省传统印刷文化保护项目补助资金资助

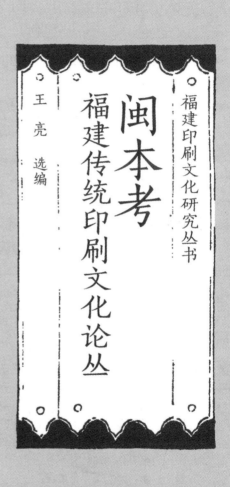

福建印刷文化研究丛书

王亮 选编

闽本考

福建传统印刷文化论丛

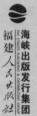

海峡出版发行集团

福建人民出版社

图书在版编目（CIP）数据

闽本考：福建传统印刷文化论丛/王亮选编. --福州：
福建人民出版社，2022.12
　　（福建印刷文化研究丛书）
　　ISBN 978-7-211-08820-1

　　Ⅰ.①闽…　Ⅱ.①王…　Ⅲ.①印刷史－福建　Ⅳ.
①TS8-092

中国版本图书馆CIP数据核字（2022）第000984号

福建印刷文化研究丛书
闽本考：福建传统印刷文化论丛

选　　编：王　亮
责任编辑：赵远方
美术编辑：白　玫
责任校对：李雪莹
出版发行：福建人民出版社　　　　　　电　　话：0591-87533169（发行部）
网　　址：http://www.fjpph.com　　电子邮箱：fjpph7211@126.com
地　　址：福州市东水路76号　　　　　邮　　编：350001
经　　销：福建新华发行（集团）有限责任公司
印　　刷：福州市德安彩色印刷有限公司　电　　话：0591-28059365
地　　址：福州市金山浦上工业区B区42幢
开　　本：890毫米×1240毫米　1/32
印　　张：18.375　　　　　　　　　　字　　数：443千字
版　　次：2022年12月第1版　　　　　印　　次：2022年12月第1次印刷
书　　号：ISBN 978-7-211-08820-1
定　　价：98.00元

选编说明

  现当代学者有较多针对福建传统印刷史的研究论文，由于年代不一、发表分散，查找颇为不易，本书遴选其中 33 篇予以汇编，以便研究者参考。书中对闽北、闽东、闽南、闽西等福建不同区域，官刻、私刻、坊刻等不同类型，小说、戏曲、佛经等不同形式，均有涉及。因属《福建印刷文化研究丛书》之一种，与丛书中已出版品种内容重合较多的论文，选编时不再收录。又因文章来源广、发表时间跨度大，编选、编辑过程中对引文、注释等体例不作统一，仅在各自篇章内保持一致。若干篇目存在明显错误，因作者去世，未作改动，仅以"编案"形式予以注明。部分篇目发表时有"摘要"，均不予保留；部分篇目在收入本书时作者稍作修订，故与初次发表时文字有所差异。

王 亮

2022 年 6 月

目　录

闽 本 考

叶长青

　　余闽人也，于闽本源流略见崖概。近岁吾师陈石遗先生主纂福建全省通志局，各县方志搜采无遗。此篇之作，取材于吾师者十居七八，间有创获，皆吾师之功也。闽本著名者，有建阳之麻沙、崇化二坊，及临汀之四堡乡，自宋迄明，号称极盛，而传播亦最广。弘治十二年（1499）十二月建阳书坊街火，古今书版皆成灰烬，后此无传焉。兹篇为拙作《版本学》之一章，自宋迄明，虽与本书所叙时代及版本种类体例不符，而读者得一有系统之研究，倘亦许我乎？

总 考

　　《石林燕语》："蜀与福建多以柔木刻之，取其易成而速售，故不能工。福建本几偏天下，正以其易成故也。"

　　《朱子大全·嘉禾县学藏书记》云："建阳麻沙版本书籍行四方者，无远不至，而学于县之学者，乃以无书可读为恨。今知县事姚始鬻书于市，上自六经，下及列传、史记、子集，凡若干卷，以充入之。"

　　《方舆胜览》："建宁麻沙、崇化两坊产书，号为图书之府。"

又："咸淳二年福建转运使司禁止麻沙坊翻板榜文。"

《老学庵笔记》："三舍法行时，有教官出《易》义题云：'乾为金，坤又为金，何邪？'诸生乃怀监本至帘前请曰：'先生恐是看了麻沙本。若监本，则坤为釜也。'教授惶恐谢。"又："天下印书，以杭州为上，蜀本次之，福建最下。"[①]

《愧郯录》："场屋编类之书，建阳书肆方日辑月刊，时异而岁不同。四方传习，率携入棘闱，以眩有司，谓之怀挟。"案：宋时怀挟，经黄潜善奏禁以后，其风稍泯。清代学者往往于时文中采摭陈言，区别事类，编次成集，于场屋中极其剽窃，然非富家不办也。

《洞天清录集》："镂版之地，有吴、越、闽。"

方岳《题刊字蔡生》诗："生母谓我不读书，待检麻沙见成本。"

《金台纪闻》："石林时，印书以杭州为上，蜀本次之，福建最下。""今杭绝无刻，国初蜀尚有版，差胜建刻。今建益下，去永乐、宣德间又不逮矣。"

《经籍会通》："三吴七闽，典籍萃焉。其精，吴为最；其多，闽为最。其直重，吴为最；其直轻，闽为最。"

《续笔精》："吾郡国初以来文献甚盛，名贤钜公皆有著作，生前皆不刻版，至身后或子孙门人始取而授梓焉。至万历中，林双台方伯、王云竹参知、林仲山司空，因当道门人之请，三公谦让，强之始梓。方伯名其集曰《栎寄》，参知名其集曰《缶音》，司空名其集曰《覆瓿》，前辈之不敢以作者自居如此。然诗文不亲自经理，后世子孙往往弃若土苴，竟泯泯无传，咸遭不刻之弊也。曹能始锐意搜罗，或得于麋烂醢鸡之中，选而行之，功亦不浅。"

《八闽通志》："麻沙书坊，元季毁。今书籍之行四方者，皆崇化书坊所刻者也。"

_____

① 编案：此句不见于《老学庵笔记》，《石林燕语》卷八见载。

钱遵王《读书敏求记》："岳倦翁取'九经三传'所存诸家本，次第校刊之。如字画、注文、音释、句读，各请本经名士逐卷雠勘，始命良工入梓。此册存其总例以为证。余观其辩对精当，区别详明，更刺取注疏中语，添补经文脱漏。其嘉惠后学之心，可谓专勤矣。启祯年间，汲古之书走天下，罕有辨其讹舛者。予拟作《毛版刊谬》以是正之，卒卒尠暇，惜乎未遂此志。因思世之任剞劂者，宜取相台岳氏家塾、廖氏世綵堂所刻诸经善本，影摹翻雕，传示后来学者，便可称旷代奇书矣。饮食鲜能知味，又何用陈羹涂饭之为乎？"

《七修类稿》："印版在唐时少有，至五代刻五经后始盛。然版本最易得，未免差讹。宋时试策，以为井卦何以无彖，正坐闽本失落耳。"

《五杂组》："建阳有书坊，出书最多，而版纸俱最滥恶，盖徒为射利计，非以传世也。"又："近来闽中稍有学吴刻者，然止于吾郡而已。能书者不过三五人，能梓者亦不过十数人，而版苦薄脆，久而裂缩，字渐失真，此闽书受病之源也。"

《闽杂记》云："麻沙书版，自宋著称。明宣德四年，衍圣公孔彦缙以请市福建麻沙版书籍咨礼部，尚书胡濙奏闻，许之。并令有司依时值买纸雇工摹印。弘治十二年，给事中许天赐言，今年阙里孔庙灾，福建建阳县书坊亦被火，古今书版尽毁。上天示警，必于道所从出、文所会萃之处。请禁伪学以崇实用。下礼部议。遂敕福建巡按御史厘正麻沙书版。又嘉靖五年，福建巡按御史杨瑞，提督学校副使邵诜，请于建阳设立官署，派翰林春坊官一员监校麻沙书版，寻命侍读汪佃领其事。此皆载礼部奏稿者。是明时麻沙书版且有官监校矣。今则市屋数百家，皆江西商贾贩鬻茶叶，馀亦日用杂物，无一书坊也。朱竹垞《曝书亭集·建阳》诗有云：'得观云谷山头水，恣读麻沙坊里书。'查初白《敬业堂集·建溪棹歌》亦有一首云：'西江估客建阳来，不载兰花与药材。妆点溪山真不俗，麻沙坊里贩书回。'则国初时其业犹未废矣。或言建阳崇安接界处，有书坊村，皆以刊印书籍为业。其地与麻沙相近，殆旧俗犹沿而居处易耳。"

《临汀汇考》："长汀四堡乡，皆以书籍为业，家有藏版，岁一刷印，贩行远近。虽未必及建安之盛行，而经生应用典籍，一一皆备。宋陈日华《经验方》云：'方夷吾所编《集要方》，予刻之临汀。后在鄂渚得九江守王南强书云：老人久苦淋疾，百药不效，偶见临汀《集要方》中用牛膝者，服之而愈。'按：宋时闽版推麻沙，四堡刻本近始盛行，阅此知汀版自宋已有。"

《竹间十日话》："弘治十二年十二月初四日，将乐火灾，直至初六，郡署庙学延烧二千馀家。建阳书坊街亦于是月火灾，古今书版皆成灰烬。自此麻沙版之书遂绝。"

《续东华录》云："乾隆四十年正月丙寅，谕军机大臣等：近日阅米芾墨迹，其纸幅有'勤有'二字印记，未能悉其来历。及阅内府所藏旧版《千家注杜诗》，向称为宋版者，卷后有'皇庆壬子余氏刊于勤有堂'数字。皇庆为元仁宗年号，则其版似元非宋。继阅宋版《古列女传》，书末亦有'建安余氏靖安刻于勤有堂'，则宋时已有此堂。因考之宋岳珂相台家塾五经，论书版之精者，称建安余仁仲，虽未刊有堂名，可见闽中余版，在南宋久已著名，但未知北宋时即以'勤有'名堂否？又，他书所载明季余氏建版犹盛行，是其世业流传甚久，近日是否相沿？并其家刊书始自北宋何年？及勤有堂名所自？询之闽人之官于朝者，罕知其详。若在本处查考，尚非难事。着传谕钟音，于建宁府所属访查余氏子孙，见在是否尚习刊书之业？并建安余氏自宋以来刊行书版源流，及勤有堂昉于何代何年？今尚存否？并其家在宋时曾否造纸？有无印记之处？逐一查明，遇便覆奏。寻据奏：余氏后人余廷勷等呈出族谱，载其先世自北宋迁建阳县之书林，即以刊书为业。彼时外省版少，余氏独于他处购选纸料，印记'勤有'二字，纸版俱佳，是以建安书籍盛行。至勤有堂名，相沿已久。宋理宗时，有余文兴号'勤有居士'，亦系袭旧有堂名为号。今余姓见行绍庆堂书集，据称即勤有堂故址，其年代已不可考。"

《左海文集》："建安麻沙之刻，盛于宋，迄明未已。四部巨帙自吾乡锓板，以达四方，盖十之五六。今海内言校经者，以宋椠为据；言宋椠者，以建本为最，闽本次之。建本者，岳珂《经传沿革例》所称，附释音注疏，有《周易》《尚书》《毛诗》《周礼》《礼记》《春秋三传》《论语》《孟子》十经，世谓之十行本是也。闽本者，嘉靖时闽中御史李元阳、佥事江以达所校刊是也。又有廖莹中世绥堂本《尔雅》，惠栋校宋建安本《礼记正义》，藏曲阜孔家，尤人间希遘之宝。"

《中国雕板源流考》："余氏勤有堂之外，别有双桂堂、三峰书舍、广勤堂、万卷堂、勤德书堂等名，诸余有靖安、静庵、唐卿、志安、仁仲等号。""宋时书肆有牌子可考者，建安刘日省三桂堂案：或作刘日新，王懋甫桂堂、郑氏宗文堂、虞平斋务本书坊、慎独斋、刘卡刚宅、建邑王氏世翰堂、建宁王八郎书铺。"俊案，此外宋及元明有牌子可考者，尚有阮仲猷种德堂、高氏日新堂、刘氏南涧堂、刘锦文书林案：即刘卡刚之日新堂。亦作叔简，又作三桂堂、刘君佐翠岩精舍、建安陈氏馀庆堂、福鼎王氏麟后山房、三山蔡氏、陆状元、临漳射垛书坊、廖氏世绥堂廖莹中名玉，号群玉、建安蔡琪一经堂、武夷詹光祖月崖书堂、建安朱氏与耕堂、建安郑明德宅、建安郑天泽宗文书堂、魏氏仁实堂、李氏建安书堂等。诸余有真卿、济卿、登卿等。

经　部

童溪王先生易传　《天禄琳琅书目》云："宋王宗传撰，书三十卷。自序后有黑印三：一曰'建安刘日新宅镂梓于三桂堂'。"①朱子《再定太极通书后序》："先生之书，其传既广，不能无谬。惟长沙建安板本为庶几焉。长沙本《通书》，乃因胡氏所定。章次先后辄颇有所移易。建安本特据潘志置图篇端，而书之序次名章亦复其旧。后得临汀杨方本以校，而知其舛陋犹有未尽正者。"

芸阁礼记解十六卷　《直斋书录解题》云："秘书省正字京兆吕大临与叔撰。案：《馆阁书目》作一卷。止有《表记》，《冠》《昏》《乡》《射》《燕》《聘义》《丧服四制》，凡八篇。今又有《曲礼》上下，《中庸》《缁衣》《大学》《儒行》《深衣》《投壶》八篇。此晦庵朱氏所传本，刻之临漳射垛，书坊称《芸阁吕氏解》者，即其书也。《续书目》始别载之。"

春秋经一卷　建阳朱熹刊本。《直斋书录解题》云："朱子所刻于临漳四经之一。其于《春秋》独无所论著，惟以《左氏》经文刻之。"

春秋经传集解　二函十五册。晋杜预集解，三十卷。《天禄琳琅书目》云："《相台书塾刊正九经三传沿革例》云：'世所传九经，有建安余氏、兴国于氏二本，皆称其善。而廖氏以余氏不免误舛、于氏未为的当，合诸本参订为最精。版行之初，天下宝之。'又云：'廖本《春秋》无《年表》《归一图》。'此书每卷末有木记曰'世绵廖氏刻梓家塾'，为长方、椭圆、亚字诸式，具篆文、八分，而不载《年表》《归一图》，盖岳珂所称者即为此本。

① 编案：此条见《天禄琳琅书目后编》卷二。

考《中兴艺文志》，载《世绦堂集》三卷。称政和中，廖刚曾祖母与祖母享年最高，皆及见五世孙，刚作堂名‘世绦’以奉之，士大夫为作诗。又赵均《石迹记》：‘廖莹中刻《世绦堂帖》。莹中名玉，号群玉，为贾似道客。’周密《癸辛杂识》载‘贾廖刊书’一条云：‘廖群玉诸书，九经本最佳，凡以数十种比较，百馀人校正而后成。以抚州萆钞纸、油烟墨印造。其装褙至以泥金为签。’则其贵重可知矣。”

广韵　一函五册。《天禄琳琅书目》宋版经部云：“不著撰人姓氏。书五卷，前孙愐《唐韵序》。书内‘匡’字纽下十二字皆阙笔，馀如二十一‘敬’，二十六‘桓’诸讳皆不避。以版式参之，乃麻沙本也。”①《四库全书总目》云：“麻沙小字本。末题乙未岁。”

群经音辨七卷　《天禄琳琅书目》云：“宋贾昌朝撰。后刻绍兴壬戌王观国序，汀州宁化县学镂版。盖是书初刻于仁宗时，昌朝亲与其事。南渡后再刻于临安国学，时绍兴九年己未。越三年，绍兴十二年壬戌，汀州宁化县镂版，知县事王观国为后序，盖宋时第三刻也。”②

纂图互注礼记二十卷礼记要图一卷。　题汉郑氏注。《皕宋楼藏书志》云：“此南宋麻沙本。郑注下附陆氏《释文》。《释文》之后为重言、重意。重言者，其文同也；重意者，其意同也。‘让’字缺笔，盖孝宗时刊本也。字体与三山蔡氏《陆状元通鉴》《北史》《新唐书》同，当是麻沙本之最精者。”

周礼句解十二卷　宋刊本　题‘鲁斋朱申周翰’。《铁琴铜剑楼藏书志》云：“此麻沙本刻于宋末，其序官皆删去。”

---

①　编案：此条见《天禄琳琅书目后编》卷三。
②　编案：此条见《天禄琳琅书目后编》卷三。

春秋经传集解 四函三十一册。《天禄琳琅书目》宋版经部云："杜预集解，附《音义》。书三十卷。前预自序，《春秋诸国地理图》《三皇五帝三代春秋诸国世次》《春秋名号归一图》《诸侯兴废》《春秋总例》《春秋始终》《春秋传授次第》，总名为《春秋图说》。后预自序。按：《名号归一图》，五代冯继先撰。《诸国地理图》取之宋伪苏轼《地理指掌图》中。馀不知撰自何氏。宋麻沙本，末刻印记云'谨依监本写作大字，附以《释文》，三复校正刊行，如履通衢，了亡窒碍，诚可嘉矣。兼列图表于卷首。淳熙柔兆涒滩中夏初吉，闽山阮仲猷种德堂刊。'据此，则岳珂谓监本《释文》自为一书益信，而明代传刻附入《释文》者，皆沿麻沙而非宋监本之旧，宜字句之多舛耳。"①

春秋名号归一图二卷 宋刊本 蜀冯继先撰。《铁琴铜剑楼藏书目录》云："此书原本多错讹。相台岳氏合京、杭、建、蜀诸本，重加刊定。此本淳熙三年闽阮仲猷刻，即依岳氏原本"。② 案：此《天禄琳琅书目》所载《春秋经传集解》四函三十一册本中之一种，非全书也。

禹贡山川地理图二卷 宋程大昌著。《文献通考》云："图三十一，淳熙四年诏付秘阁，舶使彭椿年尝刊于泉州学宫。"《仪顾堂题跋》云："程尚书经进《禹贡论》二卷《后论》一卷，《禹贡图》二卷，影写宋刊本。后有淳熙辛丑承议郎提举福建路市舶彭椿年序，淳熙辛丑迪功郎充泉州州学教授陈应行跋。此从淳熙辛丑泉州刊本影写，三十一图完具，与《书录解题》合，诚可宝也。"

尚书精义五十卷 宋黄伦著。《善本书室》云："有淳熙庚子腊月朔旦建安余氏万卷堂谨书，略云：是书余得之不敢以私，敬

---

① 编案：此条见《天禄琳琅书目后编》卷三。

② 编案：此语不见于《铁琴铜剑楼藏书目录》。

锓木与天下共之。"①

纂图互注尚书　一函六册。《天禄琳琅书目》云："汉孔安国传序，唐陆德明音义。书十三卷。麻沙本。阙笔至'惇'字，乃光宗时刊。"②

附释音尚书注疏二十卷宋刊本　《铁琴铜剑楼藏书目录》云："此即世所称十行本。岳氏《经传沿革例》所谓建本有音释、注疏也。"

周礼　二函十二册。汉郑康成注，唐陆德明音义，十二卷。《天禄琳琅书目》宋版经部："宋岳珂《相台书塾刊正九经三传沿革例》云：世传九经，自建、蜀、京、杭而下，有建余氏本，分句读，称为善本云云。此书每卷后或载余仁仲比校，或余氏刊于万卷堂，或余仁仲刊于家塾，所谓建余氏也。句读处亦与所言相合。又卷末各详记经、注、音义字数。点画完好，纸色极佳。"

仪礼图　二函十四册。《天禄琳琅书目》宋版经部云："宋杨复撰。是本序后刊'崇化余志安刊于勤有堂'。按：宋版《列女传》载'建安余氏靖庵刻于勤有堂'，乃南北朝余祖焕始居闽中，十四世徙建安书林，习其业。二十五世余文兴，以旧有'勤有堂'之名，号'勤有居士'。盖建安自唐为书肆所萃，余氏世业之，仁仲最著，岳珂所称建余氏本也。"③

礼记　二函十六册。《天禄琳琅书目》宋版经部云："郑康成注，附《音义》。书二十卷。每卷末刻经若干字，注若干字，音义若干字。按：每卷有'余氏刊于万卷堂'，或'余仁仲刊于家塾'，或'仁仲比校讫'。《九经三传沿革例》云：'九经本自监、蜀、京、杭而外，有建余氏本，分句读，世称善本。'仁仲，即其人也。"①

宋本附释音春秋左传注疏六十卷 《九经三传沿革例》称为建本。

纂图互注周礼十二卷 题汉郑氏注。《皕宋楼藏书志》云："此南宋麻沙本。每半页十二行，每行二十一字；注小字，双行，行二十五字。"

宋本详注东莱先生左氏博义二十五卷 十二册。《四库全书总目》云："观其标题版式，盖麻沙所刊。"

宋本论语注疏解经二十卷 十册。《楹书隅录》云："十行本各经注疏，明中叶以前，其版犹存南雍，阮文达公以为即岳珂《九经三传沿革例》所载之建本附释音注疏。而顾涧薲居士则谓原出宋季建附音本，元明间所刻，正德以后递有修补。"

宋刻玉篇残本 《仪顾堂题跋》云："南宋时，蜀、浙、闽坊刻最为风行，闽刻往往于书之前后别为题识，序述刊刻原委，其末则曰'博雅君子幸毋忽诸'，乃书估恶札，蜀、浙本则无此种语。此书字体与余所见宋季三山蔡氏所刻《内简尺牍》《陆状元通鉴》相同，证以篆法、前题语，其为宋季元初闽中坊刻无疑也。书中'恒'字缺笔，'敬''桢''慎''瑗'皆不缺，或者疑非宋刻。不知庙讳或阙或否，官书已不能画一，周益公叙《文苑英华》曾言之，况坊刻乎？不必因此致疑也。"

周易解 石介著。《经义考》云："宋志作'口义'，建本作'解义'。"

案：以上宋本。

---

① 编案：此条见《天禄琳琅书目后编》卷二。

　　四书通二十六卷　元胡炳文编。前有泰定戊辰、甲子两自序，及新安张存中跋。跋云："泰定三年奉浙江儒学提举志行杨先生命，以胡先生《四书通》委令赍付建阳县书坊刊印。志安余君命工绣梓，三稔始就"云云。

　　礼记集说十六卷　《善本书室藏书志》云："是书有元刊本，为天历戊辰建安郑明德宅刊行。"

　　周易经传集程朱解附录纂注十四卷　题'鄱阳后学董真卿编集'，元元统二年其子僎跋，而刻于闽。

　　重订四书辑释二十卷　元倪士毅著。《四库全书总目》存目，云："此书至正辛巳刻于建阳，越二年，又加刊削，而汪克宽为之序。卷首有士毅与书贾刘叔简书，述改刻之意甚详。"

　　吕氏家塾读诗记三十二卷　二函十六册。前朱熹序，后尤袤跋。《天禄琳琅书目》云："宋巾箱本。每版十四行，十九字。或即尤跋所云建宁刻也。"①

　　诗义断法五卷　不著撰人名氏。《四库全书总目》云："卷首有'建安日新堂刊行'字，又有'至正丙戌'字，盖元时所刻。"

　　诗传通释二十卷　《清学部图书馆善本书目》云："元刘瑾撰。元刊本。每半叶十二行，行二十三字。高六寸九分，广四寸二分。黑口，双边。首列朱熹《诗集传序》，次《诗传通释外纲领》引诸儒书、引用诸儒姓氏。自此以下为《诗传纲领》《外纲领》，均与《铁琴铜剑楼书目》所载元刻本《诗传通释》合。本书题'诗传通释大成卷第一，朱子集传，后学安仁刘瑾通释'，卷末有长方木印'至正壬辰仲春日新堂刻梓'，而《诗传纲领》卷首亦题'建安刘氏日新堂校刊'。据瞿氏《书目》又载元刊本《春秋胡氏纂疏》云：《凡例》后有墨图记云'建安刘叔简刊于日新堂'，

---

　　①　编案：此条见《天禄琳琅书目后编》卷二。

知日新堂即建安刘锦文书林名也。"

礼部韵略五卷 《清学部图书馆善本书目》云："元刊本。每半叶十一行，行大十四、小二十八字。高六寸八分，广四寸五分。黑口，单边。首行题'增修互注礼部韵略卷第几'。次三行与宋本同。建安刘氏书林本也。"有木牌云"至正乙未仲夏日新书堂重刊"。存上平、下平、去声三卷。

四书笺注批点 《清学部图书馆善本书目》云："元王侗撰。元刊本。每半叶十三行，行大字二十，小字二十二。高六寸，广四寸四分。黑口，双边。首行'大学'，次行'朱子章句'，三行'后学金华鲁斋王侗笺注批点'。他书目未著录。据莫友芝《旧本书经眼录》载《诗传》附录《纂疏语录辑要》，后有篆文两行为木记，云'泰定丁卯仲冬翠岩精舍新刊'。《诗传纲领》篇目后有行书七行木记，云'时泰定丁卯日长至后学建安刘君佐谨识'。则翠岩精舍为建安刘君佐书坊名。自元至明，建安皆有此书刻本，故《古今书刻》载建宁府书坊尚有《鲁斋四书》也。卷中批点亦用墨，即据钱泰吉《曝书杂记》引魏叔子记常熟毛斧季藏元人标点五经云：《书集纂注》有至顺壬申二月吴寿民识云，《尚书标点》，王鲁斋先生凡例：朱抹者，纲领大旨；朱点者，要语警语也。墨抹者，考定制度；墨点者，事之始末及言外意也。大约与《四书标点》例同。斧季又云：近见元人标点四书，在泰兴季御史振宜家，款例与五经同。知鲁斋标点四书本用朱墨，其体例尚可考见。转惜当时付刊但用墨印，只存《大学》《中庸》，然四库既不著录，倪灿《补辽金元艺文志》亦无其目，则亡佚久矣，殊足珍焉。（存《学》《庸》连《或问》）"。其书牌云：

两坊旧刻四书讹谬不一今得/金华鲁斋王先生批点笺注正/本仍分章旨明义正句读附释/音端请名儒三复校正经注大/字鼎新绣梓视他本实为明备/愿与四方学者共之

至正丙申孟春翠岩精舍谨识

书蔡氏传辑录纂注六卷　元鄱阳董鼎辑录纂注。末叶后半叶有"建安余氏勤有堂刊"八字。篆书墨图记。卷末有"男真卿编校，姪济卿、登卿同校，建安余志安刊行"三行。《天禄琳琅书目》云："书中宋讳，皆不缺笔。"①

春秋传三十卷　崇安胡安国著。《善本书室藏书志》云："元刊小字本。当因元代科举，《春秋》之学惟重安国与张洽二家，厥后张微胡盛。麻沙坊刻多所增加，以备程式之用。"

大学衍义四十三卷　《师友集》云："周凤雏，字景清，号仪轩，浦城人。尝校刊是书，里党称之。"

案：以上元本。

春秋师说　《天禄琳琅书目》云："元赵汸撰。字子常，休宁人。洪武二年召修《元史》，乞还，卒。书凡三本，麻沙小字本。"②

周易会通十四卷　《清学部图书馆善书本目》云："元董真卿撰。明刊本。每半叶十一行，行二十字。高六寸五分，广四寸一分。黑口，双边。首行'经传集程朱解附录纂注卷第几'，次行'后学鄱阳董真卿编集'。印本尚清，惜纸已渝敝。戊辰，明洪武二十一年。存一之十。"其牌记如下：洪武戊辰年建/安务本堂重刊。

周礼集说十一卷复古编一卷明刊本　元陈友仁编。《铁琴铜剑楼藏书目录》云："明成化间闽抚张瑄刻于建阳书院。"

周易兼义九卷释文一卷略例一卷　魏王弼魏注，唐孔颖达正义。《皕宋楼藏书志》云："明闽刊本。"《艺风藏书续记》云："明大理太和李元阳，世称中溪先生，为杨升庵之畏友，于巡按

---

①　编案：此条见《天禄琳琅书目后编》卷八。
②　编案：此条见《天禄琳琅书目后编》卷八。

福建时所刊。谓之闽本，又谓之九行本，北监与汲古所刊皆从之出。"案：兼义，谓兼《正义》，非单注也。

尚书注疏二十卷　亦福建巡按李元阳所刊，九行本。

毛诗注疏二十卷　亦九行本，福建巡按李元阳所刊。

周礼注疏四十二卷　亦李氏元阳所刊。《善本书室藏书志》云："宋椠余仁仲本《周礼经注》，每卷末分记经注音义字数。每叶二十行，因每半叶十行，故今称十行本，以别于闽监、毛注疏本。"

仪礼注疏十七卷　亦李元阳所刊。

礼记注疏六十三卷　亦李元阳所刊。惟每叶中缝著记疏字，尚是十行本旧式。

春秋左传注疏六十卷　亦李元阳所刊。

春秋公羊注疏二十八卷闽刊校宋本　亦李元阳所刊。

春秋穀梁注疏二十卷　亦李元阳所刊。

孝经注疏九卷　亦李元阳所刊。

尔雅注疏十一卷　亦李元阳所刊。

论语注疏解经二十卷　亦李元阳所刊。

孟子注疏解经十四卷　亦李氏所刊。

按：明正德间，御史李元阳刻《十三经注疏》于闽中，每半叶九行，世称为闽本，亦称九行本。后其版取入南雍。万历间祭酒李长春等复刻于北京国子监，世称为北监本修版。

周易程朱传义二十四卷　明刊本。每卷末均有"巡按福建监察御史吉澄校刊"长方木记。

四书合刻三十六卷大学中庸或问二卷　《艺风堂藏书续记》云："明巡按福建监察吉澄校刊。四书末叶、《或问》末叶均有牌子两行。"

周易本义通释十二卷　新安胡炳文著明嘉靖刊本。《善本书室藏书志》云："是书原本残阙，九世孙琪杂采他书所引旧说补完，别辑《云峰文集》中《易义》一卷。嘉靖元年知邵武府事潘旦命邓教谕杞校而传之。"

嘉靖刊本仪礼注疏十七卷　明汪文盛、高瀄,傅汝舟编校。《善本书室藏书志》云:"每半叶十行,似宋刊十行本。汪文盛,崇阳人。嘉靖初出知福州。傅汝舟编次其诗集。此书当在福州所刊也。"

易经蒙引十二卷　晋江蔡清著。是书虚斋子存远于嘉靖八年进呈,奉旨发委建阳县书坊刊刻。

嘉靖闽刊本礼记集说三十卷　序目后载嘉靖十一年十二月日,福建等处提刑按察司牒建宁府云:"为书籍事,照得五经四书,士子第一切要之书,旧刻颇称善本。近时书坊射利,改刻袖珍等版,款制褊狭,字多差讹,如'巽与'讹作'巽语','由古'讹作'犹古'之类,岂但有误初学,虽士子在场屋,亦讹写被黜,其为误亦已甚矣。该本司看得书传海内,板在闽中,若不精校另刊,以正书坊之谬,恐致益误后学。议呈巡按察院详允,会督学道,选委明经师生,将各书一遵钦颁官本,重复校雠,刻成合发刊布。为此牒,仰本府着落当该官吏,即将发去各书,转发建阳县,拘各刻书匠户到官,每给一部,严督务要照式翻刊,县仍选委师生对同,方许刷卖。书尾就刻匠户姓名查考,再不许故违官式,另自改刊。如有违谬,拿问重罪,追版划毁,决不轻贷。仍取匠户不致达谬结状。"云云。

古今韵会举要小补三十卷　永嘉方日升编辑 明万历刊本。《善本书室藏书志》云:"建阳令周士显刻之。"

春秋经传集解三十卷　《清学部图书馆善本书目》云:"明翻宋本。每半叶十行,行十七字,小字二十七字。高四寸二分,广三寸四分。黑口,双边。行款与淳熙闽中阮仲猷种德堂刊本相合,而字迹呆滞,传末牌子亦无矣。"

易翼传二卷 处州郑汝谐著。《经义考》引郑如冈跋云："先君玩大《易》之理，诵《易传》之辞，研精覃思，凡数十年而后就。岁在壬辰，如冈持节闽峤，以稿本求是正于西山真君贰卿，且论序于篇首。公不靳渊源之论，为之发挥。是岁仲夏，刻于漕司之澄清堂。"郑陶孙跋曰："后六十年，陶孙劝学七闽，访澄清堂，版已罹兵毁。"

大戴礼记十三卷 汉九江太守戴德撰。明覆宋本。有淳熙乙未岁后九月颍川韩元吉跋，略云："予家旧传此书，尝得范太史家一本，校之篇卷悉同，其讹缺谬误，则不敢改益，惧其寖久而传又加舛也。乃刊置建安郡斋，庶可考焉。"

案：以上明本。

史　部

太平御览一千卷 《善本书室藏书志》云："宋纂三大书，《太平御览》《册府元龟》闽蜀有刻本，惟《文苑英华》不大行于世。"

史记索隐 唐司马贞注。书一百三十卷。《天禄琳琅书目》云："末卷载'嘉祐二年建邑王氏世翰堂镂版'。前有刻书序，不著名氏，云'平阳道参幕段君子成求到善本，募工刊行'，盖重刊者也。"[1]

宋版史记 《敦书呬闻》云："麻沙坊刻，'殷'字缺笔。有脱脱朱文圆印、唐白虎方印。鄞县卢氏抱经楼藏。"

唐史论断三卷 宋阳翟孙甫著。附录朱彝尊跋云："绍兴中曾镂版南剑州。端平间，复镌于东阳郡，今则流传寡矣。"

陆状元集百家注资治通鉴详节一百二十卷 宋会稽陆唐老集

---

[1]　编案：此条见《天禄琳琅书目后编》卷四。

注，建安蔡文子校正。《皕宋楼藏书志》云："此南宋麻沙本。每叶二十八行，每行二十三字，小字双行，每行二十六字。'朗''殷''匡''贞''恒''桓''慎''构'皆缺避。"

宋本后汉书一百二十卷　《楹书隅录》云："目录后木记'武夷吴骥仲逸校正'题款一行。案：义门校本中所记隆兴二祀麻沙刘仲立本亦有此题款。"

宋版十七史详节　《天禄琳琅书目》云："宋吕祖谦撰。书二百七十三卷。建阳书坊以袖珍本陆续刊行，故每篇标名不画一。"①

宋版东莱先生晋书详节　宋吕祖谦撰。《天禄琳琅书目》云："卷一有'建安慎独斋刊'一行，乃建阳书坊以前本翻刻者。"②

古列女传　《天禄琳琅书目》云："汉刘向编。八卷。每传有图，晋顾恺之画。目录后刊'建安余氏'印，书中或称'静庵余氏模刻'，或称'余氏勤有堂刊'，即岳珂《九经三传沿革例》所称建余氏也。"

神宗皇帝即位使辽语录一卷　有庆元三年五世从孙朝请大夫权发遣汀州军州兼管内劝农事提点坑冶晔拜手谨题云："先正文哲公家集二十五卷，先君少师顷岁刊于章贡郡斋，垂三十有七年，字将讹阙。晔今刊于临汀郡斋，附以治平《使辽录》一卷于后。"

宋椠蔡琪一经堂本后汉书一百二十卷　《仪顾堂题跋》云："每页十六行，每行十六字，小字双行，每行二十一字。阑外有篇名。宋讳有缺笔，有不缺笔，至宁宗讳止。盖嘉定戊辰建宁书铺蔡琪纯父一经堂刊本。琪所刻，尚有《前汉书》，行款悉同。吴兔床拜经楼藏有列传十四卷，珍同球璧，不能指为何本，核其款式，即蔡本也。是书刻手精良，字大悦目。"

---

① 编案：此条见《天禄琳琅书目后编》卷四。
② 编案：此条见《天禄琳琅书目后编》卷四。

宋本汉书一百二十卷 《楹书隅录》云："每半页八行，行大十六字，小二十一字。目录前木记云'建安蔡琪纯父刻梓于家塾'。考黄荛圃《百宋一廛赋》'后汉书'注云：'残本二，嘉定戊辰蔡琪纯父所刻。'此本自是同时授梓者。志第九，列传第四十五、第四十六、第四十七上、第六十九上中，均以别本配补。每半叶十行，行大十九字，小二十二字。每卷末识云'右宋景文公手校'云云，即庆元嗣岁刘之同本也。近时瞿木夫、吴槎客、钱警石集，皆载有蔡刻残卷，颇疑为之同本，盖未见卷首木记耳。"

案：《善本书室藏书志》只有《汉书》残本十四卷，定为宋嘉定建安蔡琪刊本，吴槎客跋则云'疑即庆元嗣岁建安刘之同校刊之本'。

宋大诏令二百四十卷 《直斋书录解题》云："宝谟阁直学士豫章李大异刊于建宁，云绍兴间宣献公子孙所编纂也。"《郡斋读书志》云："嘉定三年刊。"

宋版读史管见八十卷 《仪顾堂题跋》云："前有淳熙壬寅签书平海军节度判官孙胡大正序，后有大正识。据序，淳熙以前无刊本，至大正官温陵始刊于州治之中和堂，为此书初刊本。其后嘉定十一年其孙某守衡阳，刊于郡斋，并为三十卷。"

续宋中兴编年资治通鉴十五卷 通直郎户部架阁国史实录院检讨兼编修官刘时举著。《善本书室藏书志》云："目录后有'陈氏馀庆堂刊'六字。又有木记云：'是编系年有考据，载事有本末，增入诸儒集议，三复校正一新刊行。宋朝中兴，自高宗至于宁宗四朝政治之得失、国势之安危，一开卷间了然在目矣。幸鉴。'则为麻沙坊刻矣。"

宋刊本资治通鉴纲目 《天禄琳琅书目》云："宋朱熹撰。五十九卷。《书录解题》载朱子《纲目》云：'刻于温陵，别其纲谓之提要。'"《铁琴铜剑楼藏书目录》云："后有'武夷詹光祖重刊于月崖书堂'一行。卷一与卷五十九后俱有'建安宋慈惠父校勘'一行。张月霄氏谓惠父即编《提刑洗冤集录》者，为淳祐间人，遂定为淳祐刊本。"

宋版诸臣奏议一百五十卷目录四卷　宋赵汝愚编。《仪顾堂集》云："忠定在日，曾锓木蜀中，后毁于兵。其孙必愿帅闽，重刊未就，眉山史季温继成之。前有宗室希瀚及淳祐庚戌福建提刑史季温序。张月霄所藏，版心间有'元大德至大补刊'字样。此本为黄俞邰旧物，有'晋江黄氏父子珍藏'印，尚无元修之版，当为元大德以前印本。然阙叶已与《藏书志》所记同矣。"

农桑辑要一编　熊禾序云："大司农颁行之书也，前建安郡丞张侯某刻而传之。"

方舆胜览　《天禄琳琅书目》云："宋祝穆编。七十卷。书首有咸淳二年六月福建转运使司禁止麻沙书坊翻版榜文。"

汉书一百二十卷　《善本书室藏书志》云："是书次行颜注衔名。每叶二十行，行十九字，注二十五字至二十八字不等。宋讳有缺笔，版心注'大德、至大、延祐、元统补刊'，盖宋刊元修之本。《爱日精庐藏书志》有是帙，并有《后汉书》，款式、补修与此悉同。目录之外，前后无一考证。沪上更以此书来售，按之即属此刻，惟将次行颜注衔名改题'镇守福建都知监少监栝苍冯让宗和重修'。卷末有天顺五年孟冬让修刊福唐郡庠书版跋，云：'予奉命来镇福建，福庠书集版刻年深，询知模糊残缺过半，不便观览，心独恻然，鸠工市版补刻'云云，始知宋刻于福唐者。"

新唐书二百二十五卷　目次后有牌子云："建安魏仲立宅刊行，士大夫幸详察之"行书两行。

宋版史记详节　吕祖谦编。《敦书眡闻》云："节录《史记》附《索隐述赞》及苏氏《古史》。麻沙坊本。或云元刻。"

案：以上宋版。

新编排韵增广事类氏族大全 《天禄琳琅书目》云："不著撰人名氏。书二十卷。其事迹迄于南宋之季，盖元时人所编。麻沙版梓行。"①

战国策 《天禄琳琅书目》云："卷末有'嘉定五年夏月世綵堂刊'木记，其左右边阑墨线，俱就版中分行线痕凑成木记之式，其为伪造显然。"

通志二百卷 宋郑樵撰。《善本书室藏书志》云："旧有至治壬戌吴绎序，有'绎''可堂吴氏'两木方印，至治元年福州路总管可堂吴绎募刻《通志》疏，后有至治二年九月印造福州路总管府所委提调官录事司判官七人衔名。吴序云：'是集梓于三山郡庠，既献之天府、藏之秘阁下，北方学者犹未之见。乃募僚属捐己俸，募印五十部，散之江北诸郡'云云。据刘壎《隐居通议》云：'近大德岁间，东宫有令下福州刊《通志》，凡万馀版。'是此书成宗时已刻于闽中，绎募印颁行，记岁月于后，非绎所刊。今吴绎序、疏等已佚去。版式甚大。每叶十八行，行二十一字。"《天禄琳琅书目》所载略同。

故唐律疏议三十卷 唐太尉扬州都督监修国史上柱国赵国公长孙无忌等撰。卷末有'崇化余志安刊于勤有堂''至顺壬申五月印'二行。

国朝名臣事略十五卷 元赵郡苏天爵伯修辑。目录后有"元统乙亥余志安刊于勤有书堂"一条。案：顺帝改元至元，系在乙亥，此云"元统乙亥"，岂此书成在岁首而不及知耶？

汉书考正后汉书考正 六册。不著撰人姓名，前后亦无序跋。卷末有"至正三年勤有堂刊"木记，当从元刻本影钞者。

① 编案：此条见《天禄琳琅书目后编》卷十。

蜀汉本末三卷　　元信都赵居信辑。《铁琴铜剑楼藏书目录》云："居信号东溪。书作于至元戊子。至正己丑嗣子某守建宁，出其书示建安书院山长黄君复，刻之。末有'建安詹璟刊'一行。"

宋史全文资治通鉴前集十八卷后集十五卷　《清学部图书馆善本书目》云："前集署李焘撰，后集刘时举撰。元刊本。每半叶十三行，行二十二字。高六寸，广四寸二分。黑口，双边。昔人所谓坊本也。建安陈氏馀庆堂刊。"

案：以上元本。

资治通鉴纲目发明五十九卷　《清学部图书馆善本书目》云："元尹起莘发明。明刊本。每半叶十二行，行二十字。高六寸一分，广四寸一分。黑线口，双边。字画英挺，不减宋元佳刻。首行'资治通鉴发明卷第一'，布衣臣尹起莘上进。元书止有纲无目，顶格，发明低一格。洪武二十一年建安书市鼎新刊行。"

皇王大纪八十卷　宋胡宏撰。万历辛亥高安陈邦瞻序，称宋代止漕治一刻，近时益少。余入闽始得之。诸生马嶽为重校者也。

洪武二十一年孟春/建安书市鼎新刊行

史记题评一百三十卷　明李元阳辑订。《善本书室藏书志》云："此本为嘉靖十六年太和李元阳中溪按闽所刊，亦具三家注，惟《索隐述赞》不录，而集诸家评语于书眉，其不系名氏者，则中溪说也。"

李忠定公奏议六十九卷附录九卷　前有山阴胡文静、莆田林俊二序。明正德间，文静为福建巡按御史所刻。

建宁人物传四卷　《天一阁书目》云："明李默撰。建阳县李东光校刊。"

国语二十一卷　吴韦昭解。《天一阁书目》云："明闽中叶邦荣刊。"《亦有生斋集·校正〈国语〉》云："予尝得嘉靖间闽中叶邦荣雕本，注多讹舛。又得常熟钱遵王印写宋刻本，校之，而宋本之讹亦复不少。因与门人嘉兴戴经互相勘证，以求其是。"

明版十七史详节　三函二十四册。《天禄琳琅书目》云："篇目同宋版。每卷首或刻'建阳刘克庄梓'，或刻'建阳慎独斋'，或刻'建阳木石山人刘宏毅'，其例不一。建阳自宋为刻书之肆，刘氏慎独斋世其业，而刘宏毅乃明时人，首标克庄，著其先世名人耳。"①

前汉书一百卷　《善本书室藏书志》云："明嘉靖汪文盛刊本。汪文盛、高瀔、傅汝舟校。《天禄后目》有麻沙小字本《前汉书》，考证云：'旧只称《汉书》。此刻两汉合刻，故标题、版心者加前字别之。'此本为明嘉靖汪氏所刊，每叶二十四行，行二十二字。版心亦加前字，当出自元麻沙小字本，而麻沙本又从景祐本出。钱竹汀《日记》云：'《汉书》，嘉靖本。卷首题"福建按察司周采、提学副使周琉、巡海副使何乔校刊"，末题"嘉靖己酉年孟夏月吉旦，侯官县儒学署教谕事举人廖言监修。"'今细案周采等衔名，实自后加，其中汪、高、傅名字，尚有铲削未尽者。"

后汉书一百二十二卷　《善本书室藏书志》云："明嘉靖汪文盛刊本。汪文盛、高瀔、傅汝舟校。"《楹书隅录》云："闽本系嘉靖己酉按察使周采等校刊，其原出于宋刻。"

三国志　《榕乡风味》云："嘉靖初，福州太守汪文盛刻陈寿《三国志》、欧阳公《五代史》。当时校勘者，为高山人瀔、傅山人汝州。《三国志》今不复存。"

五代史记七十四卷　题宋欧阳修撰，徐无党注，明汪文盛、高瀔、傅汝舟校。有陈师锡序。每叶二十四行，行二十二字。版

① 编案：此条见《天禄琳琅书目后编》卷一五。

式与文盛所刊两《汉书》同，惟字略肥。文盛所刻《仪礼注疏》、两《汉书》及此书，皆有高、傅两人同校也。

史记一百三十卷　万历余有丁校刊，有配刊。《江苏图书馆善本书目》云。

资治通鉴纲目外纪一卷前编十八卷纲目五十九卷续编二十七卷　《外纪》，四明陈子桱辑。《前编》，仁山金履祥编。《纲目》，朱子撰。《续编》，明大学士商辂等奉敕纂修。《善本书室藏书志》云："是书当是明麻沙坊贾并刻。"

案：以上明本。

子　部

聱隅子歔欷琐微论二卷　宋蜀人黄晞著。宋麻沙刊本。一册。

皇宋事实类苑七十八卷　宋常山江少虞著。宋麻沙本。十五册。

东观馀论十卷　宋黄伯思撰。有绍兴丁卯充福建路转运司主管文字黄訒跋，云："訒绍兴初寓居福唐，以先人秘书学士校定《杜子美集》二十二卷椠本流传。暨任帅司属官已后，开刻《校定楚词》十卷，《翼骚》《九咏》《小楷黄庭内景经》《摹勒索靖急就章》各一卷。今任，复以先人所著《法帖刊误》、秘阁古器说论辩题跋共十卷，总目之曰《东观馀论》，及《校定汲冢师春》，刻版于建安漕司。先世遗书遂行于右文之旦。"

程氏演繁露六卷　一函一册。宋程大昌撰。《天禄琳琅书目》云："此书有泉州州学教授陈应行跋，称淳熙庚子分教温陵，始得其《禹贡图论》，继又得其《考古编》《演繁露》二书，亟命缮写锓木以传，于淳熙辛丑竣事。按辛丑为淳熙八年，合之《宋史》，大昌出知泉州当在其时。宋陈振孙《书录解题》载《演繁露》十四卷《续》六卷，今书只六卷，乃知十四卷已佚，而此特其续者。"

潜虚一卷 宋司马光著。又《潜虚发微论》一卷，张敦实著。《天禄琳琅书目》云："后有淳熙壬寅陈应行跋，以邵武旧本参刻郡庠。是时应行为泉州教授。应行，建安人。"① 《铁琴铜剑楼藏书目录》云："此本完善无阙。即朱子所见泉州本，目为赝本也。然当时建阳、邵武俱有刻本。邵武缺《繇辞》，此乃陈应行乞诸公曾孙温陵守某，得家藏全本，合《发微论》以刊者。"

宋本重修事物记原二十卷 宋高承撰。《仪顾堂集》云："目录分上下，目录上之末有木记云：'此书求到京本，将出处逐一比较，使无差谬，重修写作大版雕开，并无一字误落。时庆元丁巳之岁，建安余氏刊。'盖宁宗时麻沙本也。"案：记原一作纪原。二十卷一作二十六卷。目录二卷。

容斋随笔十六卷续笔十六卷三笔十六卷四笔十六卷五笔十卷 宋洪迈撰。有嘉定十六年姪孙知建宁军府事伋谨识，略云："伋顷守章贡，后公四十年，以其书锓于郡斋。暨来守建，又后公四十三年，于是复锓此书于建。"又临川周谨跋云："《容斋随笔》初刊于婺女，自续至五，继刊于章贡，然岁久字漫。绍定改元，偶得建溪刊本，详加参校，命工锓梓"云云。

新刊音点性理群书句解二十三卷 宋熊节编。建安后学熊刚大集解。《皕宋楼藏书志》云："宋麻沙刊本。"

西山先生真文忠公读书记甲集三十七卷乙集十六卷丁集八卷 宋真德秀撰。有开庆改元门人番阳汤汉谨书，略云："《读书记》惟甲、乙、丁为成书，甲、丁二记，近年三山学官已刊。乙记上则《大学衍义》，其下卷未及缮写，学者罕见之。汉来建安，请于先生嗣子仁夫，传钞校定，厘为二十二卷，将欲刊之仓台。

① 编案：此条见《天禄琳琅书目后编》卷十。

适福之郡文学吴应丑以书来曰：'愿将并刻，以备一家之言。'乃授之而助其费之半"云云。

张子语录三卷后录二卷　不题名，无序跋。惟卷末有'后学天台吴坚刊于福建漕治'二行。

龟山先生语录四卷后录二卷　末有题字两行云"后学天台吴坚刊于福建漕治"，与《张子语录》同。

朱子语类一百四十卷　有咸淳初元吴坚《建安刊别录序》。

胡子知言一卷后录一卷　宋胡宏著，前宋张栻序。《天禄琳琅书目》云："此书两卷，后别行，皆刻'后学天台吴坚刊于漕治'。"

贾谊新书　《仪顾堂题跋》云："宋刊本。目后有'建宁府陈八郎书铺印'一行，盖南宋麻沙本也。"

纂图互注六子全书　四函二十四册。《天禄琳琅书目》云："建阳麻沙本。盖南宋坊刻九经皆有纂图互注本，此亦如之。其互注皆标白文，图亦寥寥，至以《庄子》书有太极语，便以《周子太极图》附之，更为牵引。但诸书皆古注，阙笔极为谨严，则固宋本之真确者。龚序但言五子，不及《文中》一字，则坊贾谬取以冠首也。"①

老子道德经四卷　目录后有"建安虞氏刊于家塾"一条。

新刊晞范句解八十一难经　周卢国秦越人撰，宋翰林王惟一校正，临川晞范子李駉子埜句解。《皕宋楼藏书志》云："宋麻沙刊本。"

山堂考索前集六十六卷后集六十五卷续集五十六卷别集二十五卷　首题"山堂先生章俊卿编辑，建阳知县区玉刊行，县丞管韶校正。"

历代编年释氏通鉴十二卷　宋括山庵释本觉编集。《皕宋楼藏

---

① 编案：此条见《天禄琳琅书目后编》卷五。

书志》云："此南宋麻沙刊本，每叶二十二行，每行二十二字。"

白氏六帖 《仪顾堂题跋》云："《天禄琳琅书目》[①]。汪氏《艺芸书舍宋刊书目》有南宋麻沙本《白氏六帖》，题曰'新雕添注白氏事类出经六帖'。"

伤寒类书活人总括七卷 宋福州杨士瀛著。《善本书室藏书志》云："此亦似麻沙所梓。"

北宋本杨子法言十三卷音义一卷 《楹书隅录》云："《杨子法言》通行者，世德堂五臣音注十卷本，其源出纂图互注，乃宋元之间建安书坊中人所并合改窜，皆非复各家真面目也。"

百川学海 《仪顾堂集》云："每叶二十八行，行二十字。版心有'百川学海'四字。分二十卷。'廓'字注'宁宗庙讳'，宋理宗时刊本。是书世所行者，有前明及国初两刊。明刊每叶二十四行，行二十字，以十干分十集，版心无'百川学海'四字，《圣门事业图》亦列卷首，而以《洞天福地记》居末。其馀次序亦多不同，惟先后虽紊，而全书无恙。至国初刊本，乃《说郛》所改，删削过半，名存而实非矣。此本审其格式，当是宋时麻沙坊刻，完善无缺，著录家所罕见也。"

案：以上宋本。

新刊刘向先生说苑二十卷 《善本书室藏书志》云："元麻沙小字本。"《江苏第一图书馆善本书目》所载同，惟有阙叶，有剜补，共二册。

纂图互注杨子法言十卷 后有墨六行，云："本宅今将监本《四子纂图互注》附入重言重意，精加校正，并无讹缪，誊作大

---

① 编案：此引述不准确，原文作"宋筠，商丘人，荦之子也。官山西按察使，所藏尚有《孔帖》三十卷，今归内府，见《天禄琳琅书目》。"

字刊行，务令学者得以参考，互相发明，诚为益之大也。建安□□□谨咨。"

河南程氏遗书 《天禄琳琅书目》云："宋朱熹辑。二十五卷，附录一卷，外书十三卷，后附《文集》十二卷，又元谭善心辑《遗文》一卷。末载赵师耕麻沙本后序，称《二程先生文集》，宪使杨公已镂版三山学官。《遗书》《外书》则庚司旧有之，后俱毁于火。师耕承乏来此，亟将故本易以大字，与《文集》一体，刻之后圃明教堂云云。按，陈振孙《书录解题》载《河南程氏文集》十二卷，谓为建宁所刻本，载在集部，不与《遗书》合录子部之中，是振孙所指建宁本似为杨公所刊，而以一体合刻，则自师耕始也。"

童蒙训三卷 宋吕氏本中居仁撰仿宋刊本。有嘉定乙亥四明楼昉跋，云："前此长沙郡龙溪学皆尝镂本，而讹舛特甚。"

太平惠民和剂局方十卷附指南总论二卷 宋陈承、裴宗元、陈师文同辑。目录后有"建安宗文书堂郑天泽新刊"一行。尚有建安高氏日新堂刊本，曝书亭所藏，竹垞氏有跋。

针灸资生经七卷 《护德瓶斋涉笔》云："叶氏广勤堂刊，盖麻沙本也。"案：'叶'疑'余'字之误。

新刊河间刘守真伤寒直格三卷后集一卷续集一卷张子和心镜一卷 金刘守真撰，临川葛雍仲穆编校。《后集》瑞泉野叟镏洪辑编，临川华盖山樵葛雍校正。《续集》平阳马宗素撰述，临川葛雍校正。《心镜》门人镇阳常惠仲明编。有"建安虞氏刊行"一行。

衍极五卷 莆田郑杓子经述，刘有定能静释。《读书敏求记》云："搜讨古今书法源流，成一家言。龙溪令赵敬叔为之镂梓以传。"

世医得效方二十卷 元南丰危亦林著。至正三年建宁路官医提领陈志刊，有序。

新编古今事文类聚前集六十卷后集五十卷续集二十八卷别集三十二卷新集三十六卷外集十五卷遗集十五卷 宋祝穆辑。《新集》《外集》，元富大用辑。《遗集》，元祝渊辑。《铁琴铜剑楼藏书目录》云："合刻此书，疑出建阳书肆所为。"

增类撰联诗学拦江网七十卷 《天禄琳琅书目》云："不著撰人姓名。麻沙袖珍本，极工细。"①

括异志十卷旧钞本 宋襄国张师正纂。目录后有"建宁府麻沙镇虞叔异宅刊行"一行。

纂图互注南华真经十卷 晋郭象注。元刊宋麻沙本。四册，《江苏第一图书馆善本书目》云。

元本新笺决科古今源流至论前集十卷后集十卷续集十卷别集十卷 《前集》目录后有碑版，略云："《源流至论》一书，版行于世久矣，先因回禄之馀，遂为缺典。本堂今求到邑校官孟声董先生镛钞本，便欲刊行，惟恐鲁鱼亥豕者多，更访购到原本，端请名儒重加标点，参考无误，仍分四集，敬授诸梓。□□强圉协洽之岁仲夏，建阳书林刘克常谨识。"

案：以上元本。

将鉴论断十卷 《铁琴铜剑楼藏书目录》云："宋时有麻沙本。成化间，广安寺许某得某本于苏州范氏，刻之。有王钺跋。"

袖珍方大全 二函八册。《天禄琳琅书目》云："不著撰人名氏。序后有识，盛称是书之善，而远方难觏。里人刘文英于京师求得之，宗立校雠付梓云云。熊宗立，字道轩，建阳人。此本为麻沙版式。"②

---

① 编案：此条见《天禄琳琅书目后编》卷一一。
② 编案：此条见《天禄琳琅书目后编》卷一七。

七修类稿五十一卷　有方圆木记，略云"拙稿初为备忘讨论，相知展转录出。昨承诸公刊之于闽"云云，末"仁和郎瑛顿首"。

续高僧传四十卷　唐释道宣著。后有墨图记五行，云"福建福宁州福安县尹丹阳贺学易施赀刻《续高僧传》，刻字若干，银若干"云云。

扬子法言十卷　汉扬雄撰，晋李轨、唐柳宗元注，宋宋咸、吴秘、司马光添注。明世德堂刊本。计三册，附《文中子中说》二册。

遗方论五卷医脉真经三卷　宋三山杨士瀛编撰，新安朱崇正附遗。明刊小字本，二十册。

茶经三卷水辨一卷茶谱一卷外集一卷附茶具图赞　明新安汪士贤校刊本，一册。

新编排韵增广事类氏族大全十卷补一卷　明太仓张溥补。日本翻麻沙本，十一册。

丹铅总录　明杨慎著。《书影》云："汀州上杭县有刻本，宦闽者远近皆取之邑令，令索之民间，印以绵侧理，装以绫锦，每部民赀二金馀。官动取十数部，又不给值，民有缘是倾家者。余至汀，一夕檄邑令毁其副墨，为杭民永杜此害矣。此集吴门、虎林皆有善本，此本强分门类，讹字如落叶，脱失处尤多；且岁久，版皆漫灭。"

打马图一卷　李清照著。《书影》云："予友虎林陆襄武近刻李易安之谱于闽，以犀象密蜡为马。"

案：以上明本。

集　　部

北宋本康节先生击壤集十五卷　卷一前后木记题"建安蔡子

文刊于东塾之敬堂"。

济北晁先生鸡肋集七十卷 晁补之著。绍兴七年弟谦之题云："从兄无咎著述甚富，自捐馆舍，逮今二十八年，始得编次为七十卷，刊于建阳。"案：时谦之方权福建转运判官也。

眉山唐先生文集三十卷 宋眉山唐庚子西著。绍兴二十一年郑康佐跋，有云："进士葛彭年以所藏闽本相示，舛讹殆不可辨。未几又得蜀本，较之闽本益加多矣。"

嵩山集二十卷 宋晁说之著。有乾道三年权知汀州军州主管学事晁子健谨记云："先大父待制著述甚富，遭乱离，散失几尽。绍兴初，子健编集所得之文，止成十二卷。既宦游江、浙、蜀、淮、荆、襄，往来博访，所得加多，重编为二十卷，谨用锓木于临汀郡庠，以广其传。"

钱塘韦先生文集十八卷 宋韦骧著。旧钞本。集后跋云："先大父文稿二十卷，家藏日久，以季父参议携往别墅，最后二卷遗失，不可复得。能定大惧，谨命工锓木于临汀郡庠。时乾道四年五月，孙知汀州军主管学事兼管内劝农使能定谨题。"

类编增广黄先生大全集五十卷 《士礼居藏书题跋记》："'《黄山谷大全集》系南宋刊本，吾家世藏宋本仅留此种，是可宝也。书凡五十卷，十六册。'杨绍和案：'每半叶十五行，行二十七字。目录后有碑牌云"麻沙镇水南刘仲吉宅近求到《类编增广黄先生大全文集》五十卷，比之先印行者增三分之一。不欲私藏，庸锓木以广其传，幸学士详鉴焉。乾道端午识。"目录及卷一、卷二、卷六、卷十一等卷后钤方印一，文云"文安开国"。又卷二十四、二十五、四十五、四十七后钤方印一，文云"累代仕宦清白传家开封史氏"，皆朱文，似是元人图记。又各册有"查昇之印""仁和沈廷芳字畹叔一字茶园""沈廷芳印""茶园""古柱下史""古杭忠清里沈氏隐拙斋藏书印""购此书甚不易遗子孙弗轻弃""正峰徐氏藏书""西溪草堂彦清印""士礼居藏"
"百宋一廛"等印。茅园先生为声山宫詹外孙，或是书乃查氏所
藏而后归沈氏者。世无二本，洵至宝矣。'"

西塘先生文集十卷　《善本书室藏书志》云："乾道丁亥、淳
熙改元，侍郎林公、丞相史公先后锓版于九江、福州。"

司马太师温国文正公传家集八十卷　《容斋随笔》云："司马
季思知泉州，刻温公集。"《士礼居藏书题跋》云："周香严所藏旧
钞本，末有'泉州公使库印书局，淳熙十年正月内印造到'云云。"

五百家注音辨昌黎先生文集四十卷外集十卷　《善本书室藏
书志》云："《评论诂训音释诸儒名氏》一卷，为建安魏仲举所
编。天禄琳琅藏本《正集》目录后有木记曰'庆元六祀孟春建安
魏仲举刻梓于家塾'。仲举名怀忠，殆麻沙坊肆之领袖也。"案：
当时韩柳集并刊。

昌黎先生集四十卷外集十卷遗文一卷　《善本书室藏书志》
云："宋贾似道门客廖莹中采建安魏仲举五百家注，间引他书十之
三，复删节朱子单行《考异》散入各条下，所称世绥堂本也。"

梁溪先生文集一百八十卷附录六卷　宋李纲著。有嘉定二年
差充福建路提举市舶司干办公事孙大有跋，云："大有充员舸幕，
两肤使先后极盟，鸠工锓木。太守今春官章公、尚书郎赵德甫皆
助以费。经营涉岁，工始告成。"又赵以夫跋云："武阳旧有集，
辛卯春闱，郡遭寇毁，官书散落殆尽。明年被命来此，首访公
集，缺百二十版。又明年，境内稍安，即刊补之。"

宋版崇古文诀二十卷　宋四明楼昉编。《仪顾堂集》云："宋
宝庆三年莆田教官陈森刊本。每半叶十二行，行二十三字。目录
首行题曰'迂斋先生标注崇古文诀'，次行题曰'迂斋先生楼昉
叔旸标注，前有宝庆丙戌陈振孙序，后有宝庆丁亥姚珤及陈森刊
版跋。凡遇'匡''胤''敬''徵''恒''祯''贞''佶''桓'

'完''構''搆''慎''廓'，皆缺笔惟谨，盖是书初刊本也。明嘉靖中，松陵吴邦桢、邦杰所刊，分三十五卷，与《四库》著录本合，多文三十二篇。"《善本书室藏书志》云："《天禄琳琅》著录元麻沙小字本、明大字重雕本。"

黎岳诗集一卷附录一卷 唐建州刺史李频德新著。首冠嘉熙三年金华王埜序，称公诗百九十五篇，刻于建州，以报公德。

晦庵先生朱文公文集一百卷续集十卷别集十一卷 有咸淳元年建宁府建安书院山长黄镛谨书，略云："先生之文，《正集》《续集》，潜斋、实斋二公已镂版书院，盖家有而人诵之矣。建通守余君师鲁，搜访先生遗文，又得十卷，以为《别集》。余君适将美解，始刊两卷，馀以见嘱。于是节缩浮费，以供兹役，又二年而始克有成。"

秦隐君集一卷 《直斋书录解题》云："系字公绪。自天宝间有诗名，尝隐越之剡、泉之南安。此本南安所刻。"

朱文公校昌黎先生集 《天禄琳琅书目》云："麻沙小字本。"又一部，中字本。①

增广注释音辨唐柳先生集 《天禄琳琅书目》云："麻沙小字本。"又一部，"亦麻沙小字本，而尺寸微丰，字画较展，无年谱，乃另一刻。"又一部，"亦麻沙小字另刻本。"②

皇甫持正集十卷 《砚耕绪录》云："白乐天《哭皇甫七郎中》诗云：'《涉江》文一首，便可敌公卿。'注云：'持正奇文甚多，《涉江》一篇尤佳。'案：《皇甫持正集》十卷，刊于吾闽，其集中无《涉江》文，知为亡逸。"

麟角集一卷 旧钞本。福鼎王氏刻于麟后山房。

---

① 编案：此条见《天禄琳琅书目后编》卷六。
② 编案：此条见《天禄琳琅书目后编》卷六。

欧阳文忠集　《仪顾堂集》云："有吉、建、衢、蜀各本。"

临川集一百卷　《仪顾堂集》云："翻宋绍兴中詹大和刊本。詹本从闽、浙本出，其失收之诗，如'青山扪虱坐，黄鸟挟书眠'之类，见于《西清诗话》《能改斋漫录》等书者，《四库提要》已备言之。"

南丰曾子固先生集三十四卷　《天禄琳琅书目》云："建阳巾箱本。"①

栾城集　宋苏辙著。《前集》五十卷，《后集》二十四卷，《三集》十卷。后有辙曾孙诩跋，云："栾城公集刊行于时，如建安本，颇多缺谬，其在麻沙者尤甚，蜀本舛误亦不免。今以家藏旧本并第三集，合为八十四卷。"

秋崖先生小稿八十三卷　《铁琴铜剑楼书目》云："宋时尝刻于开化，又刻于建阳，又刻于竹溪书院。元季版佚。"

河东先生集四十五卷外集二卷　《石遗室书录》云："此书为宋邵武廖玉莹中家刻韩柳两集之一。据凡例，亦采建安所刊五百家注本增损为之，而篇章次第并从胥山沈晦本。半页九行，行十七字。双框，双鱼尾，线口，口上端记字数，书口下有'世绿堂'三字。每卷后有'世绿廖氏刻梓家塾'木记，或篆或隶，形或椭圆，或长方，或亚字，字画与寻常宋本异。宋刻虽多率更体，然自成一版刻之字，此本则全如手写精楷。又宋刻无论官私，皆有俗写省笔之字，此本独无。其避讳之字往往仅缺半笔。盖版帙大小悉同韩集，惟韩集藏者尚有两家，一藏小山堂，一藏持静斋；柳集仅此孤本。两集本为一书，同弄万卷楼项氏。自项氏散出，韩集归汪阆源，再归郁泰峰，终归丰顺丁氏。此集初归宋牧仲，终归山阴吴氏。至世传明郭氏济美堂本为翻刻此本，实不然也。

①　编案：此条见《天禄琳琅书目后编》卷六。

此本无《龙城录》等六卷，且异同处颇多，惟第四卷至□□卷，当系补以明刻版者。"

古文集成　《吴文正年谱》云："十三岁肆力于群书应举之文，时麻沙新刻《古文集成》，家贫，从鬻书者借读。"

宋本莆田居士蔡公文集三十六卷　王忠文公序云："乾道四年冬，得郡温陵，道出莆田，求其遗文，则郡与学皆无之。于是移书兴化守钟离君松、傅君自得，访于故家而得其善本。教授蒋君雍与公同邑，手校正之，锓版于郡庠。"

二十先生回澜文鉴十五卷后集八卷　宋麻沙刊本。是书为幔亭虞羡君举笺注，羡当为闽人。目录后有"建安江仲达刊于群玉堂"长方木记。宋讳有缺有不缺。

圣宋文选三十二卷　南宋建阳小字本。

吟窗杂录五十卷　《铁琴铜剑楼书目》云："此书旧为蔡君谟孙名传者所辑。本三十卷，见《直斋书录》。是本题'状元陈应行编'，有自序，乃宋末麻沙本，窜易姓氏，重编卷第，以炫人也。"

案：以上宋本。

赵子昂诗集七卷　元赵孟頫著。目后有"至元辛巳春和建安虞氏务本堂编刊"一行。

韦苏州集十卷拾遗一卷　《善本书室藏书志》云："前四卷，宋刊本；后六卷，配元刊校点本。殆麻沙本也。"

分类补注李太白诗集二十五卷　《天禄琳琅书目》云："元杨齐贤集注，萧士赟补注。书中有'建安余氏勤有堂刊'篆书木记。末叶版心记'至大辛亥三月刊'。"

集千家诗注分类杜工部诗二十五卷　《天禄琳琅书目》云："宋徐居仁编次，黄鹤补注。前载传、序、碑铭一卷，注杜诗姓氏一卷，年谱一卷。书中门类目录后有'皇庆壬子'钟式木记，

'勤有堂'炉一作鼎式木记，传、序、碑铭后有'建安余氏勤有堂刊'篆书木记，诗题目录及卷二十五后皆别行刊'皇庆壬子余志安刊于勤有堂'。按：皇庆壬子为元仁宗元年，前余氏所刊《李太白集》系至大辛亥，与此刻仅隔一年。盖欲以李杜诗集并行于时，故刻手、印工亦复相等也。"

集千家注分类杜工部诗 《天禄琳琅书目》云："篇目同前，后附《文集》二卷。此书即前版，惟将传、序、碑铭后'建安余氏'篆书木记剗去，别刊'广勤书堂新刊'木记。门类目录后钟式、炉式二木记尚存，而以'皇庆壬子'易刊'三峰书舍'，'勤有堂'易刊'广勤堂'。其诗题目录后别行所刊之'皇庆壬子余志安刊于勤有堂'十二字虽亦剗去，而卷二十五后所刊者当时竟未检及，失于削补。所增附之《文集》二卷，橅印草草，较之前二十五卷亦不相类。此拙工所为，虽欲作伪，亦安能自掩耶。"

有宋福建莆阳黄国簿四如先生文稿五卷 宋黄仲元著。有'至治癸亥男汀州路总管府知事梓谨识'，略云："收拾遗文，堇堇未满百篇。朝夕思所以传，而困于力。山城公假，督儿缮写，亟遗镂版"云云。

北溪先生大全文集五十卷 旧钞本。前有至元改元漳州路儒学教授莆王环翁序，略谓是书初刻于淳祐戊申，版藏龙江书院，岁久佚坏。至元乙亥漳州守张某委学录黄元渊重刻于郡学。

陆宣公奏议 《楹书隅录》云："予旧藏至正甲午建阳翠岩精舍所刊《陆宣公奏议》，卷一末碑牌中有'近因回禄之变重新绣梓'云云"。

集千家注批点杜工部集 宋刘辰翁批点。凡《文集》二卷、《诗集》二十卷。建阳小字本。案：据《天禄琳琅书目》，《集千家注分类杜工部诗》别有麻沙小字本。

苏文忠公全集一百十五卷 《善本书室藏书志》云："苏集有

杭、蜀、吉本及建安麻沙诸本。"

元本增刊校正王状元集注分类东坡先生诗二十五卷 卷首集注姓氏后有"建安虞平斋务本书堂刊"木记。案：《皕宋楼藏书志》云：南宋麻沙本三十卷。

琼琯白玉蟾武夷集八卷 元刊本。目录前有"建安余氏新刊"。

皇元风雅前集六卷后集六卷 元刊本。《艺风藏书续记》云："此书古杭勤德书堂刻本，陆氏书则李氏建安书堂，《潜研文集》亦载李氏，可见元时非一本也。"

集千家注分类杜工部诗集二十五卷附年谱一卷 东莱徐居仁编次，临川黄鹤补注。元广勤堂刊本。有"三峰书舍"钟式、"广勤堂"鼎式二木记。第八册有"天目书堂"一印。十八册。

案：以上元本。

雪楼程先生文集三十卷 明刊本。《铁琴铜剑楼书目》云："刊本四十五卷。揭文安子法重定为三十卷，至正癸卯刻于建阳市，仅成前十卷，旋遇兵燹，版毁。"

道园学古录五十卷 明刊本。《铁琴铜剑楼书目》云："是书为文靖季子翁归与公门人编定，尝刻于建宁，后来刻本俱从之翻雕。"案：景泰丙子昆山刻本，即翻建本者。

番阳仲公李先生文集三十卷 明刊本。元李存著。《铁琴铜剑楼书目》云："永乐间，其曾孙光以进士知邵武县，刊板于学。"

晦庵先生文集一百卷 黄氏仲昭跋云："《晦庵朱先生文集》闽浙旧皆有刻本，成化戊子偶得闽本，因取浙本校之。其间详略微有不同，如劾唐仲友数章，闽本不载。"

龟山先生集四十三卷 将乐杨时著。《绩语堂题跋》云："戊寅春，夏子镕权篆是邑，既谒先生祠，访求遗书。先生裔孙缙廷以康熙丁亥祠生绳祖刊本来见，岁久刓残，询原版，未尽佚，尚可整比，召手民修治。遂觅完帙，以缙廷任校雠事。凡刊补阙叶九十有六、阙字五千有奇。按旧序，先生集三十五卷，世久不传。明新安程敏政从馆阁本钞其诗文杂著为十六卷，弘治壬戌将乐令李熙，益以论谏刊之，然非足本。万历壬子海阳林公熙春知县事，复偕邑人士求得常州沈中丞晖钞本，分汇增补，厘为四十二卷，合传、志、行状、年谱，实四十三卷，先生之集始全。此绳祖重刊本在，既经厘正，嫡裔奉祠之后，维时张清恪公方以振兴理学为己任，斯集遂复大显于世。"

豫章罗先生文集十七卷 宋罗从彦著。有至正三年延平沙邑曹道振跋，云："先生著述，兵火之馀，仅存什一，于千百世所共见者，郡人许源所刊遗稿五卷而已。道振搜访久弗就。邑人吴绍宗近得其稿，乃加叙次，为十三卷，附录三卷，外集一卷，别有年谱一卷。先生五世孙天泽遂镂梓以寿其传。"目录后有墨图记云"至正乙巳秋沙阳豫章书院刊"。《铁琴铜剑楼书目》云："此本乃明成化时邵武太守冯孜即曹道振本重刊，有成化七年柯潜序。"

杜诗长古注解 一册。《天一阁书目》云："明谢省注。弘治壬子王弼序云：'此弼乡先进桃溪先生所注杜诗长古若干首，盖始得之兴化郡庠程司训怀佐，而并属之莆田邑庠程教授应韶，相与正其讹舛而梓行焉。"

龙云先生文集三十二卷 安成刘弇伟明著。明弘治刊本。周必大序云："先是汴京及麻沙刻公集二十五卷，绍兴初增至三十二卷。"

楚词集注八卷后语六卷辨证二卷 明刊本。《艺风藏书续记》云："卷一后有'书林魏氏仁实堂重刊'一行。卷六'弘治十七年岁在甲子仲秋，书林魏氏仁实堂谨依京本新刊楚辞注解离骚经第六卷'二行。魏氏仁实书堂在建宁，学部图书馆《资治通鉴纲目集览》即魏氏仁实书堂校刊也。"

西山真文忠文集五十一卷　宋浦城真德秀著。明正德闽刊本。四十八册。《江苏第一图书馆善本书目》云。

王右丞文集十卷　《铁琴铜剑楼书目》云："遵王氏宋时麻沙本[1]，'山中一半雨'不作'一夜雨'。卷首有牧翁题记。"又元刊本《王摩诘诗》六卷，《善本书室藏书志》云："右丞集麻沙宋版。据蒙叟跋'一夜'作'一半'，盖言其风土，深山冥晦，晴雨相半，故曰'一半'。此本亦作'一半雨'。"

还山遗稿二卷附录一卷　元杨奂著。《还山集》大德中其孙南剑录事曙得其本于姚牧庵，刻之建宁，有六十卷。见牧庵《紫阳先生文集序》。其本久佚。

山谷诗集注二十卷目录一卷年谱一卷　日本翻绍定本。后有绍定壬辰黄㽦识，云："先太史诗编，任子渊为之集注，版行于蜀。惟闽中自坊本外未之见，岂非平生辙迹未尝至闽故耶？家藏蜀刻有年，试郡延平，以锓诸梓。"

盱江文集三十七卷外集三卷　宋南城李觏著。犍为孙甫跋云："正德乙亥，余至南城，求盱江先生遗文，得所藏钞本，多残缺。明年得全集于邑吏部夏东洲，版自闽中书窟，岁久亦讹。"

栟榈先生文集二十五卷　《铁琴铜剑楼书目》云："乾道、淳祐中有刻本。正德中，永安林孜得其本，邑令南海罗廷佩刻之。"

少湖先生文集七卷　嘉靖刊本。《藏书志》云："此乃外谪延平府推官时所作。三年秩满北上，延平士人哀其前后诸作付梓，以志遗爱。"

沧浪先生吟卷二卷　宋樵川严羽著。《天一阁书目》云："嘉靖辛卯闽中郑炯识云：'《沧浪严先生吟卷》，闽中、吴中俱有。'"

---

　　①　编案：此引述不准确，原文作"其书编次分类不分体，旧为述古堂藏本，遵王氏为出宋时麻沙本。"

晦庵先生朱文公文集一百卷续集十一卷别集十卷　《铁琴铜剑楼书目》云："此本明嘉靖壬辰潘氏璜校刻闽中。目后潘氏有记。此本大题视浙本多'朱文公'三字，而版心又称'朱子大全文集'。"

石堂先生遗集二十卷　宋宁德陈普著。《艺风藏书记》云："目后有'宁德县知县揭阳陈世鹏、奉钦差整饬兵备分巡建宁道福建按察司佥事王批发校刊，儒学训导新城潘鹑同校，嘉靖丙申刊'。"道光志作二十二卷，引嘉靖福宁州文籍志云："训导闵文振搜编刻版于学"。

文苑英华一千卷　明闽刻本。有隆庆元年福建巡抚涂泽民叙，略云："侍御云屏胡君按部闽事沈竣①，购《文苑英华》缮本，檄福泉胡守帛、万守庆校梓"云云。有巡按福建监察御史胡维新自序"不数月刻成"云云。维新姚江人，泽民蜀汉人。

西山先生真文忠公文集　《天禄琳琅书目》云："书五十一卷。明万历间福建巡抚金学曾重刊。"②

蔡忠惠文集三十六卷外纪十卷　《四库全书总目》云："万历中，莆田卢廷选始得钞本于豫章俞氏，于是御史陈一元刻于南昌，析为四十卷。兴化知府蔡善继复刻于郡署，仍为三十六卷。而附以徐𤊺所辑《别纪》十卷。"

明刊本西塘先生文集十卷　前有万历己酉叶向高序，谓秘阁有《西塘先生集》，乃宋隆兴间公孙嘉正知建昌军时所刻。书尚完善，因钞录授同郡董崇相、陈元凯、曹能始校刻之。

孙可之集十卷　《日本访书志》云："明崇祯中，闽中黄烨

---

①　编案："沈"或为"既"之讹。原序作"侍御云屏胡君按部闽事，不浃月，既彬彬然衹于浚矣。乃尤雅意文教，购《文苑英华》缮本"。

②　编案：此条见《天禄琳琅书目后编》卷一一。

然、黄也刚与《刘蜕集》合刊本。有'小野节''小岛学古'印记。首载正德丁丑王鏊序，知其从王本传刻者。"《藏书志》云："此书宋刻外有王文恪吴下本、林茂之闽本、毛子晋虞山本。"

刘蜕集六卷 《日本访书志》云："明崇祯癸未闽中黄烨然刊本，与《孙可之集》合刻，亦小岛藏本。森立之《访古志》载之。其自序盖以天启甲子吴馡所辑六卷本重加补缀者。吴馡序则云旧稿本之桑悦。悦，故振奇士，即伪造伊世珍《琅嬛记》者也。按：此本所载蜕文不见于《文苑》《文粹》两书者尚多，或疑有伪作。然《文泉子》原书十卷，《书录解题》尚著录，则亡佚不久。或桑悦故有传钞本，未可以《琅嬛记》一概例之。惟此本以《文粹》所载对勘，亦多脱误，展转钞刻之故。《四库》著录有崇祯庚辰闽人韩锡所编《文泉子》一卷，先于此刻四年。"

元氏长庆集六十卷 明翻宋本。《善本书室藏书志》云："宣和甲辰建安刻，麟应礼撰序，称先子尤爱其文，晓夕玩味，谨募工刊行。后附集外文章二首。"

龟山杨文靖公集三十五卷 明刻本。《铁琴铜剑楼书目》云："《文靖集》宋时刊于延平郡斋，其本不传。"

案：以上明本。

附 录

（一）建阳县治书版考

《十七史详节》《文献通考》《潭阳文献》《黄氏日钞》《山堂考索》《集事渊海》《孤树哀谈》《文选》。以上均无版，见《建阳县志》。

（二）建阳坊版考

《五经大全》《五经训解》《易经集解》《书经集解》《诗经集解》《易经蒙引》《易经存疑》《礼记省度》《文公家礼》《春秋说约》《六经典要》《四书大全》《四书蒙引》《四书存疑》《四书集成》《四书正解》、《四书集解》辨志堂、《四书体注》《四书通典》《檀弓考工二通》《梅诞生字汇》《孝经》《洪武正韵》《韵府群玉》、《韵海诸书辨疑》版残、《正韵海篇》《韵会小补》《史记评林》《汉书评林》《资治纲鉴》、《朱子纲目》无版、《了凡纲鉴》《纲鉴正史约》《玉堂纲鉴》《国策》《国语》《世史类编》《李氏藏书》《历朝捷录》《姓氏族谱》、《文公年谱》李方子辑。板存建安、《皇明宪章录》、《潭阳文献》何乔迁著。无版、《陆宣公奏议》《资治新书》、《戊午谠议》魏掞之著。无版、《永昭两陵编年》无版、《大明会览录》《大明一统志》《大明一统舆图广略》《皇明通纪》《孔子阙里纂要》《孔子家语》《朱子遗书》《性理大全》《小学集解》《管子》《韩非子》《孙子兵法》《吴子十三篇》、《三子口义》无版、《韬略全书》《武经七书》《武经开宗》《武经全解》《武经纂序》《武经汇解》《武经明解》《武经鉴策题》《老庄南华合刻》《淮南子》《抱朴子》、《二十四子要删》无版、《诸子品节》无版、《智囊补》《洗冤录》《遵生八笺》、《汉魏名家》无版、《黄帝素问》无版、《本草大全》《食物本草》《八十一难经》《东垣十书》《伤寒十书》《医学入门》《医方捷径》《保婴全书》《万病回春》《妇人良方》《丹溪心法》《寿世保元》《药性赋》《王叔和脉诀》《地理纂要》《地理人子须知》《地理仙婆集》《罗经顶门针》《人天指掌》《历理通书》《七政台历》《天机会元》《鳌头通书》《丹台玉案》《大百中经》《麻衣相法》《发微通书》《异梦类征》《绘图画谱》、《事文类聚》版残、《艺文类聚》《楚辞朱注》《琢玉斧》、《艳异篇》无版、《雪心赋》、《蔡中郎集》无版、《骆宾王三集》无版、《吴英秀赋》七十二卷《桂香赋集》三十卷，俱无版。江文蔚著、《江处士诗集》《朝觐会同祭宴仪》俱江为著、《宏词前后集》翁承赞著，廿卷。无版、《刘屏山文集》无版、《晦庵文钞》无版、《熊勿轩集》无版、《汪南溟太函集》无版、《汤临川集》无版、《李沧溟文集》无版、《叶台山文集》无版、《钟伯敬文集》无版、《汤睡庵集》无版、《袁中郎全集》无版、《徐文长文集》、《陈眉公十集》无版、《初谭集》无版、《秦汉文归》《古唐诗归》《茅鹿门评八大家》《李杜诗选》《李于麟唐诗选》《大唐诗选》《三苏文澜》《文苑汇隽》、《古文苑汇》无版、《四六全书》《留青全集》《诗学大成》《草堂诗馀》、《卓氏藻林》无版、《对类》。以上《建阳县志》。

案：各省通志已属不易搜罗，何况一县？闽本除已详'总考'及'四部'外，其荦荦大者，尚有百五六十种之多，见于《建阳县志》，宁非版本源流上一大可宝之资料乎？

此文付印后得读新修《福建通志》，知大体已采入该志为《福建版本志》，读者可参看也。记者附志。

原载于《图书馆学季刊》1927 年第 1 期

福建版本在中国文化上之地位

张贻惠

一、导言

吾闽虽地处海隅，交通不便，而文化之孕育滋长，早已蜚声海内，夙有海滨邹鲁之称。历朝以来，通儒辈出，文坛艺苑之盛，至不能以言语形容。海通以还，欧风美雨东渐，西方文化输入者日益众，学子习研者日益多，喧宾夺主，而固有文化几于无人过问！此种现象固举国皆然，初非闽省一隅为甚也。夫世界文化以东西二系为最著：东方文化代表精神文明，西方文化代表物质文明。二者各有其优点亦各有其缺点，正宜相互发明，何可偏废？纳众流而成巨川，聚五金而冶诸一炉，以孕育世界文化为职志，正吾侪廿世纪人类之责任。迩来欧美有识之士，若杜威，若柏格森，若倭铿辈，咸以中国文化为世界文化一大主系，其著述之宏富，典籍之浩繁，与夫理论之精辟，间有非西方文化所可及者，爰致其无穷之企慕，近且由企慕而从事研究探讨矣。吾国学者数年以来亦深知夫中国文化在世界文化中所处地位之重要，果能将我数千年文化之宝藏，整理而出之，公诸世界，匪特为我国对于世界文化有莫大之贡献，抑亦我民族莫大之光荣。渐以科学方法探讨而考证之，综合而分析之，其成就已稍有可观；虽然，吾国典籍浩如烟海，探讨固已繁难，而历史悠长，学术上之问题悬疑莫决者殊多，其考证尤为不易。是则非有全国学者聚精会神分门别类而研究之，则大成之期，曷克实现？吾师王治心教授，致力中国文化事业不遗馀力，近复以区域为研究之中心，爰有福建文化研究会之组织，异军突起。他日贡献，未可限量，是在吾侪之努力耳。惠也不文，幸列门下，于亲聆教诲之馀，爰缀此文，于福建版本作一概略之研究；惟管窥蠡测，所见已极有限，挂一漏万，更难免大雅之讥耳！

二、福建印书事业之沿革

甲、起源时期

欲考福建印书事业创自何时，须先研究中国书籍刻板之始。世常以雕板始于五代之冯道。《五代史》载后唐明宗长兴三年，上命道与国子监田敏，将九经刻板印卖，是为墨刻雕板之始。其实唐僖宗中和年间已有之。据唐柳玭《家训序》云："中和三年癸卯夏，銮舆在蜀之三年也。余为中书舍人。旬休，阅书于重城之东南，其书多阴阳杂志、占梦相宅、九宫五纬之流，又有字书小学，率雕板印纸，浸染不可尽晓。"由此观之，则唐时已有雕板之术。然世所以谓为五代创始者，殆由于五代以前所印行者为占梦相宅等本，不列之于书，而五代冯道所刊者为九经，遂断为刻书之始与？宋朱翌《猗觉寮杂记》云："雕印文字，唐以前无之，唐末益州始有墨板，后唐方镂九经，悉收人间所有经史，以镂板为正。"是可为明证矣。又唐元微之为白居易《长庆集》作序，有"缮写模勒，衒卖于市井"之语。司空图《一鸣集》九载

有《为东都敬爱寺讲律僧惠确化募雕刻律疏》，可见唐时刻书之
大行，更在僖宗以前矣。总之，吾国刻板之始于唐，殊无疑义。
至于福建刻本始于何时，乾隆年间已有一度之调查。兹据王先谦
《续东华录》载：

> 乾隆四十年正月丙寅，谕军机大臣等：近日阅米芾墨
> 迹，其纸幅有"勤有"二字印记，未能悉其来历。及阅内府
> 所藏旧板《千家注杜诗》，向称为宋板者，卷后有"皇庆壬
> 子余氏刊于勤自堂"数字。皇庆为元仁宗年号，则其板似元
> 非宋。继阅宋板《古列女传》，书末亦有"建安余氏靖安刻
> 于勤有堂"，则宋时已有此堂。因考之宋岳珂相台家塾五经，
> 论书板之精者，称建安余仁仲，虽未刊有堂名，可见闽中余
> 板，在南宋久已著名，但未知北宋时即以"勤有"名堂否？
> 又，他书所载明季余氏建板犹盛行，是其世业流传甚久，近
> 日是否相沿？并其家刊书始自北宋何年？及勤有堂名所自？
> 询之闽人之官于朝者，罕知其详。若在本处查考，尚非难
> 事。着传谕钟音，于建宁府所属访查余氏子孙，见在是否尚
> 习刊书之业？并建安余氏自宋以来刊行书板源流，及勤有堂
> 昉于何代何年？今尚存否？并其家在宋时曾否造纸？有无印
> 记之处？逐一查明，遇便覆奏。寻据奏：余氏后人余廷勤等
> 呈出族谱，载其先世自北宋迁建阳县之书林，即以刊书为
> 业。彼时外省板少，余氏独于他处购选纸料，印记"勤有"
> 二字，纸板俱佳，是以建安书籍盛行。至勤有堂名，相沿已
> 久。宋理宗时，有余文兴号"勤有居士"，亦系袭旧有堂名
> 为号。

观此段记载可知北宋时建阳余氏之勤有堂即以印书为业，且

其时建阳书肆已林立矣。究北宋以前福建有否印书事业？殊有待于吾人作更进一步之考证。兹据叶德辉《书林清话》称：

> 宋板《列女传》，载"建安余氏靖安刊于勤有堂"，乃南北朝余祖焕始居闽中，十四世徙建安书林，习其业。二十五世余文兴，以旧有勤有堂之名，号"勤有居士"。盖建安自唐为书肆所萃。

据此，则吾闽之建安，自唐时书肆林立，刻板事业已甚发达矣。是故吾人可论定福建印书事业，唐时已肇始，至北宋时余氏迁徙建安书林习其业后，言福建印书者咸推建安余氏矣。

乙、极盛时期

吾闽印书事业，唐时已肇端倪，已如前述。至南宋时印书事业极其发达，盖最盛之时期也。当时刻书之地，为建阳之麻沙村。祝穆《方舆胜览》称："麻沙为图书之府"，其盛况可知。

陈寿祺《左海文集》亦云："建阳麻沙之刻，盛于宋，迄明末已。四部巨帙，自吾乡锓板以达四方，盖十之五六。""四部巨帙，达于四方"，则其刻书之多，贩行之远，可见一般。非极盛时期，曷克臻此？《朱子大全》中之《嘉禾县学藏书记》亦有同一之记载："建阳麻沙本书籍，行于四方者，无远不至。"又仪顾堂跋宋刻《玉篇残本》中云："南宋时，蜀、浙、闽坊刻最为流行。"观此可知斯时之福建印书事业，在全国所处地位之重要矣。麻沙为福建印书之中心点，其地在建阳县西七十里。宣和初，置麻沙镇巡司。元废。清置县丞，今改置县佐。宋时执出版界之牛耳者，为余氏。余氏自北宋时已迁居建安，即以印书为业，而"勤有堂"者即其印书之堂名。惟麻沙既为图书之府，则余氏勤有堂之外，尚有其他印书者。今按《中国雕板源流考》载：

> 余氏勤有堂之外，别有双桂堂、三峰书舍、广勤堂、万
> 卷堂、勤德书堂等名。诸余有靖安、静庵、唐卿、志安、仁
> 仲等名。

宋时书肆，有牌子可考者：建安刘日省三桂堂、王懋甫桂堂、郑氏崇文堂、虞平斋务本书坊、慎独斋、建邑王氏世翰堂、建宁府王八郎书铺等。此不过其著名有牌子可考者。

　　宋时印书发达之处，建安而外，尚有长汀之四堡乡。世称"四堡刻本"者，即此间所印行也。《临汀汇考》载该地印书情形颇详：

> 长汀四堡乡，皆以书籍为业，家有藏板，岁一刷印，贩
> 行远近。虽未及建安之盛行，而经生应用典籍，一一皆备。
> 宋陈日华《经验方》云："方夷吾所编《集要方》，予刻之临
> 汀。后在鄂渚得九江守王南强书云：老人久苦淋疾，百药不
> 效，偶见临汀《集要方》中用牛膝者，服之而愈。"阅此知
> 汀板自宋已有。

丙、衰落时期

　　福建印书事业经南宋极盛之后，至明其业渐替。盖弘治十二年十二月建阳书坊街大火，古今书籍尽毁故也，《竹间十日话》载此事颇详：

> 弘治十二年十二月初四日，将乐火灾，直至初六，郡署

庙学延烧二千馀家。建阳书坊街亦于是月火灾，古今书板皆成灰烬。自此麻沙板之书遂绝。

《闽杂记》亦载：

> 弘治十二年，给事中许天锡言，今年阙里孔庙灾，福建建阳县书坊亦被火，古今书板尽毁。上天示警，必于道所从出、文所荟萃之处。请禁伪学以崇实用。……今则市屋数百家，皆江西商贾贩鬻茶叶，馀亦日用杂物，无一书坊也。

据此记载，则麻沙自弘治十二年大火后，所有典籍书板，尽付一炬，遭此浩劫，而福建印书事业乃入于衰落时期矣。同时，全国文化亦蒙莫大之影响。盖麻沙为出书最多之处，销路达于四方，其足以左右学术界者，正如商务印书馆之在今日中国。去岁暴日寇沪，商务馆被毁，其为出版界莫大之浩劫，正与弘治十二年之麻沙大火遥遥相对也。

但火后仍否重整复业，抑即此一蹶而不复振？殊成一大疑问。近检朱竹垞《曝书亭集》，中有《建阳》诗一首云："得观云谷山头水，恣读麻沙坊里书。"又查初白《敬业堂集》中《建溪棹歌》一首云："西江估客建阳来，不载兰花与药材。妆点溪山真不俗，麻沙坊里贩书回。"以此观之，则清初时其业犹未废。而《闽杂记》则以为麻沙镇火后，居民均移居建阳崇安接界处之书坊村，仍以印书为业，"其地与麻沙相近，殆旧俗犹沿而居处易耳。"其说殊为可信。

三、福建版本之价值

甲、印书之数量

自宋以来，全国印书最多者，厥有三处，吾闽其一也。仪顾堂跋宋刻《玉篇残本》称："南宋时，蜀、浙、闽坊刻最为流行。"《经义考》云："福建本几遍天下。"《石林燕语》所载略同。《方舆胜览》甚至谓"建宁麻沙、崇化两坊产书，号为图书之府"。闽本不但产量最多，而且价值最廉，故购者愈众，而版行于四方。其所以多而且廉之故，实因闽地产榕最多，其木柔软易刻。

闽本除书坊刻本外，尚有官署刻本、私家刻本、学院刻本等。兹将历朝闽刻著名板本，汇列如次，以见当时刻书盛况之一般：

宋代著名刻本：

官刻本——《三国志》《东观馀论》《真文忠公读书记》《胡子知言》《张子语录》《龟山先生语录》《温国文正公传家集》《演繁露》《龟溪集》《高峰集》《大戴礼记》《梁溪先生集》《孔氏六帖》《潜虚》、真德秀《心经》、《朱文公易说》《禹贡山川地理图》《朱文公文集》。

家塾本——《史记索隐》、邵子《击壤集》、《新唐书》《增广黄先生大全文集》《十七史蒙求》《史记》《宋名贤四六丛珠》《后汉书》《史记正义》《五百家注音辨昌黎先生文集》《论语笔解》《新唐书》《童溪易传》《附释音礼记注疏》《宋人选青赋笺》《文场资用分门近思录》《老子道德经》。

书坊本——《唐律疏议》《绘图古列女传》《春秋公羊经传解

诂》《春秋穀梁经传》《周礼郑注陆音义》、宋版《礼记》、黄伦《尚书精义》、高承《重修事物记原》、元版《分类补注李太白诗集》、《集千家注分类杜工部诗》《书蔡氏传辑录纂注》《国朝名臣事略》、辅广《诗童子问》、《书蔡氏传旁通》《汉书考正》《后汉书考正》《仪礼图》《琼琯白玉蟾集》《韩非子》《钜宋重修广韵》、曾慥《类说》、《新雕皇宋事实类苑》《论学绳尺》《十先生奥论》《汉书》《后汉书》《新纂门目五臣音注扬子法言》《贾谊新书》《二十先生回澜文鉴》《春秋经传集解》《杨氏家传》《说文解字韵谱》。

元代著名刻本：

官刻本——《礼书》《通志》《蜀汉本末》。

私家本——《礼记集说》《古今源流至论》《纂图分门类题注荀子》《玉篇》《蜀汉本末》。

书坊本——《宋季三朝政要》《续宋编年资治通鉴》《大广益会玉篇》《四书经疑问对》《王状元集百家注分类东坡先生诗》《孟子集注》《皇元风雅前集》《书集传》《论语集注》《楚国文宪公雪楼程先生文集》《新笺决科古今源流至论》。

明代著名刻本：

私刻本——前后《汉书》、《五代史记》。

书院本——《侯鲭录》《类证注释小儿方诀》《外科备要》《新编妇人良方补遗大全》《增广太平惠民和剂局方》《增证陈氏小儿痘疹方论》《补注释文黄帝内经素问》《素问入式运气论奥》《素问内经遗编》。

按：以上所列俱系著名版本。

乙、闽板之优劣

闽本因出书过多，难免不无遗误之处。叶梦得《石林燕语》

有一段记载："尝有教官出《易》题云：'乾为金，坤亦为金，何也?'举子不能晓，不免上请。则是出题时偶检福建本'坤为金'，字本谬，忘其上两点也。"《七修类稿》亦载有相似之故事："宋时试策，以为井卦无象，正坐闽本失落耳。"以此之故，议者咸以闽板为最劣。《金台纪闻》云："石林时，印书以杭州为上，蜀本次之，福建最下。"《五杂组》云："建阳有书坊，出书最多，而板纸俱最滥恶。盖徒为射利计，非以传世也!"咸淳二年，福建转运使司且有禁止麻沙书坊翻板榜文，以误谬多故也。逮弘治十三年，给事中许天锡且言"上天示警，必于道所从出、文所会萃之处，请禁伪学，以崇实用"。下礼部议，遂勅福建巡御史厘正麻沙书板。是更因印板误谬之故谓"上天示警"。考闽板不工之原因有二：一，因出书过多，难免遗误；盖多则不精，理所固然，无足怪也。二，因吾闽产榕甚多，虽便于雕刻，而板每苦薄脆，久而裂缩，字渐失真，此闽板受病之源也。虽然，吾闽并非无善板者。《经义考》云："福建本几遍天下，有字朗质坚、莹然可宝者。"陈寿祺《左海文集》更以建本为宋版之佳者，而廖莹中世𭃗堂之本，更为人间希遘之宝。其言曰：

> 今海内言校经者，以宋槧为据；言宋槧者，以建本为最，闽本次之。建本者，岳珂《经传沿革例》所称，附释注疏，有《周易》《尚书》《毛诗》《周礼》《礼记》《春秋三传》《论语》《孟子》十经，世谓之十行本是也。……又有廖莹中世𭃗堂本《尔雅》，惠栋校宋建本《礼记正义》，藏曲阜孔家，尤人间希遘之宝。

观此，则闽板非尽劣矣。

四、福建版本与文化

基上所述，即吾国自唐僖宗中和间，刻书之术，业已大行，而吾闽之建安自唐亦已为书肆所萃；则闽板之刻，可云早矣。南北宋时，福建印书事业，最称发达。当时全国印书最多者，仅有蜀、浙、闽三处，而闽板之书籍行于四方者，无远不至。语其多，则建阳之麻沙，长汀之四堡，号称图书之府；语其精，则余仁仲十行本之刻，世所闻名，廖莹中世綵堂之本，更人间希遘之宝。宋元间，吾闽执全国出版界之牛耳者，凡数百年。明弘治十二年，麻沙大火，古今书籍，悉付一炬，诚为吾国文化史上莫大之浩劫，而吾闽印书事业顿呈衰落之象；然其居民移建阳崇安间之书坊村，犹以刊书为业，且长汀之四堡，刻板迄无中辍，以故清初时，闽板书籍犹贩行四方，朱竹垞之《建阳》诗、查初白之《建溪棹歌》可为佐证也。欧洲中世纪为黑暗时期，自印刷术发明后，书籍流行甚广，乃有十六世纪之文艺复兴。印板之关系文化，可云钜矣。吾闽历朝以来，版本几遍天下，则其在中国文化史上之地位，固勿庸作者之喋喋也。

原载于《福建文化》1933 年第 7 期

福建版本史述略

王治心

　　谈版本的人，大概可分两种：一种是藏书家玩骨董的态度，以宋版元椠相夸耀，如王鼎臣①之流；一种是从书籍流传的因缘，为考证文化盛衰的背景。我们在这里所述说的版本历史，当然是从后者态度，以文化为立场的。去年秋季我们有八个同学——张贻惠、林祥麟、黄展慎、林长民、黄金鹤、郑长睿、郑天纪、何受良等——曾经共同地研究到这个问题，各人都有一篇报告。张贻惠君之文已刊本刊第七期，题为《福建版本在中国文化上之地位》，用不着我来重复地述说。不过研究学问，本来不嫌求详，故再汇合八同学搜集的材料，再来具体地报告一下。

　　谁都不能否认版本与文献有重大关系，我们既然想研究福建文献，便不能不先来研究一回福建版本；欲研究福建版本，却更不能不略略述及中国印刷的发明及福建印刷事业的经过。

---

　　① 王鼎臣得宋椠《孟子》，举以夸海宁陈其元，陈请一观，则先令人负一椟出，椟启，中藏楠木匣，开匣乃见书。陈问曰："读此，可增长智慧乎？"曰："不能！""可较别本多记数行乎？"曰："不能！"陈笑曰："然则不如仍读今监本之为愈耳！奚必费百倍之钱以购此耶？"王恚曰："君非解人，不可以共君赏鉴。"急收弄之。陈大笑而去！

（一）中国印刷术的起源

追溯中国的印刷史，大概可以分为三个时期：一为刻石，二为雕版，三为活字，兹依次略述之。

刻石始于后汉，据《后汉书》载：熹平四年——西元一七五年——蔡邕以"经籍去圣久远，文字多谬，俗儒穿凿，疑误后学"，"奏求正定六经文字。灵帝许之，邕乃自书丹于碑，使工镌刻立于太学门外。于是后儒晚学，咸取正焉。"①

这就是所谓"一字石经"，据《隋书·经籍志》所记：《周易》一卷，《尚书》六卷，《鲁诗》六卷，《仪礼》九卷，《春秋》一卷，《公羊传》九卷，《论语》一卷，《典论》一卷。共刻成七十三碑，立在太学门外，当时观视及摹写的人，车乘日千馀辆，填塞街陌，可以想见其盛。此所谓摹写，便是后世搨碑的起头，因为有这许多人摹写，不独碑文赖以保存（后来石虽毁坏，而碑文犹存），并且也可以算为中国最初的印刷技术。

其次，则为雕版，据《旧五代史》记："辛未，中书奏请依石经文字，刻九经印板，从之。"②《五代会要》有较详的记载，不提起发生于何人，惟《五代史》注引《爱日斋丛钞》云："《通鉴》载唐明宗之世，宰相冯道、李愚请令判国子监田敏校定九经，刻板印卖。"又记同时在后蜀，有毋昭裔出私财刻印九经的事。③ 这似乎是中国雕版印书的起头，其实不然。明陆深《河汾

---

① 《后汉书·蔡邕传》。

② 《旧五代史》第四十三卷《明帝纪》。

③ 《旧五代史·明帝纪》注引王仲言《挥麈录》云："毋昭裔贫贱时，尝借《文选》于交游间，其人有难色，发愤：异日若贵，当版以镂之以遗学者。后仕王蜀为宰相，遂践其言，刊之。"

燕闲录》有："隋开皇十三年十二月八日，敕废像遗经悉令雕造"等话，明明说在隋朝已有雕造佛经之事。近代叶德辉曾驳其误，谓："此语盖本费长房《三宝记》，其文本曰'废像遗经，悉令雕撰'，意谓废像则重雕，遗经则重撰耳。……不思经可雕板，废像亦可雕板乎?"[①] 不承认在隋朝能有印刷发明的事。可是日人岛田翰著《雕板源流考》，不但深信陆氏之说，且引颜之推《家训》与刘炫《尚书述义》所云"书本"，认为就是"墨板"，证明在南北朝已有刻板之事。这种推测，不能不说有几分附会。不过从南北朝以来，佛道两教非常盛行，那些道士和尚们，往往雕印符箓及佛像，以免写录之劳。据敦煌发见的唐印佛经[②]，知道印送佛像，可以为父母求福，已成为极普遍的风俗，这种风俗，大约在唐朝以前已经产生了。元微之为白居易作《长庆集序》，有"缮写模勒，衒卖于市井"之语，司空图《一鸣集》有"为东都敬爱寺讲律僧惠确化募雕刻律疏"之语。唐柳玭《家训序》亲见四川有雕板印纸的事[③]，皆足以证明雕板印书，是在五代之前。宋朱翌的话，最为确当，其言曰："雕印文字，唐以前无之，唐末益州始有墨板，后唐方镂九经，悉收人间所有经史，以镂板为正。"[④]

再次，则为活字印刷的发明，据沈括《梦溪笔谈》所云，乃知始于宋仁宗时的毕昇，"庆历中，有布衣毕昇为活版，其法用

---

① 叶德辉著《书林清话·书有刻版之始》篇。

② 敦煌石室发见唐印佛像，刻工精良，有印送年代及姓名，云某某为父母印送者。则印送佛像为邀福功德，唐代已成风俗。

③ 唐柳玭《家训序》："中和三年癸卯夏，銮舆在蜀之三年也。余为中书舍人。旬休，阅书于重城之东南，其书多阴阳杂记、占梦相宅、九宫五纬之流，又有字书小学，率雕板印纸。"

④ 宋朱翌《猗觉寮杂记》语，见《书林清话》卷一所引。

胶泥刻字，薄如钱唇，每字为一印，火烧令坚。"① 其时乃当西元一〇四四年，较之西洋活字印刷的发明，早四百年左右。② 谁都不能否认中国活字印刷，为世界印刷界的鼻祖。不过西洋印刷术，是不是从中国学去？固不敢断定。惟有朝鲜始造铜字活板（一四二〇），日本以铜字活板印成四书单经（一五九九），都是很明显地从中国学去的。中国最初所用的活字，乃是胶泥制成的，后来才有木刻的铜铸的，在岳珂《九经三传沿革例》中，有"晋天福铜板本"之句，似乎五代时已有铜字活板了。我们现在所能够知道的，只有清朝所印成的《图书集成》，乾隆《题武英殿聚珍板十韵》注述及聚珍板之起源③，可以考证铜字活版、木

---

① 毕昇所发明之印刷法：既烧胶泥字令坚，则设一铁版，以松脂蜡与纸灰之类敷之。另布字印于一铁范中，置铁版上，就火炀之。既镕，以一平版按其面，则字平如砥。可印数十百千本，极为神速。常设二版：一版印刷，一版布字，一版印毕，一版已就。每一字有数印，如"之"字"也"字等，每字有二千馀印，以备一版内之重复者。不以木为之者，以木有纹理，沾水则高下不平，与药相黏，不可取，不若燔土之易。

② 中国活字印刷，发明于一〇四四年，欧洲最先发明活字版，则为德国哥腾堡氏（Gutenberg 1400—1468）当一四五〇年与其友人用自制木刻活字印成一书，名曰 Catholicon，然据英人 Robert 所著《印刷史纲要》说，约在一四五四年，荷兰与德国都有活字板的发明。当时荷兰买因印务局 Maing Press 第一次印成的书，至今尚在。

③ 乾隆《题武英殿聚珍版十韵》注云："康熙年间，编纂《古今图书集成》，刻铜字为活板，排印藏功，贮之武英殿。历年既久，铜字或被窃缺少，司事者惧干咎，适值乾隆初年京师钱贵，遂请毁铜字供铸。从之。所得有限而所耗甚多，已为非计。且使铜字尚存，则今之印书，不更事半功倍乎？"序聚珍版起源说："校辑《永乐大典》内之散简零编，并搜访天下遗籍，不下万馀种，汇为《四库全书》。第种类多则付雕非易，董武英殿事金简，以活字法为请，既不滥费枣梨，又不久淹岁月，用力省而程功速，至简且捷。埏泥体粗，镕铅质软，俱不及锓木之工致。兹刻单字计二十五万馀，虽数百十种之书，皆可取给，第活字之版名不雅驯，因以聚珍名之。"

刻活字印书的情形。

上述中国印刷术的发明与演进，乃从刻石而至于雕板，从雕板而至于活字，从胶泥活字而至于木刻铜铸活字，不可谓非有相当的进步。但近世自海通以来，西洋印刷术输入以后，中国便舍弃旧有方法，而相率仿效西法，今日所盛行的铅印、石印、影印、锌板、玻璃板、铜板……种种，无一不是西洋传来的。说来未免要十分惭愧，中国既是印刷的先进国，何以今日反要尽弃其学而学他人呢？墨守陈法，不求进步，是中国人无可讳言的病根。不过今日所用新法印刷，往往舛误百出，不及中国旧法印刷的精美而无讹，所以宋刊元椠，便为一般藏书家所宝贵了。

（二）福建印书事业的开始

福建僻处南方，交通不便，文化开发，似较落后，惟有印书事业，不但与中国发明印刷同时发生，而其发达情形，且居全国印刷业的首席，我们从《四库书目》经部岳珂著《九经三传沿革例》条所说，可知其起源之早：

> 宋时九经刊版，以建安余氏、兴国于氏二本为善。廖刚又厘订重刻，当时称为精审。珂复取廖本九经，增以《公》《榖》二传及《春秋年表》《春秋名号归一图》二书，校刊于相台书塾，并述校刊之意，作《总例》一卷。①

廖刚是福建顺昌人，宋崇宁进士，他把建安余氏所刻九经厘

---

① 《四库书目提要》卷三十三《五经总义类》，总例一卷，其目一曰书本，二曰字画，三曰注文，四曰音释，五曰句读，六曰脱简，七曰考异。

订重刻，可见余氏刻书于建安，尚在其前。建安之有书肆，据清乾隆时所得余氏后裔余廷勷的报告，则知其祖先曾于"北宋时迁建阳县之书林，即以刊书为业"。① 建阳在北宋时已称为"书林"。则建安为书业的中心地点，又必始于余氏迁入之前。在《福建通志》明言：

> 宋版《列女传》，载"建安余氏靖庵刻于勤有堂"，乃南北朝余祖焕始居闽中，十四世徙建安书林，习其业。二十五世余文兴，以旧有堂之名，号"勤有居士"。盖建安自唐为书肆所萃。②

认为建安在唐朝已有书肆，依上述情形推算起来，不是毫无根据的。我们读朱晦庵《泉州同安县学故书目序》说："林君名渎，字道源，以治平四年为是县，明年熙宁初元，始新庙学，聚图书。距今八十有八年，不幸遭官师之解弛，更水火盗窃之馀，其磨灭而仅存者止是耳。"③ 此虽不及印书年代，但在北宋熙宁时已有藏书，藏书的数目虽不可知，而朱子从残脱磨灭之馀，犹得料简其可读者一百九十一卷，则北宋时福建得书之易且多，可推而知。朱子《书徽州婺源县中庸集解板本后》云："此书始刻于南剑之尤溪，熹实为之序其篇目。今建阳、长沙、广东西皆有刻本。"此外如《书周子通书后记》《书伊川先生易传板本后》《书临漳所刊四经后》等文④，皆可以推知其流传已久。所以说建安书林始于唐代，较为可信。

---

① 王先谦《东华续录·乾隆八一》。
② 陈衍《重修福建新通志·版本志》。
③ 《晦庵先生朱文公文集》卷七十五。
④ 《晦庵先生朱文公文集》卷八十一、八十二。

　　岳珂《九经三传沿革例》中，有"建本""建余氏本"等名称，又可知在南宋时所谓"建本"，已经名闻天下了。赵希鹄《洞天清录》（一称《洞天清禄集》）这样说："镂板之地，有吴、越、闽。"赵氏著作的年代，不甚知道，惟书中有"嘉熙庚子自岭右回至宜春"的话，可知他也是南宋时人。在宋朝的时候，已承认福建的刻书与吴越并列，而且数量之多，胜于他省。前后在出版界占得重要的地位，约有四五百年之久——自唐末起至明弘治时。

（三）福建印书业的发达

　　福建印书事业的全盛时期，要算南宋，其例甚多：朱子《建宁府建阳县学藏书记》（一称《嘉禾县学藏书记》）① 有云："建阳版本书籍行四方者，无远不至。"他的弟子祝穆在《方舆胜览》中称："建宁麻沙、崇化两坊产书，号为图书之府。"建宁所以得称为"图书之府"者，因为出书之多，胜于吴蜀之故，《经籍会通》所谓："三吴七闽，典籍萃焉。其精，吴为最；其多，闽为最。其直重，吴为最；其直轻，闽为最。"可见福建出书，不但数量最多，而且价值最廉。因为福建多产榕树，其质柔软，容易雕版，正如叶梦得《石林燕语》所说："蜀与福建多以柔木为之，取其易成而速售，故不能工。福建本几偏天下，正以其易成故也。"明谢在杭所著《五杂组》也这样说："建阳有书坊，出书最多。"清陈寿祺《左海文集》中说："建安麻沙之刻，盛于宋，迄明未已。四部巨帙自吾乡锓板，以达四方，盖十之五六。今海内

---

　　① 《晦庵先生朱文公文集》卷七十八。嘉禾即建阳，晋始置建阳县，隋废，唐复置，宋始改嘉禾。

言校经者，以宋椠为据；言宋椠者，以建本为最。"所谓"建本"，自然从福建省出名，其实出书最多的地方，乃是麻沙镇。现在可以考见的版本之中，有所谓"南宋麻沙本""麻沙本之最精者""宋麻沙本依监本写作""麻沙小字本""麻沙所刊""麻沙刘仲立本""麻沙坊贾刻本""麻沙坊刻""麻沙坊本""麻沙版梓行""建阳麻沙本""麻沙版式"等等，可见麻沙当时出书之盛。施可斋《闽杂记》考麻沙所在，说：

> 麻沙镇在福建建阳县西七十里，宋建阳刘氏世居于此，理学功名，为世所宗。宣和初置麻沙镇巡司，元废。清置县丞，今改置县佐。地产榕树，质性松软，易于雕版，宋时镌书人多居此，故世称其书为"麻沙本"。[①]

麻沙为当时镌书人荟萃之处，其地乃成一书坊街，居民大概多以印书为业，市屋数百椽，都为书店。惟不幸曾遇过一次火灾，全镇变为灰烬[②]，《竹间十日话》及《闽杂记》皆载其事：

> 弘治十二年十二月初四日，将乐火灾，直至初六，郡署庙学，延烧二千家。建阳书坊街亦于是月火灾，古今书板，皆成灰烬，自此麻沙板之书遂绝。（《竹间十日话》）
> 弘治十二年给事中许天赐言：今年阙里孔庙灾，福建建阳书坊亦被火，古今书版尽毁。（《闽杂记》）

---

① 编案：此引文不见于《闽杂记》。"今改置县佐"，则当已入民国。所引与《中国古今地名大辞典》"麻沙镇"条同。

② 麻沙遇火灾，当不止一次，明弘治之灾为最大。

在两段记事里，他们把建阳书坊遇火的一件事，同他处庙学、孔庙火灾连起来讲，不独表现他们"上天示警"的迷信思想，也是显得他们认为是非常重大的事，所以引起御史们的奏议，特派大员来监理——一回大举动。但在《八闽通志》记麻沙火灾，则说在元朝，其言曰："麻沙书坊，元季毁，今书籍之行四方者，皆崇化书坊所刻者也。"这样，就得要问麻沙书坊的被火，究竟是一次还是两次？被火以后印书事业是否恢复？关于前者，我们认《八闽通志》所说不无错误。关于后者，从《闽杂记》所记：

> 嘉靖五年，福建巡按御史杨瑞、提督学校副使邵诜，奏请于建阳设立官署，派翰林春坊官一员监校麻沙书版，寻命侍读汪佃领其事。

麻沙印书，设有监校之官。同时又引清初查慎行《敬业堂集·建溪棹歌》一首云："西江估客建阳来，不载兰花与药材。妆点溪山真不俗，麻沙坊里贩书回。"清初犹有从麻沙坊里贩书的事，可见弘治被火以后，麻沙书坊仍恢复旧业。不过《闽杂记》又说："今则市屋数百家，皆江西商贾贩鬻茶叶，馀亦日用杂物，无一书坊也。"不免发生疑问。因此，他又有一种臆度，接着说："或言建阳崇安接界处，有书坊村，皆以刊印售籍为业，其地与麻沙相近，殆旧俗犹沿而居处易耳。"这与《八闽通志》所谓麻沙书坊毁后，书皆为崇化书坊所刻，同一理由。因此，我们可以知道从弘治被火以后，麻沙书业或移崇化，不过还是以麻沙闻名耳。原来在普通所称"麻沙本"外，也有特别标出铺名的，像"麻沙镇水南刘仲吉宅""麻沙镇南斋虞千里""麻沙镇虞叔异宅""麻沙刘通判宅仰高堂""麻沙万卷堂""麻沙刘宅南涧书屋"等名称，可见麻沙镇书坊之多。即后来不在麻沙而亦称之为麻沙本，麻沙本仿佛成了福建出版业的中心名称。

（四）福建印书业中之建安余氏

宋以来执福建印书事业的牛耳的，要算是建安的余氏了。所以有人以为宋代刻书，福建要算第一；福建刻书，建安要算第一；建安刻书，余氏要算第一。现在要研究它的历史，却是一件难事，清朝乾隆曾经有过一回调查，尚且得不到详细报告，何况在今日？乾隆时调查，据《续东华录》的记载：

> 乾隆四十年正月丙寅，谕军机大臣等：近日阅米芾墨迹，其纸幅有"勤有"二字印记，未能悉其来历。及阅内府所藏旧版《千家注杜诗》，向称为宋版者，卷后有"皇庆壬子余氏刊于勤有堂"数字。……继阅宋版《古列女传》，书末亦有"建安余氏靖安刻于勤有堂"，则宋时已有此堂。因考之宋岳珂相台家塾五经，论书版之精者，称建安余仁仲，虽未刊有堂名，可见闽中余版，在南宋久已著名，但未知北宋时即以"勤有"名堂否？……着传谕钟音，于建宁府所属访查余氏子孙。……寻据奏：余氏后人余廷勤等呈出族谱，载其先世自北宋迁建阳县之书林，即以刊书为业。彼时外省版少，余氏独于他处购选纸料，印记"勤有"二字，纸版俱佳。是以建安书籍盛行。至勤有堂名，相沿已久。宋理宗时，有余文兴号"勤有居士"，亦系袭旧有堂名为号。今余姓见行绍庆堂书集，据称即勤有堂故址，其年代已不可考。①

---

① 《闽杂记》全引此文。编案：未查到《闽杂记》引此文。

叶德辉《书林清话》有"宋建安余氏刻书"一条，根据《天禄琳琅书目》及乾隆档案，证明余氏印书业的兴盛。现在我们来根据这些材料，研究余氏的历史。

在宋朝的时候，余氏的主人名叫余仁仲，刻书的堂名叫万卷堂，如宋版《周礼郑注陆音义》，宋版《礼记》，皆有"余仁仲比校讫""余氏刊于万卷堂""余仁仲刻于家塾"等字样。又如宋黄伦《尚书精义》，小序后有"淳熙庚子腊月朔旦建安余氏万卷堂谨书"一行。清朝有几种翻刻本，如汪中仿刻的《春秋公羊经传解诂》，序后有"绍兴辛亥孟冬朔日建安余仁仲敬书"等字，此后每卷末往往有"仁仲比校讫""余仁仲刻于家塾"等字样。黎庶昌仿刻的《穀梁春秋释传》有"余氏万卷堂藏书记"隶书印记，并有"仁仲比校讫""余仁仲刻于家塾"等字样，可知余仁仲是在南宋的时候。同时，又有余恭礼宅、余唐卿、夏渊余氏明经堂等，也是建安刻书之所，或者是余仁仲的后人。到得元朝，则有余志安出名了，改万卷堂为勤有堂，或称勤有书堂。大德甲辰所刻的《增注太平惠民和剂局方》，有"余志安刊于勤有堂"一行。此后如至大辛亥所刊的《分类补注李太白集》、皇庆壬子所刊《集千家注分类杜工部诗》、延祐戊午所刻《书蔡氏传辑录纂注》、元统乙亥所刻《国朝名臣事略》、至正甲申所刊辅广《诗童子问》，以及其他凡在元代所刻行的书，都有"余志安刻于勤有堂"，或"建安余氏勤有堂刻"，或"崇化余志安刊于勤有堂"等等字样。又有称为静庵的，其刻《列女传》《琼琯白玉蟾集》等书，皆称建安余氏静庵及勤有堂等字样。所谓静庵、靖安，或即志安的别号，或为志安的后人，皆不得而知。惟静庵、志安勤有堂，为同一时代的名称，而见于元代版本中，而《闽杂记》所记乾隆档案，谓勤有、靖庵之名，已见于宋代版本之中，且曰余文兴称勤有居士，系袭万有堂名为号，未必正确。依此研究，宋时则称万卷堂，至元时始称勤有堂，这是余氏书业宋元时最大分别。勤有堂时代，余氏刻书事业渐衰落，其书版大概都卖给他家了。

（五）建阳的其他书肆

除上述的麻沙书坊，余氏历代刻书之外，尚有其他著名的书坊，现在从各家藏书目录中可以考见的，有刘日新的三桂堂，他们曾刻王宗传《童溪易传》[①]。建安日新堂曾刻《诗义断法》，其卷首有"建安日新书堂刊行""至正丙戌"字样，则为元刊[②]。当时在建安所称为日新堂的，有好几处，如所谓刘锦文日新堂、高氏日新堂等类。又有郑明德宅所刊的《礼记集释》。阮仲猷种德堂刻书亦甚多，且有很长的历史。刘叔节、倪士毅刻《重订四书辑释》。王氏世翰堂刻《史记索隐》。蔡琪纯父一经堂刻前后《汉书》。魏仲立、魏仲举刻书尤多，以《新唐书》、韩柳文集为最著称。慎独斋亦极有名，《天禄琳琅书目后编》云：

> 闽版《十七史详节》，篇目与宋版同，每卷首或刻"建阳刘克庄梓"，或刻"建阳慎独斋"，或刻"建阳木石山人刘宏毅"，其例不一。建阳自宋为刻书之肆，刘氏慎独斋世其业，而刘宏毅乃明时人，首标克庄，著其先世名人耳。

这可见刘氏亦有长久的历史。廖群玉世䌽堂刻书之盛，几与余氏

---

① 王宗传《童溪易传》与杨慈湖《易传》宗旨相同，宁德林焞序称与宗传生同方，学同学，同及辛丑第云云。
② 《四库书目提要·诗类存目一》。

相垺。据《中兴艺文志》称：廖刚曾祖母、祖母享年最高。皆及见五世孙，故作堂名世綵。《癸辛杂志》记廖群玉刻书，九经本最佳，以数十种比较，百馀人校正而后成。所刻九经为岳珂的《九经三传》所本，又刻五经、韩柳集、《论语》何晏集解、《孟子》赵岐注等书，后来都为明朝郭云鹏济美堂翻刻，当时廖氏刻书之盛，可以想见了。

继余氏而起的，则有叶日增广勤堂，也是一个很大的书铺，有许多勤有堂的书版，都给他们收买去，将堂名改换过，重行印卖。在《千家注分类杜工部集》里，将"皇庆壬子余志安刻于勤有堂"木记劓去，别刻"广勤堂"等新木记补入，"勤有堂"则改为"广勤堂"，"皇庆壬子"则改为"三峰书舍"，惟有钟式炉式的木戳尚存。有些地方把原有的字劓去了，没有补入新字，这是显而易见的痕迹。① 可见元朝的末了，余氏的营业渐渐衰落，有过三百多年历史的大书铺，至此乃归他人所有，从广勤堂收买其书版这件事，可见一斑。但是广勤堂却没有多久，这副版子又归金台书估汪谅所有，"广勤堂"三字复给他劓去，"三峰书舍"四字乃改为"汪谅重刊"，《善本书室藏书志》误认为汪谅所翻刻，曾说"行款字数，与元刊无异，惟笔画稍肥"。其实笔画稍肥并不是翻刻的证据，乃是久印磨损的缘故，还是余氏勤有堂的原版，不过由勤有堂而变为广勤堂，由广勤堂而变为汪谅重刊，改换牌名而已。《天禄琳琅》十所记明版《分类补注李太白集》，也是一样地经过一番转鬻。由余而叶而汪的转变，恐怕不单是这几种吧！在此，不但可以看出各书估间盛衰消长的情形，也可以观察到文化气运的转变。

此外在长汀四堡乡，也是书业荟萃的地方，在《临汀汇考》

---

① 《书林清话》卷四《元建安叶氏刻书》篇。

有一条记载：

> 闽中建安书林，古今书版在焉，历朝文章萃聚之所。明弘治十三年书林火，给谏许天锡言宜因此遣官临视，刊定经史有益之书。其馀晚宋陈言，如《论范》《论草》《策略》《策海》《文衡》《文髓》，主意讲章之类，悉行禁刊。长汀四堡乡，皆以书籍为业，家有藏版，岁一刷印，贩行远近。虽未必及建安之盛行，而经生应用典籍，以及课艺应试之文，一一皆备。城市有店，乡以肩担，不但便于艺林，抑且家为恒产，富垺多藏，食旧德，服先畴，莫大乎是，胜牵车服贾多矣。宋陈日华《经验方》云："方夷吾所编《集要方》，予刻之临汀。后在鄂渚得九江守王南强书云：老人久苦淋疾，百药不效，偶见临汀《集要方》中用牛膝者，服之而愈。"按：宋时闽版推麻沙，四堡刻本近始盛行，阅此知汀版自宋已有。①

从这一段记载里，可以知道：（一）建安火后，官监印刷，一部分科场文录，禁止发行；（二）建安之外，又有临汀书林，麻沙刻本之外，又有四堡刻本；（三）汀版书籍，在九江、鄂渚之间，皆已流行；（四）不独有书店，又有肩挑到乡间贩卖。这样，可知临汀四堡也是一个卖书有名的地方，不过它所刻卖的，大概是关于课艺应试之文，毫无版本上的价值。

除上述几处有名的书铺外，我们从书本上所看见的，还有许多的店铺与人家，如：建安王懋甫桂堂、建宁黄三八郎书铺、陈八郎书铺、建安江仲达群玉堂、建安蔡子文东塾、建溪三峰蔡梦

---

① 杨澜著《临汀汇考》卷三。

弼传家塾、陈彦甫家塾、黄善夫宗仁家塾、刘元起家塾、曾氏家塾、虞氏家塾等等，是见于宋刻的。元代有所称的：建安郑明德宅、建安蔡氏、建安刘承父、建安詹璟、建安陈氏馀庆堂、朱氏与耕堂、同文堂、建安万卷堂（按此堂与宋代余氏的万卷堂不同，因当时称为万卷堂的很多）、董氏万卷堂、建阳书肆刘克常、建阳刘氏书肆等。明代有汪文盛、李元阳，以及熊宗立种德堂、书户慎独斋等，亦皆刻了不少书籍。清代在福建，书估刻书已极少，惟藏刻家每喜刊行丛书，有合刻古书的，有刻一人自著的专集的，福建自亦不能例外。① 如《朱子遗书》百〇三卷，《李文贞全书》百六七卷，《左海全书》百〇四卷，《竹柏山房丛书》七十六卷，《赌棋山庄所著书》七十二卷等，为个人专集的最著者，大概皆刻印于本省。尚有两大丛书：一为《正谊堂全书》，连续刊计有五百十五卷之多，为康熙间福建巡抚张伯行所编刊，同治间闽浙总督左宗棠重刊之。一为《武英殿聚珍版丛书》，有二千八百三十卷，别行八种一百九十四卷，苏、浙、赣、闽皆有传刊，惟福建所刊为最富；光绪间闽浙总督卞宝第、谭钟麟先后督修，以知府傅以礼为总纂，于旧刊之外，增入二十五种，亦为福建刊本中之最有价值者。

（六）福建板本的价值

藏书家往往以宋椠元刊为宝贝，以为宋元刊本，不独雕刻精工，书写都出名人，纸张印墨，皆甚讲究，即校勘亦极精细，绝无讹误。但是福建麻沙所出板本则不然：

----

① 清代丛书之刻，甚为盛行。《福建新通志·艺文志》有"丛书考"。

有教官出《易》题云："乾为金，坤亦为金，何也？"举子不能晓，不免上请。则是出题时偶检福建本"坤为釜"，字本谬，忘其上两点也。又尝有秋试，问"井卦何以无象"？亦是福建本所遗。"①

不独叶梦得有这一段记载，陆游、郎瑛都有同样的记载。《老学庵笔记》云："三舍法行时，有教官出《易》义题云：'乾为金，坤又为金，何邪？'诸生乃怀监本至帘前请曰：'先生恐是看了麻沙本。若监本，则坤为釜也。'"《七修类稿》云："宋时试策，以为井卦无象，正坐闽本失落耳。"这两件事便成了历来诟病闽本的话柄，于是一般谈版本的人，都以为闽本价值乃在杭州、四川之下，不独他省人有"福建最下"的批评，即福建人自己也是这样说，明朝谢肇淛在其所著《五杂组》中说道："建阳有书坊，出书最多，而板纸俱最滥恶，盖徒为射利计，非以传世也。"他又推源所以滥恶之故："能书者不过三五人，能梓者亦不过十数人，而板苦薄脆，久而裂缩，字渐失真，此闽书受病之源也。"原来福建刊板木质，多用榕树，取其质性松软，容易雕刻，但是也容易损蚀，所以有这种毛病。

总上批评，大概可以包括刻手写手之少、木质不良、校勘不精三点。祝穆所著《方舆胜览》记载"咸淳二年福建转运使司禁止麻沙书坊翻板榜文"，这个转运使司是谁？我们不得而知。为什么禁止麻沙书坊翻版？我们也不得而知，或许就是因印刷不良的缘故。《闽杂记》所记弘治建阳书坊被火，竟因其刻书不良，致邀天谴，有奏请派员监校麻沙书板之事。又云："建阳、崇安接界处有书坊村，皆以刊印书籍为业，但所刻之书，讹舛脱漏，

---

① 叶梦得《石林燕语》。

字迹漫漶，且纸甚恶丑。非独不供收藏，即翻阅亦觉可憎。"《板本志·礼记集说》条下记："嘉靖十一年福建按察使牒建宁府云："近时书坊射利，改刻袖珍等版，字多差讹，如'巽与'讹作'巽语'，'由古'讹作'犹古'之类。"这不独在明朝的情形如此，上述叶石林、祝穆等人的话，足见宋朝也是这样。所以施可斋又在《闽杂记》中说："宋时麻沙板之著称，特以其多耳，非为精美也。降至今日，时远代迁，宜乎况而愈下，其恶劣不堪入目矣。"其为人诟病疾恶至此，实予闽本价值上一大打击。这样，闽省板本，便没有价值可言么？予以为不然，因为在批评一方面看是如此，但是从赞美的一方面看却又如彼，便可以证明这不过是一部分书估所刻书，不足以概括全体的。麻沙本及其他闽本之精美者亦自不少。朱竹垞《经义考》中曾云："福建本几遍天下，有字朗质坚，莹然可宝者"，这是清初人所见善本，而加赞美的话，可见闽本中流行之善本，亦复不少。《福建版本志》记宋版《周礼》，为建安余仁仲所刻，有"点画完好，纸色俱佳"的评语；记《纂图互注礼记》，为南宋麻沙本，有"当是麻沙本之最精者"的话；记蔡琪一经堂本《后汉书》，有"珍同球璧，刻手精良，字大悦目"等等考语。诸如此类的赞辞，实属不一而足。说到校勘，据《癸辛杂志》所记廖群玉所刊九经本，校正者有百馀人之多，且云"以抚州萆钞纸油烟墨印造"，其装褫至以泥金为签，其宝贝讲究可知。其所印《韩昌黎集》，相传刊书时用墨皆杂泥金香麝为之，纸宝墨光，醉心悦目。又如阮仲猷所印《春秋经传集解》云："谨依监本，写作大字，附以释文，三复校正刊行。"麻沙本《纂图互注扬子法言》末云："本宅今将监本四子，纂图互注，精加校正，兹无讹谬，膳作大字刊行。"魏仲立所刊书，往往有"建安魏仲立宅刊行，士大夫幸详察之"的话。《仪顾堂题跋》云："南宋时，蜀、浙、闽坊刻最为风行，闽刻往往于书之前后别为题识，序述刊刻原委；其末则曰'博雅君子幸毋忽诸'。"欲以证明其无讹及牌子。此可以知一般刻书者的认真，亦自有其精美所在，其间虽有冒滥舛讹之本，究不能以一部掩全体。且所谓讹误，即他省刻书亦不能免，岂独福建为然，故不能以此专病麻沙本也。

（七）福建藏书家与刻书的关系

因为刊印书籍的发达，故便于学者的收藏，而且那些收藏书籍的人，又往往自行刊书，藏书与刻书，便成了互相为因，互相为果的关系。福建既是一处刻书非常发达的地方，藏书家自然也产生得比较多。现在应当略为叙述。施可斋有一段概括的话说：

> 闽中藏书家最著称者，宋时莆田郑樵、林霆外，如方渐富文阁、方千宝三馀斋亦有名。明时则晋江黄俞邰千顷堂，福州徐兴公汗竹斋、宛羽楼，皆有书目行世，国朝林鹿原中书、李鹿山中丞、何述上舍、郑昌英秀才。近时若梁茝林中丞、陈恭甫太史、何岐海孝廉，闻所藏皆十馀万卷，真可美也。
>
> 小琅环，陈恭甫太史藏书处也。闻金匮孙文靖公督闽时，增修《福建通志》，太史董其事，尝檄取各郡邑书。秘册遗文，多闽中藏书家所未有。[①]
>
> 徐兴公云：吾乡前辈藏书富者，马恭敏公森、陈方伯暹；马公季子能守；陈公后昆寖微，则散如云烟矣。又林方伯懋和、王太史应钟，亦喜藏书，捐馆未几，书尽亡失。邓

---

① 两段皆见《闽杂记》。

参知原岳、谢方伯肇淛、曹观察学伶，皆有书嗜。邓则装潢齐整，触手如新；谢则锐意搜罗，不施批点；曹则丹铅满案，枕籍沈酣。三君各有其癖。①

上述前者略提自宋以来几个重要的藏书家，后者不过是一种盛衰之感，要皆语焉不详。近来杨立诚编纂《中国藏书家考略》，所举闽人之藏书者，有二十四人，较为详备，惟不无错误失检之处，如记杨徽之一条：

> 杨徽之，字仲猷，周浦城人。生于穆王二年，卒于懿王十四年，年八十。显王中举进士，累官右拾遗，真宗时官翰林学士，藏书至富。徽之无子，举所藏书悉赠其外孙宋绶。②

我们把这一条奇妙的考证记录下来，并不是吹毛求疵，是要使读者们一观其错误，在周显王时有进士的科举，有右拾遗的官名，同时有翰林学士的官职。在周穆王的时候（一○○○年左右）福建已经出有这样的藏书家。从穆王到显王相距有六百五十多年，六百多岁的老进士，岂止活八十岁？而云年八十。从周穆王二年至懿王十四年倒是算得很对，而中间又忽然插出什么真宗与宋绶来，真是妙不可言。读者诸君当然看得出他的错误，是从显德这个年号来的，显德是五代周世宗的年号，他把显德误为显王，自然这个五代的周，便会变成三代的周了。这些原是废话，与本文没有多少关系的，而且这种错误，稍微有一些历史知识的人都会知道，也没有什么影响的。但是他们这本书，也可以算是

---

① 《闽小纪》。
② 《中国藏书家考略》。

一种专门的搜集，所搜聚的二十四个福建人，的确也可以算是提纲挈领了。像宋朝的莆田方渐、郑樵、郑寅，建安吴秘、黄晞，邵武廖莹中、黄伯思，漳浦吴与，浦城杨徽之等。明朝的闽县林懋和、徐𤊹及其子延寿，侯官曹学佺，长乐谢肇淛，邵武谢兆申，晋江黄居中及其子虞稷，连江陈第等。清朝的莆田吴任臣，侯官林佶、郑杰，晋江张祥云，闽县陈徵芝，泉州李馥等。虽不能备，亦可见其盛了。其间如徐𤊹（兴公）著有《红雨楼家藏书目》，《汗竹斋书目》曾云："积之十年，盈五万三千馀卷。"陈第有《世善堂书目》，他是一个武官，曾经做过游击将军，倒是很欢喜藏书，大半自金陵焦太史、宣州沈太史处钞来。他与涿州高儒同是富于藏书的武官，可惜他的书籍，后来给他的夫人烧毁了。郑樵有《夹漈书目》及《图书志》，尝与当时的藏书家往来，他在《通志·校雠略》里提起过："乡人李氏曾守和州，其家或有历阳沈氏之书""乡人陈氏尝为湖北监司，其家或有荆州田氏之书""漳州吴氏，其家甚微，其官甚卑，然一生文字间，至老不休，故所得之书多蓬山所无者"。莆田方氏渐"知梅州，积书数千卷，皆手自审定。增四壁为阁，以藏其书，榜曰'富文'"。[①] 这些藏书家的书，他都去读过，他的从子名侨，侨的儿子名寅，都是欢喜藏书的。陈振孙曾经在莆田做过官，传录郑氏、方氏、林氏、吴氏书，至五万一千一百八十馀卷之多，可见莆田在宋朝时藏书之盛了。宋朝印书业最发达的地方，要算四川、江西、浙江、福建——北宋是四川、江西，南宋是浙江、福建——书家也自然在这四处特别的多。元代以后，藏书之风更盛，闽县徐兴公，著有《红雨楼家藏书目》，尝谓："人生之乐，

---

① 《中国书史》卷九所引，《通志卷》七十一《校雠略》求书之道有八论九篇。

莫过闭户读书，得一僻书，识一奇字，遇一异事，见一佳句，不
觉踊跃，虽丝竹满前，绮罗盈目，不足逾其快也。"①积书十年，
盈五万三千馀卷。其子延寿，亦喜藏书，与曹学佺、谢肇淛相
埒。连江陈第，本一武人，曾官游击将军，喜藏书，大半从金陵
焦弱侯太史及宣州沈太史处钞来。与涿州高儒同为明代富于藏书
的武人。更有黄居中父子，本来是晋江人，后家金陵，好藏书，
恒手自钞撮，约六万馀卷，其子虞稷，增加到八万馀卷，著《千
顷堂书目》。陈徵芝著有《带经堂书目》，皕宋楼吴兴陆心源曾特
来闽访求，可见其藏书的著名。他如世綵堂的廖莹中，不但为藏
书家，其刻书之多，亦不亚于余氏。陈遏为一名画家而富藏书，
马森以一理学家而喜藏书，皆为杨立诚书中所未收录者。以及陈
寿祺、严复、陈衍、林钧等个人藏书，亦皆不少。地方设立图书
馆，有以私书捐入者，如陈太傅家藏书籍的捐入乌山图书馆与本
校，化私为公，有足多者。

（八）结论

现在该把这文结束了。本来还想加进"福建著作家与刻书的
关系"一段，但是因为这个问题也很大，至少要把《福建新通
志》中的《艺文志》《文苑传》都看过，几能动手。时间不许我
这样做，所以只好留到后来再说。在这文里是单单叙述一点印刷
的历史和藏书家的大概，自然是语焉不详的。把福建过去的文化
事业中的一部分，略为提起，叫我们知道福建过去的印刷事业，
不独关系于本省的文化，也是影响到全国的学术界。从上述研究
的结果，知道福建印书业最发达的时期，则为南宋，至明代乃渐

---

① 徐𤊹所著《笔精》。

衰落，海禁既开，旧法印书，已无存在的价值。而新法印书，实较全国为落后，全省之中，没有一比较完善的印刷所。印刷与文化的发展，谁都不能否认它的关系，居今日而欲复兴福建的文化，正宜发展全省的印刷事业。这是我个人从研究过去的印书事业而发生的感想。

我不是福建人，对于福建的问题，总不免有几分隔膜。我所以不藏拙陋，来贸然作这样的研究，不过要引起福建本省同志们的注意，群策群力，一方面发挥过去的旧文化，一方面推进未来的新文化，这便是我们研究福建文化的出发点，希望同志们多多赞助。

本文参考书

叶德辉《书林清话》

《天禄琳琅书目》

《晦庵先生朱文公文集》

施可斋《闽杂记》

周亮工《闽小纪》

陈彬龢《中国书史》

郑鹤声《中国文献学概要》

《四库书目提要》

《福建新通志》版本志、艺文志

杨立诚《中国藏书家考略》

叶梦得《石林燕语》

郑樵《通志·校雠略》

《中国雕板源流考》

原载于《福建文化》1933 年第 12 期

福建刻书业与区域文化格局关系的研究

林 拓

　　版本风格、刻书方式、刻书内容乃至刻书业的地域分布等等，历来为古籍版本学及刻书业研究所重视，但刻书业的地域发展与区域文化格局演变之间的内在联系，却时常在研究的视域之外，至于其中诸多具体问题，如地区刻书中心的兴衰转移、刻书内容的基本取向等等与区域文化的关系，更是少有问津者。福建刻书业研究便是一个典型。饮誉海内的"建本"原本就易于令人产生福建刻书唯建阳一枝独秀的误解，加之坊刻者的商业运作中不少粗劣版本的滥造，更让人以为建本之兴衰均是商业化使然，从而忽视了当时地域文化格局演变的根本性作用。本文试图以福建刻书业的地域变迁为典型个案，对两者的内在联系进行考察。

一

　　福建刻书业的地域变迁几乎从一开始就与整个文化格局的演变过程难以割舍。唐末五代，福建已呈现出文化格局的早期雏形，突出的标志是，沿海与闽北两个文化带相继发育，前者以福州、莆田、泉州为基点，以滨海狭长的平原地带为依托；后者则以建安为基点，以闽北走廊为依托。福建刻书业究竟起源于何时难以确证，但一般都以闽国时期依王审知仕宦的徐寅所作诗句"拙赋偏闻镂印卖，恶诗亲见画图呈"①，推测五代时期福建已有刻书活动及图书的销售。

福建刻书业的广泛兴起与宋代福建文化高潮的出现也大致同步。宋代福建"冠带诗书，翕然大肆，人才之盛，遂甲于天下"②，以至朱熹慨然叹曰："天旋地转、闽浙反居天下之中。"关于进士、学者、官员、词人等的统计数字，都证明当时福建在全国名列前茅。当全国刻书业在宋代进入黄金时代时，福建刻书也遍布八闽，连偏隅小县都有镂雕之声。官刻、私刻及坊刻三大刻书系统已经形成，刻书总量名列榜首。特别是闽北建阳，以其数量之多、行销之广而获得种种美誉，与浙江、四川并立为全国三大刻书重心。但是，宋代福建文化空前的兴盛，容易造成整个区域文化的发展在宋代呈现出某种平面式推进态势的假象。事实上，各区域之间仍存在着严重分异，而这种分异直接导致了各区域的发展水平存在明显的梯度差异。两宋时期福建文化地域格局呈现出的基本特征是，由若干个文化密集地共同组成一个区域性的文化中心地带，进而对周围及更广大地区产生影响。而福建刻书史研究已表明，宋代福建刻书以建阳、福州、莆田、邵武等地最为密集，这些地点均是当时福建文化的中心地带。

更需要指出的是，"麻沙本""建本"广泛的知名度，往往使人们忽视了两宋时期福建刻书中心地有一个转移变迁的过程，这一中心的变迁正折射出文化格局演变的重要事实。北宋福州秉承五闽遗风，以宗教典籍的刊刻闻名于世。其中《崇宁万寿大藏》开雕于元丰三年（1080）、《毗卢大藏》开雕于政和二年（1112），

---

① 《新五代史》卷六八《闽世家》。
② 洪迈《容斋四笔》卷五。

次年又有《万寿道藏》的开刻。三部大藏雕版多达 40 万块，镌字 3 亿多个，雕造规模之浩大，令人惊叹不已，而开雕时间前后相差很短，且多集中于闽县及附近地区，又难见政府极力支持的迹象，可见，当时福州刻书的技术力量与宗教经济的雄厚及信教风气的浓郁。福州所刊非宗教性书籍并不多。宋室南渡之后，福州刻书的规模数量已盛况不再。建阳刻书兴起比福州略迟，北宋熙宁年间已有很多士子知道"建本""麻沙本"的存在，可见北宋中期这些版本已相当流行，但北宋末期福州三大藏的刊刻规模是建阳所不敢想望的。南宋以后，建阳迅速发展，超越福州而成为福建乃至全国的刻书中心。建阳刻书业以家刻和坊刻影响最大，著者数十家；麻沙、崇化二坊号称"图书之府"，"书市在崇化里，比屋皆鬻书籍。天下客商贩者如织，每月以一、六日集"①。

建阳刻书，特别是坊刻之所以拥有如此繁盛的气象，各种原因屡屡被强调：便利的交通条件、本土文化的发展、宽松的文化氛围（与政治中心有一定距离，控制较松）、廉价而优良的质料（如造纸原料，注墨泉水的优质与丰富）、刻书的风气浓厚、刻书技能的普及（甚至于女子亦能刻书）……实际上，刻书一旦成为建阳一带的某种社会传统，进而独立成为地域产业的重要支柱，它可以根据特定的运行规则，充分地调配、利用各种资源来维持自身的生命力，从而淡化原有兴起的动因。应当说，建阳坊刻的兴起与当时建阳在福建文化格局中的中心地位直接相关。两宋时期的福建尚未形成统摄整个区域的文化中心，由若干个文化密集地共同构成地区性的文化中心，呈现出多元化的发展态势。根据宋代仅存的两份登科录《绍兴十八年同年小录》（1148）和《宝祐四年登科录》（1256）的抽样统计，福建进士均占全国的五分

---

① 嘉靖《建阳县志》卷三《封域志·乡市》。

之一，与当时福建进士总数占全国的比率相符，其中福州占绝对优势。另据明朱希召所编《宋历科状元录》，并参照《宋人传记资料索引》校订，福州同样处于领先地位，成为名副其实的南宋福建的文教重心。但科举的兴隆只为它提供学术发达的可能，并未使之成为直接的现实。与其科举的显赫地位形成鲜明反差的是，福州闽县、侯官中心地带的文化成就平平。而闽北建溪一线及邵武、浦城等地共同构成的文化中心地带，成为宋代福建理学的发展基地与中心。闽学作为福建理学最庞大的一支，几大理学派系都集中在这一中心地带，宋代理学家们多生长于此。随着闽学演变为官方哲学，它对福建文化向心力的强化作用实不可忽视，这一文化地带也随之成为当时福建最具文化影响力的地带，而建阳恰好处于这一文化与经济地域网络的核心。宋代福建文化在总体共性突出的同时，也展现了各中心地带的鲜明个性。刻书中心的转移及刻书风格的差异正是当时文化地域格局的具象。

二

建阳坊刻的兴起是该地域网络中文化与商贸相互推动而衍生的结果。在这里，本土学者不断涌现，外地学人慕名而来。学者汇集对建阳刻书的意义，不仅在于购书氛围的营造及销售量的扩大，还在于他们直接参与刻书业，并使之得到必要的智力支持和充足的稿源。建阳许多坊刻便是从文化名流的家刻系统直接转化而来的。建阳著名刻书家，除余氏以外，熊、魏、叶、蔡、刘、黄等几大姓，不是本人即闽学学者，就是属于同族或后代。他们的参与直接导致闽北众多学术名著的涌现，《论语精义》《五朝名臣言行录》《勿轩集》等等数以万卷计的著作都率先刊刻于此地，其中相当一部分书籍还反复翻刻，在促进学术交流的同时，也提高了建阳刻本的知名度与经济利润。文化的介入使建阳坊刻能够了解并切合读书人的普遍需要与兴趣，善于刊刻供文人学士操觚射鹄的经史文集。坊刻本中许多以"互注""重言""重意""图谱"为标题的经书，方便了举子们的课读与一般读者的理解与查阅；建阳坊刻最早使用黑口与书耳，正是为了便利读者进行翻检与浏览。书坊与学术的相互融合有时到了令人难以区分的境地，建阳著名学术重地——同文书院的中心居然由一个书坊坐落其中。朱熹这样的大师亦刻书销售，此举历来令理学家们羞羞答答予以遮掩，连当时处于全国刻书中心之一四川的张栻对此也表示费解且颇有微词，建议别向他求，可朱熹却认为"别营生计，顾恐益猥下耳"①。此话意味深长，实际上，刻书已成为学者治学与谋生的平衡点。

学术取向影响着坊刻的走向，坊刻的成果也推动学术的进步。南宋前期，在全国坊刻仍青睐诗歌文集之时，建阳坊刻印经刻史却已一马当先，这是与闽学的兴起相伴随的，也为闽学的迅速展开准备了图书条件。显然，以宗教寺观及部分政府官员和文人为支撑的福州刻书中心，必然要让位于以文化和商业为支柱的建阳。至于建阳坊刻兴起的诸多相关原因中，交通与物资条件等属于潜在的因素，正是两者相互推动的作用使之得以凸显，而刻书的风气、刻书的技能等则是与坊刻的兴起本身互为因果的，不宜作为原初的动力考虑。

不仅如此，建阳刻书的推广也与闽学的展开有关。据称，泉州的刊工密布在涂门城外的田庵、淮口、后板一带，其中田庵村的刻版技术，据说是朱熹到同安任主簿时传授的，田庵旧俗每年

---

① 《朱文公文集·别集》卷六《林择之》。

的农历二月十五日都要祭祀"祖师朱文公"①。漳州的刻书业在朱
熹知漳州后得到充分发展，龙溪、长泰诸县亦有刻书分布。南宋
绍熙元年（1190）漳州还刊印了朱熹所定的"四经""四子"本，
成为闽学在漳州扩展与深入的历史性标志。

如果说，刻书业的广布及其中心的变迁深刻地受制于福建文
化格局的基本特征，那么，当时福建文化格局的其他诸多特色，
同样在刻书业的发展中得到体现。宋代福建文化格局有两个特点
引人注目：一是泉州港在海外贸易的促动下所形成的独特的人文
景观；二是闽西汀州地区与福建各文化中心地带之间的联系最为
疏离。前者在刻书业中的体现，不仅是泉州提举市舶司亦有刻书
之举，而且泉州港成为福建刻书播迁海外的主要途径。北宋时高
丽以三千两银向泉商徐戬订造雕经版三千片②，南宋嘉定年间侨
居泉州的日僧庆政上人回国时，也从泉州带回一套《大藏经》。
对后者来说，知汀州军的鲍瀚之刊刻了一批古算经，除了人们熟
知的《九章算经》《周髀算经》《孙子算经》之外，还有《五曹算
经》《张丘建算经》《术数记遗》等，在当时福建大量刊刻举业之
书、正经正史及文人文集之时，这一大批算经的刊刻显得尤为醒
目。不仅如此，从这批算经到现存其他的汀州刻本《嵩山集》
《古灵先生文集》等等，均以字体秀丽为风格，与当时闽刻具有
明显区别，以至于有人怀疑："临汀，闽地，闽本粗恶，而此本
乃大板大字，真为宋椠之佳者，恐不是临汀所刻。"③汀州刻书的
特出，正意味着它与当时的福建文化仍有一定的距离。

元代福建文化格局，呈现出战乱冲击、科举中挫、文化高潮

① 吴堃《泉州的木版镌刻与书坊》，《泉州文史资料》第七辑。
② 苏轼《东坡奏议》卷六《论高丽进奉状》。
③ 森立之《经籍访古志》。

回落中形成的过渡性变化特征，刻书业相应地出现下滑趋势，但建阳一带却相对稳定，并刊刻了当时盛行的散曲、小说等。明代建阳坊刻于成化、正德年间有所发展①，至万历时达到新的高潮。万历年间周弘祖编撰的目录学著作《古今书刻》一书的上编记载了各地所刊书籍，其中福建刻书总数 478 种，占全国的 14.6％，居第一位；所录明代福建之坊刻 366 种，占全省书籍总数的 78％，而书坊刻书几乎都在建阳，堪称当时福建刻书中心。明中叶以后福建行政力度加强的一元化与区域经济的多元化的严重矛盾，使各文化区域发展处于升降起伏之中。坊刻业进入成熟形态的同时，也相应地带动了建阳文化的发展，在闽北地区文化趋于滑落之际，它却犹如悬浮于其上的文化孤岛不断延续。顾炎武曾说："当正德之末，其时天下惟王府官司及建宁书坊乃有刻板。"②不过，它之所以可以不断延续，还在于当时福建尚未形成一个统摄全局的全省性文化中心，故而，建阳也尚未有可抗衡之敌。

　　遗憾的是，本已粗陋的坊刻越多越难保证刊书质量，进入了恶性循环，"明人刻书而书亡"。明末清初战乱的严重冲击，更使建阳坊刻损伤惨重，而清代行政力度对文化格局的规整进一步强化。待文化专制的狰狞面孔逐次张开，建阳坊刻的前景显得日渐黯淡。清初不仅严禁戏曲小说的刊刻，连买看都要受罚③，建阳书坊正是"刊伪印，散伪札"的罪魁祸首，也是专制力量首先打击的对象。清代朴学兴起，粗陋的刻本不再为学者所重，更为考

---

　　①　依据《明代版刻综录》《福建版本资料汇编》及《福建文献书目》（未刊本）等相关文献统计。

　　②　《亭林文集》卷二《抄书自序》。

　　③　顺治九年（1652）清廷下令："坊间书贾，止许刊行正理学政治有益文业诸书；其他琐语淫词，及一切滥刻窗艺社稿，通告严禁。违者从重究治。"雍正年间又规定"买看者杖一百"。（《学政全书》卷七《书坊禁例》）

据家们所唾弃，官私刻的精品居绝对优势，销售市场陡然狭小。更重要的是，闽北文化已成衰微之势，无力充当它的依托，为之力挽狂澜，以适应时代的转变。建阳坊刻的衰落也给闽北学术带来影响，像高澍然这样的古文学家所著书籍难以及时刊刻，行销外省扩大影响，《韩文故》《李习之文读》的书版又焚于战火，陈衍哀叹的"传本绝少"，实不仅限于高氏一人。

三

接踵而来的问题是，福建坊刻中心向何处转移，或者说由何地替代呢？在这里，我们可以根据当时福建文化格局的演变状况进行拟推。刻书中心的确立，特别是在它形成之初必须依托地区强有力的文化中心，闽北区域中心趋于弱化，不可能承担这一使命。莆仙地区的优势地位丧于嘉靖倭患，亦无法胜任。处于上升态势的区域有三个：福州、闽南、闽西。清前期福州尚未确立其省级文化中心的地位。再有，坊刻的长足推进需要以刊印大量的举业之书与戏曲小说等畅销图书，才可能获得高额利润以求有效运行。作为省级行政中心，除非政策松动，否则不可能允许当地民间大规模经营此业。至于闽南刻书亦有发展，不过，该区域的产业结构受控于海外贸易，图书贸易也不是重要组成部分。那么，在前者受制于行政力量，后者局限于经济形态时，下一个坊刻中心只可能在闽西了。闽西文化处于上升趋势，且远离省会，行政控制较弱，具备一定的可能性。闽西文化发展受相邻区域的外力牵制，呈现出区域文化中心模糊的态势，其行政中心长汀一地恐怕也难作其依托。汀州北部的科举状况没有像南部地区那样受到漳潮的共同推动，显得较为低落，不过长期受福建内部文化影响，较南部地区基础更为雄厚，拥有较多的学者文人，坊刻中心可能在这一地区。

　　果然，继建阳坊刻而起的是位于长汀、连城、清流、宁化四县交界的汀州四堡的坊刻。这四县周围共有数十个乡村，据当地书商后人所说，他们不重县属之分，"这是因其语言风俗、生活习惯、攀亲交友、经济往来的纽带把他们连结在一起"。清中叶以后，四县交界地带四堡的长汀县雾阁乡由于邹氏和马氏的聚居与经营，"渐渐成了四堡的经济、文化和政治中心"。① 它的崛起与前文所说汀州文化的发展息息相关。不过，四堡坊刻的发展是读书而仕演变为兼刻书而商：四堡刻书两大族之一的马氏弘治年间的"家训"要求"勤教训，远货财，敦淳厚"②，明后期才始见族人经商。崇祯年间何乔远对这一地区的印象依然是"汀州士知读书进取，民安稼穑，少营商贾"③，另一家邹氏亦然④。闽西山区刻书原材料的丰富、行政控制的薄弱以及建坊衰落而出现的"真空"，才使之长足发展。当时四堡书商有北、西、南三条主要运销路线，北线经清流下闽江，入江西而及长江上、中游；西线由汀江入粤西，或沿珠江上溯至广西，或沿闽江东下福州，转海运入温州、散于全浙；南路经朋口溪入韩江至广东，或陆路至龙岩及闽南各地。上述运销路线，与邹氏和马氏族谱记载的经商范围是一致的。刻书者采取了与建阳坊刻相似的刻书策略：面向大众，商业性强，亦有"错误不可胜数"之诟病。但重要的是，汀州强大的宗族力量推动族学发展，保证刻书者的文化素质，并使坊刻形成供产销一条龙的严密组织，刻书信息交流频繁，运行环节紧密相连，环环相扣，形成完整的体系，具有浓厚的家族色

---

①　《连城文史资料》第四期，邹日升文。

②　《长汀四堡里马氏族谱》。

③　《闽书》卷三八《风俗志》。

④　《范阳邹氏族谱》。

彩，组织上的成熟要比建阳坊刻迅速得多。据统计，四堡刻书行销 11 省，外出经销的书贾 629 人，从事刻书业者 1000 人以上，著名大书坊 40 多家[①]，与北京、汉口、浒湾等并称为清代四大刻书中心。可惜的是，他们未能脱开自然经济体系的羁绊。从族谱可见，在弃儒从商又弃商从儒的周期蜕变中，耗费了大量的人力、精力与财力。初盛于明后期、全盛于乾嘉年间的汀州四堡刻书业，"至咸同以后乃不振"[②]，太平军的冲击使销售活动的主要地区战乱频仍，清政府为了镇压太平军"设卡抽厘"，更阻碍了经销的扩大。待太平军起义平息之后，近代西方先进的印刷业浪潮已惊涛拍岸。光绪末年，传统的雕版印刷宣告终结。

四

相对而言，福州这一刻书的重要地区一直得到持续稳定的发展。明代，官刻是福州刻书的重要支柱。当时全国有中央部门、亲王藩府及地方政府三大官刻系统，明中后期福州官刻的发展实是因地区行政中心的缘故。据《古今书刻》所载，福建官刻的情况是：布政司 18 种，按察司 10 种，盐运司 3 种，五经书院 5 种，福州府 16 种，福州府学 13 种等。福州一地便有 65 种，除建阳外，其他各地总和仅 47 种，若非布政司、按察司等机构设在福州府城，福州府也仅有 16 种，与建宁府 17 种相当。明代福州家刻的实力仍不十分突出。严格地讲，明代的福州称不上是福建的刻书中心，而更多的是作为建阳之外的又一刻书密集地而已，它的实力及在全省的影响，与建阳相比不能望其项背，前文的分析

---

① 马卡丹《四堡雕版印刷业初探》，《福建文史》1993 年第 5 期。

② 三山樵叟《闽省近事竹枝词》，抄本。

已充分说明这一点。当时谢肇淛曾感慨，闽中稍学吴刻者仅福州一地，而福州能书者、能梓者并不多①，也从另一侧面反映了当时建阳坊刻的全省性影响。

清代，行政力量对文化格局的作用日益明显，福建的刻书中心转回到福州，确切地说，它是到了清中叶以后才真正确立为全省的刻书中心并向南发展。入清，福州作为福建的行政中心所在，遵循清廷的文化政策，一面压制建阳坊刻等非主流书籍的刻印②，一面积极刊行"昌明正学"的典籍。实际上，这是中央集权的文化专制在福建的具体化。随着地方行政集权化的加剧，福州官刻所拥有的优势日渐凸显。诗文集作为重要的举业参考书，本是书坊刻书的重要组成部分，清初严禁坊间刊刻，而巡抚、学政等行政官员却可以刊刻此类书籍，作为官方选刻的取士标准范文更具有权威性。地方行政的集权更利于充分控制调配相关资源而为官刻服务。乾隆下令武英殿摆印聚珍版书，当时武英殿所用枣木刻成的大小活字就达25万多个，待先印好的123种下令颁发到东南五省时，浙江仅翻刻其中39种，且为袖珍版，而福建却是唯一能按原书样式全部翻刻的，围绕刊印此书的集权统筹力度不言自明。光绪年间最大的一次刊误与境刻更显出官刻在行政力量推动下的集团化优势③。至于方志、奏议之类的书籍刻印不必赘述。清中叶以后，福州早已从战乱中恢复过来，并成为文人雅士、名儒显宦的汇集之地，家刻也相应发展起来。与当时福建学术寻求本土化的倾向相一致，此期福州家刻大量刊印本地名流的个人著述、先贤遗集及乡邦文献，与同期外省注重汇辑、翻印宋

---

① 谢肇淛《五杂组》卷十三。
② 《钦定学政全书》卷一《书籍》。
③ 张国正《武英殿聚珍版书跋》，见《武英殿聚珍版书目集》。

元旧籍相比，显得独树一帜。郑杰、冯缙、郭柏苍等著名刻书家也相继出现。家刻注重名宦，官员看重先贤遗集，两者之间保持着某种默契与互助。四所全省性大书院成为福州书院刻书的主力，张伯行出任福建巡抚的当年即康熙四十六年（1707），创办鳌峰书院，创办书院的同年便刊刻著名的大型程朱理学著作丛书——《正谊堂全书》。张伯行崇重理学、知人善任，团结了一批著名学者校订此书，再加上自己的政治地位，该丛书前后只三年便竣工。此后又有规模庞大的正谊书局之设，书局内多集中闽县、侯官两地的优秀儒生。这几所集中在福州的大型书院不仅刻书不断，还收藏刻版，《福建鳌峰书院藏书目录》所载藏版有9种8715块。这些书院刻书的经费开支拥有源源不断的官方财政供给，民间捐募仅占少数。其他不少福州地方书院在它们的带动下也参与刻书。此时福州刻书的中心地位已相当突出。

引人注目的是，建阳坊刻渐衰于清初而全衰于乾嘉，四堡坊刻渐盛于清初而全盛于乾嘉，待咸同年间衰落之时，又是福州坊刻鼎盛之际。不过，此时福州的坊肆已不再依托山区，最显著的特点是它的布局伴随着都市化进程而呈现出明显的城市化特征，大量的书坊云集在福州商业及文化发达的南后街、东街口、鼓楼前等，林立的书肆与福州主干道南后街平行并列，著名的"三坊七巷"则在其左右。坊刻者在都市之中，既可以各行其是，又可以相互协助共同合作。他们善于吸收先进技术，著名刊工辈出，所刻的评话之类也更具都市色彩。当时福建书坊福州为最，泉州次之，都市化布局正是它们共同的特色，泉州辅仁堂、崇经堂、绮文居等书坊多分布在经济、文化发达的道口街①。可以说，福州书坊的兴旺是福州作为全省性刻书中心地位确立的最后标志。

---

① 　详见谢水顺、李珽《福建古代刻书》，福建人民出版社1997年。

　　书坊兴衰往往是文化发展的晴雨表，坊刻的地域变迁完全受制于文化格局的演变；坊刻的城市化与文化大都市的进程相依相随。刻书中心的几度转移及其最后确立，正折射出福建文化中心兴衰起伏的演变过程。

　　原载于《华东师范大学学报》（哲学社会科学版）2001 年第 4 期

两宋时期福州刻书考略

方彦寿

作为福建首府，宋代的福州人文荟萃，经济繁荣，刻书业相应也较为发达。两宋福州的刻书业以官府刻书和私家刻书为主，坊刻则罕见著录。

一、两宋时期的福州"三藏"刻本

两宋时期福州刻书史上最重大的事件，是刻印佛经和道教典籍。具体地说，就是刻印"三藏"，即佛教典籍《万寿大藏》《毗卢大藏》，和道教典籍《道藏》。

佛藏，指的是佛家经典的总集。内容广泛涉及佛教、哲学、历史、文化、民俗等各个领域，是我国优秀的传统文化典籍的一个重要组成部分。福建最早编纂佛藏是在五代闽国时，王审知曾以"泥金、银万馀两，作金银字四《藏经》，各五千四十八卷"①，这是在雕版印刷术已经发明之后的一次大规模的写经活动。遗憾的是，这两部分别以金、银字抄写的佛藏均没有留传

---

① ［宋］梁克家纂，陈叔侗校注：《淳熙三山志》卷三三《寺观类一》，北京：方志出版社 2003 年，第 595 页。

下来。

北宋时期，雕版印刷开始得到广泛普及。随着我国第一部刻印于宋太祖开宝年间（968—975）的官版《开宝藏》的问世，福州的刻经活动也逐渐频繁。仅在北宋中后期，闽县就先后组织了两次大规模的刊刻佛藏的活动，从而在福州的佛教和雕版印刷发展史上留下了两部最早的佛藏刻本——《万寿大藏》和《毗卢大藏》。

《万寿大藏》又称《东禅寺藏》《福州东禅寺大藏》等。始刻于北宋元丰三年（1080），至政和二年（1112）告成，主持募雕者为闽县东禅寺冲真、普明、咸晖等禅师。全藏共 6434 卷，比官版《开宝藏》还多出 1386 卷。分为 580 函，以《千字文》编号，始于“天”字，终于“虢”字。梵夹装，每开六行，行十七字。东禅寺在福州白马山，始建于南朝梁大同五年（539），北宋大中祥符八年（1015）敕号东禅等觉禅院。崇宁二年（1103），因进呈藏经，诏改寺名为崇宁万寿寺，[①] 故此藏亦名《崇宁万寿大藏》。宋南迁后，此藏曾迭经重修，刻版至元中叶至治、泰定间（1321—1327）犹存，此后逐渐散佚。

《毗卢大藏》又称《闽县开元寺毗卢大藏》。闽县开元寺始建于南朝梁太清三年（549），唐开元二十六年（738）又以年号名寺。全藏于政和二年开雕，南宋乾道八年（1172）告成。主持人为蔡俊臣、冯楫和该寺本明、宗鉴、了一等禅师。全藏 6117 卷，567 函，装帧、版式均与《万寿大藏》相同，也是梵夹装，每开六行，行十七字。

以上二藏，今国内只有中国国家图书馆、上海、天津、北大

---

① ［宋］梁克家纂，陈叔侗校注：《淳熙三山志》卷三三《寺观类一》，北京：方志出版社 2003 年，第 602—603 页。

等图书馆，和泉州开元寺等二十多家藏书单位藏有零册。据《中国古籍善本书目·子部》统计，国内所藏《万寿大藏》仅 88 卷，《毗卢大藏》则有 462 卷。虽藏卷不多，但作为珍贵的北宋刻本，和福建最早的佛经总集刻本的实物遗存，对研究我国古代佛学、哲学、历史、出版印刷等各个学科，都具有重要的价值。

《道藏》是道教经籍的汇编，是按照道教特有的图书分类方法，将众多的道教经籍编排在一起的道教总集。南北朝时，受释家所编佛典的影响，开始编纂、汇辑道经。唐玄宗开元年间（713—741）已出现了《开元道藏》（又称《三洞琼纲》）；五代时，吴越王钱弘俶曾资助道士朱霄外编纂金银字《道藏》；北宋时雕版印刷业繁荣，出现了我国历史上最早的以雕版印刷的《道藏》——《政和万寿道藏》。①

北宋端拱、淳化年间（988—994），宋太宗赵光义下诏搜求道书，命徐铉、王禹偁等校正，得书 3737 卷。大中祥符二年（1009），宋真宗赵恒又命王钦若率众校定道书。王钦若在宋太宗时所搜校的基础上，又增补 622 卷，共得 4359 卷。按照道书"三洞、四辅、十二类"②的分类法撰成篇目上进，宋真宗赐名为《宝文统录》。大中祥符六年（1013）至天禧三年（1019），张君房任著作佐郎，又在《宝文统录》的基础上，编成《大宋天宫宝藏》，共 4565 卷。北宋末，崇奉道教的"道君皇帝"宋徽宗赵佶执政，于崇宁、大观间（1102—1110）多次下诏搜访道教遗书，并命道士在书艺局校定，得书 5481 卷。于政和年间（1111—

---

① 李致忠：《历代刻书考述》，成都：巴蜀书社 1990 年，第 70 页。
② 三洞为洞真部、洞玄部、洞神部；以太玄部辅洞真、太平部辅洞玄、太清部辅洞神、正一部通贯以上六部，称为四辅。三洞每部又分为本文、神符、玉诀、灵图、谱录、戒律、威仪、方法、众术、记传、赞颂、章表十二类。其说始于南朝宋陆静修的《三洞经书目录》。

1117)，送往福州闽县万寿观雕印，命福州知府黄裳总其事。此为我国历史上最早的、且以官方出资雕版印刷的道藏。此藏因刊于政和年间，又在万寿观雕刻，故名为《政和万寿道藏》。此书刻成，分为540函，刻版进于东京（河南开封）①，福建留有两部印本。《政和万寿道藏》所收之书，除道经外，还收入了部分诸子百家之作，内容包括文史、医学、化学、天文、地理等方面的典籍。遗憾的是，此书印成十几年后，即遇上"靖康之难"，中原典籍遭到金人的掠夺焚毁，幸存下来的经过数百年沧桑，今亦片纸无存。这个刊刻最早的《道藏》，今虽已世无传本，但它为元明以后所修《道藏》打下了基础，成为此后各藏的蓝本。

与刊刻《万寿大藏》《毗卢大藏》不同，《政和万寿道藏》实际上是由皇家出资，而命福州地方官主持刻印的官版书。主其事者黄裳（1044—1130），字冕仲，号紫玄翁，南剑州剑浦人。北宋元丰五年（1082）状元，博学多才，精于礼经。反对蔡京所倡"三舍法"。历官越州签判、秘书省校书郎、闽县令、福州知府、端明殿学士兼礼部尚书等职。事迹载弘治《八闽通志》卷六十九、民国《南平县志》卷十九。黄裳的著作有《演山集》六十卷，今存《四库全书》本。

从形式上看，福州刻印三藏均为宗教类典籍，此为其相同之处。不同之处则是，佛教二藏属于民间寺院刻本，而道藏则是官刻本。"三藏"之后，宋代的福州刻书，基本上就是沿着民间私刻与官刻这两条线路发展，其中又以官刻略占上风，而罕见书坊刻书。其原因何在？这是因为在福建，其时位居全国三大刻书中心之一的建阳，书坊刻书业特别发达，刻书的资源成本（如木

---

① 卿希泰主编：《中国道教》第二卷，上海：知识出版社1994年，第16—17页。

版、纸墨和刻工等）要比福州低廉，在福州从事坊刻与建阳相比不具备竞争优势。

二、两宋时期的福州官刻与民间私刻

官刻本指的是历代各级官方行政机构以官钱刻印的古书刻本。福建现存最早的官刻本，是北宋后期福唐郡庠①以北宋景祐（1034—1037）监本为底本翻刻的汉班固撰、唐颜师古注《汉书》一百卷。此刻本最早见于清丁丙《善本书室藏书志》著录，所据为明天顺五年（1461）福建镇守太监括苍冯让（字宗和）重修宋福唐刊本。卷末有冯氏跋云："予奉命来镇福建，福庠书集版刻年深，询知，模糊残缺过半，不便观览，心独恻然，鸠工市版补刻。"据丁氏著录，此书半叶十行，行十九字，注文二十五至二十八字不等，版心分别注有大德、至大、延祐、元统补刊②，与张金吾《爱日精庐藏书志》著录宋刊元修本，张元济《涵芬楼烬馀书录》著录宋景祐配元大德、延祐、元统、明正统本均同出北宋福唐刊本。

此刻本今中国国家图书馆存有北宋刻递修本和北宋刻宋元递修本两帙，均为清嘉庆、道光年间著名藏书家黄丕烈百宋一廛旧藏。前一部则是元代著名藏书家倪瓒凝香阁旧物。由于倪氏在此本卷末有"右宋景文公（祁）以诸本参校，手所是正，并附古注之末"诸跋语，故后来的学者如钱大昕、王念孙、黄丕烈、顾广圻等均以此书为北宋景祐监本。如顾广圻《百宋一廛赋》中云

---

① 福唐，今福清，唐初属长乐县，后析出改称福唐县。此称"郡"而不是县，应指福州，福唐郡庠即福州府学。

② ［清］丁丙：《善本书室藏书志》卷六，清光绪钱塘丁氏刊本，第2—3页。

"《汉书》特善，清秘留将。是曰景祐，夐乎弗亡"①，所言即此。

　　20 世纪 30 年代商务印书馆"百衲本二十四史"本《汉书》，向来认为是据景祐刊本影印，实即以北宋福唐刻本为底本。赵万里先生主编的《中国版刻图录》据此书《五行志》后有"对勘官知福州长乐县主管劝农公事刘希尧衔名一行"（按，查考原文，"刘希尧"应为"刘希亮"），又根据此书"补版刻工程保、王文、孙生等人，绍兴十九年又刻福州开元寺毗卢大藏"，判断此书"刻于北宋后期，即据北宋监本覆刻，而非景祐监本。"② 从现存的资料来看，福唐刻本《汉书》不仅是福建古代最早的官刻本，也是班氏《汉书》现存最早的刻本。

　　福州在南宋时期刊印的官刻本，还有以下若干种：

　　绍兴二年（1132）福建提刑司所刊司马光撰《温国文正司马公文集》八十卷。主其事者为提刑刘峤（字仲高，吴兴人）。刘峤为政和五年（1115）进士，绍兴二年（1132）任福建提刑时刻印此书于任上。清瞿镛《铁琴铜剑楼藏书目录》卷二十著录原刊本，并引刘峤序云："《文集》凡八十卷，为二十八门。其间诗赋、章奏、制诏、表启、杂文、书传，无所不备，实得于参知政事汝南谢公。……峤虽浅陋未学，然服膺此书旧矣。矧复世笃忠义之契，顾何敢以不敏辞。绍兴二年岁在壬子九月旦，左朝请郎直徽猷阁权发遣福建路提点刑狱公事吴兴刘峤谨序。"③ 此书刻成之后，次年十月表进，瞿镛《铁琴铜剑楼藏书目录》中有刘峤上书表全文。据此表后所署，刘峤其时还兼任福建提举常平。

---

　　① ［清］顾广圻、黄丕烈：《黄丕烈书目题跋·百宋一廛赋注》，北京：中华书局 1993 年，第 399 页。

　　② 赵万里主编：《中国版刻图录》，北京：文物出版社 1960 年，第 8 页。

　　③ ［清］瞿镛：《铁琴铜剑楼藏书目录》卷二十，北京：中华书局 1990 年，第 301 页。

　　刘峤生平详情缺考。民国《福建通志·职官志》卷四仅录其籍贯、任年而已。《闽中金石志》引《三山志》云："在怀安县飞来山石刻'飞来'二字，提刑刘峤书。"今此石刻已佚。黄荣春编《福州摩崖石刻》又录乌石山桃石绍兴二年题名一段，其中有刘峤之名："绍兴壬子仲秋，新安程迈晋道……吴兴刘峤仲高同登乌石山，遍游诸刹。"①

　　刘峤之后，在福州刊行官版的有著名学者汪应辰。汪应辰（1119—1176），字圣锡，江西玉山县人。绍兴五年（1135）进士，任秘书省正字。以言事忤秦桧，出为建州通判。历任福州知府、四川制置使、吏部尚书等。汪系武夷胡安国门人，又从吕本中、张九成学，是一位著名的理学家。传见《宋史》卷三八七。

　　据黄宗羲《宋元学案·龟山学案》"判院杨先生安止"条下载："初，汪圣锡在三山刊《文靖集》（按，宋儒杨时撰），安止令姑弗入《奏议》于其中，盖以当时尚多嫌讳，亦文靖所定《道乡先生集》中之例也。"② 则汪应辰曾于三山（福州）刻印杨时《文靖集》一书。据宋梁克家纂《三山志·秩官类三》，汪应辰知福州，时在绍兴三十二年（1162）十月至隆兴二年（1164）五月③。此亦汪氏刊行《文靖集》的大致时间。万历《福州府志》卷十五《名宦传》载其在福州，"宽厚爱民，奏蠲一切苛征"。又据宋赵希弁《郡斋读书附志》著录："《东坡先生帖》三十卷，右玉山汪应辰圣锡所刻也。"陆游有《跋东坡帖》云："成都西楼下有汪圣锡所刻《东坡帖》三十卷。其间与吕给事陶一帖，大略与

----

　　① 黄荣春：《福州摩崖石刻》，福州：福建美术出版社1999年，第53页。

　　② ［清］黄宗羲：《宋元学案》卷二五《龟山学案》，北京：中华书局1986年，第960—961页。

　　③ ［宋］梁克家纂，陈叔侗校注：《淳熙三山志》卷二二，北京：方志出版社2003年，第359—360页。

此帖同。是时时事已可知矣，公不以一身祸福易其忧国之心。千载之下，生气凛然，忠臣烈士所当取法也。"① 此《东坡帖》刊刻地点缺考。

汪氏之后，在福州刊行官版的有史浩（1106—1194），于淳熙元年（1174）刻印北宋福清郑侠撰《西塘先生文集》二十卷。丁丙《善本书室藏书志》卷二十八著录云："遗集乃公之孙嘉正编刊，隆兴二年大资黄祖舜为序。乾道丁亥、淳熙改元侍郎林公、丞相史公先后锓板于九江、福州。"②

丁丙所据以著录的底本是明万历叶向高删节本，作十卷，据《四库全书总目》，原本为二十卷。此书刊行者史浩，于乾道九年（1173）二月至淳熙元年（1174）九月官福州知府，刊印此书于任上，任期见载梁克家《三山志》卷二十二《秩官类三》。所谓"丞相"，系指其此后曾官至右丞相而言。

其后，在福州刻书的还有朱熹的门人詹体仁。詹体仁（1143—1206），字元善，浦城人。隆兴元年（1163）进士，任饶州浮梁（今属江西）尉，经梁克家荐于朝，累官太常侍丞，历浙西常平提举、湖广总领、司农少卿、福州知府等。《宋史》卷三九三本传载其"颖迈特立，博极群书。少从朱熹学，以存诚慎独为主。"据《三山志·秩官类三》，詹体仁任福州知府的时间为绍熙五年（1194）闰十月至庆元元年（1195）八月。

据詹氏及门弟子真德秀《跋朱文公帖》，詹体仁于庆元元年在福州知府任上曾经重刻朱熹在漳州刊定的"四经"，即《易经》《书经》《诗经》和《春秋》。真氏跋云：

---

① ［宋］陆游：《渭南文集》卷二九，《陆放翁全集》（上册），北京：中国书店1986年，第177页。

② ［清］丁丙：《善本书室藏书志》卷六，清光绪钱塘丁氏刊本，第8—9页。

　　绍熙间文公先生刊定四经于临漳，其后龙图詹公又刻之三山。《易》本古经，《书》《诗》出小序，置卷末，《春秋》不附传。先生既幸教学者俾识经文之旧，至音训亦必反复订正而后已。呜呼！此吾夫子作经之心也。当是时，群邪峥嵘，设为党禁，网天下士，凡先生片文只字，所在毁掷划弃惟恐后，而詹公于此乃始刊先生所定经文于学，不少顾避，其尊闻行知不为祸福所移夺如此，岂易得哉！[①]

　　据嘉庆三年（1798）《浦城詹氏族谱》[②]卷十五记载，詹氏知福州时还曾刻印宋罗从彦撰《尊尧录》七卷《别录》一卷。谱中有《元善公初刻罗从彦先生〈尊尧录〉序》，云："南剑罗豫章先生纂《尊尧录》一书，分为七卷，添《别录》一卷，合四万馀言，欲进之黼座，不果。家藏缮本至今，未蒙采择。体仁来守闽，恐其久而散佚也，重加雠校付诸梓。"

　　又据该谱，詹氏还刻印其同门学友瓯宁童伯羽撰《四书集成》三十卷。序云："予友童蜚卿纂《四书集成》三十卷，子朱子称其阐发奥义不遗馀力。往岁过敬义乡借缮本读之，逐章逐节逐句逐字，其旨趣一一发明。……夫予与蜚卿年相若，居相近，长而负笈从师，在武夷精舍中请业。……乾道乙酉六月偕同志放舟九曲。……书既成，未付诸梓，故人已弃人间事矣。予奉天子命来守长乐，本有采访遗逸之责，矧是书为同人所恳切者耶？爰付剞劂氏，发诸枣梨，俾海内便于传焉，日藉此以黜异说也云尔。"

　　另据朱熹《朱文公文集》卷八十一《跋郭长阳医书》，詹体

---

　　① ［宋］真德秀：《西山先生真文忠公文集》卷三六，《四部丛刊初编》，上海：商务印书馆1922年。

　　② ［清］詹成等撰修：《浦城詹氏族谱》卷一五，清嘉庆三年木活字印本，福建省图书馆特藏部存本。

仁受朱熹委托，于庆元元年（1195）在福州知府任上刻印此书。
这是朱熹及其门人中所刻的极为罕见的医学书籍。《朱文公文集》
卷三十四《答吕伯恭》书四十四又云："敬夫遗文不曾誊得，俟
旦夕略为整次写出，却并寄元本求是正也。詹体仁寄得新刻钦夫
《论语》来，比旧本甚不干事。若天假之年，又应不止于此，令
人益伤悼也。"①则詹氏又曾刻印张栻《论语解》（十卷）一书。

詹氏之后，在福州刊行官版的还有朱熹的另一位门人杨复。
杨复，字志仁，一字茂才，福安人。长于考索，学者称为信斋先
生。真德秀知福州，于郡学辟贵德堂以居之。

杨复曾编刻《仪礼经传通解续纂祭礼》十四卷。宋赵希弁
《郡斋读书附志》著录云："右朱文公编集，而丧、祭二礼未就，
属之勉斋先生。勉斋既成《丧礼》，而《祭礼》未就，又属之杨
信斋。信斋据二先生稿本，参以旧闻，定为十四卷，为门八十
一。郑逢辰为江西仓曹，进其本于朝。"②从《皕宋楼藏书志》卷
七载杨复刊序可知，杨复刻印此书在绍定辛卯年（1231）。

据万历《福安县志》卷七《杨复传》载，杨复刻书的地点在
福州府学。此本之外，另编刻了《家礼杂说附注》《仪礼图》《大
学中庸口义》《论语问答》《诗经杂说》诸书。《福安县志》载：
"受业朱子之门，与黄榦、刘子渊、陈日湖友善。真德秀帅闽，
常创贵德堂于郡学，延其讲学。著《祭礼》十四卷、《仪礼图》
十四帙、《家礼杂说附注》二卷、《大学中庸口义》《论语问答》
《诗经杂说》，板存福州府学。门人礼部侍郎李骏、江西提刑郑逢

① ［宋］朱熹撰、朱杰人等主编：《朱子全书》第21册，上海：上海
古籍出版社、合肥：安徽教育出版社2002年，第1515页。

② ［宋］赵希弁：《郡斋读书附志》卷五（上），《中国历代书目丛刊》
第一辑，北京：现代出版社1987年，第822页。

辰上其书，宁宗曰：'尚有远谋，毋嫌仕进，勅正奏状元。'"①
（按，《仪礼图》应为十七卷，另有《仪礼旁通图》一卷，见《四
库全书总目》卷二十著录。）民国《福建通志·儒林传》卷二据
《道南源委》等所载，称其为"朱子门人，后又受业于黄勉斋"。
《县志》所言"板存福州府学"，实际上就是告诉我们，这些刻本
均为福州府学刻本，因真德秀延其在府学任教，其著作由府学出
资刊刻，故书版保存在府学，可以随时重印。

杨氏之后，在福州府学刻书的有吴燧。吴燧（1200—1264），
字茂新，号警斋。先世自晋江迁同安。绍定二年（1229）进士。
授从事郎，历任威武军节度推官、惠州推官。因李刘之荐，任福
州府教授。此后，先后历任监察御史兼崇政殿说书、广东提刑、
秘书少监兼国史院编修官、殿中侍御史兼侍讲，终礼部侍郎。

据刘克庄所撰《警斋吴侍郎神道碑》②，吴燧在福州教授任
上，"储学廪之赢，葺庙学，刊《通鉴纲目》。"（按，朱熹《资治
通鉴纲目》五十九卷，南宋在福建的刻本有嘉定十二年［1219］
真德秀泉州郡斋刻本、宋末武夷詹光祖刻本，而福州刊本一向未
见著录，刘克庄此文为此保存了一条重要线索。）吴燧的生平事
迹，在清以前的所有省志、府志中均无，而在民国《福建通志·
职官志》卷五中，吴燧任职福州教职则被定在景定初，并不准
确。据刘克庄《警斋吴侍郎神道碑》，吴氏任此职是在绍定二年
擢乙科历威武军推官，丁内艰服阕，又任惠州推官秩满之后。如
此，则前后应有 10 年的时间，故吴燧任福州教授约在嘉熙末淳

---

① ［明］陆以载等：（万历）《福安县志》卷七《人物志》，《日本藏中
国罕见地方志丛刊》，北京：书目文献出版社 1991 年，第 168 页。

② ［宋］刘克庄：《后村先生大全集》卷一四七，《四部丛刊初编》，上
海：商务印书馆 1922 年。

祐初（1240—1241），这便是其刊刻《资治通鉴纲目》的大致时间。

吴氏之后，在福州刊行官版的有福建提刑史季温。史季温，字子威，成都路眉州人，绍定进士。淳祐十年（1250），以朝请大夫官福建路提刑司，刻印其祖父史容作注的北宋诗人黄庭坚撰《山谷外集》十七卷。清人莫友芝《宋元旧本书经眼录》卷一著录："史芠室注《山谷外集》十七卷，宋淳祐闽宪刊本，半叶九行，行大小字均十九。"① 此书今上海图书馆存明覆刻宋淳祐刊本。史容，字公仪，号芠室居士。历官太中大夫。祖孙二人均为黄庭坚诗的崇拜者，史季温本人则有《山谷别集诗注》二卷，今存明弘治九年（1496）陈沛刊本（与《内集》《外集》合刻）。史季温刻本之前，《山谷外集》有蜀刻本。据史季温刊跋称"本年蜀板已毁，遗稿幸存，今刻之闽宪治，庶与学者共之"云云。史季温刻本，还有与此书同时同地刊刻的宋赵汝愚辑《国朝诸臣奏议》一百五十卷，行款为半叶十一行，行二十三字，白口，左右双边。北大和国家图书馆等存宋刻元修本。

今福州乌石山霹雳岩下有史季温等题名云："淳祐十年秋先重阳十日（日），眉山史季温与建张毅然、莆赵时愿会于道山亭，杯茶清话，不减登高之乐。"另据鼓山龙头泉史季温诗刻"上到瑶峰第几重……"诗后文字，史氏于淳祐十一年（1251）由福建提刑"移漕建水"，即升任设司于建安的福建转运司提举。文曰："淳祐辛亥立春后一日，移漕建水，挈家游鼓山。……留诗石间以记岁月，眉山史季温子威父书。"②

---

① ［清］莫友芝：《宋元旧本书经眼录》卷一，扬州：江苏广陵古籍刻印社1987年，第30—31页。

② 黄荣春：《福州摩崖石刻》，福州：福建美术出版社1999年，第228页。

开庆元年（1259）福州府学刻印真德秀撰《西山先生真文忠公读书记》甲、乙、丙、丁四集，今国家图书馆存元明递修本，仅存甲集三十七卷、乙集二卷、丁集下二十二卷，著录为"福州学宫刻本"。按此书乙集上，即真氏撰《大学衍义》四十三卷，今存宋刻元印本。

除以上官刻本之外，南宋时期的福建转运司、提举司也分别刻印了图书多种。对此二司的刻本，今人多误为其刊刻地点是在福州，如谢水顺《福建古代刻书》即将其列入"福州的官刻"①，其实，南宋时期二司主要设在建州（今建瓯），其刻书地点也应在建州，拙著《建阳刻书史》② 于此有详细论述，故本文略之。

宋代福州的私家刻书，除前文讲到的寺院刻书之外，笔者所知仅有徐世昌、郑性之二人而已。

徐世昌生平失考。于绍兴五年（1135）刻印陈襄撰《古灵先生文集》二十五卷，据本书绍兴三十一年陈辉跋云："徐世昌先刻于闽，重为校正，命仲子晔编次年谱，重刻于赣之郡斋。"据其后的重刊本，知此本有建炎二年（1128）陈公辅跋，绍兴五年李纲序。因原本久佚，其馀详情缺考。

郑性之（1172—1254），字信之，又字行之，初名自诚，后改名性之，号毅斋。刘克庄撰《神道碑》③、万历《福州府志》均作侯官人，《三山志》作闽清人。嘉定元年（1208）状元，历任平江军教授、秘书省正字，出知袁州、赣州、隆兴和福州，累官知枢密院事兼参知政事。逝世后，刘克庄为撰《神道碑》，

---

① 谢水顺、李珽：《福建古代刻书》，福州：福建人民出版社1997年，第57—58页。

② 方彦寿：《建阳刻书史》，中国社会出版社2003年，第56—58页。

③ ［宋］刘克庄：《后村先生大全集》，《四部丛刊初编》，上海：商务印书馆1922年，卷一四七。

《宋史》卷四一九有传。《朱子实纪》《考亭渊源录》均列为朱子门人。

郑性之于嘉定元年刻印朱熹撰《韩文考异》十卷。赵希弁《郡斋读书附志》卷五下著录曰："《韩文考异》十卷。右朱文公所定也。以南安《举正》及祥符杭本、嘉祐蜀本、李谢所据馆阁本，考其同异，一以文势义理及它书之可证验者决之云。嘉定戊辰三山郑自诚刻而叙其后。"[①]

郑氏又于绍定己丑（1229）刻印莆田陈均编《皇朝编年纲目备要》三十卷，版式为八行十六字，小字双行二十三字，黑口，四周单边。书前有陈均自序和绍定二年真德秀、郑性之、林岊三序。陈均（1174—1244），南宋兴化军莆田人，字平甫，号云岩，自号纯斋。高宗、孝宗朝官至尚书右仆射的陈俊卿系其从祖。嘉定七年（1214）陈均随从父陈宓至临安，入太学为太学生。书仿朱熹《资治通鉴纲目》体例，起建隆，迄建康，记载了北宋一代九朝的历史。此书原名《皇朝编年举要备要》，端平二年（1235）呈进时，改"举要"为"纲目"。国家图书馆现存宋刻元修本残帙十二卷，题为《九朝编年纲目备要》。

三、南宋福州人氏在外地刻书

除了以上所录官私刻本之外，南宋时期还有一些福州人氏因在外地担任官职而刊刻了不少图书。

1. 在江西的刻书

侯官陈辉，字晦叔，陈襄曾孙。绍兴三十一年（1161）二

月，以直秘阁、右朝散大夫出知赣州[①]，本年刻印其祖陈襄撰《古灵先生文集》二十五卷附末一卷于赣州郡斋。王文进《文禄堂访书记》卷四著录云："宋陈襄撰，宋赣州刻本。半叶十行，行十八字，白口。……绍兴三十一年陈辉跋云：'徐世昌先刻于闽。重为校正，命仲子晔编次《年谱》，重刻于赣之郡斋。'"[②]（按，此集有建炎二年［1128］陈公辅跋，绍兴五年［1135］李纲序。）在赣州，陈辉还刻印了宋司马光撰《累代历年》二卷。陈振孙《直斋书录解题》卷四著录云："即所谓《历年图》也。治平初所进，自威烈王至显德，本为图五卷，历代皆有论。今本陈辉晦叔刻于章贡，为方策以便观览，而自汉高祖始。"陈辉后又曾历官永州知州，在州学建祭祀周敦颐的濂溪祠。宋张栻《永州州学周先生祠堂记》云："零陵守福唐陈公辉下车之明年，令信民悦，乃思有以发扬前贤遗范，贻诏多士。……请就郡学殿宇之东厢辟先生祠。"[③]

长乐朱端章，字号未详。淳熙十年（1183）知南康军，次年于南康郡斋刻印自编本《卫生家宝产科备要》八卷，清钱曾《读书敏求记》卷三著录云："长乐朱端章以所藏诸家产科经验方，编成八卷。淳熙甲辰岁刻板南康郡斋，楮墨精好可爱。首列借地、禁草、禁水三法。古人于产妇入月慎重若此，今罕有行之

---

① ［宋］李心传《建炎以来系年要录》卷一八八，《景印文渊阁四库全书》第 327 册，台北：商务印书馆 1986 年，第 686 页。

② 王文进：《文禄堂访书记》卷四，扬州：江苏广陵古籍刻印社 1985 年，第 23 页。

③ ［宋］张栻：《南轩先生文集》卷十，《朱子全书外编》第 4 册，上海：华东师范大学出版社 2010 年，第 180 页。

者，亦罕有知之者矣。"① 此书今国家图书馆有原刊本珍藏。据《宋史·艺文志》著录，朱端章另有《卫生家宝小儿方》二卷、《卫生家宝方》六卷。据淳熙十一年南康金判徐安国《卫生家宝方序》称，朱氏认为"问民疾苦，州刺史事也"，故于暇日召其，以方书数编示之云："此书传自先世，或经手录，无虑百方，世莫得睹，将广，……锓诸板。"② 由此可知，上述诸书实际上是同时刊行于南康，只是后二种已久佚不存。朱端章的生平，史志所载甚少，仅见于清毛德琦撰《白鹿洞书院志》卷四《先献》："朱端章，淳熙癸卯知南康军。置洞学田七百馀亩，以赡四方之来学者。"

闽县黄榦（1152—1221），字直卿，号勉斋。朱熹高弟，次女婿。曾历新淦县令、汉阳知军、安庆知府等职，所至多有惠政。著有《勉斋集》。《宋史》卷四三〇有传。黄榦子孙后定居建阳，今存《潭溪书院黄氏族谱》。黄榦于嘉定二年（1209）在江西临川学宫刻印朱熹《元亨利贞说》一篇、《损益象说》一卷。跋云："损益之义大矣，圣人独有取于惩忿窒欲、迁善改过，何哉？正心修身者，学问之大端，而齐家治国平天下之本也。古之学者无一念不在身心之中，后之学者无一念不在身心之外，此贤愚所由分而圣人之所为深戒也。晦庵先生《二象》以授学徒江君孚先，所警于后学者至矣。孚先以示其同学黄榦，三复敬玩，刻

---

① ［清］钱曾：《读书敏求记》卷三，北京：书目文献出版社1984年，第107页。

② ［日］丹波元胤《中国医籍考》卷四八，北京：人民卫生出版社1956年，第625—626页。

之临川县学以勉同志。庶亦知所以自警哉。嘉定己巳莫春望日敬书。"①

2. 在湖南的刻书

长乐辛敩，于隆兴元年（1163）官湖南道州知州，刻印宋寇准撰《寇忠愍公诗集》三卷。寇准晚年被贬谪，出为道州司马，刊刻此集，乃表彰先贤之意。此书前有宣和五年（1123）前守王次翁刻本，因年代久远，"字之漫灭者，复且过半"，辛敩在"政事之馀，取而阅之，深恐浸以失真，复命校正鸠工一新焉。"②

福清孙德舆，字行之。嘉定元年（1208）进士第二人。嘉定十一年（1218）官湖南衡州知府时，编纂并刻印《衡州图经》三卷。陈振孙《直斋书录解题》卷八著录："郡守三山孙德舆行之撰。嘉定戊寅刊。"《三山志》卷三十一《人物类六》："孙德舆，榜眼。字行之，福清人。父晞甫，弟礼舆。官至江西提刑。特旨一子恩泽。"③

3. 在浙江的刻书

三山黄唐，字信厚，又字雍甫。闽清人。淳熙四年（1177）太学两优释褐第一人，授承务郎、太学录，兼修国史。历任校书郎、秘书郎、著作佐郎、著作郎。淳熙十六年（1189）出为南康知军。绍熙二年（1191）以朝请郎提举两浙东路茶盐常平公事。庆元初为考功郎中兼实录院检讨官，时韩侂胄为父诚乞作谥，由

---

① ［宋］黄榦：《书晦庵先生所书〈损益大象〉》，《勉斋黄文肃公文集》卷二十，《北京图书馆古籍珍本丛刊》，北京：书目文献出版社 1988 年，第 511 页。

② ［清］陆心源：《皕宋楼藏书志》卷七二，《续修四库全书》第 929 册，上海：上海古籍出版社 2002 年，第 139 页。

③ ［宋］梁克家纂，陈叔侗校注：《淳熙三山志》卷三一，北京：方志出版社 2003 年，第 514 页。

黄唐复议，以不附权势而弃官归。其行实，见载于《南宋馆阁续录》卷八，传载弘治《八闽通志》卷六十三、《闽书》卷七十六、民国《闽清县志》卷六。

绍熙三年（1192），黄唐在提举两浙东路任上，曾主持刊刻唐孔颖达撰《毛诗正义》和《礼记正义》二书。《毛诗正义》已久无存本。《礼记正义》七十卷，唐孔颖达撰，则刊印于绍熙三年，今上海、北大和国家图书馆存宋元递修本。此本卷末有黄唐跋文云："六经疏义自京监蜀本皆省正文及注，又篇章散乱，览者病焉。本司旧刊《易》《书》《周礼》，正经注疏，萃见一书，便于披绎，它经独阙。绍熙辛亥仲冬，唐备员司庾，遂取《毛诗》《礼记》疏义，如前三经编汇，精加雠正，用锓诸木，庶广前人之所未备。乃若《春秋》一经，顾力未暇，姑以贻同志云。壬子秋八月三山黄唐谨识。"此书北大藏本有李盛铎跋，称"此刻为《礼记》注、疏合刻第一祖本，又为海内第一孤本"。[1]

4. 在广东的刻书

怀安赵师恕，字季仁，号岩溪翁。曾从学于朱熹，后复从黄榦学。嘉泰元年（1201）官广东潮阳尉，刻印朱熹《大学章句》，黄榦为之作序，题为《书晦庵先生正本（大学）》。[2] 嘉定九年（1216）知浙江馀杭，又刻印朱熹《家礼》一书，黄榦又为之撰《书晦庵先生〈家礼〉》一文。[3] 赵师恕知馀杭时，又行乡饮酒礼。据《勉斋年谱》，嘉定十三年（1220）五月，"门人赵师恕率

① [清] 李盛铎著，张玉范整理：《木樨轩藏书题记及书录》，北京：北京大学出版社 1985 年，第 49 页。

② [宋] 黄榦：《勉斋黄文肃公文集》卷二十，《北京图书馆古籍珍本丛刊》，北京：书目文献出版社 1988 年，第 510 页。

③ [宋] 黄榦：《勉斋黄文肃公文集》卷二十，《北京图书馆古籍珍本丛刊》，北京：书目文献出版社 1988 年，第 513 页。

乡党朋友习乡饮酒仪于补山，先生以上僎临之。"故黄榦又于其年六月有《赵季仁习乡饮酒仪序》一文。则赵氏实为一位重视以古礼来移易民俗的学者，故黄榦于其人有"宦不达而忘其贫，今不合而志于古"① 的评价。

闽县曾噩（1167—1226），字子肃，绍熙四年（1193）进士。宝庆元年（1225），任广南东路转运判官时，重刻蜀人郭知达所编九家注《杜工部诗集注》三十六卷。宋陈振孙《直斋书录解题》卷十九著录："蜀人郭知达所集九家注。世有称东坡《杜诗故事》者，随事造文，一一牵合而皆不言其所自出，且其辞气首末若出一口，盖妄人依托以欺乱流俗者。书坊辄剿入《集注》中，殊败人意，此本独削去之。福清曾噩子肃刻板五羊漕司，最为善本。"顾广圻《百宋一廛赋》所谓"九家注杜，宝庆漕锓。自有连城，蚀甚勿嫌"，指的就是这个刻本。此刻本传世有残帙二部，一为陆心源皕宋楼旧藏六卷，清末流落日本，为静嘉堂所得；一为瞿氏铁琴铜剑楼故物，共三十一卷，缺卷十九、卷二五、二六、三五、三六，以抄本补全。据瞿氏著录："每卷后有'宝庆乙酉广东漕司锓板'一行。……字体端劲，雕镂精善，尤宋板之最佳者。"此书现存单位不详。中华书局 1982 年 8 月曾据此本影印出版，所据底本系张元济先生于 20 世纪 30 年代据瞿氏藏本所制铅皮版。

曾噩的籍贯，陈振孙《直斋书录解题》作福清人，凌迪知《万姓统谱》、陆心源《仪顾堂续跋》作闽县人。查历代《福清县志》，无曾噩的记载，而《三山志·人物类六》、万历《福州府志·选举志》"绍熙四年癸丑陈亮榜"条下均载其为闽县人。《三山

---

① ［宋］黄榦：《勉斋黄文肃公文集》卷一九，《北京图书馆古籍珍本丛刊》，北京：书目文献出版社 1988 年，第 508 页。

志》称其为"植之子，终大里寺正、广东漕。"父曾植，字元幹，乾道二年（1161）进士。志中亦载为闽县人。此外，在《杜工部诗集注》曾噩自撰序中，文末署"宝庆元年重九日义溪曾噩子肃谨序"，义溪在今福州闽侯青口镇，王应山《闽都记》卷十三《郡东南闽县胜迹》载昭格庙、绿榕桥等，均"在义溪之东"。由此可知，曾噩乃闽县义溪人。

再考陆心源《仪顾堂续跋》称曾氏为闽县人的依据，乃据宋莆田人陈宓《复斋集》所载，陆氏《宋史翼》卷二十二转载甚详。移录于后：

曾噩，字子肃，福州闽县人。癸丑登第，筮尉瑞州，再转监行在惠民局。时权臣用事，噩恬于下位。开禧丙寅，兵兴费倍，摄封椿库，感慨献箴，大书于壁，辞警而切，寓意讽谏，识者题之。改宣教郎，知泉州晋江县。嘉定乙亥改监左藏东库。……求外补，出刺潮州。葺学宫，重建韩昌黎、赵忠定之祠，民听翕然。斥兴利之说，蠲坊场之逋，摧敛之亡艺者，如近城三十里之市征，海阳女户丁米之类，一切革去。听断精明，吏不容欺。人有以死罪诬诉，噩察其情，不为急追，未几果获，人皆叹噩之明。潮俗以人命同货贿，犯重辟者，惟赂乡保邑胥，十无一闻于郡，杀人不复死，视以为常。武断横行，冤气莫伸。噩力革之，自是人不滥死。朝嘉治最，擢将漕本道。宝庆二年三月终，年六十。噩七岁能属文，有"江吞天上月"之句。自少自老，未尝一日废卷。有《义溪集》十卷、《班史录》二十卷、《通鉴节要》十三卷、《诸子要语》《左氏辨疑》等书。①

5. 在江苏的刻书

福清郑元清，是郑侠的玄孙，于嘉定三年（1210）在建康府刻印郑侠撰《西塘先生文集》二十卷。丁丙《善本书室藏书志》卷二十八在著录"乾道丁亥、淳熙改元，侍郎林公、丞相史公先后锓板于九江、福州"之后，又说："迨嘉定庚午公元孙提领建康府赡军酒库元清复为镂之。"

6. 在广西的刻书

侯官陈孔硕，字肤仲，号北山。淳熙二年（1175）进士，历官邵武知县、赣州知州、提举淮东常平、广西运判、中大夫秘阁修撰等职。淳熙十四年（1187）前后，从学朱熹于武夷精舍。著作有《中庸大学解》《北山集》，以及医书《伤寒泻痢要方》一卷。② 传见明朱衡《道南源委》卷三、康熙《福建通志》卷四十四。

嘉定二年（1209）陈孔硕在广西，以建阳书坊刻本为底本，将晋王叔和《脉经》十卷刊行于漕司。其自序云："嘉定己巳岁，京城疫，朝旨会孔硕董诸医，治方药，以拯民病。因从医学，求得《脉经》。复传阁本，校之与予前后所见者，同一建本也。……因取所录建本《脉经》，略改误文，写以大字，刊之广西漕司。庶几学者知有本原云。"③

笔者为何要将在外地刻书的福州人氏也在此详加介绍？这是

① ［清］陆心源：《宋史翼》卷二二，北京：中华书局1991年，第232页。

② ［宋］陈振孙：《直斋书录解题》卷一三，《中国历代书目丛刊》第一辑，北京：现代出版社1987年，第1366页。

③ ［日］丹波元胤：《中国医籍考》卷一七，人民卫生出版社1956年，第190页。

因为见到一些图书目录和相关文章往往将这些书籍也归入福州刻书的名下，且不加任何说明，这就容易产生以讹传讹，妨碍对福州本土刻书业的正确认识和评价。其中最典型的莫过于"三山黄唐"，从1979年福建师范大学方品光先生编《福建版本资料汇编》，到二十世纪九十年代末的《福建古代刻书》，甚至直至今日的一些著述中，均将其刻本错归为福州所刊。福州人在外地刻书，虽然与福州文化的传播有密切关系，但那仍然属于外地刻书的范围。在此特别提及，是为了提醒今人，要注意将闽人在外地刻书与福州本地刻书区别开来，而不是有意无意地加以混淆，从而影响对福州刻书的正确评价。

　　通过以上的梳理，我们可以看出南宋时期有不少福州人氏曾在江西、湖南、浙江、广东、江苏和广西等地刻书。这就将福建的刻书从版本、内容、形式到版刻技艺等方面，与南方各省区的刻书提供了交流与融合的各种可能，从而促进了南方各省刻书业的共同发展。这是有别于此前学术界普遍将闽人在外地刻书与福州本地刻书混为一谈的研究结论。

原载于《闽江学院学报》2014年第3期

清代闽南刻书史述略

谢水顺

福建地处海隅，古代交通不便，而文化之孕育滋长，早已蜚声海内，夙有"海滨邹鲁"之称。历朝通儒辈出，文坛艺苑之盛甲于东南。雕版印刷唐时已肇端倪，至宋朝十分发达，"建本几遍天下"，在中国文化史上占有重要的地位。但是，研究版刻者，大都只提到宋建阳、麻沙，而对于建阳地区以外，特别是宋、元、明以后的福建闽南地区之刻书业，鲜有提及。本文拟就这个问题，于清代闽南版本作一概略之研究。惟所见极有限，意在抛砖引玉耳！

欲研究清代闽南的雕版印刷，需考闽南刻书业的刻版之始。建阳麻沙之刻书始于唐，盛于宋已为世人所公认，闽南之雕版事业起自何时呢？据《漳州府志》及其他文献记载，唐咸通年间，漳州就风行金石镌刻，出现了许多著名的碑刻。其中最著名的石刻碑为"尊胜陀罗尼经"碑，俗称"咸通碑"。是唐咸通四年（863）漳州押衙王刚和他的母、妻发愿建造的。全幢高一八三公分，碑分八面，每一面广二十九公分，建州司户参军刘镛书。《闽中金石志》等称之为"漳南金石刻文中之冠"。因刘镛书法遒劲，有晋人风致，碑一出，漳州一带名士争相摩拓，拓本风行远近。

与"咸通碑"齐名的还有漳浦兴教寺僧元慧录记的"沈怀远碑",侍郎王讽撰书的"漳州三平大师碑铭"。前者刻于唐咸通二年（861），后者刻于唐咸通十四年（873）。两碑均为木刻，书法隽美，刻工精细，所惜木刻易朽，未能长久保留下来。"三平大师碑铭"还有元末重修的木碑，是用樟木刻的，高约丈馀，阔七八尺，厚六七寸、所镌之王讽原文与万历间重立石碑同，惟末所附记者比石碑少了一百多字，可惜今亦无存。至于唐时闽南是否有印书业，目前尚缺乏可考的文献，但"沈怀远碑"与"三平大师碑铭"的开雕，证明了漳州地区在唐代就有了木版镂刻，这一点已殊无疑义。另据《泉州府志》载宋代安溪县刻书称"印书局，在县治大堂之右。宋嘉定间，陈宓为令刊《司马温公书仪》《唐人诗选》。于此后，令周肆刊《西山仁政类编》《安溪县志》《竹溪先生奏议》《庚戌星历封事集录》《后村先生江西诗选》《张忠献帖》《陈复斋修禊序》《文房四友》《王欧书诀》等书。"观此可知安溪宋代刻书之兴盛，那时的印刷量已相当之大了。

泉州为闽南名邦之一，自唐代常衮观察振兴文教，欧阳行周开科以后，滨海古城，遂有家弦户诵的誉称。由于文化的繁荣，海外交通的发达，促进了造纸业和印刷业的发展。泉州地区不仅能生产一般的纸张，而且能制造质量较高的上等纸，如蠲符纸就是当时的上乘。那时安溪已有专门的印书局，泉州更是刻本众多。著名的有宋乾道二年（1166）韩仲通刻本《孔氏六帖》，宋淳熙壬寅（1182）中和堂刻本《读史管见》，宋淳熙八年（1181）泉州州学刻本《禹贡论》等。《禹贡论》由于镌刻精绝，被称为"纸墨精莹，如初搨《黄庭》，光采照人，为宋刻书中杰作。"综上所述，可知闽南刻书乃从金石而至于雕版，从雕版而至书版，宋时刻书印刷业已有发展。所举虽陋，但其发展的线索，还是可以寻找的。

　　明清时代，是我国封建社会的后期，是社会经济最繁荣的时期，从而影响到上层建筑学术文化上，也超过了前代。但是建阳麻沙书坊自弘治十二年（1499）大火后，所有典籍书版尽付一炬，雕版印刷业即此一蹶不振。虽然到清初其业未废，但乾隆以后已少见闽北刻本流传了。而此时的闽南雕版事业，乃相沿不衰继续发展。据清乾隆二十八年（1763）重修的《泉州府志》和清乾隆三十年重修《晋江县志》及辛亥革命前由泉州书坊刊印的书籍，其刻工俱出泉州涂门近郊的村落，合计约有刻工三百馀人。刻工的多少，反映着书坊营业的盛衰，可见清中叶后，泉州的雕版印刷还是很繁荣的。泉州的刻工主要出自涂门城外的田庵、淮口、后坂三个村落的专业艺人，特别是田庵一村为多。田庵村为洪姓聚族而居，他们的祖先自宋代从安徽徙泉，先从事金石镌刻，后专事雕版印书。田庵等三村落的刻版工艺与泉州书坊的开设，有着密切的关系。泉州的道口街为旧时木版书坊的集中地，其较有名的书坊有辅仁堂、绮文居、郁文堂、聚德堂、崇经堂等。其中以辅仁堂一家开业最早，藏版最多。其馀各家也各拥有经、史、子、集、小说、医书、歌曲等大量书版。这些书版的镌刻多出城郊涂门外刻工之手。如清道光十七年（1837）刻本《归田稿》首蒋祥墀序末行就刻有"泉州涂门外后坂社施唐培精刻"十三个字。该书半页九行、行十八字，小字双行字数同，白口，四周双边，长宋体，间隔疏朗，字大悦目，刻印俱佳。

　　清末，辅仁堂因为家庭分产争执而关闭。接着聚德堂、崇经堂也相继倒闭，他们的书版多为绮文、郁文两坊所购，郁文堂购得辅仁堂版最多。他们在购得旧版的基础上，进一步扩大了营业，绮文增设珠玉楼一肆，郁文也增设了经文一肆。光绪朝，取士废八股，改用经义、史论、时务策。郁文堂为应时趋，新刻了许多经义、史论的书，以满足当时文人的需要。此外，郁文堂也刊行日用参考书如《居家必用》之类，还刊行了不少的话本小说以应市井一般居民的需要。如《说岳全传》《平闽全传》等。《平闽全传》六卷，五十二回，清光绪十一年（1885）刊。此书充满方言，非漳泉人不解。故其刻本多流行于闽南语通行之地方，北方少见。书坊外，又有专门刻印《通书》《历图》及"劝善"书籍的家庭作坊。这类书坊多以个人名字为号，如林雅坤坊，逐年都有新刻版本。

泉州地区除书坊刻本外，私家刊刻图书也很流行。如晋江龚显曾以"亦园"名号，在咸丰、同治间刊行了自己的著作《亦园脞牍》等十几种书。他还用木活字摆印了《籀经堂集》十四卷和《补遗》二卷、《聊中隐斋遗稿》二卷等，一时畅销全国。还有泉州的李廷钰，喜欢搜集古本来刊印图书。他在道光二十一年（1841）依宋本重刊的《陶渊明集》十卷，就很精美。书后跋称："盖余此刊，志在复古，欲使昭明以来所传旧本广播艺林。"可谓用心良苦。李廷钰曾任过江西、浙江、广东潮州等镇总兵官，善诗文，工书画，恂恂有儒者风。他于清道光二十三年回乡，移居泉郡，茸靖海侯废园居之，校订《汉唐名臣传》《契丹国志考证》《屏山全集》等，刻印精工，艺林称善本，为清季闽南书刻中之上品。在这期间，晋江人丁拱辰在泉州刊行《演炮图说》。丁拱辰，字星南，回族，清代著名的军火科学家。鸦片战争爆发时，他从海外经商回国，看到祖国受到侵略，义愤填膺，为了抗击侵略，亲自设计并监制新式火炮。他所监制的大炮灵巧坚牢，操纵方便，是当时很先进的武器。他据自己多年研究积累的资料撰成《演炮图说》一书，于道光二十一年刊行。道光二十三年（1843）丁拱辰对《演炮图说》进行了修订，也在泉州刊行，称《演炮图说辑要》。该书内容丰富，对各种火炮的操纵使用均有细述，特别是对英、法、美等国先进技术介绍尤详，图文并茂，通俗易懂，是一部很有价值的军事书。丁拱辰所做的科技著述，比著名科学家李善兰、华蘅芳等早了十多年，称得上我国近代军火科学事业的先驱。

与泉州毗邻的龙溪地区，在那时也刻过不少书，仅福建省图书馆就收藏了三十几种。如清乾隆十五年（1750）海澄郭氏重刻明黄道周撰《榕坛问业》十八卷；清乾隆二十七年（1762）海澄县衙刻本《海澄县志》二十四卷；清嘉庆十六年（1811）龙溪林氏稻香书屋刻清林象撰《易堂文抄》二卷；清道光四年（1824）龙溪虚受斋刻清郑琼撰《樗云诗抄》五卷；清道光六年龙溪二十八都东山书院刻《布衣陈先生遗集》四卷；清光绪五年（1879）龙溪林维源刻清吕世宜撰《古今文字通释》十四卷；清光绪二十五年（1899）漳州多艺斋刻清蔡世远撰《二希堂缉斋文诗合编》二十二卷；清光绪二十三年漳州素位堂刻宋高登撰《高东溪先生文集》等。这里还要提到的是"味古书室"在道光年间所刊行的许多书。"味古书室"为龙溪孙云鸿的书斋名。孙云鸿，字仪国，做过苏淞、福山等地水师总兵，曾参加过《厦门志》的编纂。"味古书室"所刻本以《正气堂全集》为佳。《正气堂全集》是明代御倭名将晋江俞大猷所著，收了俞氏的策论、诗文、案牍、正、续、馀集合二十七卷，和《镇海南议稿》《洗海近事》二种，这是研究俞氏毕生事迹和明代御倭战争的重要文献。福建省图书馆和厦门市图书馆所收藏的《洗海近事》，就是全集刻本的单行本。

明末清初，郑成功开府思明，厦门人才荟萃，池显方、阮旻锡、卢若腾及其后数十家文章诗词诸般著作如林，为厦门的刻书业提供了充足的书源。厦门书坊就地取材与作者合作刻印了许多质量较高的书籍。像池显方的《晃岩集》，张锡麟的《池上草》，薛起凤的《梧山草》、黄日纪的《嘉禾名胜记》等，都是很难得的本子。《嘉禾名胜记》是厦门最早的一本导游手册，刊刻于清乾隆三十二年（1767），所收录的诗词文章都是研究厦门文物的重要参考资料。黄日纪，号荔厓，原籍龙溪，为厦门名士。他工诗善文，娴于书法，对厦门名胜古迹尤感兴趣。他花了八个月时间去搞考察，积累了大量资料，在张廷仪协助下，编辑成书二卷，蔡新、薛起凤各为其作序。薛序称："今秋（丁亥年）议修邑乘，余有分辑之役，而先生适著《嘉禾名胜记》，互相考订，甚资丽泽之益。"这是说，乾隆三十二年正是吴镛倡修《同安县志》时，薛起凤参与其事，因有《嘉禾名胜记》付梓，丰富了他修志的资料，可见黄日纪编辑这部书，在保存文献上有贡献。该书刻本流传较少，福建省仅同安县图书馆珍藏一部，已收入《中国古籍善本书目》。

道光十九年（1839）《厦门志》开雕。隔年，《厦门志》总纂周凯所著的《内自讼斋文集》也在厦门刊刻出版。在这期间，厦门名士吕世宜也用书斋"爱吾庐"为名刊印了《爱吾庐笔记》《爱吾庐文钞》等。在道光间比较重要的刻本还有林树梅的《啸云文抄》和《啸云诗抄》，两抄均刻于道光二十四年（1844）。林树梅，金门人，道光年间曾在台湾做官，很熟悉福建、台湾情况。诗抄中有不少地方史料作品，如"厦门书事"等。文抄里还收有陈化成、李长庚等人的传记，是研究十九世纪中叶闽台历史的重要参考资料。林树梅还校刊了明卢若腾的《岛噫集》。卢若腾也是金门人，崇祯庚辰（1640）进士，官至兵部主事，后来投郑成功居厦门。他的诗多描写现实生活，林树梅得到抄本，精心核订，刻印传世，使我们今天还能读到它。这时期在厦门流传的刻本还有清龙溪人官献瑶所撰的《官石溪文华初刻》三卷，这是福州王兴源在台湾刊印的。在正文第三卷末页末行镌有"福省王兴源在台湾刊"九个字。该书每半页九行，行二十一字，白口，左右双边。楷书写刻，间隔疏朗，刻印称佳。

厦门的书坊，多集中在二十四崎顶，有文德堂、芸成斋、会文堂、瑞记（后改名萃经堂）、崇雅堂、倍文斋等十几家。道光以后，这些书坊所刊刻的日用参考书和医书等很受市民的欢迎。这一时期，文德堂还编写刊行了许多通俗绣像小说和历史故事。就所目见，有《水石缘》《白圭志》《北魏奇史闺孝烈传》《混唐平西传》《平闽全传》（亦有鹭江崇雅堂道光元年［1821］本）、《平妖传》（咸丰十一年［1861］刻）等。在此值得一提的是文德堂于咸丰年间所刊沈储著的《舌击篇》六卷，具有较高的史料价值。咸丰年间闽南小刀会起义，是历史上一件大事，沈储参加清军镇压小刀会起义，把所积文牍编成《舌击篇》。它虽是反面材料，却是研究小刀会起义的第一手史料。

同治年间的厦门私家刻书中，霞溪仔吴家刻有吴葆年的《绘秋楼诗抄》、吴兆基的《小梅诗存》等。同安徐氏刻有夷狄散人著《平山冷燕》、澹园主人著《孙庞演义》和不题作者名的《玉娇梨》等小说。苏廷玉刻有《苏魏公文集》七十二卷（道光二十二年重刻本，咸丰间重印本）。

厦门的清代刻本，不论官刻私刻，版本一般都比较好，字体以宋体字即匠体字为多，间也有用行、楷、隶来书写的。厦门雕版技工，有一部分是从泉州过来的。道光丙午年（1846）厦门芸成斋刻本《四书补注附考备旨》，序言页末空白处就有两行小字"福建泉州府涂门外田庵乡洪文畅督刻"。这牌记说明了泉厦两地的雕版工人是互相交流的，也证明乡先贤所称厦门刻本的刻工来自泉州的说法是可信的。清光绪二十八年（1902），厦门大火，书坊藏版的大部分和私家刻本在大火中化为灰烬，所馀书版又在抗战中全部烧光，数百年精华毁于一旦，诚为闽南文化史上莫大之损失。

以上所说，只不过是闽南刻书史的简略叙述。闽南刻书业之所以能在清代持续不衰，有它的社会经济原因和历史条件。闽南地处沿海，经济繁荣，泉州、厦门等地有海滨邹鲁遗风，文化发达，人文荟萃，名家著作如林。笔者曾据《龙溪县志》《同安县志》《厦门志》《晋江县志》作一粗略统计，有清一代单这四县就有作者 456 人、作品 851 部，自诗文集到经解、史书、杂著、戏曲、小说等无所不包，为雕版印刷提供了充足的书源。雕版印书所需的木材和纸张又正是本省取之不尽用之不完的特产。水陆交通路线的通达，更是便利了书籍市场的扩大。泉、漳、厦的雕版技术工人众多。清同治间，省城于正谊书院设局重雕《正谊堂全书》，特征匠于南郡。正是由于有闽南刻工的参加，《正谊堂全书》四百七十八卷仅岁馀即告刊竣，足见其技术之熟练。由于闽南技术力量雄厚，故能满足坊刻、官刻、家刻、私刻等各种需要，有清一代闽南书籍流行省内外远及日本等地，自是理所当然的事。

原载于《文献》1986 年第 3 期

宋元时期汀州官私刻书考略

方彦寿

汀州地处闽西，州设于唐开元二十六年（738），领长汀、黄连、龙岩三县。天宝元年（742）改为临汀郡，改黄连县为宁化县。乾元元年（758）复为汀州。入宋，领县渐增。至南宋绍兴三年（1133），共领县六：长汀、宁化、上杭、武平、清流和莲城。元至元十五年（1278），升为路，领县不变。

宋元时期汀州刻书以官刻为主，私刻较少，坊刻未见著录。汀州官刻最活跃的时期是南宋，留下不少精美的古籍善本。有迹象表明，其刻工来自刻书中心建阳。通过宋元以来的传承，下延至明末清初，汀州的官私刻书，渐成体系。

一、汀州最早的州、县刻本

在前人的论著中，汀州最早的州、县刻本或视《集要方》为最早。如清人杨澜《临汀汇考》说："宋时闽版推麻沙，四堡刻本近始盛行，阅此（按，指陈晔临汀刊本《集要方》）知汀版自宋已有。"[①] 或视绍兴十二年（1142），宁化知县王观国在汀州宁

---

① ［清］杨澜：《临汀汇考》卷四，清光绪四年（1878）刻本。

化县学刻印宋贾昌朝撰《群经音辨》七卷为最早刻本，如今人所著《福建古代刻书》《福建省志·出版志》等①。实际上，汀州最早的刻本应为绍兴七年（1137）詹尚刻印的《绀珠集》十三卷，只是由于前人的失误，一字之差，从而使此刻本长期以来几乎不为人所知。造成这一失误的就是清乾隆年间官方修纂的《四库全书总目》。该书著录称：

> 《绀珠集》十三卷，不著编辑者名氏。案晁公武《郡斋读书志》载有《绀珠集》十三卷，称为朱胜非编百家小说而成，以旧说张燕公有绀珠，见之则能记事不忘，故以为名。其所言体例、卷数皆与今本相合，则此书当为胜非所撰。然书首有绍兴丁巳灌阳令王宗哲序，称《绀珠集》不知起自何代，建阳詹寺丞出镇临门，命之校勘，将镂版以广其传云云。②

上文的"临门"应为"临汀"之误，何以知之？

清代藏书家张金吾《爱日精庐藏书志》著录明天顺刻本，节录宋人王宗哲序云："'绀珠'之集，不知起自何代。试尝仰观乎天文，俯察乎地理，凡可以备致用者，杂出于诸子百家之说。……建阳詹公寺丞出镇临汀，仆幸登其门。一日出示兹集，俾之校勘讹舛，将命工镂板，以广其传，仆因得以详究焉。增益其所未能，所得多矣。扬子不云乎：'侍君子，晦斯光，窒斯通'，其是

① 谢水顺、李珽：《福建古代刻书》，福建人民出版社1997年，第131页；福建省地方志编纂委员会编：《福建省志·出版志》，福建人民出版社2008年，第16页。
② ［清］纪昀等：《四库全书总目》卷一二三，中华书局1965年，第1060页。

之谓欤？绍兴丁巳中元日左承直郎全州灌阳县令王宗哲谨序。"①
在张金吾转录的王宗哲序中，是"临汀"而非"临门"。

除了张金吾著录之外，王宗哲的原序，现仍保存在明天顺重
刻南宋绍兴七年本和《四库全书》本《绀珠集》中。虽然此汀州
原宋刻本失传已久，但仍有明天顺重刊宋本传世。台湾商务印书
馆 1970 年据明天顺本为底本，影印出版了此书，题为《景印明刊
罕传本绀珠集》。其卷首序言，正与张金吾所录合，即"建阳
詹公寺丞出镇临汀"，而非《四库全书总目》所说的"临门"。此
外，在《四库全书》本《绀珠集》提要，以及卷首所载"绍兴丁巳
灌阳令王宗哲"《绀珠集》原序中，亦为"临汀"而非"临门"②。

《四库全书总目》的一字之误，犹如"临门一脚"，不经意
间，将此刻本"踢"出了人们的视野，以致很少有人知道，南宋
汀州曾经有过这么一个最早的刻本，与建阳的刻书业有其内在的
联系。

詹尚，又作詹培尚，建阳人。绍兴元年（1131）进士，绍兴
六年（1136）官汀州知州。绍兴七年在汀州刻印《绀珠集》十
三卷。

永乐大典本《临汀志》卷五《郡县官题名》中有詹尚任职时
间，称其"绍兴六年八月二十一日以左朝请大夫知，七年九月二
十日宫祠"③。建阳《建峰詹氏宗谱》有詹氏小传云："培尚公……
官汀州军事，授左朝议大夫。"《建峰詹氏宗谱·列传》又载：

---

① ［清］张金吾：《爱日精庐藏书志》卷二五，《清人书目题跋丛刊》
四，中华书局 1990 年，第 488 页。

② ［宋］朱胜非：《绀珠集》，《景印文渊阁四库全书》第 872 册，台湾
商务印书馆 1986 年，第 273—274 页。

③ ［宋］胡太初、赵与沐修纂：《临汀志》，福建人民出版社 1990 年，
第 117 页。

"公刚方正直，砥砺廉隅。素以谨言慎行见重于世。善属文字，
每有著作，人争颂之。至居官日，历著劳绩，士民感戴，颂声四
起。后官至右朝散大夫。"①

詹尚在汀州首刊《绀珠集》，其意义除了使这部典籍得以流
传后世之外，更重要的是，在他之前，汀州没有刻书的记载，可
以说，他是把雕版印刷技术从刻书中心建阳带到汀州的第一人，
从而开启了汀州官刻的先河，也为明清时期闽西连城四堡刻书业
的辉煌奠定了第一块基石。

汀州最早的县学刻本，则是王观国刻印于绍兴十二年
（1142）的宁化县学本《群经音辨》。

王观国，字彦宾，长沙人。绍兴十二年官左承务郎，知汀州
宁化县，主管劝农公事兼兵马监押。次年官礼部员外郎，十四年
二月，因御史中丞李文会奏论而出知邵州②。

王观国以绍兴九年（1139）临安府学刻本为底本，在汀州宁
化县学重刻宋贾昌朝撰《群经音辨》七卷。版式为半叶八行，行
十四字，注文小字双行，行约二十字，黑口，左右双边。今国家
图书馆有存本。王观国《群经音辨后序》云："绍兴己未夏五月，
临安府学推明上意，镂公《音辨》，敷锡方州，下逮诸邑。宁化
号称多士，部属临汀，新葺县庠，衿佩云集。是书初下，缮写相
先，字差毫厘，动致鱼鲁，且患不能周给。诸生固请刻本藏于黉
馆，以广其传。啸工东阳，阅月方就。解颐折角驰骋群经者，自
是遂得指南矣。盖五经之行于世，犹五星之丽乎天、五岳之蟠乎
地、五行之蕃乎物、五事之秀乎人，康济群伦，昭苏万汇，其功

---

① ［清］詹宸等续修：《建峰詹氏宗谱》卷一《宦绩志》，建阳图书馆
藏清末印本。

② ［宋］李心传：《建炎以来系年要录》卷一五一，中华书局1956年，
第2427页。

岂浅浅哉！……镂板于学，虽秀民隶业沥恳有陈，亦长此邦者之所愿欲也。书旧有序，姑跋其后云。绍兴壬戌秋七月中瀚日官舍西斋序，汀州宁化县学镂板。"①

王观国为何对贾氏此书情有独钟，在此书仅刊刻三年后，且当时已下发至各县学的情况下，还要再次将其刻印呢？这是因为王氏本人也是一个文字学家，对辨别字体、字义、字音之类的著作有其特殊的爱好。他所著《学林》十卷，也是这一类的著作。《四库全书总目》著录云："《学林》十卷，宋王观国撰。观国，长沙人。其事迹不见于《宋史》，《湖广通志》亦未之载，惟贾昌朝《群经音辨》载有观国所作后序一篇，结衔称'左承务郎知汀州宁化县主管劝农公事，兼兵马监押'。末题绍兴壬戌秋九月中瀚，则南渡以后人也。……书中专以辨别字体、字义、字音为主。自六经、《史》《汉》，旁及诸书。凡注疏笺释之家，莫不胪列异同，考求得失，多前人之所未发。"② 四库馆臣欲探考王观国的生平，然就其所能及的史料中转了一圈之后，又回到了《群经音辨》的王观国序上。这不仅是因为在宋末开庆元年（1259）胡太初修纂的《临汀志·郡县官题名》中已找不到王观国之名，在后人所纂《八闽通志》《闽书》等志书中也同样付之阙如。清周中孚《郑堂读书记》著录王观国著《学林》，在内容上除了告诉我们此书有清武英殿本、闽中覆刻本之外，与《四库全书总目》相比，则多出了考证王氏生平最重要的三个字——字彦宾③。

此刻本在明代曾为毛氏汲古阁所珍藏，张氏泽存堂欲重刊此

① ［宋］王观国：《群经音辨后序》，《景印文渊阁四库全书》第 222 册，第 57—58 页。

② ［清］纪昀等：《四库全书总目》卷一一八，第 1019 页。

③ ［清］周中孚：《郑堂读书记》卷五四，《清人书目题跋丛刊》八，中华书局 1993 年，第 270 页。

书，毛氏却只借给此书影写本。傅增湘先生为此有诗云："绍兴覆刻出汀州，玺印蝉联内府收。此是毛家真秘本，泽存虚作一瓻求。"①

此书最应引起注意的是王观国后序，其中说："宁化号称多士，部属临汀，新葺县庠，衿佩云集。是书初下，缮写相先，字差毫厘，动致鱼鲁，且患不能周给。诸生固请刻本藏于黉馆，以广其传。啸工东阳，阅月方就。……镂版于学。"其中所言"啸工东阳"，是指从建阳招募刻工，而不大可能是指浙江东阳。这是因为东阳在宋时是建阳的别称，源于宋政和年间建溪水驿更名东阳水驿②。且以刻书力量而言，浙江东阳远不能与刻书中心建阳相比。再说，从宁化到浙江东阳的路程，至少是从宁化到建阳的两倍，宁化刻书没有必要舍近求远，到浙江去招募刻工。

当然，还有一个重要的原因，就是他的前任上司詹尚来自"东阳"，曾以"东阳"的刊刻技术在汀州刻印图书，从而有引导其"啸工东阳"的可能性。

二、南宋中后期的官刻本

乾道以后，汀州官刻本渐多。这与其时几位北宋文学名家的后裔先后任知州有一定的关系。

晁子健，字伯强，嵩山（今属河南）人，晁说之之孙，乾道二年（1166）任汀州知州，在汀刻印孙升《孙公谈圃》三卷。孙升（1038—1099），字君孚，高邮（今属江苏）人，北宋元祐中

---

① 傅增湘：《藏园群书题记》附录一《题宋汀州群经音辨残卷》，上海古籍出版社 1989 年，第 1018 页。

② 方彦寿：《宋代建本地名考释》，《福建史志》1987 年第 6 期。

官中书舍人。绍圣四年（1097）夏五月，孙升因元祐党禁而贬谪
汀州安置。"单车而至，屏处林谷，幅巾杖屦，往来乎精蓝幽坞
之间，其后避谤，杜门不出。"① 两年后，孙升卒于汀州。孙升在
汀期间，临江刘延世之父正官长汀知县，刘延世因得以从孙升
学，将"所闻于孙升之语"录为此书，故名《孙公谈圃》。乾道
二年六月，孙升的孙子孙兢将此书交给其岳父——时任汀州知州
的晁子健，以"临汀故事"的名义在汀刊刻出版。孙兢有序称：

> 绍圣初，党锢祸起。先公谪居临汀，竟捐馆舍。其平生
> 出处诞略，临汀刘君序之为详。后六十有八年，兢以事来
> 此，访先公之寓居与当时之故老，求能道先公时事者，邈不
> 可得，独慨然太息久之。偶携所谓谈圃者随行，因请于外舅
> 郡太守晁公，欲传于世，欣然领略之，遂锲于木，且以为
> 临汀故事云。乾道二年六月望日季孙兢谨书于州治之镇
> 山堂。②

宋王楙《野客丛书》曰："临汀刊《孙公谈圃》三卷，近时
高沙用临汀本复刊于郡斋。盖高沙，公乡里故尔。"③ 此书宋汀州
本和高沙覆临汀本均久佚，现存最早的单刻本是明弘治无锡华氏
刻本，丛书本则有宋咸淳《百川学海》本等。

据陆心源《皕宋楼藏书志》卷七七著录，晁子健还于乾道三
年（1167），在临汀郡庠刻印其祖父晁说之撰《嵩山文集》二十
卷。陈振孙《直斋书录解题》卷十八著录作《景迂集》二十卷，

---

① 《孙公谈圃》刘延世序，民国间武进陶氏据宋本景刊《百川学海》本。
② 《孙公谈圃》孙兢序，民国间武进陶氏据宋本景刊《百川学海》本。
③ ［宋］王楙：《野客丛书》卷五，嘉靖四十一年（1562）长洲王氏重
刊本。

曰："徽猷阁待制晁说之以道撰。又本止刊前十卷。说之平生著述至多，兵火散逸，其孙子健裒其遗文，得十二卷，续广之为二十卷。别本刊前十卷而止者，不知何说也。"陈振孙所录，乃出自晁子健书末跋文，"先大父待制生平著述甚富，晚遭离乱，散失几尽。绍兴初，子健编集所得之文止成十二卷，但窃记所亡书目于后。及既宦游江、淛、蜀、淮、荆、襄，往来博访，所得加多，重编为二十卷。而东南之士多未之见，谨用锓木于临汀郡庠，以广其传。……乾道三年岁次丁亥五月戊戌，右朝散大夫权知汀州军州主管学事兼管内劝农事，借紫晁子健谨记。"[①]

另据宋俞琰《读易举要》卷四，晁子健于乾道三年在临汀所刊还有其祖晁说之撰《周易太极传》《太极外传》一卷、《太极因说》一卷等。

中书舍人嵩山晁说之编《周易》为十二篇，名曰《古周易》，又撰《周易音训》，具列其异同舛讹于字下。其序云："建中靖国元年辛巳题，绍兴戊辰广陵张成己知袁州，刻板于郡庠。又撰《周易太极传》及《太极外传》一卷《太极因说》一卷，乾道丁亥其孙子建知汀州，刻板置临汀郡庠。"[②]

《临汀志》卷五《郡县官题名》载："晁子健，乾道元年（1165）五月二十八日，以右朝奉大夫知，三年五月二十九日满替。"乾道七年（1171），晁子健曾官毗陵郡守，宋张栻《多稼亭记》云："岁辛丑之八月，予适毗陵。甲寅，郡守嵩山晁伯强置酒郡斋。……伯强名子健。"[③]

---

① ［宋］晁子健：《嵩山文集》卷二十后跋语，《四部丛刊续编》。

② ［宋］俞琰：《读易举要》卷四，《景印文渊阁四库全书》第 21 册，第 463 页。

③ ［宋］张栻：《南轩先生文集》卷一三，《朱子全书外编》第 4 册，华东师范大学出版社 2010 年，第 219—220 页。

　　韦能定则是北宋另一位文学名家韦骧（1033—1105，字子骏，钱塘人）的曾孙。据瞿氏《铁琴铜剑楼藏书目录》卷二十著录，乾道四年（1168），韦能定于汀州任上刻印宋韦骧撰《钱塘韦先生集》十八卷。其跋云：“先大父文稿二十卷，家藏日久，中以季父参议携往别墅，最后二卷遗失，不可复得。能定大惧岁月寖远，复有亡逸，以隳先志，谨命工锓木于临汀郡庠。”周必大《跋黄鲁直帖》云：“朝奉大夫钱塘韦骧，字子骏，来为夔路提点刑狱，尝任主客郎官。……临汀有文集，盖其孙作守时刻之。”①

　　又《临汀志·郡县官题名》：“韦能定，乾道三年五月二十九日，以右朝奉大夫知，四年六月十七日宫祠。”②

　　陈晔是南宋第三位官汀州知州的名门之后。陈晔，字日华，侯官人，陈襄五世孙。宋庆元二年（1196）八月知汀州，八月除广州提刑。三年于临汀郡斋刻印宋陈襄撰《古灵先生文集》二十五卷、《神宗皇帝即位使辽语录》一卷，见陆心源《皕宋楼藏书志》卷七十四著录。傅增湘《藏园群书题记》有跋，称原为瞿氏铁琴铜剑楼旧藏。丁氏《善本书室藏书志》著录作“绍兴三十一年四世孙辉又命仲子晔排次《年谱》，锓木于赣”。按，绍兴三十一年（1161），陈晔的父亲陈辉刻《古灵先生文集》二十五卷《年谱》一卷《附录》一卷于章贡郡斋，三十七年后即庆元三年（1197），陈晔于临汀郡斋据赣本复刻，陆氏《皕宋楼藏书志》录陈晔刊本题识，叙此源流甚明。

　　《临汀志·名宦志》载：“陈晔字日华，长乐人，古灵之后。

---

　　① ［宋］周必大：《文忠集》卷四九，《景印文渊阁四库全书》第 1147 册，第 521 页。

　　② ［宋］胡太初、赵与沐修纂：《临汀志》，第 118 页。

庆元二年知州事。为治精明，百废俱兴。岁拨郡帑缗钱二百贯助学，又拨隶官田百亩为诸生廪饩，减坊户口食盐价以利细民。俗尚鬼信巫，宁化富民与祝史之奸者，托五显神为奸利，诬民惑众，侈立庙宇，至有妇人以裙襦畚土者。晔廉得之，窜祝史，杖首事者，毁其祠宇。郡人广西帐干吴雄，作《正俗论》二千馀言纪其事。"[1] 陈晔事迹，又见载于《闽书》卷七五《英旧志》、民国《福建通志·列传》卷六。

与《古灵先生文集》几乎同时在汀刊刻的还有方导的《方氏家藏集要方》。方导，字夷吾，号觉斋居士。宋代医家、官员，与陈晔系姻戚关系。早年随父宦游江淮、闽广一带，40岁以后曾历官州县。所编《方氏家藏集要方》二卷，于庆元三年（1197）由陈晔刊行于汀州郡斋。日本汉医学家丹波元胤《中国医籍考》著录云："陈日华《经验方》云：方夷吾所编《集要方》，予刻之临汀。后在鄂渚得九江太守王南强书曰：老人久苦淋疾，百药不效。偶见临汀《集要方》中用牛膝者，服之而愈。"[2] 方氏自序云："既侥幸改秩，试邑佐郡。偶外台及郡守皆贤者，遂得行平日之志。"序末纪年为"庆元丁巳四月旦"，即庆元三年四月，其时，正是陈晔（日华）官汀州知州之时，方氏此书的刊刻，实得到陈晔的帮助，序中故有"外台及郡守皆贤者"的赞美。而陈晔后来在编辑《经验方》时，将"予在临汀，妻党方守夷吾以其《编类集要方》见示，遂刊于郡斋。后鄂渚得九江守王南强书云：'老人久苦此淋疾，百药不效。偶见临汀《集要方》中用牛膝者，服之而愈。乃致谢云。常闻郡邸有苦此者，再试亦验"写入书序

---

① ［宋］胡太初、赵与沐修纂：《临汀志》，第143页。
② ［日］丹波元胤：《中国医籍考》卷四九，人民卫生出版社1983年，第636页。

中，此为时人记时事，自当可信。而日本的版本学家森立之在《经籍访古志》著录此本时说："临汀，闽地，闽本粗恶，而此本乃大板大字，真为宋椠之佳者，恐不是临汀所刻。"① 只是后人立足于"闽本""麻沙本"的一种推论，不足为据。

此书今台北"故宫博物院"有日本抄本《方氏编类家藏集要方》，存上卷，有日本丹波元简题记，为孤本，收入上海科学技术出版社 2014 年版《台北故宫珍藏版中医手抄孤本丛书》。

主持南宋汀州官刻的人中，影响最大，也最具专业精神的是算学家、天文学家鲍澣之。鲍澣之，字仲祺，处州人。历官隆兴府靖安县主簿、汀州知州、刑部郎官、大理评事等。传见清阮元《畴人传》卷二十二。

鲍澣之对算学有特殊的爱好，面对靖康之难，图书散失，"衣冠南渡以来，此学（按，指算学）既废，非独好之者寡，而《九章》正经亦几泯没无传"的局面②，鲍澣之宦游各地，留心搜集这类图书，并先后于京城临安、汀州七宝山等地得到部分图籍。嘉定六年（1213），在汀州知州任上，他以北宋元丰七年（1084）国子监刻本为底本，一口气将《算经十书》全部刊行于世。此十书原分别为《周髀算经》《九章算经》《海岛算经》《孙子算经》《张丘建算经》《五经算经》《五曹算经》《缉古算经》《夏侯阳算经》和《缀术》，因北宋元丰间刻印时《缀术》已亡佚，故另附以北周甄鸾注《术数记遗》一种。

鲍澣之刻印的《算经十书》今仅存六种，分别为魏刘徽注《九章算经》九卷；汉赵君卿注、北周甄鸾重述、唐李淳风注释

---

① ［日］涩江全善、森立之：《经籍访古志补遗》，《日本藏汉籍善本书志书目集成》第一册，国家图书馆出版社 2003 年，第 569 页。

② ［宋］鲍澣之：《九章算术后序》，《景印文渊阁四库全书》第 797 册，第 138 页。

《周髀算经》二卷附《音义》一卷；唐李淳风等注释《孙子算经》三卷；唐李淳风等注释《五曹算经》五卷；东汉徐岳撰、北周甄鸾注《数术记遗》一卷、《算学源流》一卷；北周甄鸾注《张丘建算经》三卷。此六书今分别珍藏于北京大学图书馆和上海图书馆，因系同时刊刻，故版式相同，均为半叶九行，行十八字，细黑口，左右双边。《中国版刻图录》著录北大藏本《术数记遗》云："此书南宋初已罕见，鲍澣之于三茅宁寿观《道藏》中抄得，嘉定六年刻于汀州，遂传于世。"① 此三茅宁寿观，据鲍氏自序，在长汀七宝山。据《临汀志·山川》载，七宝山离县城 200 华里，由此可知鲍氏搜访之勤。1981 年，文物出版社曾据此六种《算经》为底本，影印出版《宋刻算经六种》。鲍澣之见于前人著录的著作还有《开禧历》三卷、《立成》一卷，陈振孙《直斋书斋解题》著录云："大理评事鲍澣之撰进，时开禧三年。诏附《统天历》推算。至今颁历，用《统天》之名，而实用此历。"②

又《临汀志·郡县官题名》载："鲍澣之，嘉定六年十月十七日，以朝奉郎知。八年五月十六日除刑部郎官，八月二十一日离任。"③

三、宋元官私刻本

南宋时期，汀州私家刻本罕见。所知有朱熹的弟子杨方曾刻印《太极通书》，被称为"临汀杨方本"，流传于一时。杨方（1133—1208），字子直，号淡轩老叟，长汀县人。隆兴元年

---

① 北京图书馆编：《中国版刻图录》，文物出版社 1961 年，第 41 页。

② ［宋］陈振孙：《直斋书录解题》卷一二，现代出版社 1987 年，第 1354 页。

③ ［宋］胡太初、赵与沐修纂：《临汀志·郡县官题名》，第 119 页。

（1163）进士。淳熙末除编修官，宁宗时除校书郎，守庐陵，终广西提刑。

关于杨方刻周敦颐《太极通书》，朱熹《文集》卷七十六《再定太极通书后序》云：“右周子《太极图》并《说》一篇，《通书》四十一章。世传旧本遗文九篇，《遗事》十五条，《事状》一篇。熹所集次，皆已校定，可缮写。熹按先生之书，近岁以来，其传既益广矣，然皆不能无谬误，唯长沙、建安板本为庶几焉，而犹颇有所未尽也。……然后得临汀杨方本以校，而知其舛陋犹有未尽正者。”①朱熹此序撰于淳熙六年（1179），则杨方刻本当在此之前。

约在杨方刻本之后，临汀又有杨时《中庸解》一卷刊本行世，刊行者不详。宋黄去疾《龟山年谱序》云：“龟山先生之书，其《文集》《经说》《论语解》《语录》已刊于延平郡斋，《中庸义》已刊于临汀。”②

元代的汀州刻书史料甚为罕见，所知仅有黄梓于元至治三年（1323）官汀州路知事时，曾刻印黄仲元所著《有宋福建莆田黄国簿四如先生文稿》五卷。黄梓，字子材，莆田人。宋末名儒黄仲元之弟仲会之子，因仲元无子，故将黄梓过继给仲元。清陆心源《皕宋楼藏书志》卷九三载黄梓跋云：“吾翁四如先生，生平文章自问学中来……督儿缮写亟遗镂板，不惟思所以传者，而又欲广其传。……至治癸亥立秋日，男将仕郎汀州路总管府知事梓百拜谨识。”据诸家书目著录，此本为此书最早刊本，久佚，现存明嘉靖裔孙黄文炳重刊本。

---

①　[宋] 朱熹：《朱文公文集》卷七六，《朱子全书》第 24 册，上海古籍出版社、安徽教育出版社 2010 年，第 3652—3653 页。

②　林海权点校：《杨时集》附录二，福建人民出版社 1993 年，第 960 页。

按，黄梓刊本，清雍正十年（1732）时杭世骏曾于福州书摊购得一帙，原为明徐𤊹藏书。杭世骏跋云："此为先生男将仕郎汀州路总管府知事梓所刊，有泰定改元小印。后有清源傅定保、三山陈光庭、庐山曹恴跋，皆称至治癸亥，盖跋于至治而刊于泰定也。……按先生为唐御史滔十二代孙，名仲元，字善甫。……无子，以同产弟仲会之子子材为嗣，即梓是也。……雍正壬子九月望日，在榕城法海寺书。"①

四、结语

宋元时期的汀州官私刻书，相关刻书人员大体由三部分组成。一是重视文化与教育的官员，如已知第一位汀州官刻推行者詹尚，和为满足宁化"县庠多士"教学之需的知县王观国。二是名宦、名士后裔，如晁说之之孙晁子健、韦骧曾孙韦能定、陈襄五世孙陈晔，乃至元代黄仲元之继子黄梓等，均为刊刻其父辈、祖辈的遗稿。南宋初期之所以会有如此之多的名士后裔急于"抢救"祖辈遗稿，与北宋后期的元祐党禁，以及接踵而至的北宋被金国灭亡的历史背景有关。党禁引起文禁，宋金交兵引起中原板荡，"兵火散逸"的状况频出，出版业不能正常的运转，"离乱散失"也就在所难免，从而使人产生韦能定那种"大惧岁月寖远，复有亡逸"般时不我待的紧迫感，因此一旦有机会，他们就会将先人遗作"命工锓木"。三是程朱理学的传人，如杨方。南宋的理学中心在闽北武夷山一带，闽西虽然不是中心，但影响所及，也有少量的"临汀本"理学著作经朱门弟子杨方刻版问世。

南宋时期全国各地，尤其是省内各地的官私刻书，或多或少

---

① ［清］杭世骏：《道古堂文集》卷二六，清乾隆刊本。

都与当时的刻书中心建阳有一定的关系，汀州也不能例外。本文
所提到的第一位汀州官刻推行者詹尚，即来自刻书中心建阳。在
他的影响下，其后宁化知县王观国就有了从刻书中心募集刻工刊
印图书之举。此后，相继有晁子健、韦能定、陈晔和鲍瀚之在汀
州府衙持续刊印不少典籍。明代，则有梁佐在上杭刻印《丹铅总
录》、李仲僎在汀州刻印《义命汇编》《牧鉴》、桑大协在清流以
活字排印《思玄集》、黄槐开在宁化刻印《南唐近事》。清康熙
间，还有王廷抡在临汀郡署刻印《池北偶谈》《临汀考言》。此后
相继还有私家刻书者，如黎士弘、黎致远父子，童能灵、童祖创
父子，坊刻名家周维庆等①。由此可以看出，通过宋元以来的传
承，下延至明末清初，汀州的官私刻书，已渐成体系。

　　约在明末清初，四堡刻书崛起于建阳刻书业衰微之时，福建
坊刻的接力棒终于由建阳书坊交到四堡书坊。追溯四堡书坊的历
史渊源，人们通常认为系明末宦游杭州的邹学圣（1523—1608，
字宗道，号清泉）于晚年辞官回故乡时，把苏杭的印刷术带回，
"列书肆以镌经史"，从而开启四堡刻书之先河。此说最早来源于
邹氏后人②，今似乎已成为学界共识③。然而，当我们追溯汀州官
私刻书源流时，认识到宋元至明末清初临汀的官私刻书已渐成体
系，可能会使上述观点发生动摇。正如宋代汀州官刻需"啸工东
阳"，不可否认，明末清初汀州的这些官私刻书同样也需要熟练

---

　　①　对明清时期汀州官私刻书，笔者另有《明清汀州刻书家考略》一文
讨论，该文将在笔者所著《福建历代刻书家考略》刊出，在此不作展开。

　　②　邹日升：《中国四大雕版印刷基地之一——四堡》，《连城文史资料》
1985 年第 4 期。

　　③　吴世灯《清代四堡刻书业调查报告》（《出版史研究》第 2 辑，中国
书籍出版社 1994 年版）、卢美松主编《八闽文化综览》（福建人民出版社
2013 年，第 384 页）、谢江飞《四堡遗珍》（厦门大学出版社 2014 年）等
书，均有类似说法。

的刻工。其时，从事汀州官私刻书的刻工对崛起于明末清初的四堡坊刻理应产生影响。以故，笔者认为，对邹氏舍近求远，"把苏杭的印刷术带回故乡"，且"开先河"的说法，有重新探讨的必要。

原载于《中国出版研究》2017 年第 4 期

福建官刻考略

连镇标

福建是我国古代著名的刻书中心之一。在宋元明三个朝代七百多年间，福建一直以其刻书种类、数量居全国首位。流传至今的古籍中，也以福建刻本为多。目前海内外学者研究宋元明古籍，无不研究福建刻本；出版家重刊宋元明古籍，无不以福建刻本为底本或校勘本。

历史上福建刻书业高度发达的原因，除了自然地理环境和发达的文化诸条件外，就是福建各级官吏积极倡导。今人谈及闽刻书史，往往对闽坊肆刻书和私家刻书的情况谈得较多，而对于官方刻书（以下简称闽官刻）的情况却谈得甚少，尤其是闽官刻在闽刻书业中的地位和作用几无涉及。本文试图在这方面做些探索。

闽官刻始于五代

闽刻书业始于何时，有唐代说，有五代说，至今未定论。笔者认为，闽刻书业始于五代，开山鼻祖是王审知。

唐末五代，中州战争频仍，经济凋敝，文化停滞，民不聊生。福建由于僻处东南海隅，远离战争中心，故受祸极轻。先后在福建执政的王潮、王审知兄弟，取"保境息民"政策，使福建成为中州仕民避难的"世外桃源"。其值得称道的是，王审知虽是农民出身的草莽英雄，却能"宾贤礼士"，颇重文化人。不论是避难入闽的北方士人，还是挂冠归家的闽籍硕儒，他都竭诚欢迎。或委以重任，参知机务；或延入学馆，教授闽中后辈；或养起来，以寓公终其生。

正由于王审知对南北文人兼收并蓄、养尊处优，让他们在榕荫之下，搜集、整理历代秘籍佚文，从容赋诗作文，切磋学问，闽中"诗教乃渐昌"，才产生出一批为后人称道的佳作，如徐寅的《钓矶文集》、黄璞的《闽川名士传》、黄滔的《黄御史集》等。

为了使名人著作在社会上广为流传，王审知在五代初办了件功德无量的大好事。这就是他亲自出资为著名诗人徐寅刊印《钓矶文集》，从此揭开了福建刻书业的序幕。徐寅喜不自禁，吟道："拙赋偏闻镌印卖，恶诗亲见画图呈。"

在兵荒马乱的岁月，王审知不惜血本，全力扶植闽中文化之花，为宋代福建文化的昌盛和刻书业的发展打下了坚实的基础，这远非其时专以攻掠为事的中原军阀所能及。

闽官刻鼎盛于宋元明

入宋后，随着福建经济、文化的发展，闽官刻的规模日趋扩大，由政府首脑刻书进及所辖各级行政机关及其学校的群体刻书，刻书的种类、数量亦日渐增加。

这种现象的出现，也是宋王朝积极倡导的结果。有宋三百多年，外族入侵频繁，农民起义连年不断，政局一直不稳。为了巩固封建统治，宣传封建道德思想，宋王朝运用政权力量，大力提倡雕版印刷书籍。政府的国子监、崇文院率先刻印了为封建政治服务的经史群书和医学、自然科学技术书籍。皇帝对刻书的官吏颇加赞赏，予以重奖；各级官吏以校雠刻书为美绩，互相攀比，刻书成了当时上层社会中的一种风气。

治闽的各级官吏审时度势，为了迎合宋王朝的旨意，带头刻书，并在自己管辖的机关、学校中掀起了刻书热潮。

北宋大书法家、园艺家蔡襄在福建任职期间，撰写了《荔枝谱》和《茶录》两书。后来，他鉴于社会上流行的《茶录》一书"多舛谬"，"追念先帝顾遇之恩，揽本流涕，辄加正定"，于治平元年（1064）在福建刊行。此外，他还刊行了自己另外的书《荔枝谱》《荔枝故事》以及白居易的《洛阳牡丹记》。蔡襄堪称北宋中叶闽官刻的带头人。

至南宋，闽官刻进入了黄金时代。路一级机关及其首脑都刻书。福建路转运司判官晁谦之于绍兴七年（1137）刻《济北晁先生鸡肋集》，转运司于绍兴十七年（1147）刻《太平圣惠方》。提举司刻《诸家名方》。提举市舶司于嘉定二年（1209）刻《梁溪集》。漕司刊有《张子语录》《龟山先生语录》《知言》及《朱子语类别录》。提点刑狱公事史季温于淳祐十年（1250）刻《国朝诸臣奏议》和《山谷外集》。提举福建路常平义仓茶事蔡龠刻《国朝编年政要》。

各州、府、军、县不甘落后，亦纷纷刻书。泉州公使库、安溪县还成立了专事刻书的机构——印书局。州、府、军、县各级行政机关及其所属的学校，是闽官刻的"中坚"。不论是刻书的种类，还是刻书的数量，它们都大大超过了路一级机关。

可考的州、府、军、县行政机关刻书的有：

建安漕司于绍兴廿三年（1153）刻《东观馀论》。建安郡斋韩元吉于淳熙二年（1175）刻《大戴礼记》。建安郡斋叶岂于宝庆二年（1226）刻《类说》。建宁郡斋于嘉定年间（1208—1224）刻《西汉会要》，宝庆二年刻《东汉会要》。建宁知府吴革于咸淳元年（1265）刻《周易本义》《易图》《五赞》《筮仪》。临汀郡斋于庆元三年（1197）刻《神宗皇帝即位使辽语录》和《古灵先生文集》。知汀州军鲍澣之于嘉定六年（1213）刻《算经十书》。邵武军于乾道七年（1171）刻《高峰文集》，嘉定六年刻《梁溪先生文集》。邵武郡斋刻《李纲奏议》。南剑州郡斋于宝庆三年（1227）刻《朱文公校昌黎先生文集》。延平郡斋刻《龟山杨文靖公集》。泉州公使库印书局于淳熙十年（1183）刻《太师温国文正公传家集》。泉州郡斋于嘉定六年刻《梁溪先生文集》，嘉定十二年（1219）刻《资治通鉴纲目》，淳祐二年（1242）刻《政经》。安溪县令陈宓于嘉定年间刻《司马温公书仪》《唐人诗选》。此后，县令周肆刻《西山仁政类编》《安溪县志》《竹溪先生奏议》《庚戌星历封事集录》《后村先生江西诗选》《张忠献帖》《陈复斋修禊序》《文房四友》《王欧书诀》等书。朱熹于绍熙元年（1190）出守漳州，刻《易》《诗》《书》《左氏经文》，称"四经"；集合《大学》《中庸》《论语》《孟子》作注，同时刊行，于是始有"四书"之名。同安郡斋刻《楚辞辨证》（亦作《楚辞辩证》）。莆田郡守许兴裔于嘉定十四年（1221）刻《复斋易说》。莆田郡斋林希逸于淳祐九年（1249）刻《后村居士集》。福州知府梁克家于淳熙九年（1182）自编自刻《三山志》《长乐志》。地方政府刊刻的方志，还有建安、延平、清漳、鄞江、临汀、莆阳、清源等志，以及宝祐《仙溪志》（仙游）。

隶属于各级政府的学校——州学、军学、郡庠、县学，是知识分子成堆的地方。各级官吏刻书，往往请所辖的学校师生代劳。如绍兴十二年（1142），汀州宁化知县王观国刻《群经音辨》，就是请宁化县学校勘、镂版的。这些学校充分发挥自身的知识优势，也大量刊书。可考的有：

泉州军州学于淳熙四年（1177，一说淳熙三年）刻《沈忠敏公龟溪集》，嘉定元年（1208）刻《梁溪先生文集》。泉州州学教授陈应行于淳熙八年（1181）刻《禹贡论》《禹贡山川地理图》《演繁露》《续演繁露》，九年刻《潜虚》，端平元年（1234）刻《心经》。临汀郡庠于乾道三年（1167）刻《嵩山集》，乾道四年刻《钱塘韦先生集》。南剑州州学于绍兴二十七年（1157）刻《唐史论断》。兴化军学、泉州州学教授蒋雝分别于乾道四年、五年刻《蔡忠惠集》。莆田教官陈森于宝庆三年（1227）刻《崇古文诀》。福州州学于开庆元年（1259）刻《西山先生真文忠公读书记》，福唐郡庠刻《汉书》《后汉书》。永泰县学于宝祐五年（1257）刻《宋宰辅编年录》。

宋时以讲论经籍为主的书院，虽然不隶属于官府，但它往往是由当地行政首脑拨款创办，并划给相当数量的学田供其支用。所以，它实际上是一种带有半官方性质的学术研究机构。福建著名的龙溪书院、建安书院，就是由漳州郡守危稹、建宁郡守王野出资兴建的。

书院既有固定的学田收入，加上主持书院的"山长"（或称"山主""洞主""洞正""堂正"）都是资历深、名望大的硕儒，所以在讲习学问之馀也刻书。在闽官刻的队伍中，书院是一支不可忽视的力量。如龙溪书院（亦作龙江书院）于淳祐八年（1248）刻《北溪先生大全文集》。建安书院于咸淳元年（1265）刻《晦庵集》。

闽官刻的兴盛，引起了宋王朝的关注和赞赏。政和六至七年（1116—1117）间，宋徽宗将校定过的道藏（计有五千三百八十一卷）送往福州闽县报恩光孝观，令福州知府黄裳招工刻版，刻成后将版运到京都，赐名《政和万寿道藏》。可惜这部举世闻名的道藏经版，不幸在后来的靖康变乱中被金人掠去，今世无传本。

　　到了元代，最高统治者对文化事业比较的不予重视，但对搜集佚书、刊行书籍还是相当积极的。元朝不仅成立了国家藏书机构，还设立了专管印刷图书的机构——兴文署。兴文署于至元廿七年（1290）刻的胡三省注《资治通鉴》，至今仍被认为是该书最好的刻本。各地方政府沿袭宋的做法，仍动用公款，大量刻书。各路之间还分工合作，共同刊刻了《十七史》，后世称之"九路本"。

　　元时闽官刻继续向纵深发展。各级官吏都以巨额的公款，刊行了不少卷帙浩大的书。如福建行中书省参知政事魏天祐于至元廿六年至廿八年（1289—1291）刻《资治通鉴》二百九十四卷，世称福州魏天祐刻本。大德间（1297—1307）东宫下令福州刊郑樵《通志》二百卷，凡万馀板，献之天府，藏之秘阁。

　　各级行政机关及其长官刻书的，还有：

　　闽宪检韩克庄于至正元年（1341）刻《道园学古录》。汀州路总督府于至治三年（1323）刻《有宋福建莆田黄国簿四如先生文集》。建宁路官医提领陈志于至正五年（1345）刻《世医得效方》。

　　各级学校刻书的，有：

　　福州路儒学于至治二年（1322）刻《通志》，至正七年（1347）刻《礼书》《乐书》。漳州路儒学于后至元元年（1335）刻《北溪先生大全文集》。三山学宫于至正十五年（1355）刻《金华黄先生文集》。

　　书院刻书的，有：

　　建安书院于至正十一年（1351）刻《蜀汉本末》。屏山书院于至正二十年（1360）刻《止斋先生文集》《方是闲居士小稿》。南山书院于至正廿六年（1366）刻《广韵》和《大广益会玉篇》。鳌峰书院于至正十三年（1353）刻《勿轩易学启蒙图传通义》。

化龙书院刻《云庄刘文简公文集》。椿庄书院刻《纂图增类群书类要事林广记》。豫章书院于至正廿五年（1365）刻《豫章罗先生文集》。

入明后，由于统治阶级大兴文字狱，残酷迫害知识分子，因而文化方面的活动是冷寂无生机的。直到明代中后期，随着经济的发展，市民意识的产生，文化方面才出现新气象，刻书业也才显出生机。中央一级机构刻书的，有南北国子监、钦天监、太医院等。朝廷分封到各地为王的王室子孙，这时也纷纷刻书，他们以宋元旧椠为底本，刻书质量较高，世称藩府本。

明代闽官刻的极盛期也是中后期。从明宪宗成化年间（1465—1487）起，治闽的最高统治者——巡抚、巡按及其幕僚，大都是"刻书迷"。他们在公务之馀，醉心于铅椠，把成套的经典史书刊诸于世。成化间，福建巡按张瑄刻《周礼集说》及《复古编》。正德十一年（1516），福建巡按胡文静、萧泮刻《李忠定公奏议》。嘉靖年间（1522—1566），福建巡按李元阳刻《十三经注疏》《通典》《史记题评》《班马异同》及《古音猎要》等书。福建巡按吉澄刻《周易程朱传义》《四书合刻》《大学中庸或问》《书集传》《诗集传》《春秋四传》《资治通鉴纲目》。隆庆元年（1567），福建巡按胡维新、督抚涂泽民、将军戚继光刻《文苑英华》一千卷。万历间（1573—1619），福建巡抚金学曾刻《西山先生真文忠公文集》。万历四十二年（1614），福建巡按徐鉴刻《宋宗伯徐清正公存稿》。

省（布政司）一级机关及其长官刻书的，有：

布政司于嘉靖间刻《八闽政议》，万历三年（1575）刻《脉经》，还刻有《大明会典》《大明律》《国初事迹》《医林集要》《医方选要》《金匮要略》《樱宁方》《荔枝考》《感应篇》等十八种。按察司有《四书五经集注》《洗冤录》《麻衣相诀》等。按察司潘潢于嘉靖十一年（1532）刻《晦庵集》。按察司佥事王批发于嘉靖十五年（1536）刻《石堂先生遗集》。按察使陈邦瞻于万历间刻《渭南文集》和《皇王大纪》。盐运司刻《丹溪医案》《地理管见》《陆宣公奏议》。提学佥事游明刻《中庸章句大全》及《中庸章句或问》《史记》《宋史全文续资治通鉴》《论学绳尺》。

各府、县官署及其首脑刻书的很多，最多的是建宁府和福州府。建宁府官方刻了《建宁人物传》《建宁府志》《武经总要》《古乐府》《颜氏家训》《唐文粹》《朱文公登科录》等十七种。福州知府汪文盛于嘉靖初刻《仪礼注疏》《汉书》《后汉书》《三国志》和《五代史记》。福州府也刻有《五代史》《一统志略》《文苑英华》《管子》《韩非子》《玉髓真经》等十六种。其他各府，汀州、延平、邵武、泉州、漳州、兴化等府与福宁州，多的刻五六种，少的两种。泉、漳两府各刻了府志。

学校及书院刻书的，有：

福州府学刻《史记题评》《晋书》《唐书》《宋史新编》《大明一统志》《八闽通志》《百将传》《武经七书》《卫生易简方》等十四种。福州五经书院刻《十三经注疏》《通典》《通志》《东、西汉书》等重要经史及《皇明进士登科考》。邵武府学于万历廿六年（1598）刻《诗家全体》。建阳云庄书院刻《事文类聚》。

据有关资料统计，从永乐迄万历，福建有三十二县、府、州、郡刻了方志。地方志的编纂，大都由各级行政长官及其幕僚亲自动手；地方志的刊行，亦由各级官府拨款承办。

明代闽官刻的主体，已从原先的学校、书院易为各级行政长官（上至巡抚、巡按，下至知县）。这表明刻书这一不朽之盛事在明时治闽者的心目中占据了极重要的位置。

入清后，闽刻书业由于兵燹人祸，渐不景气，闽北的坊刻已奄奄一息，但闽官刻却馀兴未减。康熙间（1662—1722），福建巡抚张伯行访求宋以来理学家著作共五十五种，辑成一书，取名为《正谊堂全书》，刊行于世。同治间（1862—1874），闽浙总督左宗棠重刊时增为六十八种，计有五百一十五卷。光绪间（1875—1908），以闽浙总督卞宝第、谭钟麟先后督修、以知府傅以礼为总纂，翻刻了《武英殿聚珍版书》（亦名《武英殿聚珍版丛书》）。此书浙江、江西等省都有翻刻，以闽刻最完备，世称福本。它于旧刊之外，增入二十五种，计有二千八百三十卷。

清代的各个时期，闽省各级政府都十分重视纂修、刊印地方志。在当时的各省份中，福建刊行的方志数量较多，质量也较高。

闽官刻在闽刻书业中的地位与作用

纵观福建官刻书的历史，不难看出，历代治闽者刻书都有一个共同的特点，这就是其刻的书大都是封建王朝"钦定"的正经正史，以及历代名人文集、医书之类的自然科学书籍。迄今为止，我们还没有发现过一本闽官刻的通俗文艺书籍（通俗文艺书籍在元明的闽坊刻本中占了很大的比重）。换言之，闽官刻主要是为了迎合封建王朝的旨意，为巩固封建统治服务的。各级官吏都把刻书作为取媚上司，装潢政绩，猎取名利地位的一种手段。许多官吏热衷刊行自己先人的遗著，亦是为了光宗耀祖，捞取向上爬的政治资本，所刻的书往往学术价值不大。虽然如此，闽官刻传播文化、保存和发展中华民族文化的历史功勋，却是不容抹杀的。尤其是对闽刻书业的发展，有着巨大的影响。闽刻书业能在长达七百多年的时间中，在全国同行中一直独占鳌头，在很大程度上是由于闽官刻的倡导，以及各级官吏的扶植。

遗憾的是，关于官刻在中国刻书业中的地位、作用及影响，尤其是它的积极作用，过去一直是个"禁区"，讳之莫深。这就使人们的心目中产生了这样一种错觉：官刻在中国刻书业中无足轻重，它对刻书业的发展从来只起反作用。这在一定程度上影响了人们对中国刻书业发展规律的正确认识。

从五代始，历代在闽任职的各级官吏身体力行，率先刊书，这无疑鼓舞了民间坊刻、家刻。在各种手工业的同行中，坊刻的地位似乎"更上一层楼"，社会上自然有更多的人愿意出资经营这行业，这无形中极大地推动了闽刻书业的发展。以宋代为例，其时闽官刻最盛的是闽北的建宁府、闽西的汀州和闽南的泉州，而恰恰这几处的坊刻、家刻亦最盛。如建宁府辖下的建阳麻沙、崇化两坊产书，号为图书之府；汀州辖下的长汀四堡乡"皆以书籍为业，家有藏板，岁一雕印，贩行远近"（《临汀汇考》）；泉州中和堂、韩仲通刻书亦极有名。这不是偶然的巧合，而是"上行下效""官倡民和"的必然结果。正由于这三处官民致力于铅椠事业，才形成了福建三大刻书中心。

应当看到，闽官方依仗雄厚的资金，在不同的历史时期，都刊印了许多卷帙浩大、民间刻书家力不能及的重要书籍（如元代刻的《资治通鉴》，明代刻的《十三经注疏》《文苑英华》，清代刻的《正谊堂全书》《武英殿聚珍版丛书》，都是卷数二三百以至一二千的巨书），大大丰富了闽刻本的种类、数量，提高了闽刻本在全国的地位。

顺便一提，编纂、刊印地方志是项光亏不赢、没有经济效益的工作，为坊贾所不为，但闽官方却责无旁贷地承担下来。自宋福州知府梁克家自编自刻淳熙《三山志》始，迄明清两代，闽各级政府编纂、刊印地方志蔚然成风，甚至同一朝代不同时期都修志。其数量之多，居全国前列。闽官方修志态度认真，注重史实。如嘉靖《建阳县志》颇有名气，至今仍为人所重。当然，闽官刻方志之卖力，是为了歌颂当时统治者的政绩，但在客观上也记录、保存了大量的地方史料，为后人研究当时社会的政治、经济、文化诸方面提供了珍贵的资料。

还应该看到，闽官刻凭借雄厚的财力，不惜费用，延请所辖学校（或书院）的教授、硕儒校订，选择良工雕刻，在精雕细校上下功夫，纸墨用上等，其刊印出来的书字大行宽，天头高，地脚宽，疏朗悦目，质量自然高。这无形中为坊刻提供了学习的范本，推动坊刻改进技术，提高印本质量。闽官刻本在闽本中的指导地位，是显而易见的。流传至今的闽官刻本中，有不少学术价值、版本价值较高的珍本、善本。如南宋淳熙八年（1181）泉州州学刻程大昌的学术论著《禹贡论》，为该书的首个刻本，由于镌刻精良，《中国版刻图录》称赞它"纸墨精莹，如初揭《黄庭》，光采照人，为宋刻书中杰作"。今中华书局《古逸丛书三编》据以收录。明代嘉靖间福建巡按李元阳所刊《十三经注疏》，每半页九行，世称为闽本，亦称九行本。万历间北京国子监及毛氏汲古阁所刊，皆从之出，清阮元刊《十三经注疏》，亦藉闽本以校勘。诸如此类，不胜枚举。

必须指出，闽官刻在自身发展过程中，对闽坊刻有过扶植与帮助。如以闽官方的名义招揽刻书业务，然后交闽书坊承办。元至治二年（1322），朝廷制定了《大元圣政国朝典章》《新集至治条例》及附《都省通例》，交闽省，由闽官方委托建阳书坊刊印发行全国。再如，明弘治十二年（1499）十二月，建阳书坊街被火，古今书版尽毁。但几年之后，这里坊刻又复兴。到嘉靖间，坊刻已恢复原有规模。到万历间，坊刻极为鼎盛，所刻的通俗读物如雨后春笋，其数当在千种左右。这不能不归功于此期间在建阳任职的几位知县。据嘉靖《建阳县志》载，自弘治十六年（1503）到嘉靖二年（1523），先后知建阳县的区某、邵豳、项锡，雅重文化，垂情典籍。他们下车伊始，"首兴学校，增学田，奖进生徒"，"清稽版籍"，"书林昔典缺版，悉令重刊"，以惠四方。

此外，闽官刻还与坊刻通力合作，共同刊刻卷帙浩大、学术性强、耗费巨额的书。明正德间，建阳知县区玉接到上司交予的刊刻《山堂考索》的任务。鉴于刊刻此书"功用浩大，亥豕谬讹，非得涉猎古今，且裕于资本者，莫堪是任"，区玉考虑再三，最后决定把这项差役交给书林慎独斋主人刘洪。刘洪应命后，合府官员慷慨解囊，"各捐俸金，以资顾直（雇值）"，从财力上支持他，并且"复刘徭役一年，以偿其劳"。刘洪不负众望，日与诸硕儒"校雠惟谨，鸠工督责，两越春秋，始克成书"（《山堂考索》序）。实则不止两年，前后历十馀年，才刊成这本计二百一十二卷的大部头类书。这是闽官民合作刻书的成功例证。

当然，在闽坊刻发展的过程中，也受到了来自闽官方的限制和监督。由于闽坊刻书过多，难免校对不精，发生差错，加上个别坊商一味逐利，粗制滥造，急于速售，以致错讹屡出，败坏了闽刻的名声，引起了闽官方的干涉。宋咸淳二年（1266）就有福建路转运使司禁止麻沙书坊翻版的榜文。明嘉靖五年（1526）福建巡按御史杨瑞、提督学校副使邵诜，请于建阳设立官署，派翰林春坊官一员监校麻沙书版。不久，朝廷命侍读汪佃领其事。过了六年，福建等处提刑按察司给建宁府的牒文说："拘各刻书匠户到官，每给一部（指五经、四书），严督务要照式翻刊。县仍选委师生对同，方许刷卖。书尾就刻匠户姓名查考，再不许故违官式，另自改刊。如有违谬，拿问重罪，追版划毁，决不轻贷。"这已经提到法律的高度来论处。

对闽官府的上述行为，我们应一分为二地看待。诚然，它有束缚、阻碍闽刻书业发展的一面，如禁止麻沙书坊翻版，派员监校，务要按官刻本版式翻刊，这在很大程度上挫伤了刻书匠户的积极性，并限制了闽坊刻书的范围，把坊刻也纳入了宣传封建文化道德的轨道。但在另一面，由于官方监督刻书，也促使闽坊刻提高印本质量。这对于保存古书原貌，为后代提供历史资料，无疑是有好处的。

概言之，闽官刻在闽刻书业中的倡导作用及扶植、监督作用不可否认，它同闽坊刻、家刻一样，为发展闽刻书业做出了巨大的贡献。

原载于《福建师范大学学报》（哲学社会科学版）1990 年第 2 期

主要参考书目

①张秀民：《中国印刷史》，1989 年上海人民出版社。

②朱维幹：《福建史稿》，1985 年福建教育出版社。

③方品光：《福建版本资料汇编》，油印本。

明清两代福建官刻本的统计与分析

肖书铭

福建拥有悠久的刻书传统，自宋以来就一直是全国刻书的重要中心之一。明清两代，福建刻书事业继续稳步前进，其中除了闻名于世的建阳坊刻外，官府刻书亦得到长足的发展。笔者拟对明清两代福建官刻本的刊刻情况进行统计，并结合明清两代福建的政治、经济、文化等历史背景分析和探讨该时期福建官府刻书事业发展的源流与演变，以期深化对该时期福建官府刻书事业的了解。

一、文献数据分析

笔者所述明清时期福建官刻本文献数据主要来源于《中国古籍善本书目》《中国善本书提要》《福建地方文献及闽人著述综录》《福建省旧方志综录》《福建文献书目》和《福建版本资料汇编》等。采用文献计量学方法，重点考查以下特征。

（一）文献内容

文献内容是一个相对模糊的概念，难以量化，分类法的应用为文献内容的分析提供了计量工具。古代分类法是中国古人在长期的书目编纂实践中逐渐发展起来的，其中凝结着中国古人对古代书籍总体状况的理性认识，可以说对中国古代书籍的内容作了较好的概括。因此笔者利用较为成熟的清代《四库全书总目》的四分法作为划分明清时期福建官刻本内容的标准。

（二）文献刊刻机构

地方各级政府机构是明清时期福建官府刻书的主体，笔者将明清时期在福建地区从事刻书的政府机构分为行政与教育两大类，其中教育类又再细分为官学和书院，以示区别。

（三）文献刊刻区域

顾名思义，所谓官府刻书即由政府机构所主持的刻书活动。其中政府机构是一个国家政治制度的重要组成部分，它所掌握的社会资源的多寡与其所拥有的政治地位密切相关；而刻书活动则是文化事业的一部分，刻书事业繁荣与否与当地文化事业是否发达也息息相关。从这个角度而言，官府刻书兼具政治与文化的双重特性，因此一个地区官府刻书的发展状况与该地区的政治、文化的总体状况有着不可分割的联系。

二、文献内容分析

首先，笔者对所收集到的明代福建官刻本所属类别进行分析，详情如表 1。

表 1　明代福建官刻本所属类别分布

刻本所属类别		数　量		占总量百分比（％）	
全部		178		100	
经部			21		11.8
史部	地理类	77	101	43.2	56.7
	其他	24			
子部	儒家类	4	27		15.2
	其他	23			
集部	别集类	23	29	13	16.3
	其他	6			

其次，笔者对所收集到的清代福建官刻本所属类别进行分析，见表 2。

表 2　清代福建官刻本所属类别分布

刻本所属类别		数　量		占总量百分比（％）	
全部		388		100	
经部			44		11.3
史部	地理类	146	187	37.6	48.2
	其他	41			
子部	儒家类	27	55	7	14.2
	其他	28			
集部	别集类	88	102	22.7	26.3
	其他	14			

通过对表 1 和表 2 的分析，我们可以明显看出明清两代在刻本内容的选择上具有一定程度的继承性。这首先表现在刻书内容的广泛性上，明清两代之官刻本就内容而言，经、史、子、集四

大部类皆有所涉及，没有偏废，所涉及的小类也基本相同，没有大的偏差。其次，就大部类而言，明代和清代经、史、子、集四大部类的分布十分相近，基本呈现 1：5.5：1.5：2 的比例，其中数量最多的是史部和集部，合计占据全部刻本的 70％以上，分布十分不均衡。最后，明代和清代官刻本在小类的分布上也有一定的相似性，表现为地理类与别集类刻本数量都特别巨大，占据了官府刻书的绝大部分。

当然在继承的基础上，由于历史条件的改变，明清两代福建官府刻书在刻本内容的选择上也存在很大的差异性。这种差异性表现为清代福建官刻本较之明代更注重理学文献的刊刻。由于理学文献主要集中于儒学类和别集类中，我们将表 1 和表 2 儒学类和别集类作简要的对比，便可对明清两代福建官府刻书中理学文献的刊刻情况有比较直观的了解。首先，统计表 1 中儒家类和别集类文献数量，分别为 4 种和 23 种，共 27 种，占总量的15.2％。其次，统计表 2 中儒家类和别集类文献数量，分别为 27种和 88 种，共 115 种，占总量的 29.7％。从数量上看，清代儒家类和别集类文献数量是明代的近 5 倍；从比例上看，清代儒家类和别集类文献比例是明代的近两倍，可见清代福建官府较之明代官府确实更重视理学文献的刊刻。

清代福建官府较之明代官府更重视理学文献的刊刻与明清两代不同的文化格局密不可分。明建国之初，统治者曾极力推崇程朱理学，朱元璋多次诏示："一宗朱氏之学，令学者非五经孔孟之书不读，非濂洛关闽之学不讲"①，后更将程朱理学"定为国

---

① ［清］陈鼎：《东林列传》卷二《高攀龙传》，《明代传记资料丛刊》第一辑，北京图书馆出版社 2008 年。

是"①。而其政治上的继承人明成祖朱棣又敕胡广等纂修《四书大全》《性理大全》《五经大全》，颁布天下，将其作为士子习业的经典著作。在统治者的积极倡导和推动下，明初学术界呈现理学大一统的局面。然而盛极必衰，至明代中后期，明初僵滞的文化格局开始松动，在社会风尚上，"正德以前风俗淳厚"②，"万历以后迄于天崇，民贫世富，其奢侈乃日甚一日焉"③，在学术上，"弘治、正德之际，天下之士厌常喜新"④，而王阳明的"心学"，一反程朱理学僵硬呆板，高扬人的主体性，契合了明中叶以来社会文化的新风气，因此获得士人、学者乃至政府官员的追捧，从而打破了学术界一家独大的局面，也使程朱理学遭遇了重大挫折，明代程朱理学遂陷于低谷。明代学术风向之变迁起于弘治、正德年间，"心学"起于嘉靖年间，而官府刻书之风气大盛也正在嘉靖年间。官府刻书作为文化事业的一部分，不可能不受到社会风气的影响。

　　与明代相似，程朱理学也得到清王朝统治者的青睐。康熙皇帝在《御纂朱子全书》序言中称颂朱熹"文章言谈之中，全是天地之正气，宇宙之大道。朕读其书，察其理，非此不能知天人相与之奥，非此不能治万邦于衽席，非此不能仁心仁政施于天下，非此不能外内为一家。"对其推崇备至。同时，清代科举之首场重在"四书"文，而将"四书"定于朱子章句、集注，使得程朱理学成为科举取士的指导思想，引得士人学子云集响应，明代中

　　①　［明］何乔远：《名山藏》卷八十四，江苏广陵古籍刻印社1993年。

　　②　［明］贺灿然：《漫录评正》卷三，《北京图书馆古籍珍本丛刊》第七十册，书目文献出版社1998年。

　　③　［清］陈蕫缵修，倪师孟纂：《吴江县志》卷三十八，清乾隆刻本。

　　④　［清］顾炎武：《日知录》卷十八《朱子晚年定论》，康熙三十四年刻本。

后期因阳明心学而备受冷落的程朱理学因统治者的全力支持重新取得了尊崇地位，其势盛极一时。虽然清代文化中反理学的思潮已成为学术潮流中的主流，学者对于程朱理学的质疑之声也从未停止，但在清代严厉的文化政策环境下，理学作为统治阶级意识形态的绝对的崇高地位却未曾有丝毫动摇。而在官员这个独特的群体中，对理学的推崇更是蔚为风气，涌现出大量理学名臣，积极地推广理学之思想，实践理学之理念。如康熙年间在福建开雕《正谊堂全书》之理学重臣张伯行，当其就任福建巡抚期间，"论学恪守程朱，尊礼耆儒，延接后辈，以昌明正学为己任"①，又主持建立鳌峰书院，延请著名理学学者蔡璧任山长，积极宣传理学思想，使得"道南一脉，远绍洙泗，举濂洛关闽之统悉荟萃于闽，至今天下之士宗闽学焉"②。在这些推崇理学的官员所主持的官府刻书中刊刻理学著作之风大盛，也就不足为奇了。

三、文献刊刻机构分析

首先，笔者对所收集到的明代福建官刻机构进行分析，见表3。

表3 明代福建官刻本机构分布

政府机构	数 量	占总量百分比（%）
行 政	174	73.1
官 学	22	9.2
书 院	42	17.6

其次，笔者对所收集到的清代福建官刻机构进行分析，见表4。

---

① ［清］彭绍升：《测海集》卷五，清同治四年刻本。

② ［清］陈庚焕：《惕园初稿》卷五《闽学源流说》，清道光末年刻本。

表 4　清代福建官刻本机构分布

政府机构	数　量	占总量百分比（％）
行　政	306	63.5
官　学	2	0.4
书　院	174	36.1

再次，分析表 3 和表 4。首先，我们对比行政机构和教育机构刻书量的变化。明清两代行政机构刻书分别是 174 种和 306 种，占刻书总数的比例分别是 73.1％ 和 63.5％，可见明清官刻机构的主体都是行政机构，虽然清代的比例较之明代有所下降，但仍旧占据大多数，是位居次位的书院刻书的近两倍。其次，我们将同属教育机构的官学和书院的刻本量进行比对。明清两代书院刻本量分别为 42 种和 174 种，占刻书总数的比例分别是 17.6％ 和 36.1％。清代书院刻本量较之明代有大幅度的增长，而书院刻本占全部刻本的比例也有大幅度的提升，是明代的两倍有馀，显示清代书院刻书较之明代确实更为兴盛。与书院刻书相比，清代官学刻书只有两种，与明代官学刻本相比，无论从数量上还是从比例上都显得微不足道，可见清代官学刻书较之明代衰退严重。由以上的分析我们可以得出一个结论，即明清时期官府刻书机构演变的一个重要特点就是书院刻书的兴起与官学刻书的衰落。

作为两个具有竞争关系的教育机构，明清时期官学和书院地位之变迁呈现此消彼长的特征。明朝建立之初，由于奉行“治国以教化为本，教化以学校为先”[①] 的方针，将官学作为培养和选拔人才的重要基地，因此官学获得了极大的重视。与此同时，书院的发展情况却极为惨淡。明代中期形势开始转变。由于明王朝统治日益腐败，其内部矛盾逐渐积累，特别是出现了宦官擅权、

① ［清］张廷玉等：《明史》卷六十九《选举一》，中华书局 1974 年。

朋党斗争、排除异己等现象，一些在野的士大夫便设立书院，于讲学之馀讽议朝政，裁量人物，使得开设书院之风气重又兴起。同时，由于明中期以来科举的逐渐腐败，科场中，贿买钻营，怀挟倩代、割卷传递、顶名冒籍等丑态百出，并相沿成习。随着官学成为科举的附庸，学生不读书，而仅将官学视为取得应试资格的场所，其教育职能尽失，使得官学有名无实。在这种形势下，一些有志于从事学术研究的士大夫如湛若水、王守仁等便纷纷设立书院。在他们的积极倡导下，一股兴办书院的热潮席卷全国。尤其是正德、嘉靖年间，明代书院发展到了最高峰，据近人统计，明代共建书院 1239 所，其中嘉靖间创立的最多，占总数的37.13％[①]。明代福建书院的发展状况与全国基本同步。据《福建省志·教育志》所记，明代福建书院共 184 所，其中嘉靖年间创办的就有 60 所，占总数的 32.6％。与此相应，明代刻书事业也是在嘉靖年间达到顶峰。明前期，当官学占绝对统治地位之时，刻书之风气未兴，故而官学之势虽强，但于刻书并未显示其过人之处。嘉靖以后，刻书之风盛行南北，但官学业已衰败，其从事刻书亦显无力。相对的，书院刻书却可谓恰逢其时，书院兴办之高潮与刻书之高潮叠加，遂成就明代书院刻书之盛况，故有明一代书院刻书事业超越官学亦属必然。饶是如此，官学在明代中后期版刻大盛的环境下也刊刻了不少书籍，显示明中后期官学的实力仍在。明代规定"科举必由学校"，这对于士子而言仍具有相当的吸引力。同时，书院虽然得到了许多官员的支持，但是明中央政府的态度却不明朗，明代先后 4 次禁毁书院就显示了明统治者对于书院的怀疑态度，因此明代书院虽然发展很快，但仍旧无法完全取代官学。

---

① 曹松叶：《明代书院概况》，《中山大学语言历史研究所周刊》第十辑。

与明代有所不同，清代书院的发展也有曲折的历程。到了康熙年间，随着清王朝统治的逐渐巩固，经济得到发展，社会逐渐稳定下来，为了笼络汉族知识分子，康熙皇帝常常通过赐匾额、赐书籍等手段对书院加以褒扬，书院的地位得到最高统治者的承认，清代书院从此进入发展的快车道。在书院发展狂飙突进的时候，官学却日益腐化，原本严格的考课制度日益废弛，学生人数日益减少，一进一退之间，官学的政治地位急速衰退并逐渐边缘化，书院遂成为清代中后期教育的主流。在这种形势下，加之书院本身重视学术研究，对于刻书等文化事业之兴趣要比官学大得多，因此清代书院刻书迅速崛起，为清代官府刻书增添了一抹异色。

四、文献地域分析

首先，笔者对所收集到的明代福建不同地区的官刻本数据进行分析，见表5。

表5　明代福建官刻本地域分布

政府机构		数　　量		占总量百分比（％）	
全部		238		100	
福州	省级机构	36	103	15.1	43.3
	福州府	67		28.2	
闽南	泉州府	13	26	5.5	11
	漳州府	13		5.5	
闽北	建宁府	46	74	19.3	31
	延平府	17		7.1	
	邵武府	11		4.6	
莆仙	兴化府	8	8	3.4	3.4
闽西	汀州府	13	13	5.5	3.4
闽东	福宁府	14	14	5.8	3.4

从表5中可见，明代福建官府刻书以福州地区为最多，达到103种，占全部刻本的43.3%。其次为闽北地区，共刻书74种，占全部刻本的31%，其他地区的官刻本数量较少，都不高于全部刻本的11%，与福州府和建宁府差距甚大。可见仅从刻本数量而言，福州地区和闽北地区是明代福建官府刻书的两大中心区域。

其次，笔者再对所收集到的清代福建不同地区的官刻本数据进行分析，见表6。

表6　清代福建官刻本地域分布

政府机构		数　量		占总量百分比（%）	
全部		482		100	
福州	省级机构	175	343	36.3	71.2
	福州府	168		34.9	
闽南	泉州府	22	45	4.6	9.3
	漳州府	23		4.8	
闽北	建宁府	24	57	5	11.8
	延平府	18		3.7	
	邵武府	15		3.1	
莆仙	兴化府	9	9	1.9	1.9
闽西	汀州府	21	21	4.4	4.4
闽东	福宁府	7	7	1.5	1.5

从表6中可见，清代福建官府刻书以福州地区为最多，达到343种，占全部刻本的71.2%。其他地区的官刻本数量较少，都低于全部刻本的12%，与福州地区差距巨大。可见仅从刻本数量而言，福州地区是清代福建官府刻书唯一的中心区域。

对比表5和表6，我们可以得出这样一个结论，即明清时期福建官府刻书在地域分布上呈现由多中心向单中心转变的集中化趋势，这表明明清两代交替中官府刻书资源向福州地区高度集中。这有其深层次的历史背景。事实上，明代福州的刻书业并不算发达，对此，明人谢肇淛就曾感慨："近来闽中稍有学吴刻者，然止于吾郡而已"，但是其中"能书者不过三五人，能梓者亦不过十数人"①。可见在当时的福州，能够从事刻书的专业人员十分稀少。明代福州并不发达的刻书业却在官府刻书中领跑全省，可见政治资源上的优势是福州官府刻书业发展的主要动力。而明代闽北地区官府刻书的发达更多地有赖于建阳兴盛的书坊刻书的支持。到了清代，情况开始发生变化。福州作为省内政治和经济中心的地位没有改变，而建阳坊刻却在明末清初的战乱中破坏严重，建阳、建安两地几成空城。康熙十五年（1676），清军平剿耿精忠之乱，又使闽北遭受重创。战乱频仍使得许多书坊被付之一炬，书销版毁，书坊主不是死于战祸，就是纷纷四处逃难，建阳坊刻遭遇灭顶之灾。更糟的是，一旦战祸稍息，社会进入正轨，清代统治者就开始着力实施文化控制，其对于文化的规整较之明代进一步强化，对于书坊的管制措施也愈益深酷，书坊刊刻内容被严格限制，小说戏曲作品不仅禁止刊刻，甚至对买看者也要加以严惩。而对于建阳地区各书坊主而言，小说戏曲作品是其主要产品，也是他们的财源所在，禁止其售卖就是切断了书坊主的财源，这对于饱经战祸的建阳坊刻而言无疑是雪上加霜。从此建阳坊刻一蹶不振，直至乾隆年间彻底衰亡。随着长期支撑闽北地区官府刻书的建阳坊刻的衰败，清代闽北地区的官府刻书也就从此"泯然众人"，再也无力挑战福州在官府刻书上的优势地位。

---

① ［明］谢肇淛：《五杂组》卷十三，《续修四库全书》子部杂家类，上海古籍出版社 1995 年。

元代福建书院刻书

方品光　陈爱清

我国是具有五千多年悠久历史的文明古国，是世界上最早发明印刷书籍的国家。大约隋代就发明了雕版术，到了唐代逐渐用于印刷书籍。福建是我国早期刻书中心地之一，到北宋已相当发达，南宋迄明代雕版印书业鼎盛，在中国雕版刻书史上占有重要位置。纵观福建雕版印书史，元代书院刻书的大发展最具特色。

书院刻书之缘起

我国古代历来就很重视书籍的整理和校勘，特置专门机构，如汉代的东观、兰台、石室、仁寿等阁，并设专职官员，如校书官、知书官、校书郎等来掌管此事。隋代的嘉则殿便是朝廷收藏和校勘图书的地方。到了唐代，这种藏书和校书的机构称之为书院。《新唐书》载："贞观中，魏徵、虞世南、颜师古继为秘书监，请购天下书，选五品以上子孙工书者为书手，缮写藏于内库，以宫人掌之。玄宗命左散骑常侍、昭文馆学士马怀素为修图书使，与右散骑常侍、崇文馆学士褚无量整比。会幸东都，乃就乾元殿东序检校。无量建议：御书以宰相宋璟、苏颋同署，如贞观故事。又借民间异本传录。及还京师，迁书东宫丽正殿，置修书院于著作院。其后大明宫光顺门外、东都明福门外，皆创集贤书院，学士通籍出入。"① 当时设立书院的目的很明确，"集贤书院学士掌刊辑古今之经籍，以辨明邦国之大典，而备顾问应对。凡天下图书之遗逸、贤才之隐滞，则承旨而征求焉。其有筹策之可施于时、著述之可行于代者，较其才艺、考其学术而申表之。凡承旨撰集文章、校理经籍，月终则进课于内，岁终则考最于外。"②

　　宋代，各地书院得到发展，特别是南宋，不仅数量上大幅度增加，还表现在其活动内容的丰富和扩充，收藏、校勘图书，主要功能转为讲学和供祀。由于雕版刻书业的发达，书院也雕版印刷图书，如金华的丽泽书院就于绍定三年（1230）刻印司马光的《切韵指掌图》二卷。信州的象山书院于绍定四年刻印袁燮的《家塾书抄》十二卷等。元代统治者很重视兴教立学，注意保护和鼓励儒学教育和书院教育。在未统一全国前就于太宗八年（1236）建立太极书院，灭宋统一后又"令江南诸路学及各县内，设立小学，选老成之士教之，或自愿招师，或自受家学于父兄者，亦从其便。其他先儒过化之地，名贤经行之所，与好事之家出钱粟赡学者，并立为书院……书院设山长一员"③。由于元代统治者的重视，促进了全国各地官办儒学和私立书院的发展，与此同时各地书院的刻书业也随之增长。后人对元代书院刻书给予高度评价，清代学者顾炎武曾说："闻之宋元刻书，皆在书院，山长主之，通儒订之，学者则互相易而传布之。故书院之刻有三善焉：山长无事而勤于校雠，一也；不惜费而工精，二也；板不贮

① ［宋］欧阳修：《新唐书》卷五十七《艺文志》。
② ［唐］张九龄：《唐六典》卷九。
③ ［明］宋濂：《元史》卷八十一《选举志》。

官而易印行，三也。"① 虽云"宋元刻书，皆在书院"的话不尽事实，然而却道出了元代书院刻书之盛之精。

元代福建书院刻书之兴盛

福建书院刻书在宋代就开始，如漳州的龙江书院在宋淳祐八年（1248）刊刻陈淳的《北溪先生大全文集》五十卷，建宁的建安书院于咸淳元年（1265）刊刻朱熹的《晦庵先生朱文公文集》一百卷《续集》十卷《别集》十一卷。到了元代福建书院刻书事业更是得到迅速发展，以其从事刻书的书院之众，所刊刻印刷书籍数量之多，及其刊本质量之高，闻名全国。

（一）元代福建从事刊印书籍的书院

（1）建安书院 在建宁府治北，宋嘉熙二年（1238）郡守王埜建，以祀朱熹、真德秀，又并立斋舍，因室以营书院。②

（2）考亭书院（即朱子祠） 在建阳三桂里考亭玉枕峰之麓，中建集成殿以蔡（元定）黄（榦）刘（子翚）真（德秀）四人配祀。两庑为竹林、沧洲两精舍。"先是文公父韦斋先生过考亭，爱其溪山清邃，欲居之。绍熙甲寅文公始筑室以成父志。越五年，四方来学者众，复建精舍。……淳祐四年，御书考亭书院四字匾于门。"③

（3）龟山书院 在将乐县治城北封山之麓。宋咸淳（1265—1274）中，邑礼部尚书冯梦得奏请立祀。度宗赐"龟山书院"四

---

① ［清］顾炎武：《日知录》卷十八《监本二十一史》。
② ［明］嘉靖《建宁府志》卷十七《学校志》。
③ ［民国］《建阳县志》卷八《祠祀志》。

字，仍诏郡县拨田养士优其后，春秋有司致祭。原有五经馆，在县治之右，为训课生童地，嗣因年久颓废。①

（4）屏山书院　在崇安县五夫里屏山之麓，肇建于宋。明洪武二年（1369），忠显公刘韐公世孙子长重建。中堂为先圣燕居，后堂为祠，奉文靖公子翚，左为忠肃公珙，右为文公朱熹，前为两斋，东曰"不远复"，西曰"勿不敬"，又前为两门。"屏山书院"四字为朱熹亲笔。②（按：建宁府境内有两个屏山书院：一在瓯宁县南紫兰上坊，明初改为建安县儒学；一为此屏山书院。）

（5）鳌峰书院（即熊勿轩［禾］先生祠）　在建阳崇泰里樟墥，唐熊尚书（秘）所建，为子孙肄业之所。宋勿轩先生改其门对云谷，以寓仰止之意。明成化庚辰（1470）副使何公乔新重建，以祀勿轩先生；万历丁酉（1597）都御史金学曾重修。③

（6）豫章书院　在沙县洞天岩西麓。④

（7）南山书院　在崇安县武夷九曲虎啸岩下，蔡沈建，为讲学之所，后人因建祠与其兄渊并祀之。⑤

（8）南溪书院　在尤溪公山麓郑义斋故宅，为朱子诞生之地。宋淳祐元年理宗赐额曰"南溪书院。"元至正元年（1341）佥事赵承禧分建两祠。明弘治十一年（1498）知县方溥扩建。⑥

（9）云庄书院　在建阳崇泰里太平山麓，宋刘镛故居。嘉定三年（1210）改建。后为祠堂，祀镛；前为门，乃揭额于上。⑦

---

① ［清］乾隆《延平府志》卷十《学校》。
② ［明］嘉靖《建宁府志》卷十七《学校志》。
③ ［民国］《建阳县志》卷八《祠祀志》。
④ ［清］乾隆《延平府志》卷十《学校》。
⑤ ［明］万历《建宁府志》卷九《书院》。
⑥ ［民国］《尤溪县志》卷三《学校上》。
⑦ ［明］嘉靖《建宁府志》卷十七《学校志》。

（10）化龙书院　在建阳县西西山之麓，文公门人刘韬仲、曾孙省轩刘应李所建。龙门桥横其前，化龙桥出于后。①

（二）元代福建书院刻印的书籍

从书籍内容看，元代福建书院所刻印书籍大致可分为四种类型：

（1）刻印书院创始人或代表人物的著述及研究成果。如鳌峰书院刻《勿轩易学启蒙图传通义》，屏山书院和化龙书院刻《云庄刘文简公集》，屏山书院刻《方是间居士小稿》，考亭书院刻《晦庵先生语录类要》，豫章书院刻《豫章罗先生文集》等。

《勿轩易学启蒙图传通义》七卷，宋熊禾撰，有其曾孙熊玩于元至正十三年癸巳（1353）鳌峰书院刻本。②

《云庄刘文简公文集》十二卷，宋刘镛撰，有其曾孙刘棨、刘应李化龙书院刻本。③ 又有明正统甲子九年（1444）十世孙刘稳刊于云庄书院刻本。字体颇似元椠。④

《方是间居士小稿》二卷，宋刘学箕撰，有元至正二十年庚子（1360）其玄孙刘张屏山书院本（后有"至正庚子仲冬屏山书院重刊"木记）。⑤

《晦庵先生语录类要》十八卷，宋叶士龙编，有元大德间（1297—1307）考亭书院刊本。此刊本有大德壬寅詹天祥刊跋。⑥

《豫章罗先生文集》十七卷，宋罗从彦撰，有元至正二十五

---

① ［民国］《建阳县志》卷六《学校志》。
② ［清］陆心源：《皕宋楼藏书志》卷三。
③ ［清］丁丙：《善本书室藏书志》卷三十。
④ 叶德辉：《郎园读书志》卷八。
⑤ ［清］陆心源：《皕宋楼藏书志》卷八十九。
⑥ ［清］杨绍和：《楹书偶录初编》卷三。

年（1365）豫章书院刊本，目录后有墨围记云："至正乙巳沙阳豫章书院刊"。①

（2）雕刊授课教材或阅读参考书。如建安书院的《蜀汉本末》（传授历史用书）、南山书院的《广韵》和《玉篇》（传授文字音韵学用书）。

《蜀汉本末》三卷，元赵居信撰，有元至正十一年辛卯（1351）建安书院刊本。②

《广韵》五卷，隋陆法言撰，唐孙愐重刊定，宋陈彭年、邱雍重撰。有元至正二十六年丙午（1366）南山书院刊本（序后木记曰："至正丙午菊节南山书院刊"）。③

《玉篇》三十卷，梁顾野王撰，唐孙强增字，宋陈彭年等重修。有元至正二十六年丙午南山书院刊本（末有长方大木印云："至正丙午良月南山书院新刊"）。④

（3）刻印日用类书和医药用书。如云庄书院的《事文类聚》（日用类书），南溪书院的《惠民御院药方》和《三因极一病证方论》（医药用书）。

《事文类聚》二百二十一卷，宋祝穆、元富大用撰，有元云庄书院刻本（卷首木格内记"云庄书院"四字）。⑤

《惠民御院药方》二十卷，元御药院编，目录后有南溪书院香炉印及钟形印，卷末有"南溪精舍鼎新绣梓"八字。⑥

---

① ［清］瞿镛：《铁琴铜剑楼藏书目录》卷二十一。
② ［清］陆心源：《皕宋楼藏书志》卷二十二。
③ ［清］陆心源：《仪顾堂题跋续跋》卷四。
④ 叶德辉：《郎园读书志》卷二。
⑤ ［日］森立之：《经籍访古志》卷五。
⑥ ［清］陆心源：《仪顾堂题跋续跋》卷九。

《三因极一病证方论》十八卷，宋陈言撰，有元南溪书院刊本。①

（4）其他图书。如龟山书院刻《道命录》，屏山书院刻《道园学古录》和《止斋先生文集》：

《道命录》十卷，宋李心传辑，元程荣秀厘正，有元至顺四年癸酉（1333）龟山书院刊本。②

《道园学古录》五十卷，元虞集撰，有元至正元年（1341）屏山书院刊本。③

《止斋先生文集》五十二卷，宋陈傅良撰，有元至正二十年庚子（1360）屏山书院刊本，末有白文二行云："至正庚子仲冬屏山书院重刊"。④

元代福建书院所雕刊的书籍质量上乘，成为传世佳作，受到后世海内外藏书家的赞赏。清代著名藏书家瞿镛称赞建安书院刊本《蜀汉本末》是"元刻至佳本"⑤；清代藏书家丁丙称赞鳌峰书院刊本《勿轩易学启蒙图传通义》是"四库亦未录存，洵罕觏之秘籍"⑥；日本藏书家森立之也称赞云庄书院刊本《事文类聚》为"纸刻精良，元椠之佳者"⑦。

（三）元代福建书院刻书发达的原因

元代福建书院刻书之兴盛在全国少见，成为中国书院刻书史

① ［日］森立之：《经籍访古志》补遗。

② ［清］于敏中：《天禄琳琅书目》卷六；孙星衍：《平津馆鉴藏书籍记》续编。

③ ［清］陆心源：《皕宋楼藏书志》卷一百。

④ ［清］瞿镛：《铁琴铜剑楼藏书目录》卷二十一。

⑤ ［清］瞿镛：《铁琴铜剑楼藏书目录》卷九。

⑥ ［清］丁丙：《善本书室藏书志》卷一。

⑦ ［日］森立之：《经籍访古志》卷五。

上一枝独秀之花。究其原因有四：

其一，南宋福建文化十分发达，尤其在理学方面。北宋涌现出杨时、游酢为代表的龟山学派，南宋则有罗从彦、李侗，以及朱熹、蔡元定等的朱子学派，成为当时全国理学中心。特别是朱熹在福建建阳等地讲学，倡导创立书院，致使福建书院发展较早、数量较多。上述书院都创建于宋代，一直延续到元明。又由于福建雕版刻书事业在宋代就十分发达，形成"福建本几偏天下"① 和"建阳版本书籍，上自六经、下及训传，行四方者，无远不至"② 的局面。这两点是元代福建书院刻书发达的坚实基础和先决条件。

其二，元代朝廷给书院以学田做经费保证，书院拥有固定丰厚的学田收入，可作讲学和刻书的资本。考亭书院就有学田五百馀亩，"供之馀以为生徒廪饩"③；又有好事之家舍钱粟赡助刊版出书。如云庄书院重刊《云庄刘文简公文集》时，其刊跋云："先祖父文简公同弟炳幼从朱子之门，在宋为名臣，平生著述甚富。门人果斋李方子将草稿、诗、序编次成集，曾孙省轩刘荣应李隐于武夷洪源山中，编集翰墨诸书，及将文集点校锓枣。立化龙书院以为讲道之所，收藏书版。后因元季厄于兵燹，无存，续后子孙钞誊，残缺多讹，幸先君潭所藏古本，叔辉恐磨没，命予刊行，遂出己财敬绣诸梓，以广其传。"④

其三，主持书院的山长大多是有学问的长者，他们怀着敬仰心情对待前辈著作，勤于校雠，精益求精，使所刊书籍质量上乘。如元至正辛卯（1351）二月，建安书院刻东溪先生《蜀汉本

---

① ［宋］叶梦得：《石林燕语》卷八。

② ［清］朱彝尊：《经义考》卷二百九十三。

③ ［明］嘉靖《建阳县志》卷五《学校志》。

④ ［清］丁丙：《善本书室藏书志》卷三十。

末》时，黄君复山长云："岁己丑，先生之嗣子、总管赵公来守建郡，出是书以示其学者，可以谓善继志矣。君复伏读敬叹，因请寿诸梓，以广其传，欲使后之览者知正统之有在，其于世道岂小补哉。"①

其四，书院所刊书籍，多系书院创始人或其代表人物的著作，其晚辈子孙都怀着敬慕先贤、荣耀祖宗的心情，格外精心校刻。屏山书院刘张刻《方是间居士小稿》时说："右《方是间居士小稿》二卷，乃高祖种春公之所述也，旧已镂板，因毁于兵，遂失其本。近偶得于邑士家，捧诵欣喜，如获重宝。盖居士厌珪组之荣，乐林壑之胜，得以从容于文墨间，信能振家学而衍遗芳者也。今幸其诗文犹存，其可泯而无传乎？遂复授诸梓，非敢必其行世，庶几族之子弟得以讽咏想像，有所感发而兴起，则世业不坠，书脉复续，是所望也。"②

元代福建书院刻书的影响

书院是我国封建社会特有的一种教育组织，对我国封建社会教育的发展产生过重要影响，对现今的教育仍有一定借鉴意义。书院刻书，将编辑、刊行包含于教育机构之中。书院把教学工作、学术研究、刊印书籍、图书收藏统一起来，成为当时著名的讲学中心、学术基地；同时又是有一定规模的图书馆和出版印刷机构，具有多种功能。福建书院刻书从宋代就开始，到了元代进入了大发展阶段，它对弘扬中华优秀文化，普及文化科学知识有着重要意义。

---

① ［清］陆心源：《皕宋楼藏书志》卷二十二。
② ［清］陆心源：《皕宋楼藏书志》卷八十九。

（1）保存了一批古籍，为后人研究福建古代社会历史、文化学术提供了宝贵资料，像《云庄刘文简公文集》《方是间居士小稿》等书，由于年代久远和兵燹缘故，当时就濒临绝版，书院予以重新整理出版，其本意是纪念书院奠基人或先祖，以宣扬本书院学派，但在客观上起了总结前人研究成果、保存古籍的作用。

（2）推动了明清二代书院刻书的发展。清代书院刻印经籍风气极盛，如南菁书院（在江阴）汇刻了《续皇清经解》一千四百三十卷和《南菁书院丛书》四百四十卷，都是解经和考订经书的重要著作；广雅书院（在广州）刻印了《广雅丛书》，把唐宋以来的大部分史书包括在内，搜辑十分完备；经训书院（在南昌）汇刻了《经训堂文集》等等。元代福建书院刻书促进了明清书院刻书业的繁荣。

（3）元代福建书院刊雕经史文集外，还刻印教育授课用书、阅读考参书，及日用百科类书和医药用书，不仅弘扬了我国优秀文化，而且推广和普及了文化科学知识。其做法与经验，可为现今高等学府、教育机关编辑出版图书借鉴。

原载于《福建师范大学学报》（哲学社会科学版）1994 年第3 期

论福建鳌峰书院的藏书与刻书

叶宪允

书院是中国古代的一种教育制度，与官学、私学一起构成了我国古代重要的教育模式，被称为中国古代的高等学府。众多书院分布于各省区城乡，为中国教育、文化、学术、藏书等事业的发展，对民风民俗的培育以及伦理观念的形成都做出了诸多贡献。

清代是书院发展的重要时期，福建地区的书院在清代书院中占有重要地位。而能够代表清代福建地区书院的则是"福州四大书院"，即鳌峰书院、凤池书院、正谊书院、致用书院。四大书院中鳌峰书院居首，始终在福建省的各种学校中占据了突出地位。它不仅拥有众多博学多才德高望重的名师，还培养了诸如林则徐等众多著名人才，因此得到上至皇帝、官府大员，下至地方乡绅的广泛关注，其建筑规模巨大，经费充足。长期以来鳌峰书院形成了完备的教育教学制度，在教学管理以及经费使用方面都具有典型性，尤其是在藏书刻书方面，鳌峰书院取得了突出的成绩，在清代4365所书院中具有代表性。本文通过对鳌峰书院的藏书刻书活动的描述来展现书院藏书刻书的情况，反映清代书院藏书刻书的特点。

一、鳌峰书院藏书的成绩

藏书楼是书院重要的建筑设施之一，鳌峰书院也有藏书楼一座，楼内陈列大书橱二三十个，收藏御赐的各种法帖，如《淳化阁帖》《渊鉴斋法帖》等，以及御选《古文渊鉴》、钦定《佩文韵府》、《十三经注疏》等经典著作。以下按经、史、子、集加以归类。

1. 经部藏书（据《鳌峰书院志·藏书》制）

种 类	卷 数	举 例
易类	15 部 532 卷，附录 8 部 12 卷，又重贮 2 部 32 卷	《日读易经解义》16 卷，康熙二十二年牛钮等奉敕编；《御纂周易折中》22 卷，康熙五十四年李光地等奉敕撰
书类	33 部 397 卷，又重贮 2 部 44 卷	《日读书经解义》13 卷，康熙十九年库勒纳等奉敕编；《尚书》13 卷，汉孔安国传，乾隆四十八年武英殿仿宋人岳珂刻本重雕版
诗类	19 部 324 卷，又重贮 2 部 61 卷	《毛诗正义》40 卷，汉毛亨传，郑玄笺，唐孔颖达疏，汲古阁《十三经注疏》原版；《毛诗》20 卷，汉郑玄笺，乾隆四十八年武英殿仿宋人岳珂刻本重雕版

续表

种类	卷数		举例
礼类	周礼	11部264卷	《周礼注疏》42卷，汉郑玄注，唐贾公彦疏，汲古阁《十三经注疏》原版；《钦定周礼义疏》48卷，乾隆十三年奉敕纂
	仪礼	12部196卷，附录1部1卷，又重贮1部17卷	《仪礼注疏》17卷，汉郑玄注，唐贾公彦疏，汲古阁《十三经注疏》原版，《钦定仪礼义疏》82卷，乾隆十三年奉敕纂
	礼记	15部494卷，附录2部17卷，又重贮1部63卷	《礼记》20卷，汉郑玄注，乾隆四十八年武英殿仿宋人岳珂刻本重雕版。《钦定礼记义疏》82卷，乾隆十三年奉敕纂
	杂礼书	4部31卷	《三礼图集注》20卷，宋聂崇义撰，通志堂版；《读礼志疑》6卷，清陆陇其辑，张伯行订
春秋类		49部769卷，附录1部17卷，又重贮4部122卷	《钦定春秋传说汇纂》38卷，乾隆三十八年奉敕纂；《春秋左传正义》36卷，周左丘明撰，晋杜预注，唐孔颖达疏，汲古阁《十三经注疏》原版
孝经类		7部12卷，又重贮1部3卷	《孝经正义》3卷，唐玄宗明皇帝御注，宋邢昺疏，汲古阁《十三经注疏》原版；《孝经章句》1卷，清李光地撰
五经总义类		12部315卷	《郑志》3卷，魏郑小同撰，武英殿聚珍本；《经典释文》30卷，唐陆德明撰，通志堂版
四书类		33部530卷，又重贮2部34卷	《日读四书解义》26卷，康熙十六年库勒纳等奉敕编；《论语正义》20卷，魏何晏等注，宋邢昺疏，汲古阁《十三经注疏》原版

续表

种　类	卷　数	举　例
乐类	5 部 46 卷	《律吕解》2 卷，清蔡所性、杨世求纂解：《乐典》36 卷，明黄佐撰。
小学类	12 部 270 卷	分为训诂、字书、韵书等，如《方言》13 卷，汉扬雄撰，武英殿聚珍版

上述易类、书类、诗类、礼类、春秋类、孝经类、五经总义类、四书类、乐类、小学类等在内的经部书籍 277 部 4227 卷，又重贮《十三经注疏》全部 323 卷。

2. 史部藏书（据《鳌峰书院志·藏书》制）

种　类	卷　数	举　例
正史类	29 部 2855 卷，又重贮 17 部 1620 卷	《史记》130 卷，汉司马迁撰；《史记测议》130 卷，明陈子龙、徐孚远撰
编年类	7 部 207 卷	《少微资治通鉴节要》50 卷，宋江贽编，明正德九年官刊版
纪事本末类	4 部 370 卷	《通鉴纪事本末论正》229 卷，宋袁枢编次，明张溥论正
别史类	4 部 185 卷	《季汉五志》12 卷，清王复礼撰；《东观汉记》24 卷；《路史》47 卷
杂史类	4 部 144 卷	《国语》21 卷；《战国策》10 卷
诏令奏议类	4 部 179 卷	《上谕内阁》89 卷；《右编》40 卷
传记类	17 部 130 卷	《魏郑公谏续录》2 卷，元翟思忠撰，武英殿聚珍版

续表

种　类	卷　数	举　例
史抄类	9 部 1050 卷	《诸史品节》40 卷；《史纂左编》142 卷，明唐顺之纂
时令类	2 部 26 卷	《古今类传》4 卷，清董毂士、董炳文辑
载记类	1 部 1 卷	《邺中记》1 卷，晋陆翙撰，武英殿聚珍版
地理类	48 部 1354 卷	《太平寰宇记》200 卷，目录 2 卷，宋乐史撰
职官类	5 部 18 卷	《钦定品级考》7 卷，中有《满洲品级考》《蒙古品级考》2 卷，《汉品级考》5 卷，附《汉军品级考》，雍正三年刊
政书类	16 部 210 卷	《宋朝事实》20 卷，宋李攸撰，武英殿聚珍版
目录类	8 部 66 卷	《钦定四库全书简明目录》20 卷，乾隆四十七年于敏中等奉撰
史评类	13 部 450 卷	《成化御批续通鉴纲目》27 卷，明成化十二年御批，武英殿聚珍版

　　史部包括正史类、编年类、纪事本末类、别史类、杂史类、诏令奏议类、传记类、史抄类、时令类、载记类、地理类、职官类、政书类、目录类、史评类等。在史部中，共列各种书籍 171 部 7245 卷，又重贮汲古阁《十七史》全部 1620 卷。

3. 子部（据《鳌峰书院志·藏书》制）

种 类	卷 数	举 例
儒家类	82 部 1160 卷	《荀子》20 卷，周荀况撰，唐杨倞注
兵家类	2 部 19 卷	《纪效新书》18 卷，明戚继光撰
法家类	2 部 5 卷	《删定管子》1 卷，清方苞撰，在《望溪全集》内
农家类	3 部 70 卷	《农政全书》60 卷，明徐光启辑
医家类	1 部 8 卷	《苏沈良方》8 卷，宋苏轼、沈括同撰，武英殿聚珍本
天文算法类	10 部 137 卷	《御定历象考成》42 卷，康熙十三年御撰
术数类	4 部 35 卷	《易学》1 卷，宋王湜撰
艺术类	3 部 41 卷	《陶冶图编次》1 卷，清唐英撰
谱录类	1 部 1 卷	《墨法集要》1 卷，明沈继孙撰，武英殿聚珍版
杂家类	51 部 592 卷	《脉望》8 卷，明赵台鼎撰；《鳌峰讲义》1 卷，清李光地撰
类书类	13 部 2218 卷	《御定佩文韵府》443 卷，康熙四十三年奉敕撰
小说家类	10 部 91 卷	《孔氏谈苑》4 卷，旧本题宋孔平仲撰
道家类	11 部 46 卷	《阴符经考异》1 卷，宋朱熹撰

　　子部包括兵家类、法家类、农家类、医家类、天文算法类、术家类、艺术类、谱录类、杂家类、类书类、小说家类、道家类等共 193 部 4423 卷。

4. 集部（据《鳌峰书院志·藏书》制）

种　类	卷　数	举　　例
总集类	44 部 2477 卷	《御选古文渊鉴》64 卷，康熙二十四年徐乾学等奉敕编
别集类	172 部 3132 卷	《李太白诗集注》36 卷，清王琦注
诗文评类	4 部 17 卷	《岁寒堂诗话》2 卷，宋张戒撰，武英殿聚珍版；《浩然斋雅谈》3 卷，宋周密撰，武英殿聚珍版
词曲类	5 部 159 卷	《词综》30 卷，清朱彝尊编；《浣雪词钞》2 卷，清毛际可撰

集部包括总集类、别集类、诗文评类、词曲类等共有 225 部 5785 卷。

由上述记载的情况看，鳌峰书院的藏书数量巨大，种类众多。共有 896 部 23623 卷；补遗书籍 6 部 75 卷；续增书目 72 部 4045 卷 65 册 5 本。藏版 14 部 8872 块。法帖有《御书孝经法帖》1 本；《御书渊鉴斋法帖》10 本；《淳化阁法帖》10 本。到道光年间，书院又续增藏书 106 种 6850 卷。

藏书量巨大而且种类齐全，充分说明了一个书院的实力。以岳麓书院为例，大致同时期的《岳麓书院新置官书总目录》记载，岳麓书院藏书计 387 部，3271 本，共 10054 卷。而另一所著名书院嵩阳书院在同时期的藏书是 86 部，一万多卷。这些书籍的存在无疑对书院的教学和学术研究有着良好的促进作用，充分说明了书院雄厚的实力和良好的藏书传统。

鳌峰书院的书籍以购买为主，张伯行时期已经初具规模，其后仍在扩大增加之中。"潘敏惠公以清恪公所购书未备，又颁发若干部，久而司事者稍懈，主书吏辄目为蟫蠹，盗而卖之。汪稼门中丞稔其弊，命候补令就其存者，部居州次，刻为书目，斯奕世之良规也。""藏书楼书近六十橱，间有不必藏者，而宜藏者或缺。汪稼门中丞议欲遣官至江浙购买，旋以病归不果。甲子岁仅购得数十种。若院中经费有馀，似当再谋增益也。"① 潘敏惠公是时任福建巡抚的潘思矩。可以看出，当时书院的藏书购书活动是仍在进行中的，这也保证了书籍的替换和更新。鳌峰书院的书籍有些是官员和地方人士捐赠的，也有皇帝的赐书。《福建通志》中记载：康熙五十五年赐经书八部，赐《御书孝经法帖》1本、《御书渊鉴斋法帖》十本、《淳化阁法帖》10本。乾隆十一年御赐《律书渊源》1部。

　　书院与书之间的关系是非常密切的，许多学者都认为藏书是书院的重要功能之一，书院藏书与官署藏书、寺院藏书、私家藏书是我国古代主要的藏书方式，为我国的藏书事业做出很大的贡献。众多藏书的存在对书院教学和学术研究的支撑作用更是不言自明。

二、鳌峰书院的刻书活动

　　鳌峰书院在大量藏书的同时，还进行了大规模的刻书活动。清代福州出版机构先后有官、私、坊刻一百五十多处，在数目众多的刻书中，共六十八种、五百一十五卷的《正谊堂全书》是其中很著名的一部。清朝书院刻书为人称道的有两大成就，一为康熙时期张伯行在鳌峰书院刊刻的《正谊堂全书》，一为阮元于嘉、道时期在诂经精舍、学海堂的刻书活动。《正谊堂全书》是清代书院刻书的代表，也与福州四大书院中的鳌峰书院和正谊书院有

---

　　①　游光绎：《鳌峰书院志》卷一六《杂述》，嘉庆丙寅年（1806）刻本。

关，正谊书院的前身正是左宗棠为补刻《正谊堂全书》而创立的正谊书局。

据《鳌峰书院志·藏书》中记载，鳌峰书院藏有书版 14 部 8872 块，这应该是书院刻书后留下来的。鳌峰书院刻书大致有《学规类编》27 卷，清张伯行编，康熙四十六年刊；《鳌峰书院学约附仪节》6 条，清蔡世远撰，康熙四十六年刊；《鳌峰讲义》4 卷，清潘思榘撰（清刊本）；《鳌峰书院志》16 卷，清游光绎辑，嘉庆十一年刊，道光十年又有增补本；《鳌峰书院书目》4 卷，清游光绎编（清刊本）；《鳌峰书院纪略》，清来锡蕃、章炜辑，道光十八年刊刻。

最值得一提的是鳌峰书院刊刻的《正谊堂全书》。康熙四十六年，理学家张伯行六月到福建巡抚任后，十月就创建鳌峰书院，颜其堂曰"正谊"，在进行教学活动的同时，"出先儒《语类》《文集》诸书，命分任编辑，亲为校正论定，付之剞劂，使正学流、传后世。所刻诸书分年详载于后，又有共学书院，令有志于道而未能忘情举业者居之，亦循循善诱之意也。"[①] 搜访先儒遗著，分立德、立功、立言、气节、名儒粹语、名儒文集六个部分，精心校勘，得书 55 种，因号《正谊堂全书》，这部全书成为理学著作的一个很重要的总结。后左宗棠访求到该书，并因之设正谊书局，重新加以厘定增补，得书 68 种 525 卷。不仅有宋儒理学之著作，清代理学家陆世仪、陆陇其、李光地及张伯行等人的著作也多收入其中。除唐《陆宣公集》4 卷，蜀汉《诸葛武侯文集》4 卷以外，其馀都是从宋至明清时期的理学家的著作。值得注意的是，张伯行本人的理学著作也被收入《正谊堂全书》中，

---

① 张师拭、张师载：《张清恪公年谱》，《北京图书馆藏珍本年谱丛刊》，北京图书馆出版社出版 1998 年。

计有：《道统录》2 卷附录 1 卷、《二程语录》18 卷、《朱子语类》8 卷、《濂洛关闽书》19 卷、《近思录》14 卷、《困学录集粹》8 卷、《小学集解》6 卷、《学规类编》27 卷、《养正类编》13 卷、《居济一得》8 卷、《正谊堂文集》12 卷、《正谊堂续集》8 卷。

　　鳌峰书院的刻书不但学术价值高，而且规模很大。据马镛《中国教育制度通史》清代卷记载：清代刻书较多的书院有：湖南思贤讲舍，刻书 39 种；广州学海堂，刻书 21 种；江苏南菁书院，刻书 12 种；陕西味经书院，刻书 12 种；浙江诂经精舍，刻书 9 种；河南大梁书院，刻书 9 种；广东端溪书院，刻书 6 种；江苏暨阳书院，刻书 5 种。相比而言，鳌峰书院的刻书数量要比以上书院多，单《正谊堂全书》就有 68 种之多。有关学者研究后认为《正谊堂全书》是清代书院刻书中规模和价值都比较突出的一部，与上述书院相比毫不逊色。此后虽然清代书院得到更大的发展，但刻书规模超过《正谊堂全书》的并不多见。

　　书院是文化教育基地之一，它具有讲学、藏书、著书、刻书、学术研究等多种职能，刻书则是其中的重要一项。书院刻书始于宋代。南宋时书院数量的增加，使书院对书籍的需求量不断扩大，促进了刻书的发展，以后日渐成熟。元明两代书院继续刻书，至清代为最兴盛，形成了古代刻书史上独树一帜的书院刻本。为研究中国印刷史、文化史、教育史，提供了重要的凭证。一般认为书院刻书优势很多，由于书院人才汇聚，故刻书校勘较精；书院经费充足，所刻之书多纸张好而且刻版精细；书院刻书多是出于教学和学术研究的目的，这样避免了书坊刻书的功利性；还有人认为书院刻书发挥所长，补充了许多官刻私刻本所缺失的部分。鳌峰书院的刻书活动是对清代书院刻书的重要贡献。

三、鳌峰书院对藏书刻书的管理

为了保护好这些数量众多的藏书，各书院制定有专门的便于图书管理的藏书目录。

在 1806 年修的《鳌峰书院志》和 1838 年的《鳌峰书院纪略》上都有专章列出书院的藏书目录，包括书名、作者、卷数、出版地等信息。鳌峰书院第 22 任山长游光绎也修有藏书目录，同时还有汪志伊编的《福建鳌峰书院藏书目录》。

对于藏书的管理和使用，鳌峰书院还在嘉庆六年制定了藏书章程：

一、贮书虽分门类，亦宜酌量，应珍藏者贮之，列为上卷。即有书虽不全而板甚可贵，以及难于购补之书，亦应一律珍藏，列为上卷。其馀常行坊本，应与重复诸书另贮，列为下卷。

一、书有缺卷、缺页，应分别购补、抄补。假如一部中所缺卷数过多，如《册府元龟》《晋书》《通志堂》各种，自须另为购补。其所缺仅止数页，应即时抄补，以臻完善。至有只需粘补，用白芨随时粘修。

一、凡书之不成体裁，以及残缺并虫蛀不能修理者，应另购以存书院之旧目内，概不开载，仍另开一册用印存查。

一、书院各书，原以备士子观览，但恐任凭取阅，或凭书吏经手借观，仍易遗失、抽换。此番查修之后，应请于贮收时每橱封锁。如有肄业生等取阅，必须告知监院，开橱领书，随时登记档册，限以时日缴还。倘前借之书未还，不准再借。其夏月应行晒晾之时，分日晒晾归贮，呈报粮道衙门稽查，并给予饭食。

一、各上司借书，用印札差役至书院，向监院取阅。札存书院为据，发还时仍将原札缴销，以杜假冒侵蚀之弊。如逾三个月未经发还，及有升迁等事，监院官禀请发还归款。如监院不行禀请发还，着落赔补。①

该章程包括了书籍的收藏、借阅、修补亮晒等方面。为了更好地保护藏书，在嘉庆十年此章程又增补了相关规定。规定书院诸生借书，凡为大部书籍者，只许先借一二卷，读完还回之后，再换下卷。而且只准在院中披阅抄录，不得私带回家。如有带回者，查出即将原书取回，不许再借。如有遗失要求该生赔偿。书院还规定每天将散馆时，负责管理书籍的人员必须把诸生所借之书一概收回，还需要监院详细查点，看是不是有所遗失。从一些记载来看，书院每年还在一定季节组织晾晒书籍。

鳌峰书院藏书、刻书的成就突出，也制定了严谨的图书管理制度，与同时代别的书院相比，取得了很好的成绩，即使在整个书院历史上，也占据着比较突出的地位，与其他著名书院相比毫不逊色。在1906年以后，鳌峰、正谊、致用、凤池四大书院藏书成为福建省图书馆藏书主要来源之一，是福建省现有古代文献的重要组成部分。

鳌峰书院的大量藏书以及刻书活动对书院的教学活动、人才培养的支撑作用是明显的。据《鳌峰书院志》中的科考名录统计，从1707年始至1838年为止，鳌峰书院共中博学鸿词科6人，孝廉方正科7人，直接召用8人，南巡召试3人，进士250人，举人1307人。单是从鳌峰书院中进士量来看，人数达250人，而清代福建全省仅有进士1700馀人，鳌峰书院约占了七分之一，而这250人还不是鳌峰书院的全部进士人数，仅是其130年内的成绩。除了科考人数之外，更值一提的是鳌峰书院产生了一大批福建甚至中国历史上的著名人物，如林则徐、梁章钜、陈化成、

---

① 游光绎：《鳌峰书院志》，嘉庆丙寅年（1806）刻本。

蔡世远、蓝鼎元、张际亮。清代福建省三个状元之一的林鸿年也是鳌峰书院的学生。能取得上述成绩，原因自然是多方面的，但鳌峰书院的藏书和刻书是其中很重要的因素之一。

原载于《上海高校图书情报工作研究》2005 年第 4 期

略论福建本"外聚珍"

马月华

　　清乾隆三十八年（1773）初，诸儒臣奉命校辑《永乐大典》散见之书及世所罕见秘帙，并选择其中"有裨世道人心及足资考镜者"交武英殿"剞劂流传"。先刻成《易纬》《汉官旧仪》《魏郑公谏续录》《帝范》四种，行款为半叶十行，行二十一字。该年十月，《四库全书》副总裁金简上奏建议刻作枣木活字、套版一份，来刷印各种书籍。乾隆采纳了这一建议，并赐名为"武英殿聚珍版"。后来用这套活字刷印了一百三十四种书籍，行款皆为半叶九行，行二十一字，每种之首，有高宗题诗十韵，每书首页首行之下有"武英殿聚珍版"六字。这些活字印本加上初刻四种，共计一百三十八种，世称"内聚珍"本《武英殿聚珍版丛书》。①

　　乾隆四十二年（1777）九月，因聚珍版印数不多，乾隆命颁发武英殿聚珍版诸书于东南五省，并准这五省翻刻通行。② 此五

---

　　① 主要根据徐忆农《清乾隆武英殿活字印本〈武英殿聚珍版书〉》，见《中国版本文化丛书》之《活字本》，江苏古籍出版社 2002 年。
　　② 此事见于浙江本《武英殿聚珍版丛书》卷后《恭纪》。《恭纪》称："乾隆四十二年九月，颁发武英殿聚珍版诸书于东南五省，敕所在镌刻通行，用广秘籍，嘉惠艺林。"

省分别为江南、浙江、江西、福建和广东省。这些书都是刻版而行，统称为"外聚珍"本《武英殿聚珍版丛书》。

"外聚珍"各省刊刻书目各不相同，已有不少学者做过目录订误工作。在"外聚珍"刻本中，版本问题最复杂的要属福建本。《中国丛书综录》收有此本，不过所收仅为清光绪二十一年（1895）这一次的印本。实际上福建本"外聚珍"从乾隆时开始刊刻，道光、同治、光绪间又不断修补重印，各次印本在种数上的差异颇大，有必要对其作详细梳理。

整理目录最直接之材料当为福建本各次修补重印的编修体例和目录。可是，完整的福建乾隆、道光印本已经难见，其当时的编修体例和目录不得而知。最近我们发现，北京大学图书馆所藏的一部福建同治印本卷前的目录和凡例为解决这一问题提供了比较好的线索。结合光绪印本所录的一些旧跋和凡例，我们已可从中大致寻绎出福建五次主要印本的目录情况。下面我们就来对福建本"外聚珍"历次印本的书目作梳理，希望能对大家使用福建本"外聚珍"、判断其版本年代有所帮助。

北大图书馆藏有一部光绪二十一年福建"外聚珍"印本（以下简称"光绪印本"），其内封背面有一段题记："乾隆丁酉九月颁发奉敕重锓凡书一百二十三种道光戊子丁未同治戊辰三次修版辛未改刊三种光绪壬辰校误补遗并重刻二种新增二十五种乙未十二月讫工。"仔细分析这一题记并参考其他旧跋，我们认为福建本"外聚珍"主要有以下五次印本：

第一次，乾隆丁酉（四十二年，1777）福建首次刊刻"外聚珍"一百二十三种。

第二次，道光戊子（八年，1828）吴荣光修版重印，新增十二种书，合计一百三十五种。

第三次，道光丁未（二十七年，1847）陈庆偕修版重印一百二十二种。

　　第四次，同治七年（戊辰，1868）邓廷楠修版重印一百三十二种，同治辛未（十年，1871）增加重刻三种。

　　第五次，光绪壬辰至乙未（十八年至二十一年，1892—1895）对以前刻印之书进行校误补遗，重刻二种，并新刻二十五种，共刻书一百四十八种。

　　下面我们来分别讨论这五次印本目录的不同。

　　第一次，乾隆四十二年福建首次刊刻"外聚珍"一百二十三种。

　　这次刊刻的目录光绪时已经不见。北大所藏光绪印本《例言》称："乾隆时先后颁发是书原目，及闽中遵旨锓雕之年月档案，已久经散佚。"这次刊刻的目录虽然不见，不过我们从后印本的一些资料中可以推断出这次刊刻的一百二十三种子目。

　　北大图书馆藏有一部同治七年福建"外聚珍"印本，卷前目录详细列出了一百三十七种子目（详见下文），其凡例对这个目录有说明：

　　"是书原颁百二十二种，今尚存百一十九种。其霉蛀过半、不堪修补亦无善本校对者，则吕夏卿之《唐书直笔》四卷、周行己之《浮沚集》九卷、高斯得之《耻堂存稿》八卷。"认为乾隆时福建首次刊刻"外聚珍"为一百二十二种，而至同治七年时这一百二十二种已缺《唐书直笔》《浮沚集》《耻堂存稿》三种。

　　又称："续增十三种，今尚存'三经'、《续通鉴纲目》、'宋版'《礼记》《春秋》《诗经》《易经》《书经》《经典释文》《清汉对音》《闽政领要》《琉球国志略》计十一种，其霉蛀过半、不堪修补亦无善本校对者则《钦定三礼》《康熙字典》二种。"所谓"续增十三种"，后文将会指出为道光八年（1828）福建修版重印时所加，至同治时，这"续增十三种"只剩下十一种。

接着凡例又称："是书除未修五种外，实存一百三十种，今以钦定《周易述义》《诗义折中》《春秋直解》凡三经分列之，则为一百三十二种。"其中"未修五种"即指上文"霉蛀过半、不堪修补亦无善本校对"的《唐书直笔》《浮沚集》《耻堂存稿》《钦定三礼》《康熙字典》。

到这里，我们可以发现，如果我们将同治本目录所列的一百三十七种书（其中包括"未修五种"）去掉"续增"之书，包括钦定《周易述义》《诗义折中》《春秋直解》《续通鉴纲目》、"宋版"《礼记》《春秋》《诗经》《易经》《书经》《经典释文》《清汉对音》《闽政领要》《琉球国志略》《钦定三礼》《康熙字典》等十五种①，则同治本认为的原颁一百二十二种书目可得。

值得注意的是，《琉球国志略》一书，同治本将其列入"续增十三种"，这是有问题的。光绪印本《例言》指出："若《琉球国志略》，卷中俱列分校诸臣衔名，与聚珍诸种体例相同，版式又复一律。"指出该书也属钦颁原目，而并非"续增"之书。这个说法是正确的，清嘉庆十一年（1806）庆桂等编纂的《清宫史续编》卷九十四《书籍二十·校刊》列有"武英殿聚珍版印行书一百二十六种"目录，② 其中就有"《琉球国志略》一部"。

所以，这次刊刻书的总数应为：上述一百二十二种加上《琉球国志略》一种，共一百二十三种，详目见下总表。这与光绪印本内封背面题记"乾隆丁酉九月颁发奉敕重锓凡书一百二十三

---

① 原称"续增十三种"，凡例称"以钦定《周易述义》《诗义折中》《春秋直解》凡三经分列之"，则已析为十五种。

② 民国二十一年（1932）四月北平故宫博物院图书馆排印本《清宫史续编》。其凡例称："本书向无刻本，故宫藏有钞本多部，今据懋勤殿所藏之本校印。"此书有嘉庆十一年十二月十二日大学士臣庆桂等"奉勅纂辑《宫史续编》告成恭呈御览"题名。

种"所述相符。这一百二十三种书的原颁目录顺序已不明，估计与《清宫史续编》所列目录顺序相近。

第二次，道光八年（1828）吴荣光修版重印，新增十二种书，合计一百三十五种。这次修版的具体情况，光绪时福建人也已经不太清楚。光绪印本《例言》称："即道光八年前方伯吴中丞荣光初修此版，其如何编目及有无题记亦不可考。迨二十七年前方伯陈中丞庆偕续修，始有跋语，并编定目录。"

光绪印本收录了道光二十七年（1847）陈庆偕的续修跋，陈跋称："是书甫颁到闽，经前方伯重加刊刻，复增入五经、《琉球国志略》等书，贮版司库而历年久远，不无散佚。"由此可知，同治本凡例提到的"续增"之书即吴荣光这次修版重印时所加。

据上文所引同治本凡例可知，这次增印之书为：

1. 御纂三经（按：包括《御纂周易述义》十卷、《御纂诗义折中》二十卷、《御纂春秋直解》十二卷）

2. 续资治通鉴纲目二十七卷　　　3. 宋版礼记二十卷

4. 宋版春秋三十卷　　　　　　　5. 宋版诗经二十卷

6. 宋版易经十卷　　　　　　　　7. 宋版书经十三卷

8. 经典释文三十卷　　　　　　　9. 清汉对音一卷

10. 闽政领要三卷　　　　　　　11. 琉球国志略

12. 钦定三礼　　　　　　　　　13. 康熙字典

其中第十一种《琉球国志略》一书，前文已经指出当属乾隆时钦颁原目，同治本凡例将其列为"续增"之书是不对的，所以这次实际"续增"之书应为"御纂三经"等十二种。

显然，这些书其实并非属于《武英殿聚珍版丛书》，只是由于"贮版司库"，与《聚珍本丛书》同贮才被误收，第三次道光陈庆偕印本纠正了这一错误，不过第四次同治印本重又将这些书收入，详下文。这里3—7"宋版"诸经即所谓"相台五经"，其误收入福建本"外聚珍"即始于此，本文开始时提出的问题——"相台五经"竟属福建本"外聚珍"子目——就是由于这两次的误收。

第三次，道光二十七年陈庆偕修版重印一百二十二种。

光绪印本所收道光二十七年陈庆偕续修跋称："爰嘱补其缺佚，正其部居，其本无而增入者悉从裁汰，一遵钦定原目。"去掉第二次印本的"续增"之书，这当然是对的，但是它将非"续增"之书也当作"续增"之书去掉就有问题了，此外这次重印还存在其他一些问题。光绪印本《例言》指出："据跋中称，本无而增入者悉从裁汰，故如钦定诸经、翻岳板五经、《经典释文》《琉球国志略》等凡十三种均未列目。夫以诸经及《释文》诸种为非聚珍原印，信然矣。若《琉球国志略》，卷中俱列分校诸臣衔名，与聚珍诸种体例相同，版式又复一律，而竟析出者，盖其所编之目虽称一遵钦定原本，然观其排列诸书次第，实仍袭顾氏《汇刻书目》[①] 为之，惟删去闽刻所无诸种而已，《志略》因顾目未有，故遂承其误。不知顾目所载诸书卷数，且多与此刻不符合，何论其它。"

也就是说，这次修板重印，以恢复乾隆时福建原刻为目标，去掉了道光八年吴荣光印本的所有"续增"之书，这是很正确的，但同时也误去了乾隆时福建原刻的《琉球国志略》一书，因此这次刷印书的总数为一百二十二种。

第四次，同治七年（1868）邓廷枬修版重印，重新收入第三次印本"裁汰"之书，并将当时实存的一百三十种书析为一百三十二种。同治十年（1871）又将同治七年因"霉蛀过半、不堪修补亦无善本校对"而未刻的《唐书直笔》《浮沚集》《耻堂存稿》

① 即顾修《汇刻书目》，有清嘉庆二十五年（1820）璜川吴氏刻本。

等三种书重新加以刊刻。同治七年与同治十年时间相距很近，所以本文将其作为一次印本来处理。

前文已经指出，北大图书馆藏有一部同治七年印本，其卷前有一个完整的刊刻目录，这个目录在现在的各种书目著录中并不多见，它对还原福建"外聚珍"各次印本的目录十分重要，下面将其移录如下：

"福省重刻武英殿聚珍版书目计一百三十七种（原阙五种）"

1. 钦定周易述义十卷
2. 钦定诗义折中二十卷
3. 钦定春秋直解十二卷
4. 宋版易经十卷
5. 宋版书经十三卷
6. 宋版诗经二十卷
7. 宋版春秋三十卷
8. 宋版礼记二十卷
9. 清汉对音一卷
10. 经典释文三十卷
11. 易纬十二卷
12. 易原八卷
13. 易说六卷
14. 周易口诀六卷
15. 吴园周易解九卷
16. 诚斋易传二十卷
17. 郭氏传家易说十一卷
18. 易象意言一卷
19. 易学滥觞一卷
20. 尚书详解五十卷
21. 融堂书解二十卷
22. 禹贡说断四卷
23. 禹贡指南四卷
24. 诗总闻二十卷
25. 续吕氏读诗记三卷
26. 毛诗经筵讲义四卷
27. 春秋释例十五卷
28. 春秋传说例一卷
29. 春秋经解十五卷
30. 春秋考十六卷
31. 春秋集注四十卷
32. 春秋辨疑四卷
33. 大戴礼记十三卷
34. 仪礼集释三十卷
35. 仪礼识误三卷
36. 仪礼释宫一卷
37. 论语意原四卷
38. 水经注四十卷
39. 方言注十三卷
40. 帝范四卷

41. 续通鉴纲目二十七卷　　42. 御选明臣奏议四十卷

43. 汉官旧仪二卷　　　　　44. 邺中记一卷

45. 两汉刊误十卷　　　　　46. 东观汉记二十四卷

47. 东汉会要四十卷　　　　48. 麟台故事五卷

49. 五代会要三十卷　　　　50. 五代史纂误三卷

51. 宋朝事实二十卷　　　　52. 郑志三卷

53. 元和郡县志四十卷　　　54. 元丰九域志十卷

55. 舆地广记三十八卷　　　56. 岭表录异三卷

57. 魏郑公谏续录二卷　　　58. 元朝名臣事略十五卷

59. 老子道德经二卷　　　　60. 傅子一卷

61. 文子义十二卷　　　　　62. 夏侯阳算经三卷

63. 五曹算经五卷　　　　　64. 孙子算经三卷

65. 海岛算经一卷　　　　　66. 五经算术二卷

67. 周髀算经二卷　　　　　68. 九章算术九卷

69. 意林五卷　　　　　　　70. 唐语林八卷

71. 学林十卷　　　　　　　72. 能改斋漫录十八卷

73. 猗觉寮杂记二卷　　　　74. 朝野类要五卷

75. 项氏家说十卷　　　　　76. 涑水记闻十六卷

77. 公是弟子记四卷　　　　78. 明本释三卷

79. 苏沈良方八卷　　　　　80. 小儿药证真诀三卷

81. 农桑辑要七卷　　　　　82. 考古质疑六卷

83. 绛帖平六卷　　　　　　84. 宝真斋法书赞二十八卷

85. 瓮牖间评八卷　　　　　86. 岁寒堂诗话二卷

87. 涧泉日记三卷　　　　　88. 云谷杂纪四卷

89. 浩然斋雅谈三卷　　　　90. 文苑英华辨证十卷

91. 碧溪诗话十卷　　　　　92. 山谷诗注三十九卷

93. 后山诗注十二卷　　　　94. 乾道淳熙章泉稿二十七卷

95. 南涧甲乙稿二十二卷　　96. 归潜志十四卷

97. 敬斋古今黈八卷　　98. 墨法辑要一卷

99. 钦定武英殿聚珍版程序一卷　100. 钦定四库全书考证一百卷

101. 悦心集五卷　　102. 直斋书录解题二十二卷

103. 文忠集十六卷　　104. 燕公集二十五卷

105. 茶山集八卷　　106. 絜斋集二十四卷

107. 文恭集四十卷　　108. 蒙斋集二十卷

109. 陶山集十六卷　　110. 南阳集六卷

111. 学易集八卷　　112. 雪山集十六卷

113. 毗陵集十六卷　　114. 浮溪集三十二卷

115. 简斋集十六卷　　116. 攻媿集一百十二卷

117. 华阳集四十卷　　118. 文定集二十四卷

119. 净德集三十八卷　　120. 止堂集十八卷

121. 元宪集三十六卷　　122. 西台集二十卷

123. 彭城集四十卷　　124. 景文集六十二卷

125. 忠肃集二十卷　　126. 柯山集五十卷

127. 祠部集三十五卷　　128. 公是集五十四卷

129. 拙轩集六卷　　130. 金渊集六卷

131. 琉球国志略十六卷　　132. 闽政领要三卷

133. 钦定三礼　　134. 康熙字典

135. 唐书直笔　　136. 耻堂存稿

137. 浮沚集（以上五种原阙）

　　光绪印本《例言》对这次重印批评颇多："暨同治四年续修，撤去陈跋，另附识语凡例，谓'旧目杂列书名而无次第，今约按经史子集而次之'云云。不知陈目之可议惟在于照录《汇刻书目》，而不取此刻诸书逐种核对，致目中开列卷数与诸书原有卷数参差互异。若其将并非聚珍版诸书析出，不杂厕于一目之中，此最确当不易者。乃同治间改编之目，其于陈目所开卷数不符原书之处并不为之更正，而如列《方言》于《水经注》后；杂《郑志》于《宋朝事实》《元和郡县志》之间；《浩然斋杂谈》《碧溪诗话》，诗文评类也，乃跻于别集类《山谷》《后山》两集以上；《四库全书考证》《直斋书录》，子部中书也，乃与总集类《御制悦心集》相参，颠倒纠纷，不可究诘。且不但不按经史子集次序，而陈目析出之非聚珍版书却仍羼入其中，更属失之不考。"这次重印，对第三次印本的目录错误不但不加以订正，反而又将其正确析出的非《武英殿聚珍版丛书》重新收入，卷数也多有不实，同时在书目排列顺序上也比较混乱。

需要指出的是，同治十年（1871），福建又将同治七年因"霉蛀过半、不堪修补亦无善本校对"而未刻的《唐书直笔》《浮沚集》《耻堂存稿》等三种书重新加以刊刻。光绪印本《例言》指出："是刻同治七年修版时以《唐书直笔》《浮沚集》《耻堂存稿》三种版片不堪修补撤出，嗣于十年间得有旧本，始据以重刻。"

《中国丛书综录续编》为《中国丛书综录》的"《武英殿聚珍版丛书》"补充了几种版本，其中第1054号著录了一种"版本不详"的《武英殿聚珍版丛书》，其下所列共一百三十五种子目，前面一百三十二种子目与我们所列该目录前一百三十二种的书名和排列顺序完全相同，最后三种为《唐书直笔》《浮沚集》《耻堂存稿》，[①] 它应该就是福建"外聚珍"同治十年印本。

第五次，光绪十八年（1892）至二十一年（1895），对以前刻印之书进行校误补遗，重刻二种，将同治本的十二种书析出别行，并新刻二十五种，共刻书一百四十八种。

这次印本是最为常见的福建"外聚珍"印本，《中国丛书综

---

① 施廷镛：《中国丛书综录续编》，北京图书馆出版社 2003 年。

录》所列的福建本"外聚珍"就是这次印本。

光绪印本所录光绪二十年谭钟麟跋称："闻丰顺丁氏藏有当时原本，借之来闽，确是武英殿初印，且较福刻多十馀种，遂据以勘补增刻。其有别本可据者，复缀拾以弥其阙，校雠厘定，视前数次所修加慎焉。"可见，这次修版据丰顺丁氏藏武英殿初印本等对前本重新作了校正。据其卷前目录，可知这次重印在刊刻书的种数上作了以下调整。

首先，将同治本中的十二种子目析出，称为"别行八种书目"①：

1. 御纂周易述义十卷

2. 御纂诗义折中二十卷

3. 御纂春秋直解十二卷

4. 御题宋版五经共九十二卷（周易王弼注十卷，尚书孔氏传十二卷，毛诗郑氏笺二十卷，礼记郑氏注二十卷，春秋经传集解三十卷）

5. 御批续资治通鉴纲目二十七卷

6. 钦定清汉对音字式

7. 经典释文三十卷

8. 闽政领要三卷

并指出："以上各种因与聚珍版诸书同藏司库，旧时误并为一，今析出别行，具详新增《例言》。"《例言》称："析出别行之八种，如：相台岳氏五经原本系仿宋椠，闽中依以重刊；《钦定清汉对音》系道光间始奉颁发；此外，《经典释文》乃据通志堂本翻；《闽政领要》则乾隆二十二年前方伯德福所辑，盖藩垣之

----

① 《御纂周易述义》《御纂诗义折中》《御纂春秋直解》即同治本《钦定周易述义》《钦定诗义折中》《钦定春秋直解》三书。光绪印本将"宋版五经"算作一种书，而同治本目录中"宋版五经"作五种书，因此所谓"别行八种"实为同治本十二种。

须知册也。夫御纂诸书因其与聚珍版书同奉钦颁，被以'续增'之名，已属语无根据，若《释文》《领要》两种为闽中所刻，更与聚珍本一无关涉。乃同治中修版汇为一编，而其重次之目标题则曰'福省重刻武英殿聚珍版书目，计一百三十七种，原阙二（月华按，当为"五"字之误）种'云云，目录乃冠以并非聚珍版之钦定三经，继以翻岳版之五经及《钦定清汉对音》与《释文》等书，其《续通鉴纲目》《闽政领要》又杂列于聚珍版各书之中，不特与标题不相照覆，盖直误仞诸书为尽属聚珍版也。兹欲力矫其失，而诸书版片向与聚珍版各种同储藩垣，若不为分别清除，恐将来仍致混淆，故既胪叙缘由，并一析出别行之。"这些都是很正确的。

其次，重刻了两种书，据其目录可知这两种书一为《元朝名臣事略》十五卷，下注"据元椠本重刊，附校勘记一卷"，另一种为《五代会要》三十卷，下注"据宋本重刊，附校勘记一卷"。

第三，新刻了二十五种书。通过和乾隆时所刻一百二十三种比较，可知这二十五种书为：

1. 夏氏尚书详解二十六卷

2. 春秋集传纂例十卷，附校勘记一卷

3. 春秋繁露十七卷，附校勘记二卷

4. 钦定诗经乐谱三十卷，附乐律正俗一卷

5. 三国志辨误三卷

6. 新唐书纠谬二十卷，附校勘记二卷

7. 蛮书十卷

8. 畿辅安澜志五十六卷

9. 河朔访古记三卷

10. 唐会要一百卷

11. 建炎以来朝野杂记甲集二十卷、乙集二十卷，附校勘记

五卷

　　12. 西汉会要七十卷

　　13. 幸鲁盛典四十卷

　　14. 钦定四库全书总目二百卷

　　15. 钦定校正淳化阁帖释文十卷

　　16. 唐史论断三卷，附校勘记一卷

　　17. 农书三十六卷

　　18. 鹖冠子三卷

　　19. 白虎通义四卷，附校勘记四卷

　　20. 帝王经世图谱十六卷

　　21. 小畜集三十卷，外集七卷，新增拾遗

　　22. 牧庵集三十六卷

　　23. 御制诗文十全集五十四卷

　　24. 万寿衢歌乐章六卷

　　25. 诗伦二卷

　　这增刻的二十五种书中，有十种其实并非"内聚珍"所有，而是据别本所录。陶湘在《武英殿聚珍板书目》中列出"内聚珍"一百三十八种原目，并指出了光绪印本这十种的误收："兹将福本增刊十种之误点（并以朱氏《汇刻书目》参考之）摘录如下。《春秋传说纂例》①（朱目无，福本云'按《孙氏祠堂书目》补刊'。）《河朔访古记》（朱目云'《大典》本少见'，福本因有此语即据钱氏守山阁所刻《文澜阁四库全书》本而补刊之。）《白虎通义》《新唐书纠谬》《唐史论断》《小畜集》（以上四种朱目均无，福本云'据《书目答问》补'。按缪艺风曾人张文襄公幕，

―――――――――

　　① 此《春秋传说纂例》当即光绪印本目录所列之《春秋集传纂例》，此处或为陶湘误记。《春秋集传纂例》十卷，唐陆淳撰。

参校《书目答问》事而又自辑原书一百三十八种者，丁巳戊午之间同客申江，面询缘由，缪称注语恐有笔误。）《帝王经世图谱》（朱目云'《大典》本少见'，福本因朱目有而补刻之，并云'采《总目提要》之文，弁诸简端以归画一'。）《幸鲁盛典》（朱目无，按此书为康熙年孔毓圻奉敕编进，原刻俱在，与聚珍渺不相涉，福本重刻之，且云'原缺二卷'，尤不可解。）《四库全书总目》（朱目无此，乃武英殿刻本，非聚珍也，行款相同，福本殆为考证所误。）《畿辅安澜志》（朱目无，福本殆误于单行本之御题冠首也。）……今大内殿阁储书尽出，实为一百三十八种。"[①]

为清眉目，以下是这五次印本的总表，有几点说明：

1. 福建本"外聚珍"五次印本中，北大仅存第四和第五次印本，此两本均有目录可依，其馀三次印本目录则为我们据第四和第五次印本的目录和凡例推出，因此其书名卷数仅作参考。

2. 第四和第五次印本的书名卷数不尽相同，此表主要以第五次印本的书名为准。第五次印本新增、重刊、增补及卷数不同等处则在其排序号后说明。

3. 目录排序依第五次印本，按经史子集排序，《中国丛书综录》所列子目顺序与此全同，其所录福建本"外聚珍"即为此次印本。

4. 第四次印本即同治本原目录已见上文，其书目排列顺序比较混乱，这里为与其他几次印本对比，将其目录重新编号排序。

① 陶湘《武英殿聚珍板书目》，见《陶辑书目》，民国二十五年（1936）武进陶氏铅印本。

五次印本 \ 子目	第一次 123 种	第二次 135 种	第三次 122 种	第四次 132 种（同治十年增加重刻三种）	第五次 148 种
周易口诀义六卷	1	1	1	1	1
易说六卷	2	2	2	2	2
吴园周易解九卷	3	3	3	3	3 新增附录一卷
易原八卷	4	4	4	4	4
郭氏传家易说十一卷	5	5	5	5	5
诚斋易传二十卷	6	6	6	6	6
易象意言一卷	7	7	7	7	7
易学滥觞一卷	8	8	8	8	8
易纬十二卷	9	9	9	9	9
禹贡指南四卷	10	10	10	10	10 11 夏氏尚书详解二十六卷
禹贡说断四卷	11	11	11	11	12
尚书详解五十卷	12	12	12	12	13
融堂书解二十卷	13	13	13	13	14
诗总闻二十卷	14	14	14	14	15
续吕氏家塾读诗记三卷	15	15	15	15	16
絜斋毛诗经筵讲义四卷	16	16	16	16	17
仪礼识误三卷	17	17	17	17	18
仪礼集释三十卷	18	18	18	18	19
仪礼释宫一卷	19	19	19	19	20

续表

子 目 / 五次印本	第一次 123 种	第二次 135 种	第三次 122 种	第四次 132 种（同治十年增加重刻三种）	第五次 148 种
大戴礼记十三卷	20	20	20	20	21
春秋释例十五卷	21	21	21	21	22
					23 春秋集传纂例十卷，附校勘记一卷
春秋传说例一卷	22	22	22	22	24
春秋经解十五卷	23	23	23	23	25
春秋辨疑四卷	24	24	24	24	26
新增校勘记一卷					
春秋考十六卷	25	25	25	25	27
春秋集注四十卷	26	26	26	26	28
					29 春秋繁露十七卷，附校勘记二卷
郑志三卷	27	27	27	27	30 新增拾遗一卷，校勘记一卷
论语意原四卷	28	28	28	28	31
					32 钦定诗经乐谱三十卷，附乐律正俗一卷
方言注十三卷	29	29	29	29	33

续表

子目＼五次印本	第一次123种	第二次135种	第三次122种	第四次132种（同治十年增加重刻三种）	第五次148种
两汉刊误补遗十卷	30	30	30	30	34 新增校勘记一卷
					35 三国志辨误三卷
					36 新唐书纠缪二十卷，附校勘记二卷
五代史纂误三卷	31	31	31	31	37
东观汉记二十四卷	32	32	32	32	38
御选明臣奏议四十卷	33	33	33	33	39
魏郑公谏续录二卷	34	34	34	34	40
元朝名臣事略十五卷	35	35	35	35	41 据元椠本重刊，附校勘记一卷
邺中记一卷	36	36	36	36	42
					43 蛮书十卷
琉球国志略十六卷	37	37		37	44
元和郡县志四十卷	38	38	37	38	45

续表

子目 ＼ 五次印本	第一次123种	第二次135种	第三次122种	第四次132种（同治十年增加重刻三种）	第五次148种
元丰九域志十卷	39	39	38	39	46
舆地广记三十八卷	40	40	39	40	47 新增校勘记二卷
水经注四十卷	41	41	40	41	48
					49 畿辅安澜志五十六卷
岭表录异三卷	42	42	41	42	50
					51 河朔访古记三卷
麟台故事五卷	43	43	42	43	52 新增拾遗二卷
					53 唐会要一百卷
五代会要三十卷	44	44	43	44	54 据宋本重刊，附校勘记一卷
宋朝事实二十卷	45	45	44	45	55
					56 建炎以来朝野杂记四十卷，附校勘记五卷
					57 西汉会要七十卷

续表

子目＼五次印本	第一次123种	第二次135种	第三次122种	第四次132种（同治十年增加重刻三种）	第五次148种
东汉会要四十卷	46	46	45	46	58 东汉会要四十卷（卷三十七、三十八原阙，卷三十六、三十九亦佚其半，今依宋椠本增补）
汉官旧仪二卷，补遗一卷	47	47	46	47	59 汉官旧仪一卷，补遗一卷
					60 幸鲁盛典四十卷
钦定武英殿聚珍版程式一卷	48	48	47	48	61
直斋书录解题二十二卷	49	49	48	49	62
					63 钦定四库全书总目二百卷
绛帖平六卷	50	50	49	50	64
					65 钦定校正淳化阁帖释文十卷
					66 唐史论断三卷，附校勘记一卷
唐书直笔四卷	51	51	50	同治十年重刻	67

续表

子目 五次印本	第一次 123 种	第二次 135 种	第三次 122 种	第四次 132 种（同治十年增加重刻三种）	第五次 148 种
傅子一卷	52	52	51	51	68 傅子一卷，新增重辑本五卷
帝范四卷	53	53	52	52	69
公是弟子记四卷	54	54	53	53	70
明本释三卷	55	55	54	54	71
项氏家说十卷	56	56	55	55	72 附录二卷
农桑辑要七卷	57	57	56	56	73
					74 农书三十六卷
苏沈良方八卷	58	58	57	57	75 新增拾遗二卷，校勘记一卷
小儿药证真诀三卷	59	59	58	58	76
周髀算经二卷	60	60	59	59	77
九章算术九卷	61	61	60	60	78
孙子算经三卷	62	62	61	61	79
海岛算经一卷	63	63	62	62	80
五曹算经五卷	64	64	63	63	81
夏侯阳算经三卷	65	65	64	64	82
五经算术二卷	66	66	65	65	83

续表

五次印本\\子目	第一次123种	第二次135种	第三次122种	第四次132种（同治十年增加重刻三种）	第五次148种
宝真斋法书赞二十八卷	67	67	66	66	84
墨法集要一卷	68	68	67	67	85
					86 鹖冠子三卷
					87 白虎通义四卷，附校勘记四卷
猗觉寮杂记二卷	69	69	68	68	88
能改斋漫录十八卷	70	70	69	69	89 新增拾遗一卷
云谷杂记四卷	71	71	70	70	90
学林十卷	72	72	71	71	91
瓮牖间评八卷	73	73	72	72	92
考古质疑六卷	74	74	73	73	93
朝野类要五卷	75	75	74	74	94
钦定四库全书考证一百卷	76	76	75	75	95
涧泉日记三卷	77	77	76	76	96
敬斋古今黈八卷	78	78	77	77	97 新增拾遗六卷

续表

五次印本 子　目	第一 次 123 种	第二 次 135 种	第三 次 122 种	第四次 132 种 （同治十年增加 重刻三种）	第五次 148 种
意林五卷	79	79	78	78	98 据宋本补刻 第六卷，附佚 文
					99 帝王经世图 谱十六卷
涑水记闻十六卷	80	80	79	79	100
唐语林八卷	81	81	80	80	101 新增拾遗一 卷，附校勘记 二卷
归潜志十四卷	82	82	81	81	102
老子道德经二卷	83	83	82	82	103
文子缵义十二卷	84	84	83	83	104
张燕公集二十五 卷	85	85	84	84	105
文忠集十六卷	86	86	85	85	106 新增拾遗四 卷
					107 小畜集三十 卷，外集七卷， 新增拾遗
南阳集六卷	87	87	86	86	108 新增拾遗
元宪集三十六卷	88	88	87	87	109
景文集六十二卷	89	89	88	88	110 新增拾遗二 十二卷

续表

子目 ＼ 五次印本	第一次 123 种	第二次 135 种	第三次 122 种	第四次 132 种（同治十年增加重刻三种）	第五次 148 种
文恭集四十卷	90	90	89	89	111 新增拾遗
祠部集三十五卷	91	91	90	90	112
华阳集四十卷	92	92	91	91	113
公是集五十四卷	93	93	92	92	114 新增拾遗
彭城集四十卷	94	94	93	93	115
净德集三十八卷	95	95	94	94	116
忠肃集二十卷	96	96	95	95	117 新增拾遗一卷
山谷诗注三十九卷	97	97	96	96	118 新增外集补四卷，别集补一卷
后山诗注十二卷	98	98	97	97	119
柯山集五十卷	99	99	98	98	120 新增拾遗十二卷，续拾遗一卷
陶山集十六卷	100	100	99	99	121
学易集八卷	101	101	100	100	122
西台集二十卷	102	102	101	101	123
浮沚集九卷	103	103	102	同治十年重刻	124
毗陵集十六卷	104	104	103	102	125 新增拾遗
浮溪集三十二卷	105	105	104	103	126 新增拾遗三卷
简斋集十六卷	106	106	105	104	127

续表

子　目　　五次印本	第一次123种	第二次135种	第三次122种	第四次132种（同治十年增加重刻三种）	第五次148种
茶山集八卷	107	107	106	105	128 新增拾遗
文定集二十四卷	108	108	107	106	129 新增拾遗
雪山集十六卷	109	109	108	107	130
攻媿集一百十二卷	110	110	109	108	131 新增拾遗
乾道淳熙章泉稿二十七卷	111	111	110	109	132 新增拾遗
止堂集十八卷	112	112	111	110	133
絜斋集二十四卷	113	113	112	111	134 新增拾遗一卷
南涧甲乙稿二十二卷	114	114	113	112	135 新增拾遗
蒙斋集二十卷	115	115	114	113	136 新增拾遗
耻堂存稿八卷	116	116	115	同治十年重刻	137
拙轩集六卷	117	117	116	114	138
金渊集六卷	118	118	117	115	139
					140 牧庵集三十六卷
					141 御制诗文十全集五十四卷
文苑英华辨证十卷	119	119	118	116	142 新增拾遗一卷

续表

子目＼五次印本	第一次123种	第二次135种	第三次122种	第四次132种（同治十年增加重刻三种）	第五次148种
御制悦心集五卷	120	120	119	117	143 144 万寿衢歌乐章六卷 145 诗伦二卷
岁寒堂诗话二卷	121	121	120	118	146
碧溪诗话十卷	122	122	121	119	147
浩然斋雅谈三卷	123	123	122	120	148
钦定三经（钦定周易述义十卷、钦定诗义折中二十卷、钦定春秋直解十二卷）		124（此以下为新增）		121 122 123	别行八种
宋版易经十卷		125		124	
宋版书经十三卷		126		125	
宋版诗经二十卷		127		126	
宋版春秋三十卷		128		127	
宋版礼记二十卷		129		128	
清汉对音一卷		130		129	
经典释文三十卷		131		130	
续通鉴纲目二十七卷		132		131	
闽政领要三卷		133		132	
钦定三礼		134			
康熙字典		135			

以上对福建本"外聚珍"历次印书的子目作了简单整理，不对之处，敬请方家指正。又本文得到同事刘大军的不少帮助，谨致谢忱。

原载于《中国典籍与文化》2010 年第 2 期

元明时代的福州与十行本注疏之刊修

张学谦

一、元代福州路与十行本注疏的刊刻

十行本注疏因半叶十行而得名，[①] 有宋刻、元刻之别。[②] 南宋建阳坊刻十行本，今仅存三种：《附释音毛诗注疏》（日本足利学

---

① "十行本"之得名较晚，据张丽娟考查，"'十行本'称呼的广为流行，盖自嘉庆间阮元《十三经注疏校勘记》以十行本为底本校各经，又以十行本为底本重刊《十三经注疏》"，见氏著《宋代经书注疏刊刻研究》第六章《建阳坊刻十行注疏本及其他宋刻注疏本》，北京大学出版社 2013 年，第362 页。

② 元刻十行本长期被误为宋刻，清人中仅顾广圻等个别学者知为元刻，阮元以此为底本刊刻《十三经注疏》，仍称"重刻宋本"。直至近代，经过傅增湘、长泽规矩也、汪绍楹、阿部隆一等中日学者的揭示，学界方才逐渐认识到十行本有宋刻、元刻之别，今存十行本绝大多数为元刻。关于前人对十行本认识的变迁，详参张丽娟《宋代经书注疏刊刻研究》，第 361—372页。可以补充的两条史料是：孔继涵《杂体文稿》卷二《重刊赵注孟子跋》（按：此跋作于乾隆三十八年，1773）举宋本赵注《孟子》与"元刻《十三经注疏》同者"，是亦知有元刻十行本。孔氏并未详述，但正确认识早于顾广圻。孔氏藏有元十行本《孝经注疏》（今藏江西省乐平市图书馆），虽多数版片已为明前期补版，但仅存的元版版心刻有"泰定三年"字样。（郭立暄：《中国古籍原刻翻刻与初印后印研究·实例编》，中西书局 2015 年，第 229页）孔氏盖据此书知有元刻十行本注疏。又萧穆《敬孚类稿》卷八《记附释音周礼注疏》云："验其字画规格及纸色，确为元代坊间仿宋刻麻沙本。然各卷中又时有补刊多叶，字画稍细，纸色稍白，又确为明代正嘉以前补刊之版。"虽已时值晚清，但萧氏之认识仍超越同时代的藏书家。

校遗迹图书馆藏）、《附释音春秋左传注疏》（一部藏日本足利学校遗迹图书馆，另一部分藏中国国家图书馆和台北"故宫博物院"）、《监本附音春秋榖梁注疏》（中国国家图书馆藏），前两种皆刘叔刚刻本。[①] 元十行本是以宋十行本为底本翻刻的，其版片在明代屡经修补刷印，流传较广，未经明代修补的元刊元印本则甚为稀见，目前所知仅有四种：《周易兼义》（美国柏克莱加州大学东亚图书馆藏）、《附释音尚书注疏》（北京大学图书馆藏）、《附释音春秋左传注疏》（中国国家图书馆藏）、《孝经注疏》（中国国家图书馆藏）。[②] 实际上，元刻注疏并非一套完整的《十三经注疏》丛刊，其中《仪礼》无注疏合刻本，以杨复《仪礼图》充之。《尔雅注疏》为九行本，与其馀各经有异。从行款、版式、刻工的一致性上看，除《尔雅注疏》外的十二种十行本当是同一时段、同一地域所刊。[③] 十二种注疏版片体量巨大，当时的书坊绝无能力独立承担，这种统一的刊刻活动只能是官方主导。至于

<hr>

① 此外，刘叔刚刻本《附释音礼记注疏》有清乾隆六十年（1795）和珅翻刻本，参见张丽娟《宋代经书注疏刊刻研究》，第355—359页。

② 张丽娟：《国图藏元刻十行本〈附释音春秋左传注疏〉》，《国学季刊》第11期，山东人民出版社2018年。

③ 李霖：《宋本群经义疏的编校与刊印》，中华书局2019年，第325页。李霖所说的十二种有《尔雅注疏》而无《仪礼图》，但《尔雅注疏》为细黑口，无刻工，与元十行本注疏版式不合，反而与宋建刻十行本近似，故应分开讨论。

刊刻时间，现在一般认为在泰定前后。① 刊刻地域虽然一般认为在福建，但具体地点尚不明确。元版左右双边，版心白口，双黑鱼尾，上方刻大小字数，中刻"易几""书充几""秋充几""经充几"等简略书名及卷次，下刻叶数及刻工名，左栏外有耳题记篇名。现将各经元版刻工开列如下（交叉刻工以下划线标志）：

1.《周易兼义》九卷《释文》一卷《略例》一卷②

安卿、伯寿、德成、德甫、德山、德远、高、古月、国祐、敬中、君善、君锡、赖、茂、仁甫、善庆、寿甫、提甫、天易、王荣、王英玉、文仲、以清、应祥、余中、智夫、住。

2.《附释音尚书注疏》二十卷③

蔡寿甫、陈伯寿、德山、德元、德甫、德成、葛二、二甫、古月、国祐、和甫、君锡、君善、茂卿、瑞卿、天锡、天易、王荣、文仲、叶德远、以清、英玉、应祥、余安卿、仲高、住郎、子明。

---

① 推定为泰定前后的主要依据是元十行本《论语注疏解经》版心有"泰定四年程瑞卿""泰定丁卯王英玉"，《附释音周礼注疏》亦有"泰定四年王英玉"（据森立之《经籍访古志》，《监本附音春秋公羊注疏》亦有"泰定四年"年号）刊记，见［日］长泽规矩也：《正德十行本注疏非宋本考》，《长泽规矩也著作集》第一卷，汲古书院1982年，第32—39页。此据萧志强译文，载《中国文哲研究通讯》第十卷·第四期《日本学者论群经注疏专辑》，第41—47页。［日］阿部隆一：《阿部隆一遗稿集》第一卷《日本国见在宋元版本志经部·孟子注疏解经》，汲古书院1993年，第348—350页。

② 据《柏克莱加州大学东亚图书馆藏宋元珍本丛刊》（中华书局2014年）影印元刻元印本，亦见《柏克莱加州大学东亚图书馆中文古籍善本书志》，上海古籍出版社2005年，第3页。

③ 据北京大学图书馆藏元刻元印本（LSB/2659）。郭立暄据上海图书馆藏元刻元明修本记录元版刻工，亦基本一致，见氏著《中国古籍原刻翻刻与初印后印研究·实例编》，第259页。

3.《附释音毛诗注疏》二十卷①

<u>伯</u>、<u>宸</u>（辰）、<u>德</u>、<u>甫</u>、<u>国祐</u>、<u>进</u>、<u>君</u>、<u>孟</u>、<u>七才</u>、<u>谦</u>、<u>荣</u>、<u>山</u>、<u>时中</u>、<u>叔</u>、<u>天</u>、<u>王君粹</u>、<u>文仲</u>、<u>希</u>、<u>兴宗</u>、<u>秀</u>、<u>垫</u>、<u>吕善</u>、<u>应</u>、<u>玉</u>、<u>元</u>、<u>枝</u>、<u>子明</u>、<u>子兴</u>。

4.《附释音周礼注疏》四十二卷②

<u>安卿</u>、<u>伯寿</u>、<u>伯秀</u>、<u>德甫</u>、<u>德山</u>、<u>德元</u>、<u>德远</u>、<u>古月</u>、<u>国祐</u>、<u>和甫</u>、<u>君善</u>、<u>君锡</u>、<u>寿甫</u>、<u>弥高</u>、<u>茂</u>、<u>天易</u>、<u>王荣</u>、<u>王英玉</u>、<u>文仲</u>、<u>以清</u>、<u>应成</u>、<u>应祥</u>、<u>智夫</u>、<u>仲高</u>、<u>住郎</u>、<u>子明</u>。

5.《仪礼》十七卷《仪礼图》十七卷《仪礼旁通图》一卷③

<u>伯玉</u>、<u>德谦</u>、<u>范兴</u>、<u>贡</u>、<u>汉臣</u>、<u>季和</u>、<u>进秀</u>、<u>时中</u>、<u>叔</u>、<u>王君粹</u>、<u>希孟</u>、<u>兴宗</u>、<u>昭</u>、<u>昭甫</u>、<u>郑七才</u>、<u>智文</u>、<u>子</u>、<u>子仁</u>、<u>子兴</u>、<u>子应</u>、<u>应</u>、<u>宗文</u>、<u>文甫</u>。

6.《附释音礼记注疏》六十三卷④

① 据台湾"国家图书馆"藏元刻明修本（00235），参见长泽规矩也《静盦汉籍解题长编》（上海远东出版社 2015 年，第 15—16 页）及《"国家图书馆"善本书志初稿·经部》（"国家图书馆" 1996 年，第 70 页）。《旧京书影》（人民文学出版社 2011 年）载北平图书馆藏旧内阁大库残本，从图像看，版面十分清晰，似未经明修（第 3、37 页）。

② 据台湾"国家图书馆"藏元刻明修本（00346），参见《"国家图书馆"善本书志初稿·经部》（第 96 页）。此本为明初修版印本，卷三三末叶版心刻"泰定四年王英玉"。《阿部隆一遗稿集》第一卷《日本国见在宋元版本志经部》亦著录刻工（第 297 页）。

③ 据台湾"国家图书馆"藏元刻明修本（00393），参见长泽规矩也《静盦汉籍解题长编》（第 25—26 页）及《"国家图书馆"善本书志初稿·经部》（第 107 页）。《阿部隆一遗稿集》第一卷《日本国见在宋元版本志经部》亦著录刻工（第 299 页）。

④ 据台湾"国家图书馆"藏元刻明修本（00413），参见《"国家图书馆"善本书志初稿·经部》（第 113—114 页）。所见各本均修版至明嘉靖初，元版所剩无几，刻工模糊难辨。

伯、辰、崇、国祐、明、埜、子。

7.《附释音春秋左传注疏》六十卷①

安卿、粹、德成、德甫、德远、古月、国祐、君善、君美、茂、孟、谦、善卿、善庆、寿甫、天、铁笔、王仁甫、王荣、王英玉、文粲、希、以清、应祥、余中、正、仲高、朱亨、朱文、子。

8.《监本附音春秋公羊注疏》二十八卷②

安卿、伯寿、德甫、德远、高、古月、敬中、君美、君锡、李、茂、丘文、仁甫、山、善卿、善庆、提甫、寿甫、天易、王荣、王英玉、文、文粲、以德、以清、应祥、余中、仲、住。

9.《监本附音春秋穀梁注疏》二十卷③

安卿、伯寿、德远、敬中、君美、君善、茂卿、丘文、仁甫、善卿、善庆、提甫、寿甫、天易、以德、以清、英玉、应祥、余中、住郎、正卿、仲高。

---

① 据中国国家图书馆藏元刻元印本（善 03288），亦见张丽娟《国图藏元刻十行本〈附释音春秋左传注疏〉》，略有出入。

② 据台湾"国家图书馆"藏元刻明修本（00650），参见《"国家图书馆"善本书志初稿·经部》（第 174 页）。《阿部隆一遗稿集》第一卷《日本国见在宋元版本志经部》亦著录刻工（第 337 页）。

③ 据中国国家图书馆藏元刻明修本（善 03290）。此本仅有四叶明补版（卷五叶九、十，卷十五叶十三、十四）和两叶钞配（序叶三、四，据元版钞配），馀皆元版。从补版叶版式和刻工（仲刊、豪）看，应是正德十二年（1517）补刊，但版心年号经赁割补，今已不存（参见善 00851 同叶）。同馆善 07285 补版、钞配及割补情况与此本相同，张元济《涵芬楼烬馀书录》（《张元济全集》第 8 卷，商务印书馆 2010 年，第 202—203 页）著录，并录刻工，可参看。北京大学图书馆藏李盛铎旧藏本亦仅四叶补版，见张丽娟《宋代经书注疏刊刻研究》（第 378 页），录有部分刻工。

10.《孝经注疏》九卷①

蔡寿甫、程瑞卿（泰定二年程瑞卿）、崔德甫、刘德元、刘和甫、王荣、王英玉（泰定丙寅英玉、泰定三年英玉）、叶德远。

11.《论语注疏解经》二十卷②

蔡寿甫、程瑞卿（泰定四年程瑞卿）、崔德甫、德成、德山、胡古月、江住郎、江子明、刘德元、刘和甫、茂卿、天易、天锡、王国祐、王君锡、王荣、王英玉（泰定丁卯王英玉）、叶德远、以德、以清、詹应祥。

12.《孟子注疏解经》十四卷③

伯、宸、君祐、山、吕善、枝、中、仲明。

可见十二种十行本注疏确实是同一批刻工所刻。当时不仅覆刻十行本注疏，还覆刻了南宋建阳刻十行本正史。现存的有《晋书》《唐书》《五代史记》三种，亦半叶十行，白口，双鱼尾，版心上记大小字数，下记刻工名，左栏外有耳题，版式与元十行本注疏相同。《晋书》刻工仲明，《唐书》刻工德谦、子明、王君粹、王荣、君美、茂卿、范兴、德成，《五代史记》刻工仲明等，均与十行本注疏重叠。④《唐书》卷一首叶版心更有"己巳冬德谦刊"六字，己巳当天历二年（1329），仅后于十行本注疏中的

---

① 据中国国家图书馆藏元泰定三年（1326）刻本（善05499），亦见郭立暄：《中国古籍原刻翻刻与初印后印研究·实例编》，第229页。

② 据台湾"国家图书馆"藏元刻明修本（00744），参见长泽规矩也《静盦汉籍解题长编》（第52—53页）及"国家图书馆"善本书志初稿·经部》（第198—199页）。

③ 据台湾"国家图书馆"藏元刻明修本（00761），参见《"国家图书馆"善本书志初稿·经部》（第205—206页）。《阿部隆一遗稿集》第一卷《日本国见在宋元版本志经部》亦著录刻工（第347页）。

④ ［日］尾崎康著，［日］乔秀岩、王铿编译：《正史宋元版之研究》，中华书局2018年，第463、640、668页。单名刻工重叠者更多，不俱列。

"泰定四年"两年。诸经注疏和正史大概是在相近时段的同一地域刊刻，版片明代存贮福州府学，屡经修版。洪武二十一年（1388），福建布政使司曾进呈《礼记注疏》三十一部。[1] 又杨士奇（1365—1444）曾得《春秋左传注疏》《南史》《北史》《新唐书》诸书，均谓"刻版在福州府学"。[2] 既然十行本经史版片明初即在福州府学，从情理推断，其元代刊刻者应该就是福州路。另一个证据是，十行本经史的刻工也参与了不少元代中期福州路的刻书活动，如仁甫、文仲、伯玉、和甫、余安卿、寿甫等见于南宋福唐郡庠刊《汉书》《后汉书》的元大德至元统间补版，[3] 王英玉、王仁甫、王君粹、〔王〕智夫、伯玉、〔丁〕君美、〔虞〕君祐等见于元至大二年（1309）三山郡庠刊《通志》，[4] 子明、昌善、应祥、仲明、君善、君祐、英玉、德祐、德成、德甫、德远、茂

<hr>

① 《明实录·明太祖实录》卷一八八，"中央研究院"历史语言研究所，1962年，第5页a。

② ［明］杨士奇：《东里文集》卷一〇《新唐书》，影印明万历刻递修本，沈乃文主编：《明别集丛刊》第1辑第25册，黄山书社2013年，第598页下栏b。［明］杨士奇：《东里文集续编》卷一六《春秋左传二集》，中国国家图书馆藏明嘉靖二十九年（1550）黄如桂刻本（善13383），第15页a。［明］杨士奇：《东里文集续编》卷一八《南北史》，第22页b。

③ ［日］尾崎康著，［日］乔秀岩、王铿编译：《正史宋元版之研究》，第306—309、362—363页。马清源认为所谓"景祐本"、福唐郡庠本、明正统八年翻刻本一脉相承，是一种版本递经修补演化而成。因此，福唐郡庠本并非一种单独的版本，而是一个中间过渡的印本状态。但马氏也认为"景祐本"《汉书》刊刻之后版片一直置于福州州学，于州学内不断修补刷印，故不影响本文之推论。参氏著《〈汉书〉版本之再认识》，《版本目录学研究》第五辑，北京大学出版社2014年。

④ ［日］尾崎康：《日本现在宋元版解题·史部》（上），《斯道文库论集》第二十七辑，1992年，第270—271页。《"国家图书馆"善本书志初稿·史部》，台湾"国家图书馆"1997年，第18—20页。

卿等见于元福州刊《晦庵先生朱文公文集》。① 实际上，阿部隆一已经注意到了这一现象，但由于对部分版本和刻工的认定存在问题，以及受限于版片明代转移到南京国子监的错误认识，仅存疑待考，未能得出准确结论。②

十行本经史刻成后，版片当存贮于福州路学经史库中。弘治《八闽通志》卷七三《宫室·福州府·闽县》云：

> 经史阁，在御书阁后，即旧九经阁也。宋大观二年诏曰："比闻诸州学有阁藏书，皆以经史名，方今崇八行以迪多士，尊六经以黜百家，史何足云，可赐名曰'稽古'。"绍熙四年帅守辛弃疾重修，仍扁曰"经史"，朱文公为记，景定四年毁。咸淳二年帅守吴革重建，阁之下扁曰"止善堂"。元至大二年以止善堂为经史库，凡书版皆贮于此。……阁在府学内。③

可见此阁原为藏书之所，元至大二年改为经史库，用于存贮书版。刘埙《隐居通议》云："近大德岁间，东宫有令下福州刊《通志》……凡万几千版，装背成凡百十册。"④ 福州路学刊刻《通志》出于上命，版心刻工所镌时间恰是至大二年，万馀版所需存储空间较大，以止善堂为经史库或许与此有关。此后福州路刻书版片自然都会存贮于经史库。

---

① 郭立暄：《中国古籍原刻翻刻与初印后印研究·实例编》，第 233 页。郭氏定为元代建刻。今按：据明苏信《重刊晦庵先生文集序》（见明嘉靖十一年福建按察司刻本书首）"是集旧刻闽臬"，知此本刻于福州。

② ［日］阿部隆一：《阿部隆一遗稿集》第一卷《日本国见在宋元版本志经部》，第 348—350 页。

③ ［明］黄仲昭修纂：《八闽通志》卷七三《宫室》，日本国立公文书馆藏明弘治四年（1491）刻本，第 1 页 b。

④ ［元］刘埙：《隐居通议》卷三一《杂录·夹漈通志》，［清］潘仕成辑：《海山仙馆丛书》，清道光咸丰间番禺潘氏刻光绪中补刻本，第 7—8 页。

二、明代福州府与十行本注疏的版片修补

前人长期以为元十行本注疏的版片入明后转归南京国子监，屡经修补刷印，故称"南监本"或"南雍本"，此误说已经郭立暄、程苏东等学者廓清。① 十行本注疏版片明代应仍存贮于福州府学经史库内，递经修补。府学在府城南兴贤坊内。② 十行本《周易兼义》现存元刻元印本及明前期、正德间、嘉靖间四个不同时期的印本，③ 故可以此书为例，并参考其他各经，通过比对前后印本的版面情况，确认十行本注疏各期修补的时间和特征。

（一）明前期。补版版式与元版相近，但版心变为黑口，无补版时间及刻工名，字体松垮，与元版较易区别。（图一）④ 嘉靖修补印本中，此类版片漫漶程度仅次于元版，故修补时间当在明代前期。此次修补，《周易兼义》补版约二十叶。⑤ 《孝经注疏》则替换了大多数版片。⑥

---

① 郭立暄：《元刻〈孝经注疏〉及其翻刻本》，《版本目录学研究》第二辑，国家图书馆出版社 2010 年，第 309—310 页。程苏东：《"元刻明修本"〈十三经注疏〉修补汇印地点考辨》，《文献》2013 年第 2 期。

② ［明］黄仲昭修纂：《八闽通志》卷四四《学校》，第 2 页 a。

③ 《周易兼义》的明前期修补印本仅日本静嘉堂文库有藏，参见［日］阿部隆一《阿部隆一遗稿集》第一卷《日本国见在宋元版本志经部》，第 248—249 页。

④ 《孝经注疏》对比图参见郭立暄《中国古籍原刻翻刻与初印后印研究·图版编（实例）》，第 87 页。

⑤ 杜以恒：《元刊明修十行本〈周易兼义〉墨丁考》，未刊稿。

⑥ 郭立暄：《中国古籍原刻翻刻与初印后印研究·实例编》，第 229 页。按：郭氏定为明前期翻刻本，谓《中国古籍善本书目》作"元泰定三年刻明修本"未确。然又言"序文末叶、卷一末叶版心镌有'泰定三年'字样"，似仍存有两叶元版。

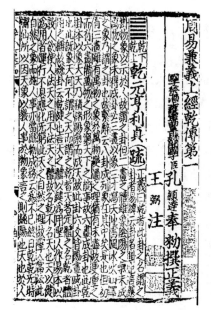

左:《周易兼义》元刻元印本　　　　右:《周易兼义》明前期补版
　（美国柏克莱加州大学藏）　　　　　（日本静嘉堂文库藏）

图一

（二）正德六年。补版版式为四周双边，双黑鱼尾，多白口，版心上方有"正德六年刊"字样，中刻眷录工名（如"王世珍眷"），下方为刻工名。偶有版心下方大黑口者，镌阴文刻工名（如"徐伯文刊"）。此次修补，《周易兼义》补版仅二叶，[①] 而《孝经注疏》的全部版片均经替换，重刻全书。[②] 元覆宋建阳刻十行本《晋书》《唐书》《五代史记》亦有同期补版。[③]

① 杜以恒：《元刊明修十行本〈周易兼义〉墨丁考》，未刊稿。

② 郭立暄：《中国古籍原刻翻刻与初印后印研究·实例编》，第 229 页。

③ ［日］尾崎康著，［日］乔秀岩、王铿编译：《正史宋元版之研究》，第 462、642、668 页。

（三）正德十二年。补版版式为四周单边，单黑鱼尾（偶有四周双边，双鱼尾相对，上花鱼尾，下黑鱼尾在叶数下，刻工：兴）。部分版心上方刻"正德十二年"字样，上鱼尾与书名间有"〇"，版心中偶有校勘者刊记（如"张重校""张校正""张通校"等），下方有刻工名（如"清""廷""冒""江三""豪""佛负""刘立"等）。此次补版数量较大，《周易兼义》有二十九叶，占全书之比逾百分之八。①

（四）正德十六年。补版版式为四周单边（偶有四周双边），双黑鱼尾，大黑口，版心上方刻"正德十六年"，下无刻工。此次补版仅见于《仪礼图》《附释音春秋左传注疏》《论语注疏解经》三种。②

（五）嘉靖三年。补版版式为四周单边或左右双边，白口，双黑鱼尾，版心上方刻"嘉靖三年刊"或"嘉靖三年新刊"字样。此次并非大规模修补，补版仅见于《附释音礼记注疏》的个别版片。③汪文盛于嘉靖二年（1523）任福州知府，④任内据陈凤

---

①　杜以恒：《元刊明修十行本〈周易兼义〉墨丁考》，未刊稿。

②　杨新勋：《元十行本〈十三经注疏〉明修丛考——以〈论语注疏解经〉为中心》，《南京师范大学文学院学报》2019年第1期。

③　《"国家图书馆"善本书志初稿·经部》，第114页。杨新勋：《元十行本〈十三经注疏〉明修丛考——以〈论语注疏解经〉为中心》。

④　［明］叶溥修，［明］张孟敬等纂：《（正德）福州府志》卷一七《官政志·名宦》，明正德十五年（1520）刻嘉靖间增刻本，中国国家图书馆藏，第25页a。按，嘉靖增补正德志原文作"嘉靖癸未知福州府"，而万历志、乾隆志均作嘉靖三年，未知孰是。

梧本翻刻《仪礼注疏》，^①亦半叶十行，应是为补足一套《十三经注疏》。嘉靖三年的个别补版，或即此次刻书时补刊。

（六）嘉靖前期。补版版式为四周单边，白口，双鱼尾相对，字体趋于方正。版心刻"怀浙胡校""林重校""林重校讫""蔡重校""运司蔡重校"等字样，版心下方为刻工名，无年号标识。检元十行本他经注疏之嘉靖补版，版心尚有"闽何校""侯番刘""侯吉刘""怀陈校""府舒校"等字样。元十行本《晋书》《唐书》亦有同期补版，版心刻"府刘校"。^②据《明史·地理志》，福州府领县中有闽县、侯官、怀安，^③"闽何校"等乃以任职县名或机构名加姓氏标识校勘者，为区别同官同姓，又加本人籍贯。"怀浙胡"当为胡道芳，浙江歙县人。嘉靖二年进士，嘉靖初任怀安县知县，^④嘉靖九年任监收船料南京户部分司主事。^⑤"运司蔡"当为蔡芳，浙江平阳人。嘉靖九年前后任福建都转运盐使司

---

① 廖明飞：《〈仪礼〉注疏合刻考》，《文史》2014年第1期。李开升：《〈仪礼注疏〉陈凤梧本、汪文盛本补考》，《文史》2015年第2期。按，李文推测汪文盛离任时间为嘉靖五年五月至十二月间，然《（嘉靖）罗川志》卷三《观寺志第十五·佑圣宫》（明嘉靖二十四年刻本，第7页a）云"至嘉靖丁亥年，郡公汪文盛毁前宇以筑城址"，则汪氏嘉靖六年时仍在任。

② ［日］尾崎康著，［日］乔秀岩、王铿编译：《正史宋元版之研究》，第462、642页。

③ 《明史·地理志》福州府领九县，其中侯官县下注云："侯官……西北有怀安县，洪武十二年移入郭内，与闽、侯官同治，万历八年九月省。"怀安万历八年（1580）省入侯官，嘉靖时尚为福州府属县之一。

④ ［明］叶溥修，［明］张孟敬等纂：《（正德）福州府志》卷一四《官政志·职官》，第45页b。

⑤ ［明］杨洵修等纂：《（万历）扬州府志》卷八《秩官志上》，明万历刻本，第9页b。

副使。①"闽何"当为何器，广东南海人。嘉靖七年前后任闽县儒学训导。②"侯番刘"当为刘文翼，广东番禺人。③"侯吉刘"当为刘簪，江西吉安人。④ 以上二人嘉靖间均任侯官县儒学训导。⑤"府刘"或为刘金，湖广汉阳人，嘉靖间任福州府学教授。⑥"府舒"当为舒鳌，福州府儒学训导。嘉靖十一年福建按察司刻《晦庵先生朱文公文集》《续集》《别集》，各卷末署名有"福州府儒学训导舒鳌校""闽县学训导何器校""侯官县儒学训导刘簪校"，其校勘者与十行本嘉靖补版有重叠。⑦ 由此可见，此次补版的校勘者，除了一位知县、一位转运司副使外，多是府学、县学的训导。虽然涉及一府、一司、三县，但实际上闽、侯官、怀安三县同治于府城，府学、县学、运司亦在其中（图二、图三），再次印证了元刊明修十行本《十三经注疏》在福州府修补、汇印一

① ［明］叶溥修，［明］张孟敬等纂：《（正德）福州府志》卷一三《官政志·职官》，第51页a。王理孚修，符璋、刘绍宽纂：《平阳县志》卷三七《人物志六》，民国十五年刻本，第20页a。以上二人已经李振聚考得，见氏著《〈毛诗注疏〉版本研究》，山东大学博士学位论文2018年，第138—139页。

② ［明］《嘉靖七年顺天府乡试录》，明嘉靖七年（1528）刻本，第1页b。

③ ［清］任果等纂：《（乾隆）番禺县志》卷一三《选举下·贡生》，清乾隆三十九年（1774）刻本，第4页a。

④ ［明］余之祯修，［明］王时槐纂：《（万历）吉安府志》卷九《选举表六·贡士》，明万历十三年（1585）刻本，第13页a。

⑤ ［明］叶溥修，［明］张孟敬等纂：《（正德）福州府志》卷一四《官政志·职官》，第44页b。

⑥ ［明］叶溥修，［明］张孟敬等纂：《（正德）福州府志》卷一四《官政志·职官》，第30页a。

⑦ ［宋］朱熹：《晦庵先生朱文公文集》一百卷《续集》十一卷《别集》十卷，《四部丛刊初编》影印明嘉靖刻本。

事。此次修补，抽换元版数量巨大，《周易兼义》本期补版占全书百分之六十以上，《论语注疏解经》占比亦达百分之四十。① 此次修补，版心未刻具体年份，但可框定在嘉靖三年至十五年间。② 考虑到以上校勘者的任职时间，修补活动在嘉靖七年至九年间的可能性较大。

图二　明正德间福州府城图（正德《福州府志》）

---

①　杜以恒：《元刊明修十行本〈周易兼义〉墨丁考》，未刊稿。杨新勋：《元十行本〈十三经注疏〉明修丛考——以〈论语注疏解经〉为中心》。

②　李元阳刻本的刊刻时间在嘉靖十五年至十七年间，参见王锷《李元阳本〈十三经注疏〉考略——以〈礼记注疏〉〈仪礼注疏〉为例》，《〈礼记〉版本研究》，中华书局 2018 年，第 434—445 页。李振聚认为，此本的实际刊刻者是江以达（嘉靖十四年至十七年间任福建按察司提学金事），参见氏著《〈毛诗注疏〉版本研究》，第 151—156 页。

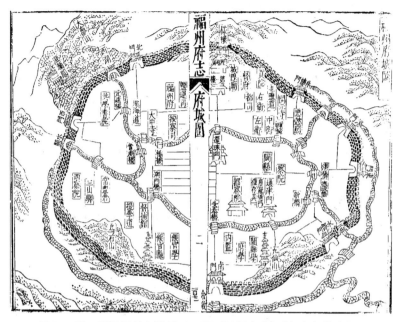

图三　明万历间福州府城图（万历《福州府志》[七十六卷本]）

三、关于福州官方刻书的延伸思考

经过上文分析，除《尔雅注疏》外的十二种十行本注疏，皆是元泰定间福州路所刻，版片存贮路学经史库中。入明以后，版片仍存原处，至少历经明前期、正德六年、正德十二年、正德十六年、嘉靖三年、嘉靖前期六次修版，并屡经刷印。通过对十行本注疏这一案例的分析，可以引发我们对福州出版史的一些思考。

提及元代福建刻书，人们想到的往往是建阳书坊，而对当时的官方刻书则关注不多。张秀民在《中国印刷史》中说元代福州刻书无可称述，^① 这种认识显然失之偏颇。从宋代到明代晚期，福州路（府）均注意保存、修补书版，持续时段之长仅次于南宋国子监—元西湖书院—明南京国子监的书版变迁。在前后三朝的时段里，福州路（府）不仅修补前代旧版，同时也刊刻新书。作为官方，福州路（府）的刻书主要集中在重要的经史典籍，且往往部帙较大。元代刻书，除了上文提及的十行本注疏、十行本正史、《通志》、《晦庵先生朱文公文集》，还有至正七年刻《乐书》二百卷、《礼书》一百五十卷等，以上各书在明代多经修补重印，影响深远。总之，宋元明三朝，与其他区域相较，福州官方刻书具有系统性、持续性的特点，其在出版史、书籍史上的地位值得重新评估。

　　附记：本文曾在北京大学中国古文献研究中心主办的"2019年中国古典文献学新生代研讨会"上宣读，得到北京师范大学文学院董婧宸老师、宁波天一阁博物院李开升老师的指教，谨致谢忱。

原载于《历史文献研究》2020 年第 2 期

---

① 张秀民著，韩琦增订：《中国印刷史》（上），浙江古籍出版社 2006 年，第 198 页。

麻沙本研究中的一些问题

谢水顺

福建建阳县的麻沙、书坊，是我国宋、元、明时期著名的两处刻书中心地。麻沙与书坊两地相距只有十公里，所刻书籍具有几乎完全相同的特征，因而人们常将这两地刻书统称为"麻沙本"。远在宋代，麻沙书坊即因刻书多而号称"图书之府"，名传遐迩，在我国版本史上占有极重要的地位。由于"麻沙版本书籍行四方者无远不至"，在国内外都很有影响，所以凡研究宋、元、明古籍者无不涉及麻沙本。

对待历史上流传下来的麻沙版本，长期以来，有一些学者常常用"乾为金，坤亦为金"的故事，来证明麻沙刻书"专以牟利为计"，而其版本又为"最下""最劣"，并相因而鸣，似乎麻沙本已成了"劣本"的代名词。就是现代的一些学者，也还在囿于古人的陈说，对麻沙本执有偏见。尤其对其中的雕版用料、速售原因、版本优劣等，更存在着一些不确切的说法。鉴于以上麻沙本研究中的问题，今略述管见，以就正于同志。

有关麻沙本的论述，最早见于宋朝叶梦得所著的《石林燕语》。叶梦得在《石林燕语》中说："今天下印书，以杭州为上，蜀本次之，福建最下……福建多以柔木刻之，取其易成而速售，故不能工。福建本几徧天下，正以其易成故也。"又记杭州府学教授姚祐故事："教官出《易》题云：'乾为金，坤亦为金，何也?'举子不能晓，不免上请。则是出题时偶检福建本'坤为金'，字本谬，忘其上两点也。"叶梦得是宋朝的一个有名学者，《石林燕语》亦是一部流传很广的著作，也正因为如此，叶梦得的这些论述影响极大。宋陆游的《老学庵笔记》在评述麻沙本时，亦取此说。明代，闽人谢肇淛对麻沙本的指责尤甚。他在《五杂组》卷十三中说："宋时刻本以杭州为上，蜀本次之，福建最下……闽建阳有书坊，出书最多而板纸俱最滥恶，盖徒为射利计，非以传世也。"谢肇淛此述，不但和叶梦得的观点暗合，而且对麻沙本更是采取了全盘否定的态度。至此，可以说对麻沙本的评价已成定论。现代的一些学者也深受上述观点之影响，特别是在近年出版、重版的十家以上的有影响的学术著作中，对麻沙本的评述皆不出叶梦得等人说法之藩篱。如 1977 年上海人民出版社重版了毛春翔先生的《古书版本常谈》，毛先生在该书中说："宋刻本，就地方而论，杭州刻的最精，蜀刻次之，建刻最下……所谓建本，即指福建建阳县的麻沙书坊刻的书而言……福建多榕树，所谓柔木易刻，当即指此。"并引"乾为金，坤亦为金"的故事来说明麻沙本之劣。此后，张舜徽先生的《中国文献学》第四章《刻本书的源流》、商务印书馆出版的《辞源》修订本第四册中"麻沙本"条，对麻沙本的评述也几乎和毛先生的说法相同。而且，《辞源》修订本还给麻沙本下了一个结论："旧刻本之雕印不精者，世称麻沙本。"这一影响特大、极不准确的结论，出现在有一定影响的重要辞书上，使某些人一谈到麻沙本就摇头，实际上是对麻沙本的一个很大歪曲。

　　综合前边引述的这些评论，似乎可概括为：

$$
麻沙本 \rightarrow 广为流传 \rightarrow 柔木（榕树）\rightarrow
\begin{cases}
易刻 \rightarrow 速售 \rightarrow 不能工 \rightarrow 最下 \\
速成 \rightarrow 草率 \rightarrow 不精 \rightarrow 最劣
\end{cases}
$$

这个简单的概括，仅是为了客观反映几百年来对麻沙本评价的实际情况。本来，作为个人对这些问题的研究与探讨，提出不同看法，对与错都是无可非议的，但如果不加具体分析，人云亦云，甚至将一些不确切带有明显偏见的论述写进辞书，造成极为深远的影响，那就很值得注意了。因此，笔者认为很有必要对这些问题进行澄清。当然，这样做绝不是指责哪一位先贤前辈，而是为了研究和探讨，为了说明麻沙本的真实情况。为此，仅就麻沙本的雕版用料、速售原因和版本优劣提出自己的看法。

在版本研究中，诸家诟病麻沙本之一重要依据是认为麻沙本的雕版木料为"柔木"。自宋人叶梦得提出福建刻书"多以柔木刻之，故不能工"的说法起，元人马端临也采取了这一说法，但都没有说明为何种柔木。于是有人因福建的榕树很出名，便推测认为"柔木"即指榕树，而到后来，有人更直截了当地说麻沙当地或附近盛产榕树，多用于雕版印书。如清人施鸿保《闽杂记》就说"麻沙镇地产榕树，质性松软，易于雕板。"现在还有不少人在论及麻沙本时持此说。这实际上是以讹传讹，缺乏根据。事实上，麻沙本的雕版用料，与"柔木"即榕树是一点关系都没有的。福建的榕树以福州为最盛，故福州别称榕城。明人何乔远《闽书》说："榕树生至福州为止，故福州号'榕城'，或曰'榕海'。"《榕城考古略》则云："福州旧产榕，故有'榕城'之称。"《榕城景物录》亦云："榕城即福州，会城也，地产榕。"

福州遍植榕树当从北宋起。《福建通志》载："宋治平中，张伯玉守福州，编户植榕。熙宁以来，绿荫满城，暑不张盖。"福建的榕树，南多北少，福州城北百里以外，更为罕见。所以闽谚说："榕不过剑。"宋梁克家淳熙《三山志》更是明确指出："榕，州以南为多，至剑则无。"明人林楣诗有"榕荫去北难逾剑"之句。这里所说的"剑"，古指剑津，即今福建南平市。南平在福州之西北，位于建阳与福州之间，限于地理、气候，榕树至剑而止，南平就没有多少榕树了。建阳麻沙更在南平以北，榕树难以植活。1978 年至 1983 年间，笔者曾借普查古籍善本之便先后三次在麻沙周围进行过考察，但均未发现有榕树及与其有关的文献记载。所以无论从史籍上看，或是现在的具体情况，都足以说明榕树只生长在福州以南的地方，建阳麻沙一带是没有榕树的。既然当地连榕树都没有，那么就更谈不上用榕树雕版了。况且，麻沙镇周围方圆数十里，群山环绕，"茂林修竹，所在皆有。"樟、楝（梨）、楠、榉柳、水冬瓜、楮、山杨梅等杂木遍地都是，樟树"肌理细润，可雕刻及造舟"，可见其为雕刻的好材料。据说宋代精刻本，用樟木，质坚硬蛀虫不蚀。楝，"乃山檎，梨之生山中者也，可以制器，亦可刻书"。（郭柏苍《闽产录异》）闽北盛产梨木，取之不尽。据嘉靖《建阳县志》记载，有雪梨、面梨、冬梨、早花梨、脆梨、钱梨六种。而梨木又分有红的白的数种，都是刨制刻版的上好材料。麻沙周围的群山都生长梨树，尤以莒口所出产的梨木最有名。其中红梨木质柔韧，适于雕刻速出书籍，但又能保证质量。1979 年，笔者在建阳县文化馆曾见过清刻麻沙书版，那是建阳县文化馆从事文物工作的同志，在麻沙水南一家农民的阁楼上发现的，共有三百馀片，大部分是清朝同治光绪年间所刻。有的版片还是双面刻字，均为红梨木所雕，木质坚实，以指叩之，铿锵有声。一版大部为整木所刻，也有用二版拼接加箍的。这些版片距今已有百馀年，除少数发现前被虫蛀或略有变形外，其馀大量皆完好平直，至今仍珍藏于县文化馆。

建阳麻沙刻本，国外以日本所藏量最多，亦有书版收藏。

1928 年，商务印书馆郑贞文、张元济两先生东渡日本搜求旧版辑印图书，在日人德富苏峰家，见其收藏麻沙原版一大块，木质硬朗，高可及肩，好似科举匾刻，刻工精细，字画分明，系传了数百年之久的文物，如果不是优质木料，就难以保存这么久。（福建省文史研究馆：《小鸣》一九五七年三月号）虽然我们在今天已无法找到宋元时代的麻沙书版以供考证，但如上所举足以说明麻沙本的雕版用料并非榕树，而是就地取材便于当地刻书业大量使用的梨木、樟木等。可见，不加任何分析地把麻沙雕版用料说成是"柔木"，或把"柔木"说成是"榕树"，都是和事实不符的。

　　两宋时期，建阳"两坊坟籍大备，两坊之书犹水行地"，成为当时全国有名的刻书中心之一。学者们在研究麻沙本能广为流传的原因时，大都认为是"柔木易刻易成故也"。而事实并非如此。麻沙本之所以能广为流传，是有其具体的原因和条件的。麻沙本几遍天下的原因究竟何在呢？首先，我们探寻的目光应落在宋代建阳文化的辉煌发展上，应注意到文化高潮同刻书的高潮息息相关这一历史事实。

　　建阳文化在五代时期已有发展。北宋统一中原和南方后，福建加强了与外地生产技术和产品的交流，突破了五代时期的局限，生产力有了明显的提高，出现了新的经济发展高潮。南宋，政治经济和文化中心都南移，福建成了当时的后方。建阳地处武夷山中部东南一侧，以其独特的地理环境成为重要的文化中心。当时人才荟萃建阳武夷山一带，各个学术领域皆有杰出人物。如杨时，天下称龟山先生，著名哲学家，传二程之学于闽；朱熹，集理学之大成，闽学由此而极盛；杨亿，工诗，为宋初西昆体诗的著名代表人物；柳永，善歌词，教坊乐工每得新腔，必求永为词，始行于世，远至西夏，"凡有井水饮处，即能歌柳词"，足见其流传之广；袁枢，史学家，编《通鉴纪事本末》，在史书编纂的体裁上，是一大创新；宋慈著《洗冤录》，是中外闻名的法医学家，另外李纲、严羽、真德秀、蔡沈等等，都是中国学林艺坛的著名人物。正是他们富有创造性的活动和著述，使建阳武夷文化发展到鼎盛时期。

文化高潮带来的必然是学术的繁盛，建阳学者数以万卷计的著述，是当地刻书家用以刻版印刷取之不尽的书源。麻沙本能风行天下，就赖于发达的文化，这是我们在研究麻沙本时所不可忽视的一个重要方面。

再从雕版印刷所需的纸张看，宋代福建发达的造纸业为刻书业的发展提供了直接的物质条件。福建盛产毛竹、楮皮、厚藤、薄藤等造纸原料，利于雕版印刷术的广泛推行。建阳麻沙的山麓，茂林修竹，绿荫蔽日。距麻沙仅十里路的竹州，就是因山地遍生竹子而得名。据嘉靖《建阳县志》载，麻沙附近的北洛里、崇政里，当时就生产有大量的书籍和黄白纸。郭柏苍的《闽产录异》亦载："建阳扣，本地呼为书纸，宋元麻沙本，皆用此纸。"造纸业的兴盛，为印书业供应了充足的纸张，纸便宜，降低了印书的成本。当时"建本十，比浙本七还便宜。浙本七，比江南的五本还便宜"。（朱维幹：《福建史稿》）这就是说在江南买一本书所费的钱在福建就可以买两本了。这是麻沙本易成速售的又一重要原因。

麻沙印书所用的墨出在邻近的兴中里、崇泰里，品种颇多，选取方便，且售价便宜，满足了当地印书的需要。当地还有所谓"墨丘"者，是注墨的好泉水。民国十八年的《建阳县志》载，其水注墨，毫不溅涟。据《书林余氏重修宗谱》记载，宋代当地有"墨丘"百馀口井。至今在书坊乡还留有一处"墨丘"故址。据文献载，用"墨丘"水注墨印书，可使书籍色泽特别鲜洁，墨气香淡，用其水印书虫不蛀。这种取之不尽用之方便的泉水加上崇泰里选购方便的墨，使麻沙本又具备了另一易成速售的条件。此外，麻沙、书坊雕版技术工人众多，其中以陈、吴、刘、王、余、郑、张、熊、汤等姓为最。刻工几遍各家各户，女子能刻书的也很多，实际上刻书已成了当时的一种家庭手工业。雄厚的技术力量，满足了坊刻、家刻的各种需求。

除上述条件外，交通便利也是麻沙本畅销外地的重要原因。宋时福建与外省的陆路交通线有数条，最重要的有两条：一是通苏杭的商路，经崇安分水关而出，过江西转浙江往苏杭。这一路为闽赣孔道，"车马之声，昼夜不息"。二是通中原的驿路，从邵武出杉关入江西至九江，再沿长江而上溯到中原各地。特别是分水关路，促进福建的商业流通，当时的各种闽产"无日不走分水岭及浦城小关，下吴越如流水。"（朱维幹：《福建史稿》）分水关和杉关两条路线经过建阳衔接，建阳扼闽北的交通要冲。而麻沙离建阳不远，位于闽北交通走廊的中心。像其他闽产，麻沙刻本亦多由分水关路运销外地。外地商贾，多有亲到当地采购的，"书市在崇化里，比屋皆鬻书籍。天下客商贩者如织，每月以一、六日集。"（嘉靖《建阳县志》卷三）这种每个月有六天专门出售书籍的集市，为他地所无，能使天下客商贩者如织，可见其商品书籍之丰富和来往交通之便利了。

综括上文，我们不难看出麻沙本能广为销售的原因是多方面的，并非是"柔木易刻易成故也"。正是由于麻沙本具有上述那些条件和原因，才胜于杭、蜀各本，风行天下。因此，清代学者杨守敬在提到麻沙本时说："建宁书本满人间，世历三朝远百蛮。"就不是偶然的事了。

自宋代开始，麻沙刻本在国内外就很有影响。清陈寿祺《左海文集》卷八说："建安麻沙之刻，盛于宋，迄明末已。四部巨帙，自吾乡锓板以达四方，盖十之五六。"南宋末建阳学者熊禾在为书坊镇同文书院撰写的《上梁文》中写道："儿郎伟，抛梁东，书籍日本高丽通；儿郎伟，抛梁北，万里车书通上国。"足见当时刻书量之多，刊本销路之广，影响之大。正因为麻沙刻书发达，出书极多，销售量很大，所以有些书坊主人为了易成速售赚钱，以致校刊不精，出现差错，贻误他人。于是"乾为金，坤亦为金"的故事，就成了非议麻沙本质量的重要依据和诸家诟病麻沙本时所共同引用的材料了。但是，我们在研究版本时，对前人对麻沙本的评价和非议，应当加以具体分析，不能抓住一点就不经分析地断然下结论说某某地的版本最上，某某地的版本最下，甚至把一个地方的所有版本都当作"劣本"，就如《辞源》修订本所称："旧刻本之雕印不精者，世称麻沙本。"笔者认为持这种全盘否定的态度不是科学的态度，而是武断。再说，"乾为金，坤亦为金"的故事，是出自杭州府学教授姚祐出的一道《易》义考题，这也值得怀疑。因为杭州也是当时的刻书中心之一，堂堂一个府学教授不至于因麻沙本之错而弄不清乾坤的本义，自己没弄懂，却出题去考学生，实难令人信服。

当然，在版本、目录、文献学的研究中，麻沙本之所以成为众矢之的，亦自有无可为讳的缺点。一是一些本子校刊不精。如杨万里《诚斋集·咏韩信庙》："淮阴未必减文成，"将"文成"误作"宣成"。二是有少数书肆有意作伪。如麻沙本《议史摘要》，只是《东莱博议》的化名，加些浅陋的注解而已；麻沙本《吟窗杂录》，把作者蔡传的姓名改为状元陈应行，并把三十卷本析为五十卷本。凡此种种，影响了麻沙本的声誉。但是一些书肆的劣迹不能概括全体，且坊贾图利，偷工减料，有意作伪，校刊不精，乃坊刻之通病，不独麻沙本为然。再说麻沙的刻书事业，全盛于宋，经元、明以迄于清初，如果所有刻本都是粗制滥造，

"最滥""最下"，雕版印刷业岂能维持七百馀年之久？刻本岂能流布全国甚至远销日本、朝鲜？可见麻沙本中亦不乏善本。就如清初著名学者朱彝尊在《经义考》中所说："福建本几遍天下，有字朗质坚、莹然可宝者。"就是纪昀这样的人物也承认："然如魏氏诸刻，则有可观者，不得尽以讹陋斥之。"张元济先生也称赞魏氏所刊《新唐书》"版印极精"。《皕宋楼藏书志》评《纂图互注礼记》称："此南宋麻沙本，郑注下附陆氏《释文》，当是麻沙本之最精者。"邵懿辰撰、邵章续录《增订四库简明目录标注》著录《法言》十卷称："大字麻沙本最善。"麻沙本《类编增广黄先生大全集》五十卷，《士礼居藏书题跋记》："黄山谷大全集，系南宋刊本，吾家世藏宋本，谨留此种，是可宝也。"杨绍和按："目录后有碑牌云'麻沙镇水南刘仲吉宅'，世无二本，洵属至宝也。"此外，麻沙本《增类换联诗学拦江网》《礼记正义》等，都是雕刻得很精的善本。（朱维幹：《福建史稿》）还有许多，限于篇幅，在此就不一一列举了。

麻沙书坊在当时不但刻印了众多善本，而且在刻本中创造了各种新的书籍编辑方法与形式，吸引了广大读者，如大量刊印通俗类书、刻诗文集汇注本、刻插图本及在书栏外左上角刻书耳等。这些都是宋元时代麻沙书坊的编辑与刻字工人对我国文化的发展所做的贡献。另麻沙本中有不少雕版原委题识或刊记，表明了刻书者的负责精神。自然，这种图书是值得后人参考的。

综上所述，足以说明麻沙本中不乏善本，它能风行全国受到广大读者的欢迎，自有它取胜于浙本和蜀本的地方，而决非像一些人所说的那样"为最恶劣"，"伪文脱字，所在皆是"。实际上各地版本中都有质量很差的书籍。举例来说，明万历间浙江著名刻书家胡文焕刻过不少书，然《四库总目》却评之为："坊贾射利之本，杂采诸书，更易名目，古书一经其点窜并庸恶陋劣，使人厌观。"显然，我们并不能据此就认为以刻书精善而著称的"浙本"就很"庸恶陋劣"。至于麻沙本，同样也是有优有劣的，岂能一概而论。

麻沙本流传至今的还不少，为研究我国的版本史和福建的雕版印刷史留下了宝贵的实物资料。所以，正确地认识麻沙本，澄清前人对麻沙本不实之评价，肯定其地位，是很有必要的。麻沙本虽有缺点，但它的成就和贡献是主要的，它对中国文化的发展，特别是对福建"武夷文化"的发展和传播所做的重要贡献是不可忽视的。麻沙本在中国文化发展和中国版本史上应占有一定的地位。

参考文献：

何乔远：《闽书》。

朱彝尊：《经义考》。

路工：《访宋元明刻书中心地之一——建阳》，《光明日报》1962 年 9 月 20 日。

林列：《关于麻沙本》，《图书馆学通讯》1980 年第 2 期。

谢水顺：《略谈福建的刻书》，《福建省图书馆学会通讯》1980 年第 4 期。

朱维幹：《麻沙书话》，《福建史稿》第四编第十章。

原载于《福建图书馆学刊》1988 年第 2 期

小议闽刻"京本"

肖东发

郑振铎先生在《明清二代的平话集》一文中曾谈道:"《京本通俗小说》的产生地,似乎较为容易断定。据其以'京本'二字为标榜,则我们可知其必非出版于两京(北京与南京)。……以'京本'二字为标榜的,乃是闽中书贾的特色。这样看来,《京本通俗小说》大有闽刊的可能。但闽中的书贾为什么要加上'京本'二字于其所刊书之上呢?其作用大约不外于表明这部书并不是乡土的产物,而是'京国'传来的善本名作,以期广引顾客的罢。"郑先生这里对"京本"的说法,在学术界影响很大,直到现今,在一些论著中仍然在沿用着。例如胡士莹先生在《话本小说概论》中论及《京本通俗小说》一书时,也说:"此书标'京本'字样,实书贾伪托以示版本之可靠,犹之宋说话人以'京师老郎'为号召一样,这是当时福建建安一带书贾的惯技。如郑氏、余氏、杨氏所刊的《三国演义》和《水浒传》都标'京本',此本疑亦明代闽中坊贾所编。"如果仅就《京本通俗小说》一书而言,郑、胡二先生的论证是有道理的。然而如果加以引申,推论说凡题为"京本"之书,都是伪托标榜,其版本渊源决然与"两京"无关,不过是建安一带书贾的"惯技",事实恐怕就不见得完全如此了。历史上福建书肆的刻书是与"金陵"曾经有过某些联系的，仅就建安书林余氏为例，就可以举出如下几方面的情况。

（一）中国科学院图书馆所藏明万历间余象斗所刻的《新锓朱状元芸窗汇辑百大家评注史记品粹》（十卷），此书卷首有一篇"书目"。这书目的开头有余象斗所写的识语，说："辛卯（万历十九年，即1591年）之秋，不佞斗始辍儒家业，家世书坊，锓笈为事。遂广聘缙绅诸先生，凡讲说、文笈之裨业举者，悉付之梓，因具书目于后……"。书目在列举了他所刻的十几部四书、五经、《诸子品粹》等之后又说："余重刻金陵等板及诸书杂传，无关于举业者，不敢赘录。"末署"双峰堂余象斗谨识"。由此可见，余氏确实是曾经根据原是"金陵等版"而加以"重刻"印行书籍，只是我们现在尚不能确切地知道其品名为何、数量多少而已。

（二）从孙楷第先生在《日本东京所见小说书目》中所著录的几种书看，也略可见及余氏所刻书籍与"金陵版""南京版"书籍的关系。

1.《新刊大宋中兴通俗演义》八卷八十则附《精忠录》二卷

"明万历间刊本，每卷题'鳌峰熊大木编辑''书林双峰堂刊行'。而卷七亦题'书林万卷楼刊行'。版心又题'仁寿堂'。按双峰堂为福建余氏，万卷楼为金陵周氏（今周曰校本《三国志》为万卷楼本，亦署仁寿堂），岂在闽中雕版后，又售之于金陵耶？图嵌正文中，记刻工曰'王少淮写'。按少淮上元人，则实为金陵刻书。盖重刻余氏本耳。正文写刻半叶十三行，行二十六字。版心上题'全像大宋演义'。有熊大木序，序及正文，并同清江堂本。"

2.《新刊按鉴演义全像大宋中兴岳王传》八卷八十则

"明万历间三台馆刊本。题'红雪山人余应鳌编次''潭阳书林三台馆梓行'。上图，下文，字扁体，半叶十三行，行二十三字……。此本与清江堂本万卷楼本同，但不附'精忠录'"。

按：潭阳即福建建阳，亦或循旧建制而称建安。"三台馆"即福建建阳书林余象斗，万卷楼本即金陵周氏本。

3.《按鉴演义帝王御世盘古至唐虞传》二卷十四则

"明书林余季岳刊本。题'景陵钟惺景伯父编辑''古吴冯梦龙犹龙父鉴定'。末卷广告署'书林余季岳识'。上图（圆图）下文，半叶十行，行十八字。封面中题'盘古志传'，右上题'钟伯敬先生演'，左下题'金陵原梓'。"

4.《按鉴演义帝王御世有夏志传》四卷十九则

"行款形式与余季岳刊《盘古至唐虞传》全同，即一人所刻书。"

（三）辽宁省图书馆所藏的《新锓评林旁训薛郑二先生家藏西阳挼古人物奇编》十八卷，明万历余应虬刊本，原题"明太史方山薛应旂纂辑，如莲郑以伟注评，新会元存梅施凤来校正，闽书林陟瞻余应虬梓行。"半叶九行，行二十一字，小字双行，字数相同。四周单栏，每叶版心下均刻有"南京版"三字，卷末有牌记云："万历乙酉秋月南京原版刊行"。

按：据《书林余氏宗谱》可知：余应虬为余象斗之侄，其父余彰德，其兄余泅泉即建阳书林名肆"萃庆堂"主人，余应虬堂号为"近圣居"。

（四）北京图书馆所藏的明刻《艺林寻到源头》七卷，原题"潭阳尔雅甫余昌宗汇辑"，半叶九行，行二十一字，分上下双栏，白口，四周单边。卷首有朱永昌序，开端即云："余友（指余昌宗）寓金陵有年矣……"。王重民先生据此推断："昌宗殆为建安余氏之设坊于金陵者。"按：余昌宗为余应虬的子侄辈，乃是余象斗的族孙。

　　由以上所举，大致可以知道福建书林余氏所经营的刻书印书事业是与"金陵"有着多方面的关系的：（一）把"金陵版"书籍传到福建，由余氏重刻；（二）福建余氏刻本的书籍，也有由"金陵"书坊重刻出售的；（三）福建余氏族人曾在"金陵"开设书肆，从事刻书售书。

　　福建建安余氏是我国雕版印刷史上有名的刻书世家，其中著名的：宋代有余仁仲的"万卷堂"；元代有余志安的"勤有堂"；明代后期，余氏子孙所开设的书肆曾多至数十家，其中以余象斗的"三台馆""双峰堂"刻书最多，流传亦广，至今尚为人所称道。明朝中叶以后，南京、苏州一带的刻书业发展迅速，后来乃至成为当时全国著名的刻书中心之一。福建余氏等书肆出于经营上的需要，和"金陵"建立若干方面的联系，既可丰富稿源——收集到能够畅销且又适合于自己再进行加工、重刻的书籍，同时也可以更有效地推销自己的产品。人文荟萃的"金陵"，对书籍的需求当然要比远处武夷山南的福建建阳县大得多。所以我认为，以往福建书肆所刻的书籍中，其标有"京本"字样的，有的可能是出于伪托标榜，但也有若干确实是根据南京版书籍所改编、翻印的。

原载于《图书馆杂志》1984 年第 3 期

南宋建刻"监本"探考

——从"二坊私版官三舍"谈起

方彦寿

在《钦定天禄琳琅书目》"天禄琳琅鉴藏旧版书籍联句"和清高宗爱新觉罗·弘历《御制诗集》中,均有"二坊私版官三舍"的诗句,其小字注云:

祝穆云:"建宁崇化、麻沙二坊,号图书之府。"今所藏有建本、麻沙本,盖宋时坊书;其监本,则官版也。[①]

此说大有深意,可惜长期以来被学者所忽视。我们知道,在传统的刻书史、文献学和古籍版本学研究中,都把刻书机构分为三类,即官刻、私刻和坊刻。崇化、麻沙"二坊私版"既为"坊书",似乎与"官版"无缘,然而下文又说"其监本,则官版也",又似乎在说"二坊"出版的"监本",是属于"官版"系统。这一说法极具创意,道前人所未道,发前人所未发,对重新

---

① [清]于敏中等:《钦定天禄琳琅书目》卷首,《景印文渊阁四库全书》第 675 册,第 339 页。[清]清高宗:《御制诗集》四集卷二十五,《景印文渊阁四库全书》第 1307 册,第 680 页。

审视和评价福建古代刻书业有着极为重要的指引作用。

一、两个系统与两种观点

历史上，最早将建本（麻沙本）与监本作对比的，是南宋的两位名家。一位是著名诗人陆游，他在《老学庵笔记》中对"三舍法行时"有教官误用"乾为金，坤又为金"校勘不严的"麻沙本"，与监本《周易》作了对比，对质量不佳的麻沙本提出了批评。[①] 另一位则是著名学者王应麟，他在辨析《荀子·劝学》篇版本异同，评价监本与建本二者文字的对错与高下之时，提出了"监本未必是，建本未必非"[②] 的著名论断。

陆游和王应麟，对建本（麻沙本）一贬一褒，立场截然不同，但都是把"建本"与"监本"作为两个相对的系统来看待的。这一点，古往今来几乎没有什么异议，但在"天禄琳琅鉴藏旧版书籍联句"中，我们却听到了不同的声音，即在建阳"二坊私版"中，也曾出产"监本""官版"。这就打破了"建本"与"监本"两个相对的系统，出现了你中有我，我中有你的格局。

这一说法是否有道理？是否符合史实？对研究福建刻书史有何重要意义？或者说，"二坊"是否确实曾刊印"监本"？如果有，将其视为"官版"是否妥当？

叶德辉《书林清话》中有好几节专门讨论宋监本。其中《宋

---

① ［宋］陆游：《老学庵笔记》卷七："三舍法行时，有教官出《易》义题云：'乾为金，坤又为金，何也？'诸生徐出监本，复请曰：'先生恐是看了麻沙本。若监本，则坤为釜也'。"《景印文渊阁四库全书》第 865 册，第 62 页。

② ［宋］王应麟：《困学纪闻》卷十，《景印文渊阁四库全书》第 854 册，第 343 页。

刻纂图互注经子》一节，从清代最著名的几家官私藏书目录中辑录了以下数种与监本有关的刻本：

《监本纂图重言重意互注点校尚书》十三卷

《监本纂图重言重意互注点校毛诗》二十卷

《监本纂图重言重意互注礼记》二十册

《监本纂图春秋经传集解》三十卷

《监本纂图重言重意互注论语》二十卷①

在近年出版的《中华再造善本丛书·唐宋编·经部》中，有关"监本"的宋刻善本影印出版了以下三种：

《监本纂图重言重意互注点校毛诗》二十卷。汉毛苌传，汉郑玄笺，唐陆德明释文。宋刻本（卷五至七配清黄氏士礼居影宋抄本。北京图书馆出版社 2003 年 4 月版）

《监本附音春秋穀梁传注疏》二十卷，晋范宁集解，唐杨士勋疏。宋刻元修本（北京图书馆出版社 2003 年 6 月版）

《监本纂图重言重意互注论语》二卷，魏何晏集解。宋刘氏天香书院刻本。杨守敬、袁克文跋（北京图书馆出版社 2005 年 12 月版）

现存于台北"故宫博物院"的相关宋刊本有：

《监本附音春秋穀梁传注疏》存九卷，晋范宁集解，唐杨士勋疏。宋建阳刊元明修补十行本

---

① 叶德辉：《书林清话》卷六，中华书局 1957 年，第 148—150 页。

《监本附音春秋穀梁传注疏》存六页。宋建阳刊元明修补十行本

《监本音注文中子》十卷，隋王通撰，宋阮逸序。宋绍熙间建刊巾箱本

现存台北"国立中央图书馆"的则有：

《监本附音春秋公羊注疏》二十八卷十四册，汉何休注，唐徐彦疏。宋建刊十行本配补影钞本

《监本附音春秋公羊注疏》存二十卷十册，汉何休注，唐徐彦疏。宋建刊元明修补十行本

《监本附音春秋穀梁传注疏》二十卷十二册，晋范宁集解，唐杨士勋疏。宋建刊明代修补十行本①

此外，日本东京大学存有宋刻本《监本附音春秋公羊注疏》二十八卷、《监本附音春秋穀梁传注疏》二十卷，京都大学人文科学研究所也存有《监本附音春秋穀梁传注疏》二十卷，等等。

以上这些出自建阳书坊的"监本"诸经诸子，与官方刻印的"监本"是什么关系？综观古今学者的观点，大体有以下两种不同的观点：

第一种观点，认为以上所列南宋建阳刻印的"监本"诸经诸子，是与监本有密切关系的坊刻（注意，是坊刻，而不是官刻）。

如现代著名版本学家傅增湘先生认为这些刻本是"坊肆所刊"。他同时又说，这些刻本"字体工丽，锋棱耸峭，审为建本

---

① 台湾"国立中央图书馆"编：《"国立中央图书馆"善本书目》上册，"中华丛书委员会"1958 年，第 32—33 页。

之至精者。且标明监本,则源出胄监,其点校当为有据"。又说:

> 纂图互注本始于南宋,群经多有之。余生平所见者,如《论语集解》二卷,……以上四书皆题"监本纂图重言重意互注",……必为同时同地开雕,毫无疑义也。……顾此书虽属坊本,然椠工精丽,与麻沙陋刻迥然不同。仲鱼谓其原于监本,斯为可贵。①

在以上这段话中,包含了两层含义。一是说,这是建阳的刻本,但不是一般的坊刻,而是建阳刻本中的精品,点校有据,与通常所说的"麻沙陋刻"截然不同,也非胡编乱造的坊刻可比。二是说,藏书家陈鳣(仲鱼)认为这些刻本的底本源自国子监,难能可贵。

当代著名版本学专家李致忠先生在《监本纂图重言重意互注礼记弁言》中,分析了产自闽建书肆的"监本"与"宋代国子监所刻的书本"二者之间的联系与区别,还对闽建书肆竞相刊刻"监本"的科举取士背景作了阐述。他说:

> 所谓监本,此处指宋代国子监所刻的书本。首标"监本",盖指经文、经注祖于国子监本,并非实指国子监所刻之本。自五代以来,国子监所刻经书经注,都要指派硕学鸿儒反复参订,审慎校勘,然后梓行,以为天下读经的范本。首标"监本",意在宣示此本的可靠性、可信性,具有明显

---

① 傅增湘:《藏园群书题记》卷一《监本纂图重言重意互注点校毛诗跋》,上海古籍出版社1989年,第15—16页。

的招徕意图。①

他认为，宋代是科举取士最盛行的时代，儒家经典及一些重要子书则成了士子们课读的必备之书，因而也就形成了广泛的社会需求。各地书肆，特别是闽建书肆具有敏锐的市场眼光，便竞相刊刻，以满足这种社会需求，自己亦从中获利。一时《监本纂图重言重意互注点校毛诗》《监本纂图重言重意互注论语》等帖括之书相继而出，充斥市场。②

　　第二种观点，认为建阳坊刻的"监本"就是"官版"。见于上文已经提到的《天禄琳琅书目》卷首"天禄琳琅鉴藏旧版书籍联句"中，"二坊私版官三舍"句下小注："今所藏有建本、麻沙本，盖宋时坊书；其监本，则官版也。"这就把宋建本书题中的"监本"与国子监刻本等同了起来。

　　在《天禄琳琅书目》卷一中，著录了《监本纂图重言重意互注点校毛诗》《监本纂图春秋经传集解》《监本附音春秋公羊注疏》《监本附音春秋穀梁注疏》（十册）、《监本附音春秋穀梁注疏》（十二册）共五种"监本"，从行文来看，馆臣的确是把这些"监本"作为"官版"，而不是视为建阳坊刻本。如《监本附音春秋穀梁注疏》（二函十册），定为"绍兴监本"；《监本附音春秋穀梁注疏》（二函十二册），定为"景德原刻诸经，此其二也"，而将《监本附音春秋公羊注疏》定为"景德原刻诸经之一"。对另外两种刻本也是赞誉有加，而无通常对待"麻沙本"的斥语和贬词。如评《监本纂图重言重意互注点校毛诗》："其字画流美，纸

---

　　① 李致忠：《监本纂图重言重意互注礼记》影印弁言，上海辞书出版社 2009 年。

　　② 李致忠：《监本纂图重言重意互注礼记》影印弁言。

墨亦佳，信为锓本之精者。"评《监本纂图春秋经传集解》："是书与《监本纂图重言重意互注点校毛诗》体例相同，字形槧式亦俱吻合。意唐宋人帖括之书，群经皆备，合之《纂图互注周礼》，知为当时所并行。"①

《监本附释音春秋公羊注疏》卷首有宋景德二年六月"中书门下牒"文：

> 国家钦崇儒术，启迪化源，眷六籍之垂文，实百王之取法，著于缃素，皎若丹青。乃有前修，诠其奥义，为之疏释，播厥方来。颇索隐于微言，用击蒙于后学。流传既久，讹舛遂多，爰命校雠，俾从刊正。历岁时而尽瘁，探简策以惟精。载嘉稽古之功，允助好文之理。宜从雕印，以广颁行。牒至准敕，故牒。景德二年六月□日牒。工部侍郎参知政事冯、兵部侍郎参知政事王、兵部侍郎平章事寇、吏部侍郎平章事毕。②

馆臣们在《天禄琳琅书目》卷一中著录此书时，还对以上文字作了一番考证：

> 景德二年六月中书门下牒文，奉敕校雠、刊印、颁行，具载编首，牒后结衔"工部侍郎参知政事冯、兵部侍郎参知政事王、兵部侍郎平章事寇、吏部侍郎平章事毕"。考《宋史·宰辅表》，景德元年八月毕士安自吏部侍郎参知政事加同中

---

① ［清］于敏中等：《钦定天禄琳琅书目》卷一，第 349 页。
② ［汉］何休注，［唐］陆德明音义：《监本附释音春秋公羊注疏》卷首，日本东京大学东洋文化研究所藏元刊明修本。

书门下平章事……①

以下还考证出"冯"为冯拯；"王"为王旦；"寇"为寇准。对此详加考证的目的，是为了进一步证明此监本乃"景德原刻诸经之一"。

二、建刻"监本"的历史背景

以上介绍了古今学者在对闽建书肆刊刻"监本"性质的认定时，所产生的两种截然不同的观点。这两种不同的观点，实际上也是建阳刻书史上，甚至也可以说是中国古代出版史上的一个解不开的千古之谜！只是长期以来，第一种观点占据了压倒性优势，而第二种观点长期被学界所忽视，以至几乎不为学人所知。之所以会这样，其原因在于，以一句诗的形式提出建刻"监本"就是"官版"这一观点，不是很明确，而且只有叙述而缺乏论证。要说清这个问题，还得先把这个现象产生的历史背景作一回顾。

通常，学者在论述闽建书肆竞相刊刻"监本"的原因时，"科举取士"往往是其重要原因，其实，除此之外还有一个重要原因不能不提。

北宋时期，监本是由官方垄断发行并禁止翻版的。李焘《续资治通鉴长编》载：熙宁八年（1075）七月，"诏以新修经义付杭州、成都府路转运司镂板，所入钱封椿库，半年一上中书。禁私印及鬻

---

① ［清］于敏中等：《钦定天禄琳琅书目》卷一，第350页。

之者，杖一百。许人告，赏钱二百千，从中书礼房请也。"①

北宋末年，国子监所刻书籍和库存书版，或被金人掠夺北去，或毁于战火，局势稍定之后，国子监缺书的问题凸现了出来。为弥补阙失，也为了保护文化，国子监刻书采用了编辑校勘和印刷出版分开的办法，即将编辑校勘好的底稿不限于在本监书库刊刻，也可下地方各州郡刻印。② 南宋时期，"监本"一般都下各州郡刊版，此即王国维所说的"此种州郡刊板，当时即入监中。故魏华父、岳倦翁均谓南渡监本，尽取诸江南诸州。盖南渡初，监中不自刻书，悉令临安府及他州郡刻之，此即南宋监本也"。③ 此举，被叶德辉称为是"南宋修补监本书"④。此"修补"，除"补阙"之外，还有"扩充"之意。与福建有关的，最早有北宋末福唐⑤郡庠以北宋景祐监本为底本翻刻的汉班固撰、唐颜师古注《汉书》一百卷。嘉定六年（1213），又有汀州知军鲍澣之以北宋元丰七年（1084）国子监刻本为底本刻印《算经十书》；嘉定十二年（1219）真德秀官泉州知州，在郡斋刻印《资治通鉴纲目》五十九卷，其版被移至临安国子监，使此书版以"郡斋本"直接上升为"监本"。陈振孙《直斋书录解题》云："此书尝刻于温陵（按，温陵是泉州别称），别其纲谓之提要。今板在监

---

① ［宋］李焘：《续资治通鉴长编》卷二六六，《景印文渊阁四库全书》第 318 册，第 511 页。

② 李明杰：《宋代国子监的图书出版发行》，《出版科学》2007 年第 6 期。

③ 王国维：《两浙古刊本考》卷上，《王国维遗书》第十二册，上海古籍书店 1983 年。

④ 叶德辉：《书林清话》卷六，第 145 页。

⑤ 通常认为"福唐"系福清县旧名，此处题"郡庠"而不是县庠，则应是指福州，即福州州学。

中"①，说的就是这个刻本。

宋南渡后，监本的垄断与禁止翻版的条令随着各地"修补监本书"的全面展开而逐渐松弛。李心传《建炎以来朝野杂记·监本书籍》载：

> 监本书籍者，绍兴末年所刊也。国家艰难以来，固未及。九年九月，张彦实待制为尚书郎，请下诏诸道州学，取旧监本书籍镂板颁赐，从之。然所取诸多残缺，故旧监刊六经无《礼记》，三史无《汉书》。二十一年五月，辅臣复以为言。上谓秦益公曰："监中所阙之书，亦令次第镂板，虽有重费，亦所不惜也。"由是籍经复全。先是，王瞻叔为学官，尝请摹印诸经义疏及《经典释文》，许郡县以赡学，或系省钱各市一本置之于学上，许之。今士大夫仕于朝者，率费纸墨钱千馀缗，而得书一监云。②

"下诏诸道州学，取旧监本书籍镂板"说的只是地方官刻，其实只是一个方面。另一方面，监本翻版禁令的逐渐松弛，也为民间翻刻旧监本开启了路径。此为南宋中后期，建阳书坊刊印"监本纂图重言重意互注……"为书题的经部、子部古籍成批涌现的历史背景。

考宋代建阳书坊刊刻"监本"，有两种类型，一种类型即上文所列的，直接在书名中冠以"监本"者；另一种类型则是书名

---

① ［宋］陈振孙：《直斋书录解题》卷四，《中国历代书目丛刊》第一辑（下），现代出版社1987年，第1227页。

② ［宋］李心传：《建炎以来朝野杂记》甲集卷四，《景印文渊阁四库全书》第608册，第269—270页。

中不体现或不直接体现，而是在牌记中加以说明。

不体现的如《纂图互注毛诗》，现存台北"故宫博物院"，1995 年曾影印出版。秦孝仪先生《景印宋本纂图互注毛诗序》中说：

> 院藏宋刻《纂图互注毛诗》一帙，首之以《毛诗举要图》，次之以《毛诗篇目》，书中大小序，及毛《传》郑《笺》、陆氏《释文》皆备，并采诸经之及于《诗》者为"互注"，复标诗句及诗意同者为"重言重意"。全帙刻画工整，纸墨精良，且原于监本，于斯为贵。审其讳字版式，殆为宁宗后建安坊刻。①

"原于监本，于斯为贵"，点明了此书"宁宗后建安坊"据监本翻刻的版本源流。

书名中不直接体现，而是在牌记中加以说明的，如汉扬雄撰，晋李轨、唐柳宗元、宋宋咸、吴秘、司马光注《纂图互注扬子法言》十卷，宋咸序后有双边牌记，竖排六行：

> 本宅今将监本四子纂图互注附入重言重意，精加校正，并无讹谬，誊作大字刊行，务令学者得以参考互相发明，诚为益之大也，建安□□□谨咨。②

这第二种类型，由于在牌记中已有说明，其刻本性质甚为明白，是以监本为底本的坊刻，故在此可忽略不计。

---

① 秦孝仪：《景印宋本纂图互注毛诗序》，台北"故宫博物院"1995 年。
② 傅增湘：《藏园群书经眼录》卷七，中华书局 1983 年，第 547 页。

三、官方的禁毁与默许

南宋中后期，建阳书坊刊印的以"监本纂图重言重意互注……"为书题的古籍成批涌现，假如没有经过国子监的允许，那么这些刻本在图书市场流通之后，官方对此应会有何反映？

南宋政府对刻书业的管理，直接针对福建建阳的事件不在少数。如绍兴十五年（1145），有禁毁建本《司马温公纪闻》案①；绍兴二十五年（1155）七月，有监登闻鼓院曹绂奏对"乞委州县检查止绝""建州、邵武军乡镇民间，或以非僻之书妄行开印"案②；绍熙元年（1190）三月八日，诏建宁府"将书坊日前违禁雕卖策试文字，日下尽行毁板，仍立赏格，许人陈告。有敢似前冒犯，断在必行。官吏失察，一例坐罪。其馀州郡，无得妄用公帑刊行私书，疑误后学，犯者必罚无赦"案③，等等。

庆元四年（1198）二月五日，作为监本"发祥地"的国子监也针对建阳麻沙书坊上言：

> 福建麻沙书坊见刊雕太学总新文体，内丁巳太学春季私试都魁郭明卿《问定国是》《问京西屯田》《问圣孝风化》。本监寻将案籍施照得，郭明卿去年春季策试即不曾中选，亦不曾有前项问目。及将程文披阅，多是撰造怪僻虚浮之语，又妄作祭酒以下批凿，似主张伪学，欺惑天下，深为不便。

① ［宋］李心传：《建炎以来系年要录》卷一五四，《景印文渊阁四库全书》第 327 册，第 143 页。

② ［宋］李心传：《建炎以来系年要录》卷一六九，《景印文渊阁四库全书》第 327 册，第 362 页。

③ ［清］徐松辑：《宋会要辑稿》刑法二，中华书局 1957 年，第 6557 页。

乞行下福建运司，追取印板，发赴国子监交纳。及已印未卖，并当官焚之。仍将雕行印卖人送狱根勘因依供申，取旨施行。从之。①

这道禁令下达后的 46 天，即三月二十一日，又有臣僚上言：

> 乞将建宁府及诸州应有书肆去处，辄将曲学小儒撰到时文改换名色，真伪相杂，不经国子监看详，及破碎编类有误传习者，并日下毁板。仍具数申尚书省并礼部。其已印未卖者，悉不得私卖。如有违犯，科罪惟均。从之。②

以上所录几折禁令，均直接来源于京都，来源于国子监，且所针对的对象点明是"麻沙书坊""建宁府书坊"，但奇怪的是，所禁毁的内容没有一条是针对产生于南宋中后期，且在书题中直接标示为"监本"的众多建阳刻本。一方面，可以认为，闽建刊刻的这些"监本"，在内容方面没有以上禁令中所提到的那些问题，因此，也就不在禁毁之列；另一方面，也可以认为，虽然没有明文准许或鼓励闽建书肆翻刻"监本"，更没有明文认可这些刻本为"官版"，但由此可以推论，闽建书肆翻刻"监本"的行为，其实是得到了国子监方面的默许。

笔者在十年前曾撰《建阳书坊接受官私方委托刊印之书》一文，文中提出，宋明时期建阳书坊曾大量接受来自省内外官方和私人的刻书。"对这些刻本的性质，毫无疑问，应视委托方的具体情况而定，由官方出资者，应视为官刻，由私家出资者，应视

---

① ［清］徐松辑：《宋会要辑稿》刑法二，第 6560 页。
② ［清］徐松辑：《宋会要辑稿》刑法二，第 6560 页。

为家刻。这与现代出版社委托印刷厂印刷，其版权仍归出版社所有，而不能归之印刷厂，其道理是一样的。"① 正因如此，就出现了许多委托建阳书坊刊刻出版的官私刻本。

历史上，最早对此有所认识的，应是清乾隆年间提出"二坊私版官三舍"的馆臣们。其次，则是近代著名版本目录学家叶德辉。他在《书林清话》中指出：

> 夫宋刻书之盛，首推闽中，而闽中尤以建安为最，建安尤以余氏为最，且当时官刻书亦多由其刊印。②

这是一段经常被学人引用的话，但最后一句却往往被今人所忽视不提。其实，最后这句才是最重要的，叶氏在此揭示了建阳书坊所具有的接受官私方委托刻书的史实。虽然他没有说建刻监本是否也是"当时官刻书"的组成部分，但从以上的分析来看，并不能排除这种可能性。

应该说，建阳书坊刊刻的"监本"图书，与"接受官私方委托刻书"所产生的刻本，既有区别，又有联系。

区别在于，通常书坊"接受官私方委托刻书"，多有明文记载。如叶德辉以元代建阳名肆崇化书林余志安勤有堂，接受浙江儒学委托刻印胡炳文《四书通》一书为例证，引用张存中的跋说：

> 泰定三年，存中奉浙江儒学提举志行杨先生命，以胡先

---

① 方彦寿：《建阳书坊接受官私方委托刊印之书》，《文献》2002 年第 3 期。

② 叶德辉：《书林清话》卷二，第 46—47 页。

生《四书通》大有功朱子，委令赍付建宁路建阳县书坊刊印，志安余君命工绣梓，度越三稔始克就。①

浙江儒学"委令赍付"，即委托方和被委托方构成有文字可考的"合约关系"。而建刻"监本"则缺乏这种有文字可考的"合约关系"。因此，我们只能推断说，在对刻书业严格管理，且直接针对建阳书坊的禁令颇为森严的南宋时期，对建刻"监本"这一显而易见的现象，官方却只字不提，那种既不提倡，也不反对的态度，表达的其实是国子监方面对此的一种默许。对这种在国子监方面"默许"态度下产生的刻本，我们不妨将其视为是"准监本"。

联系在于，"接受官私方委托刻书"与在国子监"默许"态度下产生的"准监本"，二者所共同体现的，都是建阳作为古代坊刻中心，对当时的官刻及外地刻书业的影响和辐射。这种影响和辐射，是外地其他书坊所不具备，也是很难见到的独特现象。对这些"准监本"的质量，从南宋的王应麟，到清代的四库馆臣，到近代、现代、当代的著名版本学家，如叶德辉、傅增湘、秦孝仪和李致忠等，都无不予以高度评价，与历史上的麻沙"劣本"，质量"最下"等未必公正的评价，形成了鲜明的对比。故言，建刻监本，对重新审视和评价福建古代刻书业有着极为重要的指引，甚至是颠覆的作用。

---

①　叶德辉《书林清话》卷二，第46—47页。

明末福建版刻书籍刻工零拾

侯真平

平日读书校书，考察版本之间，见明末万历、崇祯年间刊印的《清源文献》《田亭草》《名山藏》和《闽书》的版心中，刊有雕刻这些书版的刻工姓名，遂对刻工逐一进行了调查。兹将上述刻本中刻工姓名俱录于下，稍事论析，并乞正之。

《闽书》系福建当局组织省内府州力量共同刊刻的。通过刻工姓名的调查可以表明：

（1）这种由本省当局组织刊印的省志是征集省内某些府州刻工共同施工的，施工匠班由本府州县刻工各自组成，各匠班所刻大体自成一卷，这在一定程度上反映了当时官刻省志的生产组织情况。

（2）各匠班所刻卷次频频交错，甚至有两个匠班合刻同一卷的（如泉州府与兴化府的刻工各刻第 51 卷的一半），以及某些匠班的刻工参加其他匠班负责的卷帙的情况，表明这些匠班是集中在一个地方施工的，而并非把书稿分发到各府州各自施工的。

（3）从各匠班人数和所刻卷数看，似可表明当时福建出版业以建宁府最强，福州府次之，兴化府、泉州府、漳州府又次之。如建宁府多达三个匠班，包括建阳县二个匠班和一个由建宁府其馀县的零散刻工组成的一个姓名前冠有"建宁"字样的匠班（这个"建宁"应当不是指邵武的建宁县），这表明自宋元以来具有"图书之府"盛誉的建阳县及其所隶属的建宁府的图书出版业，直到明末的崇祯时期还有一定力量，继续称强于福建。反之，当时汀州府、延平府、邵武府、福宁州都没有匠班参加，表明当时这些地区的出版业较弱，包括汀州的四堡也是如此。

（4）《闽书》还有一种版本，保留了绝大多数上述原刊本的书页（当然也保留了原刊本中的刻工姓名），但是另外至少有162页上的刻工姓名与上述原刊本相应书页甚至所有书页上的刻工姓名不同，姓、名的前或后多缀以"补"字，而且不少书页因为书版已经变形而漫漶，所有这些都表明该本是补刊本。至于说它是何时补刊的，现在只能以福建省图书馆的这种藏本中的"道光庚子（二十年，1840）筠川刘氏藏本"的收藏题识作为下限。

（5）各匠班中，同姓刻工颇多，表明他们择业的家庭色彩颇浓。其中建阳二个匠班中，熊、刘、蔡、叶姓等刻工，极可能衍自宋元以及明代建阳的出版世家。唯刻于崇祯十三年（1640）的《名山藏》的刻工姓名都使用单字，其中大多用姓，表明同姓者不多，这点与《闽书》不同。

一、明何炯编《清源文献》万历二十五年（1597）程朝京选刊本中的刻工姓名

何炯，字思默，号作庵，福建晋江人。嘉靖三十三年（1554）贡士，授安福（今属江西）训导，迁靖江（今属江苏）教谕，约万历十一年（1583）前去世。除《清源文献》外，还编有《温陵留墨》。本文所述《闽书》作者何乔远，就是他的次子。

"清源"，是福建泉州的古称。《清源文献》收的是唐代至明代万历十六年（1588）之间泉州人以及宦游泉州者的诗文。

该卷首刊职衔名、校《清源文献》名氏、凡例，庄国祯、黄凤翔序文，以及所收明代诗文（其中有晚至万历十六年的庄履丰《仲氏摘稿序》），表明它是由何乔远及兄何乔迁、庄履丰、陈绍功等订补，泉州府儒学训导冯梦龙校录，兴泉道及泉州府各县官员杨际会，姚纯臣等人挂名阅校，泉州知府程朝京拨款付梓，于万历二十五年刊就。

该本凡十八卷，连同卷首序文、凡例、编阅校刊名氏，各页版心都刊有刻工姓名，其中既有全名，也有简称，计48个，现尽录于此：叶冬、叶、冬，詹达隆、詹、詹达良、詹良、林乔芳、芳、林一松、郑晶、郑、陈宾、宾、郭良、郭、郭柱、柱、蔡奇、奇、刘三、刘、沈春、沈林、李郁、李良、李日、吴恩、张一、许怀、王、尤、郎、左、占、宗、上、中、克、元、尧、沴、鉴、才、二、有、枢、思。

上列48个刻工姓名，极可能代表36个刻工，因为极可能其中10个刻工同时使用了简称：

叶冬、叶、冬，林乔芳、芳，郑晶、郑，陈宾、宾，蔡奇、奇，刘三、刘，都极可能分别代表同一人。

詹达隆、詹，和詹达良、詹良，极可能分别代表两个人，他们极可能是兄弟或从兄弟。"达"字，不详何字。

郭良、郭和郭柱、柱，极可能分别代表两个人。

上列刻工姓名中，"郑""刘"二字已是简体字；"叶冬"很可能与下述《田亭草》的刻工"叶冬"是同一人，理由详下。

二、明黄凤翔《田亭草》万历四十年（1612）刊本中的刻工姓名

黄凤翔（？—1614），字鸣周，号田亭山人、六一居士，谥

文简，福建晋江人。嘉靖四十年（1561）举人，隆庆二年（1568）榜眼，授翰林院编修，累官南京礼部尚书。著有《嘉靖大政记》《嘉靖大政编年录》《泉州府志》等。万历二十五年曾为《清源文献》撰序。

《田亭草》是黄凤翔的诗文集。据僚友邹元标、门人甘雨、同乡僚友李光缙序文，以及黄氏自序，该集结集后不久即付梓。各篇序文中，以黄凤翔自序的落款为最早，是万历三十八年；其次是甘雨、李光缙序文，落款为万历三十九年；最晚的是邹元标序文，落款为万历四十年四月，而且说"子开（邹的朋友）寄所梓先生《田亭草》贶予，且欲予序"，可见此前全书已经基本刊就。

该本凡 27 卷，各页版心均刊有刻工姓名，共 16 人：叶冬、叶文、叶寀、陈相、陈裕、李文、李昇、庄斌、蔡元、王朋、张英、张瑞、张仰、黄四、许正、标。

上列刻工姓名，除"标"以外，都用全称。

鉴于该本作者与上述《清源文献》编者何炳都在泉州，而且两书刊印仅相距 15 年，所以这两种刊本上的刻工"叶冬"可能是同一个人。

三、明何乔远《闽书》崇祯四年（1631）刊本中的刻工姓名

何乔远（约 1557—1631），字稚孝，号匪莪，人称镜山先生，室名自誓斋、天听阁，福建晋江人。万历四年（1576）举人，十四年进士，授刑部云南司主事，改礼部仪制司主事。约万历二十二年（1594），谪广西布政司经历，旋假归，屡荐不起。三十八年至三十九年，与黄凤翔等人一起修成《泉州府志》。四十年起，

受福建当局委托，修成《闽书》初稿。泰昌元年（1620），起光禄少卿。天启年间历太仆少卿、左通政、光禄卿、通政使，以户部右侍郎致仕。崇祯二年，起南京工部右侍郎。四年，引归，约逝于该年冬。著有《名山藏》《皇明文徵》《日本考》《镜山全集》等。上述《清源文献》的编者何炯，就是他的父亲。

《闽书》，万历三十八年（1610）由福建巡按陆梦祖等倡修，并下令各府州先行修志，然后把所修新志呈送省府，延聘何乔远等士绅汇纂成省志。但是，万历四十年（1612）各府州新志送来后，陆梦祖等原倡修者已先后离任，就由提学副使冯烶交给何乔远一个人汇纂。至四十四年，初稿成，无钱付梓，仅由新当局张某拨款誊写。此后，何乔远于泰昌元年（1620）至天启五年（1625）复任朝堂。直至崇祯元年（1628）三月熊文灿任福建巡抚，才筹资付诸梨枣。这时，何乔远对初稿，甚至对已经刻好的书版进行了订补（更换书版）。四年，全书刊毕。

该本凡 154 卷，6745 页，基本上各页都刊有刻工姓名。全书共出现 276 个刻工姓名或简称，大约分别属于 118 或 119 个刻工。由于这些刻工姓名或简称不少都冠有福州府、建宁府（首县以及建阳县）、兴化府、泉州府、漳州府等地名，而且基本上都自刻其卷，所以由此推知刻同一卷的大多数姓名前未冠地名的刻工也是来自同一府县的。从而，又可以推知 159 或 160 个以姓或名作为简称的刻工（除了 1 个使用"、"作为代号的刻工以外）分别属于姓名齐全的 119 或 118 个刻工。对于同一卷中同姓或同名而各以姓或名作为简称的刻工，估计两人之间当有各取姓或名作为简称的约定，其中一人若以名作为简称，另一人则用姓作为简称，由此可以推知各个简称的主人（也有少数主人难以推知）。对于某些跨匠班施工者，归入所刻卷数多的匠班中。现将全部刻工姓名（按照原来所署姓名或者简称）以及所刻卷次按照所属匠班排列于下，并论析之：

1. 福州府匠班

（1）福张元（简称张元、元）：参加第 32、33、39、40、57、61、62、115 卷的刊刻。

（2）张照（简称照）：参加第 1、2、19、20、22、32、33、39、40、52、57、61、62、68、70、76、83 卷的刊刻。

（3）张英（简称英）：参加第 1、2、20、22、32、33、44、52、61、62、68、84、115、119 卷的刊刻。

（4）张立：参加第 1、19、20、22、32、33、39、44、52、57、61、62、83、85、87、114 卷的刊刻。

（5）尤立：参加第 1、22、33、39、40、44、57、62、83、89、119 卷的刊刻。

（6）游立：参加第 32、52 卷的刊刻。

（7）游成（简称成）：参加第 19、22、32、33、39、40、52、61、62 卷的刊刻。

（8）郑春（简称春）：参加第 1、2、19、20、32、33、39、44、52、57、61、62、68、76、83、84、85、86 卷的刊刻。

（9）陶春：参加第 2、32、40、44、52、57 卷的刊刻。

（10）王珊（简称珊）：参加第 1、32、33、39、40、52、68、83、84 卷的刊刻。

（11）王桂（简称桂）：参加第 1、20、32、33、39、40、44、52、68、70、82 卷的刊刻。

（12）王保（简称保）：参加第 2、19、32、39、52、57、62、85 卷的刊刻。

（13）王久（简称久）：参加第 2、19、22、32、33、40、44、52、68、82、83、90、114、120 卷的刊刻。

（14）林龙：参加第 1、19、20、32、33、39、44、52、61、

62、68、76、114 卷的刊刻。

（15）江龙：参加第 19、20、22、32、33、39、40、57、62、68、81、83、89、115、119 卷的刊刻。

（16）江四：参加第 2、19、20、22、32、39、44、57、62、68、70、89、114、129、131 卷的刊刻。

（17）余四（简称余）：参加第 2、19、33、44、61、62、68、83、85、137 卷的刊刻。

（18）余敬（简称敬）：参加第 19、32、33、52、57、62 卷的刊刻。

（19）柯星（简称星）：参加第 1、2、19、20、22、32、33、39、44、52、61、76、82、130 卷的刊刻。

（20）斤：参加第 82 卷的刊刻。

（21）、：参加第 82 卷的刊刻。

（22）周文（简称文）：参加第 1、2、19、20、22、32、33、39、40、57、61、62、130 卷的刊刻。

（23）周朝：参加第 1、32、33、40 卷的刊刻。

（24）周三：参加第 81 卷的刊刻。

（25）熊三：参加第 2、22、61 卷的刊刻。

（26）杨庚（简称庚）：参加第 19、22、32、39、44、57 卷的刊刻。

（27）杨淮（简称淮）：参加第 1、2、19、22、32、33、40、44、52、61、62、68、90、114、120 卷的刊刻。

（28）历：参加第 87、114 卷的刊刻。

（29）曾一（简称一）：参加第 82、115、120 卷的刊刻。

（30）曾魁（简称魁）：参加第 1、2、20、32、33、44、61、68、115、120 卷的刊刻。

（31）世：参加第 82 卷的刊刻。

（32）章高（简称章、高）：参加第 1、19、20、32、33、39、40、44、52、57、61、68 卷的刊刻。

（33）李益（简称益）：参加第 1、2、19、20、32、33、39、40、57、61、62、85 卷的刊刻。

上列福州府匠班的刻工姓名（包括简称）凡 54 个，分别属于 33 位刻工。此外，还有 3 个简称：立、王、龙，均不详属于谁，其中"立"或指张立，或指尤立，或指游立？"王"或指王珊，或指王桂，或指王保，或指王久？"龙"或指林龙，或指江龙？

该匠班所刻凡 34 卷，即第 1、2、19、20、22、32、33、39、40、44、52、57、61、62、68、69、70、76、81、82、83、84、85、86、87、88、89、90、114、115、119、120、129、130 卷。此外，江四参加了以建宁府匠班为主的第 131 卷的刊刻，熊三参加了以建阳县第 1 匠班为主的第 3 卷的刊刻。反之，建阳县第 1 匠班有 2 个刻工参加了上列福州府匠班卷帙的刊刻："仲"参刻第 1 卷，"荣"参刻第 82、89、114 卷。

2. 建宁府建阳县第 1 匠班

所谓"第 1 匠班"并非原称，而是笔者随意命名的。

（1）建阳叶义（简称建阳义、叶义、义）：参加第 3、48、56、58、71、72、73、74、148、149、150、152、153 卷的刊刻。

（2）叶威：参加第 3、48、56、58、71、72、74、150、152、153 卷的刊刻。

（3）建阳熊光（简称建阳光、熊光、光）：参加第 73、74、149、151、152 卷的刊刻。

（4）熊寿（简称寿）：参加第 3、48、56、58、71、72、73、74、147、149、151、152、153 卷的刊刻。

（5）陈熙（简称熙）：参加第 3、48、56、58、71、72、73、

74、153 卷的刊刻。

（6）建朱齐（简称朱齐、朱、齐）：参加第 3、48、56、58、71、72、73、74、148、149、150、151、152、153 卷的刊刻。

（7）建吴贵（简称吴贵、贵）：参加第 3、48、56、58、71、72、73、74 卷的刊刻。

（8）吴荣（简称荣）：参加第 48、56、58、71、72、74、150、152、153 卷的刊刻。

（9）曾秀（简称秀）：参加第 3、48、56、58、71、72、73、74、148、152、153 卷的刊刻。

（10）建阳王升（简称建阳王、王升、升）：参加第 147、152 卷的刊刻。

（11）建王以敬（简称建王以、王以、王以敬、王敬）：参加第 3、48、56、58、71、72、73、74、148、153 卷的刊刻。

（12）刘福：参加 153 卷的刊刻。

（13）仲：参加第 137、140、153 卷的刊刻。

（14）郑魁：参加第 3 卷的刊刻。

（15）郑佩：参加第 3、48、56、58、71、72、73、74、148、149、152、153 卷的刊刻。

上列建宁府建阳县第 1 匠班的刻工姓名（包括简称）凡 36 个，分别属于 15 个刻工。此外，还有 2 个简称，即"吴"和"王"，不详是指吴贵还是吴荣，王升还是王以敬。

该匠班所刻凡 15 卷，即第 3、48、56、58、71、72、73、74、147、148、149、150、151、152、153 卷。此外，熊寿参加了下述建宁（极可能是建瓯县）匠班所刻的第 124 卷的刊刻，"荣"（吴荣）参加了上述福州匠班所刻的第 82、89、114 卷的刊刻。反之，福州匠班的熊三参加了本匠班所刻的第 3 卷的刊刻。

3. 建宁府建阳县第 2 匠班

（1）建阳陈第（简称陈第）：参加第 8、9、25、29、43、54、91、93、94、95、96、116、117、135、139 卷的刊刻。

（2）建阳刘佛贵（简称建阳刘贵、刘贵、刘）：参加第 8、9、29、43、54、91、92、93、94、95、118、121 卷的刊刻。

（3）叶春（简称春）：参加第 8、9、25、29、43、54、91、92、93、94、96、116、117、118 卷的刊刻。

（4）叶年（简称年）：参加第 8、9、25、29、43、54、91、92、93、96、116、121、135 卷的刊刻。

（5）叶魁（简称魁）：参加第 8、9、43、54、96 卷的刊刻。

（6）叶瑞（简称瑞）：参加第 8、25、43、54、94、95、96、116、118、121、139 卷的刊刻。

（7）叶达（简称达）：参加第 8、25、43、54、96、117、135 卷的刊刻。

（8）建叶文：参加第 43、54 卷的刊刻。

（9）蔡文（简称蔡）：参加第 92、94、116、117、118、121、135 卷的刊刻。

（10）黄甫（简称黄、甫）：参加第 91、92、93、94、116、117、118、121 卷的刊刻。

（11）王象：参加第 9、29、43、54、91、95、116、117 卷的刊刻。

上列建宁府建阳县第 2 匠班的刻工姓名（包括简称）凡 23 个，分别属于 11 个刻工。此外，还有一个简称，即"文"，参加了本匠班的第 8、9、29、54、92、94、116、117、118、121、135 卷的刊刻，不详是叶文还是蔡文的简称。

该匠班所刻凡 18 卷，即第 8、9、25、29、43、54、91、92、93、94、95、96、116、117、118、121、135、139 卷。此外，

"年"（叶年）参加了下述"建宁"（极可能是建瓯县）匠班所刻的第 124 卷的刊刻。

4. 建宁府"建宁"（极可能指建瓯县）匠班

鉴于众多的宋、元、明版刻中，往往可见冠以"建宁"字样的家刻或者坊刻堂号，均泛指建宁军、建宁路、建宁府，或者专指其首县建瓯县（建瓯人以首县为自豪的缘故），而历来未见邵武府的建宁县有版刻之盛的记载，所以推测这里的刻工姓名所冠"建宁"大概亦然。

（1）建宁叶宠（简称叶宠、宠）：参加第 5、7、31、47、55、63、67、124、176 卷的刊刻。

（2）建宁熊万（简称熊万、万）：参加第 6、31、47、55、59、63、64、67、126、137 卷的刊刻。

（3）建宁熊思（简称熊思、思）：参加第 6、7、31、47、55、63、64、65、126、137 卷的刊刻。

（4）建熊祥（简称熊祥、祥）：参加第 5、6、7、31、47、55、64、65、123、138 卷的刊刻。

（5）熊可（简称可）：参加第 5、7、31、47、55、63、65、124、136 卷的刊刻。

（6）刘宗：参加第 31、55 卷的刊刻。

（7）建江宗（简称江宗）：参加第 6、7、31、47、55、64、65、66、67 卷的刊刻。

（8）建江荣（简称江荣、荣）：参加第 5、6、7、31、47、55、59、67 卷的刊刻。

（9）建江惠（简称江惠、惠）：参加第 5、7、31、47、55、65、67、123、132 卷的刊刻。

（10）江二：参加第 132 卷的刊刻。

（11）江云（简称云）：参加第 7、59、65、127、140 卷的

刊刻。

（12）建吴卿（简称吴卿、卿）：参加第5、6、47、55、60、65、122、131、140卷的刊刻。

（13）建郑相（简称郑相、相）：参加第5、47、55、60、65、67、123、131卷的刊刻。

（14）建陆兴（简称陆兴、兴）：参加第6、7、31、47、55、59、65、66、67、125、132、140卷的刊刻。

（15）建陆章（简称陆章、章）：参加第6、7、31、47、55、59、65、66、67、125、137卷的刊刻。

（16）张汝（简称汝）：参加第59、123、124、134、137卷的刊刻。

（17）张弟（简称弟）：参加第4、63、64、65、67、133卷的刊刻。

（18）建王有（简称王有建、建有、王有、有）：参加第6、7、31、47、55、59、64、67、131、134卷的刊刻。

（19）建科（简称科）：参加第4、30、47、55卷的刊刻。

（20）建元（简称元）：参加第4、30、55卷的刊刻。

（21）林七（简称七）：参加第2、30、47、55卷的刊刻。

（22）十：参加第30、141、142、143卷的刊刻。

（23）吴乃成（简称吴成）：参加第5卷的刊刻。

上列"建宁"（极可能是建宁府建瓯县）匠班的刻工姓名（包括简称）凡56个，分别属于23个刻工。此外，还有4个简称的不详是谁：（1）参加第124、131卷刊刻的"林"，不详是本班的林七，还是另一人；（2）参加第5、7、31、55、67卷刊刻的"宗"，不详是本班的江宗还是刘宗；（3）参加第132卷刊刻的"江"不详是本卷的江宗、江荣、江惠、江二、江云中的谁；（4）参加第133卷刊刻的"张"，不详是本匠班的张汝还是张弟？

该匠班所刻凡 33 卷，即第 4、5、6、7、30、31、47、55、59、60、63、64、65、66、67、122、123、124、125、126、127、128、131、132、133、134、136、137、138、140、141、142、143 卷。此外，林七参加了以上述福州匠班为主的第 22 卷的刊刻。反之，建阳县第 2 匠班的"年"（叶年）参加了本匠班为主的第 124 卷的刊刻。

5. 兴化府匠班

当时兴化府的辖境，与今莆田市相同，含莆田、仙游二县。

（1）兴刘邦文（简称兴文）：参加第 11、17、27、28、35、36、49、51、53、98、99、100、111、121、113、144 卷的刊刻。

（2）兴方伯振（简称兴方振、兴振、方振）：参加第 11、17、27、28、35、36、49、51、53、97、98、99、100、111、112、113、144 卷的刊刻。

（3）兴方五（简称方五、兴五、五）：参加第 97、98、99、100、111、112、113、144 卷的刊刻。

（4）兴顾伯达（简称兴顾达、兴达）：参加第 11、17、27、28、35、36、49、51、53、97、98、99、100、111、112、113、144 卷的刊刻。

（5）兴顾巽（简称兴巽）：参加第 11、17、27、28、35、36、49、51、53、97、98、99、100、111、112、113、144 卷的刊刻。

（6）兴郑勿（简称兴勿、勿）：参加第 11、17、27、28、35、36、49、51、53、97、98、99、100、111、112、113、144 卷的刊刻。

（7）兴郑孙石（简称兴石）：参加第 11、17、27、28、35、36、49、51、53、97、98、99、100、111、112、113、144 卷的刊刻。

（8）兴陈志望（简称兴陈望、兴志、志）：参加第 11、17、

27、28、35、36、49、51、53、98、99、100、111、112、113、144 卷的刊刻。

（9）兴林司德（简称兴司、司）：参加第 11、17、27、28、35、36、49、51、53、97、98、99、100、111、113、144 卷的刊刻。

（10）兴林汉臣（简称兴汉臣，又作兴臣、兴巨、巨）：参加第 11、17、27、28、35、36、49、51、53、97、98、99、100、111、112、113、144 卷的刊刻。

（11）兴世：参加第 11、17、27、28、35、36、49、51、53、97、98、99、100、111、112、113、144 卷的刊刻。

上列兴化府匠班的刻工姓名（包括简称、异称）凡 34 个，分别属于 11 个刻工。此外，还有简称"兴方"的，不详是方伯振还是方五的简称。

该匠班所刻凡 16.5 卷，即第 11、17、27、28、35、36、49、51、53、97、98、99、100、111、112、113、144 卷，其中第 51 卷是与下述泉州府匠班各刻一半的。

6. 泉州府匠班

（1）泉州府陈弘（简称泉州陈弘、泉陈弘、陈弘、泉弘、弘）：参加第 10、12、13、14、18、24、34、37、41、45、51、77、78、106、108、109、110、145 卷的刊刻。

（2）泉州龚卿（简称卿）：参加第 77、78、106、108 卷的刊刻。

（3）泉匹蔡山（简称泉蔡山、蔡山、山。"匹"字疑是"匠"字）：参加第 10、12、13、14、18、24、37、41、45、77、78、106、107、108、109、110、145 卷的刊刻。

（4）泉蔡戍（简称蔡戍、戍）：参加第 10、12、13、14、18、24、34、37、41、45、51、77、78、107、108、109、145 卷的

刊刻。

（5）泉郭光（简称郭光、泉光、光）：参加第 10、12、13、14、18、24、34、37、41、45、51、77、78、106、107、108、145 卷的刊刻。

（6）泉石光（简称泉石、石光、石）：参加第 10、12、13、14、18、24、34、37、41、45、51 卷的刊刻。

（7）泉石泗（简称石泗、泗）：参加第 10、12、13、14、18、24、34、41、45、51、77、78、106、108、109、145 卷的刊刻。

（8）泉林光（简称林光）：参加第 10、13、14、18、24、3437、41、45、51、77、78、105、106、108、109、110、145 卷的刊刻。

（9）泉林长（简称林长、长）：参加 34、37、41、45、51、107、108、109、110 卷的刊刻。

（10）泉李三：（简称李三、李）：参加第 10、12、13、14、18、24、34、37、41、51、77、78、106、107、108、109、110、145 卷的刊刻。

（11）泉洪仰（简称洪仰仝——"仝"字可能指字数"统计"——洪仰、洪、仰）：参加第 10、12、13、14、18、24、34、37、41、45、51、77、78、105、106、108、109、110、145 卷的刊刻。

（12）江志（简称江）：参加第 10、12、13、14、24、34、37、41、45、51、77、78、105、106、108、109、110、145 卷的刊刻。

（13）昇（疑又作"升"）：参加第 105、108、110、145 卷的刊刻。（其中"昇"出现在第 105、108、110、145 卷中，"升"出现在第 108、110、145 卷中）

（14）杨仁（简称仁）：参加第 105、107、108、109、110、

145 卷的刊刻。

上列泉州府匠班的刻工姓名（包括简称）凡 45 个，分别属于 14 或 15 个刻工。其中，"升"与"昇"可能是同一人。

该匠班所刻凡 19.5 卷，即第 10、12、13、14、18、24、34、37、41、45、51、77、78、105、106、107、108、109、110、145 卷，其中第 51 卷是与上述兴化府匠班各刻一半的。

7. 漳州府匠班

（1）漳黄顺（简称黄顺、顺）：参加第 15、16、21、23、26、38、42、46、50、75、79、80、101、103、104、146 卷的刊刻。

（2）漳曾玉（简称曾玉、玉）：参加第 15、16、21、23、38、42、46、50、75、79、80、101、102、103、104 卷的刊刻。

（3）漳曾翔（简称曾翔、翔）：参加第 15、16、23、26、38、42、46、50、79、80、101、102、104 卷的刊刻。

（4）曾邦（简称邦）：参加第 21、26、75、79、80、101、102、103、104 卷的刊刻。

（5）漳郑德（简称郑德、德）：参加第 15、16、21、23、38、42、46、50、75、79、80、101、102、103、104、146 卷的刊刻。

（6）郑二：参加第 15、16、23、26、38、46、50、75、80、101、102、103、104 卷的刊刻。

（7）漳毛凤（简称毛凤、毛、凤）：参加第 15、16、21、23、26、38、46、50、75、79、80、101、102、103、104、146 卷的刊刻。

（8）漳郭文（简称郭文、文）：参加第 15、16、21、23、26、38、46、50、75、79、80、101、102、103、104、146 卷的刊刻。

（9）漳洪正（简称洪正）：参加第 15、16、21、23、26、38、46、50、75、79、101、102、103、104、146 卷的刊刻。

（10）赵皋（简称皋）：参加第 15、16、23、26、38、46、

50、75、79、80、101、102、103、104 卷的刊刻。

（11）汪明（简称明）：参加第 15、16、21、23、38、42、46、50、75、79、80、101、102、103、104、146 卷的刊刻。

上列漳州府匠班刻工姓名（包括简称）凡 28 个，分别属于 11 个刻工。

该匠班所刻凡 17 卷，即第 15、16、21、23、26、38、42、46、50、75、79、80、101、102、103、104、146 卷。

四、明何乔远《闽书》补刊本中的刻工姓名

如本文篇首所述，《闽书》还有一种补刊本，今藏于福建省图书馆和大连图书馆，补刊于崇祯四年（1631）以后，清道光二十年（1840）以前。这种补刊本的补刊书页凡 162 页，在版心中大多刊以"补"字，其中有 21 页版心中刊有 5 个刻工的姓或名，姓或名的前或后多缀以"补"字。现列出这 5 个刻工的姓、名及其所刊卷页：

（1）谢：刻第 8 卷第 6、7 页，第 59 卷第 40、41 页。

（2）初：刻第 63 卷第 39、40 页，第 77 卷第 46 页，第 149 卷第 4、14 页。

（3）孔：刻第 79 卷第 33 页，第 82 卷第 31、32 页，第 127 卷第 18、19 页。

（4）克：刻第 26 卷第 3、4 页，第 59 卷第 35、36 页，第 80 卷第 13、14 页，第 114 卷第 15 页。

（5）一：刻第 82 卷第 21 页。

上列 5 个刻工姓、名中，"谢""初""孔""克"都未见于上述崇祯四年刊本的各匠班中，"一"虽然与福州府匠班刻工"曾一"的简称"一"相同，但未必就是这个曾一。

五、明何乔远《名山藏》崇祯十三年（1640）沈犹龙等刊本的刻工姓名

作者何乔远生平，已见上文关于《闽书》的论述。

《名山藏》是明代著名的私修明代十三朝史书。大约崇祯四年，何乔远逝世。据卷首《校刻〈名山藏〉姓氏》所列，至十三年稍前，该书才由福建巡抚沈犹龙、巡按路振飞、布政使申绍芳、兴泉道曾樱、福宁道樊维城、泉州知府孙朝让、同安知县熊汝霖等各级官员领衔梓毕。

列名校对的有沈延嘉、蔡复一，以及何乔远门人林欲楫、蒋德璟、郑之玄、李煜、傅元初，还有后辈苏琰、林胤昌、黄景昉。列名录写的是何乔远儿子何九云、何九说、何九禄、何九户、孙子何宗泌、何宗仁、何熙信，侄孙何运亮、芳腾、侄曾孙何历飏、何龙文。卷首有钱谦益、李建泰、王邵沐的序文各1篇，其中只有钱谦益的序文署时，所署为崇祯十三年闰正月，笔者取作该本刊年的依据。

该刊本凡109卷，其中第1—43、46—55、85—101、103—109卷均不见刊有刻工姓名，换而之，即第44、45、56—84、102卷的大多数书页版心刊有刻工的姓或名，这些刻工姓名中，绝大多数为姓，这表明同姓者极少。这点与上述《闽书》各匠班中同姓（极可能是同宗）同名者多的现象成为鲜明的对比。同姓、同名者少，也表明该刊本不同卷页中出现的相同的姓名代表同一个刻工。

该刊本刊有的刻工姓、名共计81个，也就是说参加施工的刻工共计81人。虽然没有资料表明这些刻工具体是福建何地人氏，但是从《校刻姓氏》和序文来看，该本刊于福建，这些刻工

当是本省的。

现将这些刻工姓、名及其参加刊刻的卷次具列于下：

（1）陈：参加第 44、45、61、62、66、81、83 卷的刊刻。

（2）张：参加第 44、59、61、66、69、72、73、74、77 卷的刊刻。

（3）方：参加第 45 卷的刊刻。

（4）明：参加第 45 卷的刊刻。

（5）扩：参加第 45 卷的刊刻。

（6）李：参加第 56、57、62、63、64、69、77、81、83 卷的刊刻。

（7）吴：参加第 57、61、62、68、73、74、81、83 卷的刊刻。

（8）耿：参加第 57 卷的刊刻。

（9）廖：参加第 57 卷的刊刻。

（10）郭：参加第 57 卷的刊刻。

（11）冯：参加第 58、75 卷的刊刻。

（12）傅：参加第 58 卷的刊刻。

（13）蓝：参加第 58 卷的刊刻。

（14）陶：参加第 56、65 卷的刊刻。

（15）胡：参加第 58、61、73 卷的刊刻。

（16）章：参加第 58、66 卷的刊刻。

（17）王：参加第 58、61、65、66、67、69 卷的刊刻。

（18）叶：参加第 58、59、65 卷的刊刻。

（19）何：参加第 58、61、68、73、74、83 卷的刊刻。

（20）宋：参加第 59、61 卷的刊刻。

（21）魏：参加第 59、62、74 卷的刊刻。

（22）詹：参加第 59 卷的刊刻。

（23）讷：参加第 59 卷的刊刻。

（24）桂：参加第 59 卷的刊刻。

（25）解：参加第 60 卷的刊刻。

（26）杨：参加第 61、62、63、66、68、69、71、74、75、76、83 卷的刊刻。

（27）蹇：参加第 61 卷的刊刻。

（28）黄：参加第 61、68 卷的刊刻。

（29）夏：参加第 61 卷的刊刻。

（30）顾：参加第 61、62、83 卷的刊刻。

（31）韩：参加第 61、65、69 卷的刊刻。

（32）金：参加第 61 卷的刊刻。

（33）蔺：参加第 61 卷的刊刻。

（34）周：参加第 61、62、68、75、81 卷的刊刻。

（35）徐：参加第 62、67、82、83 卷的刊刻。

（36）况：参加第 62 卷的刊刻。

（37）山：参加第 62、102 卷的刊刻。

（38）孙：参加第 62、66、73 卷的刊刻。

（39）袁：参加第 64 卷的刊刻。

（40）赵：参加第 63、75 卷的刊刻。

（41）刘：参加第 63、64、67、69、77 卷的刊刻。

（42）罗：参加第 63、65、68、75、81 卷的刊刻。

（43）沈：参与第 63、76 卷的刊刻。

（44）彭：参加第 64、68、73 卷的刊刻。

（45）珝：参加第 64 卷的刊刻。

（46）余：参加第 64 卷的刊刻。

（47）朱：参加第 65、66 卷的刊刻。

（48）孔：参加第 65 卷的刊刻。

（49）毛：参加第 65 卷的刊刻。

（50）项：参加第 66 卷的刊刻。

（51）强：参加第 66 卷的刊刻。

（52）丘：参加第 67 卷的刊刻。

（53）马：参加第 67 卷的刊刻。

（54）谢：参加第 68、69 卷的刊刻。

（55）邹：参加第 68、82 卷的刊刻。

（56）梁：参加第 69 卷的刊刻。

（57）雍：参加第 70 卷的刊刻。

（58）许：参加第 70 卷的刊刻。

（59）林：参加第 70、73 卷的刊刻。

（60）牟：参加第 70 卷的刊刻。

（61）乔：参加第 73 卷的刊刻。

（62）席：参加第 73 卷的刊刻。

（63）鲁：参加第 74 卷的刊刻。

（64）陆：参加第 74 卷的刊刻。

（65）唐：参加第 74 卷的刊刻。

（66）寇：参加第 74 卷的刊刻。

（67）崔：参加第 74 卷的刊刻。

（68）海：参加第 76 卷的刊刻。

（69）曾：参加第 76 卷的刊刻。

（70）翁：参加第 77 卷的刊刻。

（71）高：参加第 79、83 卷的刊刻。

（72）练：参加第 80 卷的刊刻。

（73）蔡：参加第 81、84 卷的刊刻。

（74）欧：参加第 82 卷的刊刻。

（75）薛：参加第 82 卷的刊刻。

（76）边：参加第 83 卷的刊刻。

（77）康：参加第 83 卷的刊刻。

（78）郑：参加第 83 卷的刊刻。

（79）宗：参加第 83 卷的刊刻。

（80）伯颜：参加第 84 卷的刊刻。

（81）竟：参加第 102 卷的刊刻。

说明：福建教育出版社张永钦先生曾与笔者一起调查《闽书》版本并抄录《闽书》刻工姓名，该工作并得到福建省图书馆林列、谢水顺、卢红筠、陈泰耀、许彩娥、袁冰凌、林小敏等先生、女士，福建师范大学图书馆方品光等先生的鼎力支持。后来在调查《名山藏》刻工姓名时，又得到厦门大学图书馆李秉乾先生鼎力支持。谨此致以衷心的感谢。

原载于叶再生主编《出版史研究》第四辑，中国书籍出版社 1996 年

明代印书最多的建宁书坊

张秀民

自南宋至明季，福建建宁府书坊一直为全国重要的出版地之一。清闽人陈寿祺说："建安、麻沙之刻盛于宋，迄明未已。四部巨帙自吾乡锓板，以达四方，盖十之五六。"① 宋元时代书坊多在建宁府附郭之建安县。宋代三十六家书坊中，标明"麻沙"者只七家，"崇化书坊"者一家。元代二十七家中，标明"建阳"或"麻沙""崇化"者只五家，其余均在建安。至明代建安书坊衰落，而建阳独盛。景泰《建阳县志》称"天下书籍备于建阳之书坊"。建阳书坊有麻沙、崇化两处，称为"两坊"，为书籍产地，自昔号称"图书之府"。嘉靖《建阳县志》称"书籍出麻沙、崇化两坊。麻沙书坊毁于元季，惟崇化存焉"。明弘治十二年（1499）建阳县书坊又被火，"古今书板荡为灰烬"。《嘉靖志》又称"今麻沙虽毁，崇化愈蕃"。又云"今麻沙乡进士张璿偕刘、蔡二氏新刻书板寝盛，与崇化并传于世"。可知嘉靖时麻沙刻书有所恢复，而崇化更盛。麻沙街在永忠里，离建阳城西七十里。书坊街在崇化里，在麻沙镇东北二十里。"书市在崇化里，比屋

---

① 《左海文集》。

皆鬻书籍，天下客商贩者如织。每月以一、六日集。"① 这种每个月有六天专门出售书籍的集市，为同时其他地方所无。它能吸引全国书商络绎不绝地去批货，可见这个"图书之府"提供商品书籍之丰富。明周弘祖《古今书刻》载建宁府书坊书目三百六十五种②。嘉靖《县志》卷五载建阳书坊书目多至四百五十一种，是嘉靖二十四年（1545）的数字。自二十四年以后至明末，建本小说杂书，更如雨后春笋，其数当在千种左右，占全国出版总数之首位。

　　明代建阳书坊均自称"书林"。近人或以为宋代称"书林"，明代改称"书坊"者，与事实不符。建阳书林或简作"建邑书林"，建阳别称"潭阳"，故或称"潭阳书林""潭邑书林"。其偶作"闽建书林"或"闽书林"者，可能亦为建阳书林之简称。明代建阳书林有堂号姓名可考者，余据所见明建本牌子及各家公私目录所载，约得四十七家，列举于下：

余邵鱼（余象斗叔）

建阳书林文台余象斗双峰堂（又作潭阳余氏三台馆）

闽建邑书林余象年　　　　　　书林文台余世腾

书林余君诏（亦作潭阳三台馆）

建阳余氏萃庆堂（余泗泉、余彰德）

建阳余廷甫　　　　　　　　　潭邑书林余秀峰沧泉堂

潭阳余元长　　　　　　　　　闽书林余良木自新斋

闽书林余仙源　　　　　　　　书林余氏双桂堂

────────────

　　① 嘉靖《建阳县志》卷三。

　　② 景泰《建阳县志续集》书目计一百七十三种。明周弘祖《古今书刻》建宁府书坊书目作三百六十五种（原本宋辽金三史作一种，今作三种）。嘉靖《建阳县志》卷五作四百五十一种。明代有《建宁书坊书目》一卷单行本，今未见。又有《福建书目》一卷。

建阳刘氏翠岩精舍

书林刘氏安正堂（刘宗器、刘朝珀、刘双松）

三建书林刘龙田乔山堂（或作建邑书林乔山堂，或作闽乔山堂刘龙田，又作龙田刘氏乔山堂）刘玉田（文林乔山书堂）

龙田刘氏忠贤堂	潭阳书林刘太华
潭阳书林刘钦恩（荣吾）	潭阳刘志千归仁斋
建阳书户刘洪慎独斋	闽建书林叶贵
闽建书林叶志元	建邑书林叶见远
闽建书林郑少垣联辉堂	建邑书林郑氏萃英堂

建邑书林熊氏种德堂（又作鳌峰种德堂、熊宗立、熊冲宇）

闽建书林熊成冶种经堂

熊氏忠正堂（熊大木［钟谷］、熊龙峰）

建邑书林杨氏清江堂	杨氏清白堂（又作归仁斋）
建阳书林杨起元闽斋	闽书林杨美生
建邑书林陈贤	潭阳书林陈国旺积善堂
芝城潭邑黄正甫	建邑书林云明江子升
闽建书林金拱唐（魁绣）	闽书林徐宪成
建阳书林张好、刘成庆	建阳书林守仁斋
闽建书林三垣馆	建宁书户刘辉
建安书林郑氏宗文堂	建安刘氏日新堂
建安叶氏广勤堂	建安虞氏务本堂

建安博文堂

以上四十七家，几乎都在建阳，在建安者只数家。此外未标明"建阳""潭阳"或"闽建"而只有"书林"二字，如书林：余成章、余季岳、余碧泉、余敬宇、余长庚、余氏兴文书堂，可能为余象斗之同族。黄正达、黄正选，当为黄正甫之兄弟行。其他如书林熊氏中和书堂、刘宽、刘氏溥济药室、刘求茂、郑云竹、郑世豪、郑世容、郑以桢、郑氏丽正堂、叶仰山、叶顺檀香馆、叶一兰作德堂、杨素卿、黄灿宇、黄廉斋等，也可能多在建阳。然为慎重计，均暂不列入。闽建书林叶贵万历间刊焦竑《皇明人物考》，而明末金陵也有叶贵刊《诸葛武侯秘演禽书》，疑为一人，可能两处都有他的书铺。

上表所列刘氏翠岩精舍、刘氏日新堂、叶氏广勤堂、郑氏宗文堂、虞氏务本堂，均为元代老铺，至明代或百余年或二百余年，其子孙继续营业。翠岩精舍入明永乐刻《事林广记》，景泰丙子（1456）新刊《史钺》，成化己丑（1469）刻《通真子补注王叔和脉诀》《脉要秘括》。刘氏日新堂于至正癸丑刻《春秋金钥匙》一卷。按元至正无癸丑，实际上已是明太祖洪武六年（1373）了。于易代后，犹奉元正朔。这与元初晦明轩张存惠刻《本草》，虽金亡已十五年，仍用金泰和纪年，可谓无独有偶。叶日增广勤堂后人叶景逵明正统刻《增广太平惠民和剂局方》十卷、《图经本草》一卷、《针灸资生经》七卷，成化又刻《埤雅》。建安郑天泽宗文书堂后人正、嘉间刻明宣宗《五伦书》六十二卷，及《蔡伯喈诗文集》《初学记》《艺文类聚》。建安虞氏务本书堂后人于洪武刻《易传会通》。

宋、元两代建安、建阳书坊，以刘姓为多，次为余姓。明代据上表所列，亦以余姓十二家、刘姓十家为最多。次为杨、叶、郑、熊等姓。余氏刻书起于宋、元，明初稍衰，至万历间又大盛，均出于书林发源之鼻祖宋代广西安抚使余同祖①之后。余氏自十二世纪，至十七世纪继续刻书，年代之久，国内仅见。余君诏梓行《皇明英烈传》，萃庆堂余泗泉万历间镌王凤洲《纲鉴历朝正史全编》《吕纯阳得道飞剑记》等，余彰德刻《六经三注粹

---

① 清光绪丙申《重修余氏新谱》作十四世祖。见福建师范大学图书馆藏本。

钞》《世史类编》《古今人物论》等，自新斋余良木刻《南华真经三注大全》，余秀峰刊《纲鉴汇约大成》《草堂诗余》，余象年刊《纲鉴大方》，余世腾梓行《西汉志传》，余廷甫新刊《名家地理大全》，余仙源刻《皇明资治通纪》，余元长刊《续百将传》，余氏双桂堂刻余象斗编《三台诗林正宗》。文台余象斗子高父，字仰止，号仰止山人，又号三台山人，又称双峰堂余文台，万历间除刊有《大方万文一统内外集》、《校正演义全像三国志传评林》二十卷、《全像忠义水浒志传评林》二十五卷外，又自己编写了《西汉志传》《南游记》《北游记》《皇明诸司廉明奇判公案》等，余应鳌编《岳王传演义》。又熊大木编有《全汉志传》《唐书志传通俗演义》等。

熊宗立，别字道轩。从刘剡学，通阴阳医卜诸术。著有《洪范九畴数解》《通书大全》，注解《金精鳌极》，又著医书十余种①。他的种德堂正统、成化间（1436—1487）除翻刻《黄帝内经素问》、《小儿方诀》《陈氏小儿痘疹方论》《太平惠民和剂局方》《外科备要》等多种外，又自撰《原医药性赋》八卷，集《妇人良方》等。《图注难经》与《图注脉诀》为宗立后人熊冲宇万历间所刊。《脉诀注解》又有熊成冶种经堂本。日本人见到熊宗立编集的《名方类证医书大全》二十四卷，以为"医家至宝"，于大永八年（1528）翻刻，成了日本自己刊行的最早医书。

---

① 熊宗立所著医书，除《名方类证医书大全》、《图注难经》四卷（《图注难经》或作熊氏与张世贤合撰）、《难经大全》四卷、《图注指南脉诀》《原医药性赋》外，又有《山居便宜方》十六卷、温隐君《海上方》一卷、《备急海上方》二卷、《伤寒运气全书》十卷、《伤寒活人指掌图论》十卷、《丹溪治痘要法》一卷、《祈男种子书》二卷，又注《地理雪心赋》一卷，又《居家必用事类全集》十卷，"一云熊宗立编"。均见清黄虞稷《千顷堂书目》。

刘宗器安正堂与其子孙刘朝瑄、刘双松，自宣德四年（1429），至万历三十九年（1611）近二百年，先后刻书二十四种。除经、史、医书、类书外，有《李太白集》《杜工部集》《东坡诗》《秦淮海集》《象山集》《陈止斋集》、宋林亦之《网山集》、明宋濂《学士文集》、《东莱左氏博议》《韩文正宗》等文学作品。

刘洪慎独斋，自称"书户刘洪"，字宏毅，号木石山人，当时有"义士"之称。他刻的多为大部头的史书或类书，有《通鉴纲目》《通鉴节要》《十七史详节》《读史管见》《明一统志》《璧水群英待问会元选要》《东西汉文鉴》《宋文鉴》、孙真人《备急千金要方》。建阳知县区玉刊《山堂群书考索》，以义士刘洪校雠督工，复刘徭役一年，以偿其劳。书刊行于正德戊寅（十三年，1518）。十六年（1521）改刊《史记大全》，计改差讹二百四十五字。在此前二年己卯（1519）刊《文献通考》，计改差讹一万一千二百二十一字。清徐康以为"慎独斋细字，远胜元人旧刻大字巨册"，明高濂云"国初慎独斋刻书，似亦精美"。他刻书比较认真，错误较少，为同行所不及。

刘龙田乔山堂，万历间除刻了三种伤寒书外，又刊有《胤产全书》《千家姓》《百家巧联》《天下难字》《类定缙绅交际便蒙文翰品藻》《五订历朝捷录百家评论》《绣像古文大全》《文房备览》《西厢记》《三国志传》《古今玄相》《麻衣相法》《雪心赋》等十六种。刘玉田刊堪舆书。又龙田刘氏忠贤堂万历末刊《书经发颖集注》。其他数十家或刻一、二种或三、五种，多为县志、书坊书目所未载。

明代两京国子监及各布政司衙门刻了不少"制书"、官书及一般所谓正经书，远不能满足读者的需要，于是这个任务便落在南京、北京、苏州、杭州、徽州、建阳的书坊上。尤以后者能迎合顾客心理，书坊主人自己或请人编写了很多杂书小说、戏曲及带图书。为了识字教育与初学入门，建阳书林刊印了《天下难字》《千家姓》《初学绳尺》《声律发蒙》《诗对押韵》等。为了考试，《四书》就有白文、集注、傍注、大全、纂疏、通考、通证、音考、句解、辑释、发明章图等。《五经》中各经的注释更多。又有《献廷策表》《答策秘诀》等。史学方面有《通鉴》《纲目》及普通正史等。一般府县志都就地刊印，而建阳书林张好、刘成庆也"绣梓"弘治《大明兴化府志》五十四卷。

　　文学类有诗文总集及汉、晋、唐、宋、元、明各家文集六七十种。同时又出版了大批通俗文学书，如《三国志演义》《水浒传》《西厢记》《全像牛郎织女传》《唐三藏西游释厄传》《琵琶记》等。万历甲午（1594）双峰堂余文台梓《水浒传》广告云："《水浒》一书，坊间梓者纷纷，偏像十余副，全像止一家。"《三国志演义》就有余象斗、刘龙田、熊冲宇、杨起元、杨美生、黄正甫、郑少垣等家版本，多为上图下文连环画式，成为畅销书。其他图书也往往冠以"全像""绘像""绣像""图像""全相""出相""补相"等字样，以资号召。如《绣像古文大全》《出相唐诗》。云明江子升《新刊图像音释唐诗鼓吹大全》，也是上图下诗。自元代建安虞氏首创世界最早的带图书名页，继起仿效的有正德六年（1511）杨氏清江书堂刊的《新增补相剪灯新话大全》，万历二十七年（1599）安正堂刘朝珀刻《合并脉诀难经太素评林》，绘伏羲画八卦、神农尝百草及扁鹊、张仲景、华佗等十三人，万历三十五年（1607）种德堂潭阳熊冲宇梓《学海群玉》，下绘渔樵耕读四人图。建阳版画虽不及徽派之精致，但古朴简率，自饶风趣。

　　为了一般日用参考，又出版了《事林广记》《居家必用》等书。也出版了《性理大全》《朱子语录》等理学书，及姓氏、尺牍等专书。为了审判官及讼师的需要，刊刻了《读律琐言》《详刑要览》《律条疏义》与法医学的专书《洗冤录》。为了军事参考，又刊了《武经七书》《武经直解》《孙武子兵法》等。科技书有《九章算法》《明解算法》《详明算法》《指明算法》《农桑撮要》《便民图纂》《田家历》《牛经》《马经》《鲁班经》等。所出医书多至五六十种，除经典外，有针灸、内外科、小儿科、妇科专著，各种古今方书，及本草六七种。建阳书坊刊行了这么多有实用价值的图书，许多古代优秀的文化遗产赖以保存，并传播到国外。可惜的是，不少迷信的书也成批出版。现在看起来那些当然都是糟粕。

建阳书坊得到当地学者的协助，如"刘剡号仁斋，崇化人，世居书坊。博学不仕，凡书坊刊行之书籍，多剡校正。尝编辑《宋元资治通鉴》"。"刘文锦字叔简，博学能文，多所著述，书板磨灭，校正刊补。"①像刘洪慎独斋改正《史记》《通考》等误字，当然也是请人校勘的。但是建本往往追求数量，不重质量，校勘不精，错讹字多，引起了政府的干涉。嘉靖五年（1526）有人建议专设儒官，校勘经籍，特遣侍读汪佃往行，诏校毕还京，勿复差官更代。过了六年（1532），福建提刑按察司给建宁府牒文中说："照得《五经》《四书》，士子第一切要之书，旧刻颇称善本。近时书坊射利，改刻袖珍等板，款制褊狭，字多差讹，如'巽与'讹作'巽语'，'由古'讹作'犹古'之类，岂但有误初学，虽士子在场屋，亦讹写被黜……即将发去各书，转发建阳县，拘各刻书匠户到官，每给一部，严督务要照式翻刊，县仍选委师生对同，方许刷卖。书尾就刻匠户姓名查考，再不许故违官

---

① 　两人小传均见嘉靖《建阳县志》。元日新堂刘锦文字叔简，与此著有《答策秘诀》之刘文锦字叔简者，疑为两人。

式，另自改刊。如有违谬，拿问重罪，追板划毁，决不轻贷。"①当然，这只限于士子考试必用的经书读本，至于其他书籍，也只好听之任之了。

建阳书本不但句读字画差，有时又任意删节。明郎瑛说："我朝太平日久，旧书多出，此大幸也，亦惜为福建书坊所坏。盖闽专以货利为计，但遇各省所刻好书，闻价高即便翻刊。卷数目录相同，而于篇中多所减去，使人不知。故一部止货半部之价，人争购之。"② 明闽人谢肇淛说："建阳有书坊出书最多，而纸板俱最滥恶。"又说："雕板薄脆，久而裂缩，字渐失真。"③ 建本除极少数用白棉纸蓝靛印刷外，其余多用大苦竹所造专供印书用的本地特产"书籍纸"及邻县廉价的"顺昌纸"。明胡应麟说："闽中纸短窄黧脆，刻又舛讹，品最下而值最廉。"④ 嘉靖时建阳有两处墨窑造墨，就地取材，建墨比不上徽墨之精良，雕版纸墨均差，又不讲究装订，偷工减料，形式又不美观，而价钱最便宜，适合当时社会上的购买力，故能畅销四方，远及日本。但其中如《宋南渡史》《神农家教》《楚愚类书》《田家历》《千里马》《海底眼》《木天一览》等，因年代久远，也有不少失传了。

明代官府向建阳书坊索书，巧取豪夺，付资很少。书坊以偿不酬劳，亏食血本，往往暗中毁坏雕版⑤。这是当时对出版事业的一种摧残。

建阳书林刊刻了这么多的图书，约三百年中先后聚集在麻沙、崇化两坊的写工、刊字匠，及印刷装订工人，当有数千人。

---

① 见嘉靖建宁刻本《春秋四传》。
② 《七修类稿》卷下。
③ 《五杂俎》卷十三。
④ 《经籍会通》。
⑤ 景泰《建阳县志续集》。

然而他们不像宋代刻工及当时徽州、苏、常的刻工那样，有时在版心下方留下了自己的名字。可能他们长期被书坊雇用，发的是年薪，用不着写明某人所刻字数，因此这些书的刻工姓名可考的只有余清、吴长春、叶文辉、陆仲达、王廷生、余环、杨材①等少数人而已。

明代建宁书坊不但沿用传统的雕版印刷，也采用了新兴的铜活字印书。嘉靖三十年（1551）"芝城铜板活字印行"《通书类聚剋择大全》。这一年正是英国爱尔兰开始印书的一年。第二年（1552）"芝城铜板活字"只用一个半月，又以白纸用蓝靛印成《墨子》二册。近人对于"芝城"有不少错误的解释，或以为人名，或以为"芝城馆"，或以为"在江西的地名"，又以为"大概是苏南一带"。其实"芝城"由芝山得名，为建宁府城（今建瓯县）的别名。《通书类聚剋择大全》题"芝城近轩姚奎纂辑，建邑蒲涧王以宁校刊"。芝城与建邑或潭邑连称，可证明芝城之为建宁了。

稍后建阳游榕也制造了铜字，称为"闽建阳游榕制活版"。万历元年（1573）湖州茅坤用它印吴江徐师曾的《文体明辨》，书一出版，"一时争购，至令楮（纸）贵"。第二年（1574）在无锡又印《太平御览》一千卷，一百余部。这两部书的大字小字体，完全一样。《太平御览》版心下方称"闽游氏仝板"，有的又称"饶氏仝板"。仝板为铜板之简写。这副铜板可能为游榕与"闽贾饶世仁"合伙所有，故称游氏铜板，同时又称饶氏铜板。

---

① 嘉靖建阳黑口本《春秋》有阴文"余清刊""吴长春"等字。嘉靖《建阳县志》有"叶文辉刊""陆仲达刊字一百八十一个""王廷生刊字四百九十七""五百三十四余环"等。万历间"建邑杨材镌"鄞县余寅《农丈人集》。

他们两人往江浙印书，而在建阳本地印有何书，则尚待考①。

　　同时建宁府官方也刻了《建宁府志》《建宁人物传》《武经总要》《唐文粹》《古乐府》《朱文公登科录》《颜氏家训》等十七种②，可能也与书坊有关。

原载于《文物》1979 年第 6 期

---

　　①　以上四种明铜活字本均藏北京图书馆善本库。《墨子》为清黄氏士礼居、杨氏海源阁旧藏，最有名。

　　②　见《古今书刻》。

建阳余氏刻书考略（上）

肖东发

　　建阳书林余氏是我国历史上著名的刻书世家，在现今所见有关书史和版本学的著作中几乎没有不谈到闽建余氏的刻书，像叶德辉在《书林清话》中就曾说："夫宋刻书之盛，首推闽中，而闽中尤以建安为最，建安尤以余氏为最。"[①] 其他如陈彬龢、查猛济《中国书史》，孙毓修《中国雕板源流考》，钱基博《版本通义》以及台湾学者梁子涵近年在期刊上发表的《建安余氏刻书考》等论著中也都有与此类似的论述。然而，这些论著中普遍存在这么几方面的问题：

　　1. 对余氏刻书的历史兴衰所述不够清楚，有时甚至还有某些差误。

　　2. 对余氏所刻书籍的考察不够全面，常仅限于宋元二代，对于明代以后的余氏刻本很少提及。

　　3. 诸所论述，每多根据各种书目提要转引的二、三手材料，对余氏所刻书籍实物的调查研究不够，因而所述有所局限。

　　由于这些情况，本文在以往各有关论著的基础上，结合自己平时的学习和调查所得，试图对建阳余氏刻书的历史发展，历朝

----

　　① 叶德辉：《书林清话》卷二，第46—47页。

各代余氏著名的刻书家，他们所刻书籍的品种、数量、特点及其在文化史上的影响等，再做一些综合的历史探讨。

余氏刻书的兴衰

一、余氏刻书始于北宋

1. 清乾隆间对建安余氏刻书情况的考察

余氏刻书的兴衰，二百多年前，清乾隆帝曾派人作过专门调查，此事《大清高宗实录》和《续东华录》乾隆四十年乙未正月丙寅均有记载：

> 谕军机大臣等："近日阅米芾墨迹，其纸幅有'勤有'二字印记，未能悉其来历。及阅内府所藏旧板《千家注杜诗》，向称为宋椠者，卷后有'皇庆壬子余氏刊于勤有堂'数字。皇庆为元仁宗年号，则其板是元非宋。继阅宋板《古列女传》，书末亦有'建安余氏靖庵刊于勤有堂'字样，则宋时已有此堂。因考之宋岳珂相台家塾论书板之精者，称建安余仁仲，虽未刊有堂名，可见闽中余板在南宋久已著名，但未知北宋时即以'勤有'名堂否？又，他书所载明季余氏建板犹盛行，是其世业流传甚久，近日是否相沿？并其家刊书始自北宋何年？及勤有堂名所自？询之闽人之官于朝者，罕知其详。若在本处考查，尚非难事。着传谕钟音，于建宁府所属访查余氏子孙，见在是否尚习刊书之业？并建安余氏自宋以来刊印书板源流，及勤有堂昉于何代何年？今尚存否？或遗迹已无可考，仅存其名？并其家在宋曾否造纸？有无印记之处？或考之志乘，或征之传闻，逐一查明，遇便复

奏。此系考订文墨旧闻，无关政治。钟音宜选派诚妥之员，善为询访，不得稍涉张皇，尤不得令胥役等借端滋扰。将此随该督奏折之便，谕令知之。"寻奏："据余氏后人余廷勤等呈出族谱，载其先世自北宋迁建阳县之书林，即以刊书为业，彼时外省板少，余氏独于他处购选纸料，印记"勤有"二字，纸板俱佳，是以建安书籍盛行。至勤有堂名，相沿已久。宋理宗时，有余文兴号'勤有居士'，亦系袭旧有堂名为号。今余姓见行绍庆堂书集，即勤有堂故址，其年代已不可考。报闻。"①

以上复奏，恐是大略，寥寥数言，语焉不详。乾隆提出的问题并未全部解决，仍需作进一步考证。但还是回答了余氏刊书是自北宋始。

2. 余氏刻书始于唐代论只是一种推测之说

关于余氏刻书之始，还有另外一种说法，孙毓修在《中国雕板源流考》中列举宋时建阳的一些书肆后说："独建安余氏创业于唐，历宋元明未替，为书林之最古者。"② 许多谈建本的论著也多沿用此说，其源盖出于《天禄琳琅书目后编》：

是本序后刻"崇化余志安刊于勤有堂"。按宋版《列女传》载"建安余氏靖庵刻于勤有堂"，乃南北朝余祖焕始居闽中，十四世徙建安书林，习其业。二十五世余文兴以旧有勤有堂之名，号"勤有居士"，盖建安自唐为书肆所萃。③

① ［清］王先谦：《续东华录》乾隆八十一卷，第2页；《清高宗实录》卷九十五，第3—5页。
② 孙毓修：《中国雕板源流考》，第27页。
③ 彭元瑞：《天禄琳琅书目续编》卷二，第20—21页。

这一结论的得出，只是由余氏世系的大概推论而来，并无切实的文献依据。

3. 据《余氏宗谱》可知余氏迁居书林在北宋之时

我八二年底在福建建阳进行实地考察期间，先后在建阳县书坊公社书坊大队社员余咸清家、福建省图书馆及福建师大图书馆见到了三部《书林余氏宗谱》。余咸清家的一部是同治年间新安堂刻本，后两部均为抄本，据光绪丙申（1896）余振豪重修本转抄。三个本子内容基本相同。为了便于说明问题，我们不妨从《余氏宗谱》中选录一支，即"书林焕公派、上庠房、书坊文兴公派下世系"（见附录一及图一）来进行考察。

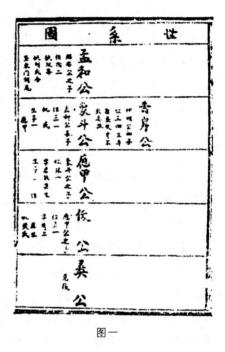

图一

据《书林余氏宗谱》元至正戊戌（1358）刘龄序：

> 余氏世家由南京扬州府盱眙县泗州下邳郡折居河南汝宁府固始县新安村……、其始祖讳焕公，由先公讳青来令建州建阳后，偕弟讳仲甫公徙居福州古田青杉洋村居焉，是为入闽开基之始祖也。……（传十三世）大亨公生继祖、同祖公，次同祖公宣广西安抚使，任满致政而归，欲卜山泉禽鱼之乐，以养高年。继崇政，蹈书林，见其真山真水之胜概，

又为圣贤过化之邦，于是遂家焉。入书林之始祖也。

宗谱第一世余焕入闽的时间是梁中大通二年庚戌（530）。遗憾的是，《余氏宗谱》中没有明确记载十四世余同祖的生卒年及其在书林定居的年代。但据其曾任广西安抚使之职，便可知其为北宋时人，因广西唐代属岭南道，五代十国时为南汉领地，北宋至道三年（997）分天下为十五路，置广南西路，始有广西之名。[①] 另外，家谱中最早有生卒年记载的是余同祖曾孙余道顺，生于北宋淳化二年辛卯（991），卒于嘉祐八年癸卯（1063）。据此也可推算出余同祖大约生于十世纪上半叶，其年老退休当在十世纪末、十一世纪初，其时已进入北宋。再则，唐代是我国印刷术发明初期，有关雕版印刷的文献及实物，都告诉我们早期印刷多集中在长江流域（即蜀、吴、越），至今并未见到有唐代福建刻书的记载。因此，我们说余氏定居书林及其开始刻书的时间上限只能是北宋，不可能是唐代。

二、南宋、元代余氏刻书的发展

1. 现今所知见的宋元两代余氏刻本

南宋和元代是余氏刻书发展的时期，虽然距今已有六百年以上的历史，我们仍然可以看到几十种宋元余氏刻本，有的虽无原本传世，但有翻刻本，或有藏书家目录以资考证。经过审订，可知见者为：

---

① 《宋史》卷八十五《地理志》，第 2094 页。

刻书处	书　名	刻书年代	行　款	见存或著录
万卷堂余仁仲	尚书精义五十卷	宋淳熙庚子（1180）		张志、瞿目、陆志、四库提要
	春秋公羊经传解诂十二卷	绍熙二年（1191）	十行，十九字，小字双行，细黑口，左右双边	北图、图录（见《四部丛刊》本）
	春秋穀梁经传十二卷	绍熙二年	十一行，十九字，小字双行，细口，左右双边	莫目、瞿目（见《四部丛刊》本）
	事物纪原二十六卷	庆元丁巳（1197）		陆志
	礼记注二十卷		十一行，十九字，小字双行，细黑口，左右双边	北图、上图、图录（见影）
	周礼注十二卷	南宋中期		北图、天禄
	尚书注疏二十卷			傅目
	纂图互注重言重意周礼十二卷			吴记
	陆氏易解一卷			邵注
	尚书全解四十卷			四库提要
	春秋经传集解三十卷		十一行，十九字，小字双行廿七字，左右双边，细黑口	台湾
	类编秘府图书画一元龟	南宋	乙部十五行，廿四、五字；丙丁部十三行，廿五字	日本、汉目

续表

刻书处	书　名	刻书年代	行　款	见存或著录
余恭礼	活人事证方二十卷	宋嘉定丙子（1219）	序八行，十四字，十一行，廿一字	森志、汉目、日本
明经堂余唐卿	类证普济本事方十卷后集十卷	宋宝祐癸丑（1253）	十三行，廿一字	森志、汉目、日本
余腾夫	张文潜文集十卷	南宋		北大有嘉靖本跋中提到（见）
励贤堂余彦国	新编类要图注本草四十二卷序例五卷目录一卷	宋	十行，十九字	森志、汉目、日本
勤有堂余志安	太平惠民和剂局方十卷	元大德甲辰（1304）		台湾、汉目、杨谱、日本、有朝鲜复元本
	分类补注李太白集注二十五卷	至大辛亥（1311）	十二行，廿字，小字双行廿六字，黑口，双边	北图、上图（见）、台湾、中图
	集千家注分类杜工部诗集二十五卷文二卷	皇庆元年（1312）	十二行，廿字，小字双行廿六字，黑口，双边	北图（见），故宫、南图、上图、台湾、美国
	书集传辑纂注六卷又一卷朱子说书纲领辑录一卷	延祐五年（1318）	十行，廿字，小字双行廿四字，黑口，四周双边	北图、北大、故宫、上图
	三辅黄图六卷	致和元年（1328）	十一行，二十一字，小字双行廿一字，四周双边	北图（见）

续表

刻书处	书　名	刻书年代	行　款	见存或著录
	孟子通十四卷附孟子集注通证二卷	元天历间（1328—1330）	十一行，廿一字，小字双行同，黑口，四周双边	张录
	四书通证六卷	天历二年（1329）	十三行，廿四字，小字双行同，黑口，四周双边	北图
	四书通二十六卷	天历二年	十一行，十九字，小字双行廿一字，黑口，四周双边	北图、上图（见影）
	唐律疏议三十卷纂例十二卷	至顺壬申（1332）	十二行，廿一字，黑口，四周双边	北图（见影）、汉目
	国朝名臣事略十五卷	元统三年（1335）	十三行，廿四字，小字双行，黑口，四周双边	北图（见影印本）
	易源奥义一卷	至元二年（1336）		台湾影抄本
	易学辨惑一卷	至元二年		台湾影抄本
	汉书考正、后汉书考正六卷	元至正三年（1343）		丁志
	诗童子问二十卷	至正甲申（1344）	十二行，廿三字，黑口双边	上图、台湾、汉目、森志，日本
	诗传序一卷	至正四年（1344）		台湾

续表

刻书处	书　名	刻书年代	行　款	见存或著录
	诗传纲领一卷	至正四年		台湾
	书蔡氏传旁通六卷	至正乙酉（1345）	十三行，大字廿二、廿五，黑口有耳	瞿目、张志、森志、台湾（见影）
	仪礼图十七卷、仪礼旁通图一卷	元	十行，廿字（缺卷二、五、七）	故宫、上博、台湾
	新编妇人大全良方二十四卷辨识修制药物法度一卷	元		北图
	新刊补注铜人穴针灸图经五卷		十行，廿字	森志、汉目
	普济本事方十卷	元		杨志、四库提要
	诗缉三十六卷	元	十行、廿四字，细黑口，四周双边	上图
	春秋后传十二卷			邵注
	洗冤录五卷	元	十六行、廿六、七字，黑口	王记
靖庵	古列女传七卷续列女传一卷	有清道光阮福翻雕本	上图下文，十五行、十五字，黑口双边	森志、天禄、邵注、黄书录、（见《丛书集成》本）
	琼琯白玉蟾武夷集八卷	元	十一行、廿一字，黑口，四周双边	北图（见）、瞿目、丁志

续表

刻书处	书　名	刻书年代	行　款	见存或著录
勤德堂	增修互注礼部韵略五卷	元至正甲申（1344）	十一行，小字双行廿八字	杨谱、美国会图有日本翻元刻本（见影）
	皇元风雅十二卷	元		杨谱（见影）
	广韵五卷	元		杨志
双桂堂	诗集传名物钞音释纂辑二十卷	元至正十一年（1351）	十二行，十一字，黑口，四周双边	北图
	书集传六卷	元至正十一年	十三行，廿三字，小字双行，小黑口，四周双边	吉林
	广韵五卷	元	十三行，黑口，四周双边	北图（见影）
	联新事备诗学大成三十卷	元皇庆间（1312—1313）	十三行	故宫
余卓	诚斋先生四六发遗膏馥十卷	元	十四行、廿三字，左右双边	辽宁（见）

（表中省称注释见附录二）

2. 勤有堂应是元代著名的书肆

从上表可以看出余氏刻书在南宋以万卷堂最为著名，与余仁仲万卷堂同时的还有余唐卿的明经堂、余彦国的励贤堂，以及余恭礼、余腾夫等。

元代的余氏刻书坊有勤有堂、勤德堂、双桂堂及余卓等，其中以余志安的勤有堂刻书最多、影响最大，今天可知见的刻本还有二十六种之多。因此，以往常常用勤有堂概括整个余氏，以为勤有堂历经宋元明三代，或者把勤有堂、万卷堂混为一谈，相沿成说，甚至编入工具书供人查检，以讹传讹，至今犹行。例如《仪顾堂续跋》中就出现了"余仁仲刊于勤有堂"一类的错误。[①]《室名别号索引》中"勤有堂"也注为"宋建安余仁仲"[②]，实为"元建安余志安"。

历经宋元明三代刻书的是整个建阳余氏，勤有堂只是其中的一个分肆，所刻书集中在元代，至今尚未见到有宋、明两代的勤有堂刻本，而以往各家所著录的"宋勤有堂本""明勤有堂本"可以说没有一部经得起推敲。

例一，《千家注分类杜工部诗二十五卷》，乾隆四十年（1775）上谕中已做了订正，该书卷后明明有"皇庆壬子余氏刊于勤有堂"刊记，皇庆是元仁宗年号，居然也"向称宋椠"。[③]

例二，《古列女传八卷》，也一向被称为宋本。仅卷首有嘉祐八年（1063）王回序，《中国版画史》因此把该书定为嘉祐八年余氏勤有堂刻本[④]。这种以序断年的方法实在不足为训。该书目录后有外方内圆木印记，中刻草书"建安余氏"；卷二、卷三后有"静庵余氏模刻"一行；卷五后有"余氏勤有堂刊"一行；卷八后有墨地白文木记"建安余氏模刻"一行。在阮福仿刻本中，书后有嘉庆二十五年江藩题跋："《列女传》八卷，宋建安余氏所刻。余氏名仁仲，曾刊注疏、何义门学士所谓万卷堂本也。卷末有余靖庵模刊款，靖庵岂仁仲之号？"一见"建安余氏"四字，

① ［清］陆心源：《仪顾堂续跋》卷一，第15页。
② 陈乃乾：《室名别号索引》，第241页。
③ 《清高宗实录》卷九七五，第3—5页。
④ 王伯敏：《中国版画史》，第30页。

就联想为余仁仲，就断定为万卷堂本，这是什么逻辑？难道建安余氏全都名叫仁仲？一个是全称，一个是特称，怎么能画等号？就因为余仁仲万卷堂是宋代有名的刻书家，和余仁仲联上就可以定为宋本，也不管原本上已注明"余氏勤有堂刊"的字样，这在佞宋成风的清代藏书家中是屡见不鲜的。根据原书刊记和《宋元余氏刻本知见录》，我们完全可以得出这样的结论：勤有堂的静庵不可能是余仁仲的别号，倒有可能是余志安的别号或室名；《古列女传》不可能是宋万卷堂所刻，而是勤有堂刊。现存的《琼琯白玉蟾武夷集》也有"建安余氏刊于静庵"刊记，丁丙的《善本书室藏书志》和瞿镛的《铁琴铜剑楼藏书目录》均著录为元刊本。北京图书馆藏有一部元建安余氏刻明修本。既然同是余静庵所刻，《古列女传》也是元刻而非宋刻。

例三，《三辅黄图六卷》，《福建版本资料汇编》著录为"宋政和元年（1111）余氏勤有堂本"，此书现存北京图书馆。原书目录后有"致和戊辰夏五余氏勤有堂刊"（图二）行书牌记，"致"字较草，但也不能看成"政"字，而且政和年间无戊辰，致和戊辰为公元1328年，"致""政"一字之误，相差二百多年。在罗振常、周子美的《善本书常见目录》中也误为"政和戊辰"。①

图二

①　罗振常、周子美：《善本书所见录》，第60页。

例四，《贞观政要十卷》。
例五，《朱文公校昌黎先生文集四十卷》。这两部书《福建版本资料汇编》均著录为余氏勤有堂明刻本。原书都在北京图书馆。前者目录后有"洪武庚戌仲冬王氏勤有堂刊"双行篆文牌记（图三），后者序后有"洪武壬戌春庐陵勤有堂刊"长方形阴文木记，均非建安余氏所刻。由此可见，不能一见"勤有堂"字样，就断定为余氏刻本，称"勤有堂"的远不止余氏一家。不能过于相信以往的一些"成说""定论"，如有

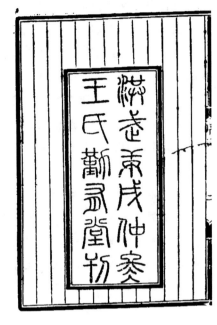

图三

可能，尽量查阅原书，才能避免人云亦云，得出正确结论。"勤有堂"不等于整个建阳余氏，它仅是余氏中之一支，既然没有一部站得住脚的"宋勤有堂本"或"明勤有堂本"，那么还是《中国版刻图录》的结论对："勤有堂为元时建阳崇化坊名肆"。①

3. "勤有堂"主人考

"勤有堂"刻书既然在元非宋，那么"宋理宗时有余文兴，号勤有居士，系袭旧有堂名为号"之语就需重新考虑了。因为按《余氏宗谱》和现有"勤有堂"刻本而言，显然余文兴称勤有居士在前，而余志安刊书于后。查遍《宗谱》也找不到余志安。如

---

① 北京图书馆编：《中国版刻图录》，第61页。

果他就在书坊文兴公世系的话，很可能就是余文兴之子——余安定之别名。根据有四：

（一）古人常以别号为堂名。余氏本身就有一例，余孟和号双峰，其子余象斗刻书坊即称"双峰堂"，乃明代名肆，余志安以其父余文兴之号为刻书堂名，亦同此理。从经济状况来看，也有相同之处，谱系中一般记载甚简，唯余文兴和余孟和之父余继安二人记载颇详，都买山置地，为子孙刻书打下基础。记谓：

> 余文兴，庆父之子，位巳一，字启一，号勤有居士。生于嘉熙元年丁酉，卒于至大二年己酉九月二十一日，享寿七十三岁。至皇庆癸丑年十二月二十七午时东门湖尾平地掌坑，坐巳向亥。姚詹氏，生子一安定。公买有山一片，坐落东门湖尾地掌平，又名蕉坑，上至高顶，下至田傍，左至熊宅山，右至湖尾村大路为界。①

（二）年代相符。勤有堂余志安所刊书中年代可考的，最早是大德甲辰（1304），最晚是至正乙酉（1345）；余安定的生年为南宋德祐元年乙亥（1275），卒于至正七年丁亥（1347）。

（三）"勤有堂"与余安定也有联系。《书蔡氏传辑录纂注六卷》一书成于至大戊申（1308），既有余氏勤有堂延祐戊午（1318）刊本，又有刘氏翠岩精舍至正甲午（1354）刊本，行款均为十一行廿字，小字双行廿四字，黑口，四周双边。刘氏本引用诸书后有"建安后学余安定编校"一行。

（四）在"勤有堂"刊本中出现余安定之子余资名字。据孙星衍仿刻《唐律疏议》，前"释文序"后有"至正辛卯十一年重

---

① 《书林余氏宗谱》书坊文兴公派下世系，第2页。

校"一行，又有长方木印记"崇化余志安刊于勤有堂"。"疏议序"后有草书"至顺壬申五月印"一行，卷终有"考亭书院学生余资编校"一行。余资为余安定之子，勤有居士余文兴之孙。

以上只是一种推测，它的前提是勤有堂主人是在书坊余文兴世系，方能成立。（一）（三）（四）三条分别说明勤有堂与余文兴、余安定、余资祖孙三代是有联系的，而第二条则在家谱世系中找出与其相符的位置，书之以供有识者进一步考订。

三、明后期余氏刻书最为兴盛

1. 余氏刻书衰于元末明初说的由来

明朝，特别是万历年间，是余氏刻书鼎盛之时。然而，以往对于这一时期余氏刻本的研究是很不够的，有限的几篇论述余氏刻书的论著，均认为早在元末明初余氏就衰落了。叶德辉《书林清话》卷四："建安余氏书业，衰于元末明初，继之者叶日增广勤堂，自元至明，刻书最夥，亦有得余版而改易其姓名堂记者。"[1] 梁子涵的《建安余氏刻书考》在转引这段话后说："案叶氏之说，极为可信……建安余氏刻书世业，到元末明初之际，根据各家考订，似已逐渐衰微了。"[2] 如果他们所讲的是余氏书业衰微一时，再谈后来的复兴，也符合事实。然而问题在于，他们对明初以后的余氏刻本只字不提，只讲到弘治大火为止。事实并非如他们所说，余氏刻书业到了明代中后期，不但没有衰微，反而大盛。仅书坊文兴公派下世系就有余彰德、余象斗、余泗泉、余应虬、余昌祚、余元熹等（见附录一）从事刻书业。与他们同时

---

① 叶德辉：《书林清话》卷四，第111页。

② 梁子涵：《建安余氏刻书考》，《福建文献》（台北）第一卷第一期，第54页。

的还有自新斋的余允锡、余泰恒、余文杰、余良木、余绍崖、余明吾，居仁堂的余应孔、余献可，克勤斋的余碧泉、余明台，怡庆堂的余良进、余苍泉，存庆堂的余立予（余张豹），永庆堂的余秀蜂、余郁生等，仅刻书家就有三十多人，刻本更是不计其数。

事实是这样明白地摆在那里，为什么还会出现余氏刻书衰于元末明初的说法呢？分析原因有三：

其一，只重宋元本，对明末坊刻本历来不屑一顾，甚至见到了明朝余氏自新斋刻本，也怀疑其是否是宋元两朝书林余氏子孙的世业。[①]

其二，还是受上文所说那种"成说"的影响，把勤有堂看成整个建阳余氏，只看到了勤有堂一家衰于元末，没有看到明代还有几十家余氏书坊；只看到了叶氏广勤堂改版的几种书，没有看到明代余氏刻的几百种书，这真是见木不见林了。

其三，掌握的材料不完整不全面。有的文章只言弘治年间建阳书坊大火，不言其后书坊的恢复与发展。如张贻惠《福建版本在中国文化上之地位》一文，引用《竹间十日话》：

> 弘治十二年十二月初四日，将乐大火，直至初六，郡署庙学延烧二千馀家，建阳书坊街亦于是月火灾，古今书板皆成灰烬，自此麻沙板之书遂绝。

这一记载后，遂得出"福建印书事业乃入于衰落时期矣"[②] 的结

---

①　梁子涵：《建安余氏刻书考》，《福建文献》（台北）第一卷第一期，第 73 页。

②　张贻惠：《福建版本在中国文化上的地位》，《福建文化》第一卷第七期，第 5 页。

论。实际上，书坊的刻书业几年后就得以复兴。据嘉靖《建阳县志》载，弘治十六年（1503），广东番禺人区某来建阳任知县，他"雅重斯文，垂情典籍，书林古典缺板悉令重刊，嘉惠四方"[①]。正德十一年（1516）上任的知县邵豳一面鼓励生产，一面"清稽版籍"[②]。嘉靖二年的建阳知县项锡："勤校典籍，以惠四方[③]。以上记载，难免有溢美之词，但这部县志所列的"书坊书目"多达451种，其中还有关于书市的记载，足以说明到了嘉靖年间，书坊已恢复了昔日的繁荣。

2. 实际衰落的仅是勤有堂一家

据现有材料分析，在元朝中叶盛极一时的余氏勤有堂，到了元末明初确实销声匿迹了，一些书版转让给叶氏广勤堂，甚至后来还传到远在金台（北京）的汪谅手中。《天禄琳琅书目》卷六元版集部共收四部《千家注分类杜工部诗集》，其中第二部写道：

> 此书即前板（指余氏勤有堂版），惟将传、序、碑铭后"建安余氏"篆书木记剜去，别刊"广勤书堂新刊"木记。《门类》目录后钟式、炉式二木记尚存，而以"皇庆壬子"易刊"三峰书舍"，"勤有堂"易刊"广勤堂"。其诗题目录后别行所刊之"皇庆王子余志安刊于勤有堂"十二字虽亦剜去，而卷二十五后所刊者当时竟未检及，失于削补。所增附之《文集》二卷，摹印草草，较之前二十五卷亦不相类。此拙工所为，虽欲作伪，亦安能自掩也耶。

---

① 嘉靖《建阳县志》后序。
② 见上注卷十三。
③ 见上注卷十三。

又见丁丙《善本书室藏书志》卷二十四：

> 《集千家注分类杜工部诗二十五卷》明汪谅翻元刊本。
> 一为建安余氏勤有堂刊，目录后有"皇庆壬子"钟式木印、
> "勤有堂"鼎式木印。一为广勤书堂新刊，有"三峰书舍"
> 钟式木印、"广勤堂"鼎式木印。又有至正戊子潘屏山刊于
> 圭山书院者。此为明汪谅所翻，行款字数与元刊无异，惟笔
> 画稍肥耳。刷印用明时官牍残纸，颇多古趣。汪谅乃金台书
> 估，柯氏《史记》、张氏《文选》，皆其所刻者。

余氏有许多分肆，勤有堂一家衰落，不等于整个余氏刻书业都衰落，与勤有堂同时的勤德堂、双桂书堂，到了明代仍在刻书。一部朝鲜复明余氏勤德堂本《续古摘奇算法》目前在台湾。四川省图书馆和美国国会图书馆各有一部《周易传义大全二十四卷图说一卷纲领一卷》，《纲领》末页下刻"弘治丙辰余氏双桂堂新刊"牌记（图四），弘治丙辰为1496年。浙江金华图书馆存明嘉靖八年（1529）双桂堂的《四书

图四

集注大全三十六卷》，上距刻《诗集传名物钞音释纂辑》的至正十一年（1351），已近二百年。据张秀民先生考证，双桂堂还曾

刻过余象斗编的《三台诗林正宗》①，这已到万历中后期，即十七世纪初了。可见一个书堂延续几朝几百年的例子是不少的，但有版本可证的不是勤有堂，而是双桂堂和勤德堂。

3. 余氏刻书在嘉靖时的复兴和万历时的大盛

应该承认，和宋万卷堂、元勤有堂时代相比，明朝前期余氏刻书业是不景气的，分肆不多，刻书种类也少。这与当时社会状况及余氏自家的经济状况也有直接关系。到了嘉靖年间，余氏又广置田产，开始大规模地刻书藏版了，这在《书林余氏家谱》中也可找出线索。还以余文兴一系为例，在三十二世"余继安"下有这样一段记载：

> 文公长子，位丁一，字履泰，生于弘治壬子，卒于嘉靖壬戌，享年七十一。生子四：仲明（余彰德父）、孟和（余象斗父），昇郎、定郎。公于嘉靖己丑年向阮姓买有山一片，坐落东门书市人和社，上至高岗后刘宅山，下至大路，左至山路，右至郑张二姓山为界。公游览其间，睹山水之气清，慕圣贤之过化，遂于嘉靖癸巳年建造庵一所，名曰清修寺，以为子孙讲学之所，亦可为印书藏版之地。又买有粮田一百五十馀亩，以为子孙读书之资、宾舆之费；拨出粮田五十馀亩，以为本寺养僧供佛之具。则洒扫清庙有人，而子弟得以专心致志于诗书之中也。自记。公殁，葬公于寺之后，子孙公议，本房派下得以扞葬。异房异姓欲售一穴，万不能也。又记。

读了上述记载，我们对于万历年间萃庆堂、三台馆等余氏刻书的

———————————

① 张秀民：《明代刻书最多的建宁书坊》。

大盛，余象斗、余昌祚等自己也能编著图书，就不会感到奇怪了。

四、余氏刻书衰于清初

余氏刻业究竟衰于何时呢？衰于清初。以往的学者很少谈及清朝的建刻、余刻，似乎清朝建阳刻书活动已经绝迹。可是今天，我们仍能见到几部余氏清刻本，如：

（一）《陈眉公先生选注左传龙骧四卷》，清初余氏三台馆刻本，《中国古籍善本目录》著录，现存吉林大学图书馆。

（二）《精绣通俗全像梁武帝西来演义十卷》，孙楷第《中国通俗小说书目》著录为清初余氏永庆堂刻本，现存日本宫内省图书寮、帝国大学图书馆。我在北京大学图书馆也见到一部，原题"天花藏主人新编、永庆堂余郁生梓"，卷首有康熙癸丑（1673）天花藏主人序。（图五）

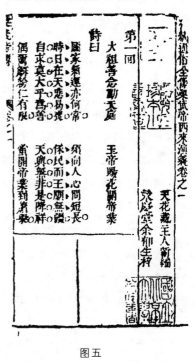

图五

（三）《汉魏名文乘一百十四卷》，福建省邵武县图书馆定为"明嘉靖壬午（1522）闽书林张运泰、余元熹刊行"，根据就是全书总序后《选例》篇作者张运泰名上有"壬午孟夏日"五字。另据六十三卷《盐铁论》卷首"云间张之象序"顶部注明是"嘉靖癸丑闰三月朔旦"，于是得出结论：该书是从嘉靖元年（1522）到嘉靖三十二年（1553）按年序有计划编排印刷的。以上错误又是以序断年，而且把两个序合成一个年号。殊不知该书第二十七卷《东汉文·论衡》是黄道周作的序，黄道周的生卒年为1585—1646，是晚明时著名抗清人物。再阅《余氏家谱》，余元熹是余彰德之曾孙，第三十七世，其曾祖尚为万历时人，曾孙怎会在嘉靖年刻书？还有就是版本风格也根本不像嘉靖本，分明是清初印本。所以总序之壬午当为康熙四十一年，即1702年。

康熙年间的《建阳县志·艺文志》中有二部书目，其中"著书书目"载书二百馀种，存版仅十馀种；"梓书书目"载书近一百五十种，存版不过百种。康熙末年，著名学者朱彝尊、查慎行均到过福建，朱彝尊《曝书亭集》中有诗一首云："得观云谷山头水，恣读麻沙坊里书。"查慎行《敬业堂集》中有《建溪棹歌》一首，云："西江估客建阳来，不载兰花与药材。妆点溪山真不俗，麻沙坊里贩书回。"可见此时麻沙一带仍有刻书活动，不过规模已十分有限。清代王士祯在《居易录》中说："今则金陵、苏杭书坊刻版流行，建本已不复过岭。"这也说明：到了清代，全国最大的刻书中心已移到南京、苏州、杭州一带，福建建阳及余氏刻书业日趋衰落，但是衰而未竭，可谓百足之虫，死而不僵。

附录一：书林余氏宗谱表（焕公派上庠房书坊文兴公派下世系）

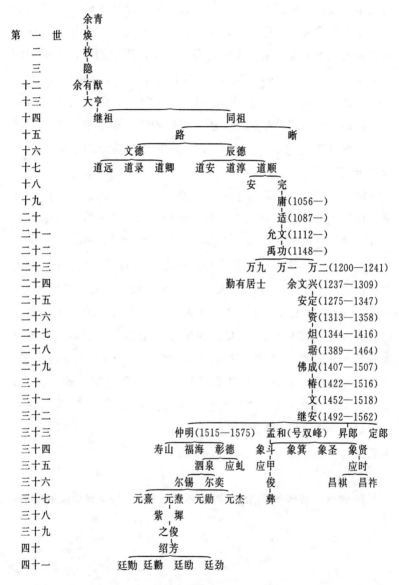

第 一 世	余青
二	焕
三	枚
	隐
十 二	余有猷
十 三	大亨
十 四	继祖　　　　　同祖
十 五	路　　　　　昕
十 六	文德　　辰德
十 七	道远　道录　道卿　道安　道淳　道顺
十 八	安　完
十 九	庸(1056—)
二 十	适(1087—)
二十一	允文(1112—)
二十二	禹功(1148—)
二十三	万九　万一　万二(1200—1241)
二十四	勤有居士　余文兴(1237—1309)
二十五	安定(1275—1347)
二十六	资(1313—1358)
二十七	炟(1344—1416)
二十八	琚(1389—1464)
二十九	佛成(1407—1507)
三 十	椿(1422—1516)
三十一	文(1452—1518)
三十二	继安(1492—1562)
三十三	仲明(1515—1575)　孟和(号双峰)　昇郎　定郎
三十四	寿山　福海　彰德　象斗　象箕　象圣　象贤
三十五	泗泉　应虬　应甲　　　应时
三十六	尔锡　尔奕　俊　　　昌祺　昌祚
三十七	元熹　元焘　元勋　元杰　彝
三十八	紫　墀
三十九	之俊
四 十	绍芳
四十一	廷勤　廷勤　廷劻　廷劲

　　选录自福建省图书馆藏《书林余氏重修宗谱》（［清］余振豪等修，光绪二十二年［1869］新安堂刊本）

附录二：省称汇释

本文表格因篇幅所限，用了一些省称和缩略语，现把作者及全称注出。以供参阅。依本文所引顺序排列：

张志：〔清〕张金吾《爱日精庐藏书志》，吴县灵芬阁徐氏刊本，1887 年。

瞿目：〔清〕瞿镛《铁琴铜剑楼藏书目录》，武进董氏诵芬室本，1897 年。

陆志：〔清〕陆心源《皕宋楼藏书志》，十万卷楼本，1882 年。

四库提要：〔清〕永瑢《四库全书总目》，北京：中华书局本，1960 年。

图录：北京图书馆《中国版刻图录》，北京：文物出版社，1960 年。

莫目：〔清〕莫有芝《邵亭知见传本书目》，上海：扫叶山房石印本，1923 年。

傅目：傅增湘《双鉴楼善本书目》，双鉴楼刊本。

天禄：〔清〕于敏中等《天禄琳琅书目》，长沙王氏刊木，1884 年。

吴记：〔清〕吴寿旸《拜经楼藏书题跋记》，苏州：文学山房，1847 年。

邵注：〔清〕邵懿辰《增订四库全书简明目录标注》，上海古籍 1979 年。

周罗录：周子美、罗振常《善本书所见录》，上海：商务印书馆，1958 年。

森志：〔日〕森立之《经籍访古志》，1885 年活字本。

汉目：〔日〕宫内省图书寮《图书寮汉籍善本书目》，东京书店，1931 年。

杨谱：〔清〕杨守敬《留真谱》，宜都杨氏刊本。1901 年。

张录：张元济等《涵芬楼烬馀书录》，上海：商务印书馆，1951 年。

杨志：［清］杨守敬《日本访书志》，1897 年刊本。

王记：王文进《文禄堂访书记》，北京琉璃厂文禄堂书籍铺，1942 年。

黄书录：［清］黄丕烈《百宋一廛书录》，上海医学书局，1917 年。

丁志：［清］丁丙《善本书室藏书志》，钱塘丁氏刊本，1901 年。

原载于《文献》1984 年第 3 期

建阳余氏刻书考略（中）

肖东发

二、余氏刻书的规模和数量

1. 余氏刻书的地点

（1）余氏刻本刊记中所涉及的地名

为了确切地了解建阳余氏刻书的规模、数量，进而分析其内容、特点，就要把非建阳的余氏刻本以及虽然堂号相同、而非建阳余氏的刊本剔除出去，因此，有必要对余氏刻本刊记中所提到的地名加以考辨。

自北宋初年余同祖始，余氏即在书林定居。书林，即今建阳县书坊公社书坊大队。由此观之，"书林""书坊"起码有两重意思：其一，泛指以刻书卖书为业的坊肆书铺，如明代南京周曰校万卷楼、苏州龚绍山等刻书所题"书林"。我们平时所说的"书坊本"，都是泛指不同于官刻、家刻的坊肆刻本。其二，为地名，特指建阳县书坊街。嘉靖《建阳县志》卷一有"建阳县书坊图"（图一），卷三有"书林十景"，均为地名。至于余氏刻本中自题的"闽书林""闽建书林""建邑书林""书林"，两个意思都讲得通，但主要还是指地名。

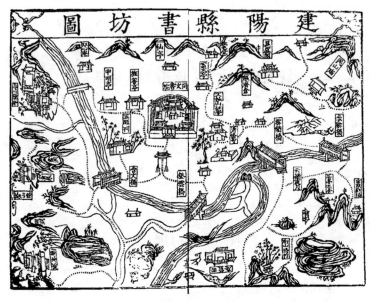

图一

　　余氏刻本中还可见到"芝城""潭邑""潭阳"等字样，如万历三十三年（1593）余氏所刻《四书大全》《五经大全》，卷首均题"闽芝城潭邑余氏同刊"。"芝城"为建宁府别称，按康熙《建宁府志》载：府城南有紫芝山，因古代产紫芝得名，又作芝山。"潭邑""潭阳"为建阳县别称，因城西有大潭山而得名。

　　宋元余氏刻本中常见"建安"二字，世人也称之为"建安余氏"。不少学者以为这是距建阳县东南一百二十里外的建宁府附郭之建安县，文章中常把建阳、建安并提，或以为"至明代建安书坊衰落，而建阳独盛"①。其实余氏所题的"建安"就是"建阳"。查康熙《建宁府志》，该府所辖除建阳县外，确有府城附郭之建安县，后与瓯宁县合并为今建瓯县。而余仁仲、余志安所题

———————

　　① 张秀民：《明代刻书最多的建宁书坊》。

之"建安"，乃沿用古代郡名。历史上，建阳县隶属于建安郡，东汉至隋称建安郡，唐五代称建州，宋以后为建宁府。在有"建安"字样的刻本中还可找到"崇化余志安刊于勤有堂"等语，亦可证明元代余氏刻书地，就在建阳县崇化里书坊街。

书坊旧属崇化里，故又称崇化坊。麻沙旧属永忠里，距县城西七十里，书坊位于麻沙西南二十餘里，因交通不如麻沙便利，常把印好的书运到麻沙出售，所以世人只知麻沙，不知崇化。孰不知，"麻沙本"中有相当一部分为崇化书坊所刻。嘉靖《建阳县志》说得很清楚："书籍出麻沙、崇化两坊，麻沙书坊毁于元季，惟崇化存焉。"可见崇化书坊刻书到元明之后已超过麻沙，而"麻沙本"之名不仅照旧通行于世，而且沿用至今。严格地说，余氏刻本是不能称"麻沙本"的。如日本森立之《经籍访古志》著录了一部《孟子集注七卷》元刊本，序说后补写"延祐甲寅良月麻沙万卷堂刊本"木记。《福建版本资料汇编》把此书列到余仁仲万卷堂名下，但从上文可知，不仅时间不对，余氏万卷堂是南宋名肆，刊书集中于十二世纪下半叶，而延祐甲寅为1314年，中间一百多年为空白且不论，主要是地点不符，余氏万卷堂在崇化书坊，不会自题"麻沙万卷堂"。可见平时把建阳两坊混为一谈，似乎问题不大，可是要具体深入地研究余氏刻本，不区别麻沙与崇化书坊就要出差错。万卷堂实在是太多了，不能一见万卷堂就认为是建安余仁仲刻本。如《新编近时十便良方》一书，"总目后有'万卷堂大字刊行'牌记两行。此为蜀本，万卷堂当是成都眉山地区书坊名号"①。可是有些版本目录居然也把它列在余仁仲名下②，实谬。从版式风格上也应看出两者之间的差

---

① 北京图书馆编：《中国版刻图录》，第45页。
② 方品光：《福建版本资料汇编》，第3页。

别。又如《王状元集百家注分类东坡先生诗》一书，卷末纵然有"建安万卷堂刻梓于家塾"木记，我们也不能断定它就是余仁仲所刻。因此，我们可以得出如下经验：只看堂名，不顾及地名、姓名，极易出错；反之，有了余氏字样，但在卷首和牌记上没注明"闽建""潭阳""崇化""书林"等地名者，我们也不能完全断定其就是建阳余氏刻本。限于篇幅，这类书事例恕不论列了。

（2）建阳书坊刻书之盛及余氏所处的地位

关于宋元两代余氏刻书的规模和数量，上文在转引了叶德辉等学者们的评述后，已列举了所知见的宋元余氏刻本，这里不再重复。到了明代，就刻书数量而言，福建仍居全国之首，建阳书坊又居福建之首，余氏仍为建阳书坊中规模最大、刻书最多的世家。胡应麟在谈到明代刻书时指出：

> 凡刻书之地有三：吴也、越也、闽也。蜀本宋最称善，近世甚希。燕、粤、秦、楚，今皆有刻，类自可观，而不若三方之盛。其精，吴为最；其多，闽为最，越皆次之。其直重，吴为最；其直轻，闽为最，越皆次之。①

在福建刻本中，占主体的是建阳书坊刻本。明代周弘祖是嘉靖三十八年（1559）进士，他编撰的《古今书刻》一书颇有特色。此书上编"版刻"是我国第一部不以分类而以地区刊者为次序的目录。根据这部书目我们可以了解当时全国各地的刻书情况。（见《古今书刻》地区刻书统计表）该书清楚地告诉我们：全国刻书以福建省为第一，共 470 种，其中 366 种为书坊所刻，在省内占 78%，在全国占 14.6%。这个数字可以和任何地区的刻

---

① ［明］胡应麟：《少室山房笔丛》经籍会通四。

《古今书刻》地区刻书统计表

中央·刊者	种数	省	布政司·刊者	种数	按察司·刊者	种数	府·刊者	种数	州·刊者	种数	藩邸·刊者	种数	书坊·刊者	种数	其他·刊者	种数	合计·刊者	种数	总计(种数)
内府	83	北直隶					8	78									8	78	
礼部	5	南直隶					15	445	3	6							18	451	
兵部	4	浙江	1	8	1	6	11	159									13	173	
工部	1	江西	1	21	1	16	13	230	1	2	3	60			3	21	18	327	
都察院	33	福建	1	18	1	10	7	53	1	1			1	366			16①	470	
国子监	41	湖广	1	7	1	17	12	51			3	24					18	100	
钦天监	1	湖南	1	21	1	3	5	30			2	3					9	57	
太医院	3	山东	1	20	1	6	5	13			2	10			1	3	10	52	
隆福寺	2	山西	1	21	1	3	4	13			1	2			1	2	8	41	
南京国子监	273	陕西	1	35			8	58			3	15			1	1	13	109	
南京提学察院	1	四川	1	13	1	3	5	20	4	4	1	28					12	68	
		广东	1	17	1	2	9	31									11	50	
		广西	1	2	1	3	2	4									4	9	
		云南	1	25	1	6	3	11									5	42	
		贵州	1	7			1	1									2	8	
合计	447	合计	13	215	11	75	108	1197	9	13	15	142	1	366	6	27	165	2035	2482
百分比	18	百分比		8.7		3		48.3		0.6		5.6		14.6		1.1		82	100

①编案：依前列数值，此处当为14，该列合计当为163。

书相比。居各省刻书第二位的南直隶，相当于今天的江苏、安徽两省，15 个府加 3 个州共刻书 451 种，其中最多的苏州府刻书 117 种。居全国第三位的江西省，包括布政司、按察司和 13 府，共刻书 327 种，其数量不及福建一地的书坊刻书。浙江是 173 种，陕西 109 种，湖广 100 种，其他各省均不及百种。

我们还可以从与《古今书刻》同时的嘉靖《建阳县志》中看到类似的一部"书坊书目"，其中列书多至 451 种，周目的 366 种书，有一多半即 200 种左右可以在县志书目中找到。县志所反映的是嘉靖二十四年（1545）的数字，自此以后至明末，尤其是万历年间建阳书坊的进一步发展，其刻书总数定然还要更大。

嘉靖《建阳县志》还告诉我们，建阳书坊的这些书主要是崇化坊所刻。书目的前言中提到："今麻沙虽毁，崇化愈蕃。"[①]"书市在崇化里，比屋皆鬻书籍，天下客商贩者如织。每月以一、六日集。"[②] 书坊刻书之盛况可以想见。那么余氏在书坊中又是居于何等地位呢？

张秀民先生在其《明代印书最多的建宁书坊》一文中，列举了 47 家书坊堂号姓名，其中余姓 12 家，刘姓 10 家，杨姓 4 家，叶姓 4 家，郑姓 3 家，熊姓 3 家，还有陈、黄、江、徐等均在 2 家以下。这些数字虽不甚完整，但也说明了余氏刻书规模在建阳书坊中仍居领先地位。笔者按：无论是胡应麟、周弘祖，还是张秀民先生，他们都是据自己所见而言之，难免带有局限性。从时间上讲，胡、周二人所讲的是嘉靖时期全国刻书业的状况，而明朝中叶以后，南京、苏州、杭州三地的刻书事业发展速度十分惊人，后来终于取建阳书坊而代之，成为全国最大的刻书中心。

---

① 　嘉靖《建阳县志》卷五。
② 　嘉靖《建阳县志》卷三。

2. 明代余氏刻书的规模

（1）明代余氏刻本知见录

现据古今名家公私书目所载及本人在北京、科学院、北大、故宫、北师大、上海、南京、浙江、福建、福建师大、辽宁、大连、四川等十馀个图书馆所见，整理成《建阳余氏明代刻本知见录》如下，以供了解明代余氏刻书家及刻本情况。

刻书者	书　名	刻书年代	行　款	见存或著录
建阳书林余氏	十八史略	明正统辛酉（1441）	十四行二十六字	大连有日本复印本，森志、日本
	新刻翰林类选苑诗秀句十二卷	万历十三年（1585）	九行二十字，白口，四周双边有图	上图
	五经大全一百二十一卷	万历三十三年（1605）		台湾
	周会魁校正易经大全二十卷首一卷	万历三十三年	十一行二十字，小字双行，细黑口，四周双边	辽宁、齐齐哈尔
	叶太史参补古今大方诗经大全十五卷纲领一卷图一卷	万历三十三年	十一行二十字。小字双行，白口，四周双边	北大、清华、北师大（见）、上海等
	申学士校正古本官板书经大全	万历	十一行十九字，白口，四周双边	浙江（见）、福建师大

续表

刻书者	书　名	刻书年代	行　款	见存或著录
建阳书林余氏	礼记大全	万历三十三年	十一行二十字。小字双行，白口，四周双边	广东社科所
	春秋集传大全三十七卷	万历三十三年	十一行二十字。小字双行，白口，四周双边	广东社科所
	李太史参补古今大方四书大全十八卷		十一行二十字，小字双行，白口，四周双边	安徽省图、安徽省博
	诗经大全二十卷	万历三十三年	十一行二十字，小字双行，白口，四周双边	广东社科所
	了凡杂著九种十七卷	万历三十三年		北图、南京
双桂堂	周易传义大全二十四卷图说一卷纲领一卷	弘治丙辰（1496）	十二行二十三字，小字双行同，黑口，四周双边	四川（见）、美国
	四书集注大全三十六卷	嘉靖八年（1529）	十二行二十字，黑口，四周双边	金华
	三台诗林正宗	明末		张文①
余新安	荔镜记	嘉靖四十五年（1566）	十一行十六字，小字双行，白口，四周单边，有图	傅集②
勤德堂	续古摘奇算法			台湾有朝鲜复明本
自新斋	正续古文类抄二十卷	嘉靖四十年（1561）		安徽、台湾

续表

刻书者	书　名	刻书年代	行　款	见存或著录
余允锡 余泰恒	春秋左传纲目定注三十卷	万历元年 （1573）	十行廿二字，小字双行同，左右双边	社科院文学所、安徽博物馆
余文杰	鼎镌施会元评注选辑唐骆宾王狐白三卷	万历元年	十行廿一字，白口，四周双边	北图（见）
余绍崖	刻卓吾李先生批评国朝名公书启狐白六卷		八行十九字，白口，四周单边，有眉栏	上图
	通鉴纂要抄狐白六卷	万历元年	十二行廿七字，有眉栏无界行，白口，四周单边	北师大（见）
余良木	韩朋十义记	万历十四年（1586）		巴黎
	史记萃宝评林三卷	万历十八年（1590）	十一行二十字，小字双行，白口，四周单边	社科院文学所、福建师大、天津、社科院（见）
	两汉萃宝评林三卷	万历十九年（1591）	十一行二十字，小字双行，白口，四周单边	北图、上图、内蒙、湖北
	锲南华真经三注大全二十一卷	万历二十一年（1593）	十行十八字，小字双行，白口，四周单边	浙江、辽宁（见）、台湾
	续刻温陵四太史评选古今名文珠玑八卷	万历二十三年（1595）	十行二十字，小字双行，白口，四周双边，有眉栏	首都、南京、重庆

续表

刻书者	书 名	刻书年代	行 款	见存或著录
余明吾	新刻汤会元精遴评释国语狐白四卷	万历二十四年（1596）	十行二十字，小字双行，白口，四周单边	北大、河南、华南师院
余绍崖	刻注释论学臧耳三卷	万历二十六年（1598）	十一行廿一字，小字双行同，白口，四周双边，有眉栏	北师大
	续文章轨范百家评注十卷	万历二十七年（1599）	十行二十字，小字双行，白口，四周双边，有眉栏	中山大学
	鼎镌金陵三元合选评注史记狐白六卷	万历二十八年（1600）	十行二十字，小字双行，白口，四周单边	东北师大、陕西博物馆
	新镌张状元遴辑评林秦汉狐白四卷	万历三十三年（1605）	十行二十字，小字双行，白口，四周双边，有眉栏	北师大
	鼎镌金陵三元合选评注史记狐白六卷	万历三十六年（1608）	十行二十字，小字双行，白口，四周单边	科学院（见）、人大
	重镌增补汤会元遴辑百家评林左传狐白四卷	万历三十八年（1610）	十行二十字，小字双行，白口，四周单边	华东师大
	精选举业切要书史粹言分类评林诸子狐白四卷	万历四十二年（1614）	十一行二十二字，白口，四周单边	上海复旦

续表

刻书者	书　名	刻书年代	行　款	见存或著录
余明吾	庄子狐白四卷	万历四十三年（1615）		台湾
	文源宗海四卷			台湾
余良木	皇明心学蕴见		九行二十字，小字双行同，白口，四周单边	科院（见）
萃庆堂	汉书评林一百二十卷	明万历辛巳九年（1581）	十行二十字，小字双行同，白口，左右双边	浙江、大连（见）
余彰德余泗泉	资治历朝纪政纲目前编八卷正编四十卷续编二十六卷	万历十六年（1588）	十一行二十四字，四周双边，有眉栏	北大（见）、杭大
	镌王凤洲先生会纂纲鉴历朝正史全编二十三卷	万历十八年（1590）	十二行二十五字，白口，四周双边	北师大（见）
	六经三注粹抄六卷	万历十八年		浙江
	礼记三注粹抄不分卷	万历十八年		台湾
	周礼三注粹抄六卷	万历十八年	十一行二十八字，小字双行，白口，四周双边	天津
	刻注释艺林聚锦故事白眉十卷	万历廿七年（1599）	十行十九、二十字不等，小字双行，白口，单边	四川（见）

续表

刻书者	书　名	刻书年代	行　款	见存或著录
	大备对宗十九卷首一卷	万历廿八年（1600）	十二行二十六字，白口，四周双边	北图（见）
	锲古今名公诗调连腴十六卷	万历廿九年（1601）	九行二十二字，白口，四周双边	南京、南开大学
	新编历法大旨阴阳理气大成通书三十三卷	万历廿九年	十三行二十五字，白口，四周单边	科学院（见）
	锲熙朝名公书启连腴八卷	万历廿九年	九行二十二字，白口，四周双边	重庆
	新锲晋代许旌阳得道擒蛟铁树记二卷十五回	万历三十一年（1603）	十一行二十四字，有插图	北图、日本
	锲唐代吕纯阳得道飞剑记二卷十三回	万历三十一年	图正中，十一行二十四字	日本
	锲五代萨真人得道咒枣记二卷十四回	万历三十一年	图正中，十一行二十四字	日本
	新锲考数问奇诸家字法五候鲭三卷	万历三十一年	上栏十一行九字，小字双行，下栏五行八字，白口单边	北师大（见）

续表

刻书者	书 名	刻书年代	行 款	见存或著录
余泗泉	汇锲注释三苏文苑八卷	万历三十二年（1604）	十行二十字，白口，四周双边	辽宁（见）
	新刻世史类编四十五卷首一卷	万历三十四年（1606）		北图、大连（见）
余彰德余象斗合刊	古今韵会举要小补三十卷	万历三十四年	八行十二字，小字双行二十四字，白口，四周单边	北大、南京、福建师大（见）等
萃庆堂	锲音注艺林晋故事白眉十二卷			北图
	锲音注艺林唐故事白眉十二卷	万历三十五年（1607）	九行二十字，小字双行同，白口，四周单边	杭州、重庆
	古今人物三十六卷	万历三十六年（1608）	十行廿四字，白口，四周单边	北图、福师大、北大、北师大、大连（见）等
余彰德	宗伯文集六卷	万历三十九年（1611）		北图
	锲旁训古事镜十二卷	万历四十三年（1615）	八行十八字，字双行二十七字，白口，四周单边	安徽省博、河南、师大

续表

刻书者	书 名	刻书年代	行 款	见存或著录
余泗泉	新锲沈学士评选圣世诸大家名文品节十五卷		十行廿一字，白口，四周单边，有眉栏	中央党校、上图
	秦汉六朝人文选玉六卷		十行二十字，白口，四周双边，有眉栏	安徽师大、湖南、社科所、江西
	锲旁注事类捷录十五卷	万历	十行十八字，白口，四周双边	故宫，华东师大、浙江
	精选故事黄眉十卷	万历	九行二十一字，小字双行无格，白口，单边	吉林社科院
	重校古本五音类聚四声切韵直音海篇大全十四卷首一卷	万历	上栏十一行七字，下栏十一行十二字，小字双行，白口，四周双边	青海师院
	镌温陵郑孩如观静窝四书知新日录六卷		十一行三十字，白口，四周双边	北大（见）
	纂评注汉书奇编十四卷	万历	九行二十字，小字双行，白口，双边	扬州
	新刻增补全相燕居笔记		巾箱本	郑文③
余公仁	增补批点图像燕居笔记		巾箱本	郑文③

续表

刻书者	书　名	刻书年代	行　款	见存或著录
三台馆 余象斗 余世腾	新刊万天官四世孙家传平学洞微宝镜五卷	万历十六年（1588）	十四行二十八字，白口，四周双边	浙江
	京本通俗演义按鉴全汉志传十二卷	万历十六年	上图下文，十四行二十二字，黑口，四周双边	日本
	新锓朱状元芸窗汇辑百大家评注史记品粹十卷	万历十九年（1591）	九行十九字，小字双行，下大黑口，四周双边	科学院（见）
	按鉴批点演义全像三国志传评林	万历二十年（1592）	十六行二十七字，上图下文	英国、西德、日本（见书影）
三台馆 余象斗	锓两状元编次皇明要考四卷	万历二十二年（1594）	十一行廿七字，四周双边，白口	北大（见）
	京本增补校正全像忠义水浒志传评林二十五卷	万历二十三年（1595）	上评，中图，下文，十四行二十一字	日本（见影印本）
	新镌历世诸大名家往来翰墨分类篆注品粹十卷	万历二十五年（1597）	十行二十字，下黑口，四周双边	辽宁（见）
	新镌汉丞相诸葛孔明异传奇论注解评林五卷	万历二十六年（1598）	八行十八字，下黑口，四周双边	辽宁（见）

续表

刻书者	书　名	刻书年代	行　款	见存或著录
三台馆余象斗	新刊皇明诸司廉明奇判公案四卷	万历二十六年	十行十七字，上图下文	北图（见）、日本
	三台馆仰止子考古详订遵韵海篇正宗二十卷	万历二十六年	分三栏，大小字不等，黑口，四周双边	北师大（见）、美国
	新刻九我李太史编纂古本历史大方纲鉴三十九卷	万历二十八年（1600）	十行至十二行三十字	美国
	仰止子详考古今名家润色诗林正宗十二卷韵林正宗六卷	万历二十八年	十一行大字不等，小字三十三，白口，四周双边	北大、浙江（见）
	新刊京本春秋五霸七雄全像列国志传八卷	万历三十四年（1606）	分三栏，中栏图，下栏十三行二十字	北图、北大、上图、大连（见）
	新刻圣朝颁降新例宋提刑无冤录十三卷	万历三十四年	上层十二行九字，下层十行二十字	上图
	万用正宗不求人全编三十五卷	万历三十五年（1607）	下栏十二行十八字，上栏十四行十五字	美国
	新刻御颁新例三台明律招判正宗十一卷	万历三十八年（1610）	分三栏，下栏十行二十字	上海（见）
	鼎锲赵田了凡袁先生编纂古本历史大方纲鉴补三十九卷	万历三十八年	十二行二十八字，小字双行同，白口，四周双边	北大、福建师大、天津（见）

续表

刻书者	书　名	刻书年代	行　款	见存或著录
双峰堂	新锓猎古词章释字训解三台对类正宗十九卷首一卷	万历四十五年（1617）	十二行二十六字，白口，四周双边	浙江
余文台	新刻按鉴演义全像唐书志传八卷	万历	上图下文，十三行二十三字	日本
三台馆	大宋中兴通俗演义八卷	万历	上图下文，十三行二十三字	日本
余应鳌	新刻皇明开运辑略武功名世英烈传六卷	万历	图嵌文中，十三行二十五字	日本
余君召	全像按鉴演义南北两宋志传	万历	上图下文，十三行二十三字	日本
	新刊京本全像插增田虎王庆忠义水浒全传	万历	上图下文，十三行二十三字	（法）巴黎
	新刊八仙出处东游记二卷	明	上图下文，十行十七字	日本
	五显灵官大帝华光天王传四卷	明	上图下文，十行十七字	（英）伦敦
	北方真武玄天上帝出身志传四卷	明	上图下文，半页十行十七字	（英）伦敦
	西游记	明		④
	按鉴演义帝王御世盘古至唐虞传二卷	明	上图下文，十行十八字	日本

续表

刻书者	书 名	刻书年代	行 款	见存或著录
余季岳	按鉴演义帝王御世有夏志传四卷	明	上图下文，十行十八字	日本
余象斗	万锦情林六卷	万历	有图	傅集② （见影）
	新刊理气详辩纂要三台便览通书正宗二十卷首一卷	万历	十五行三十字，黑口，四周双边	南京、四川（见）
	刻九我李太史十三经纂注十六卷	万历	十行廿二字，注文双行同，白口，四周双边	河南
	新刊李九我先生编纂大方万文一统内外集二十二卷	万历	十行二十字，小字双行，下黑口，四周双边	科学院（见）
	新刻三方家兄弟注点校正昭旷诸文品粹魁华十九卷	万历	九行十八字，小字双行，白口，四周双边，有眉栏	首都
	新镌全像东西两晋演义志传十二卷	清敬书堂有复刻本	上图下文，十四行廿四字	上图、北大（见）
	新刊京本编集二十四帝通俗演义西汉志传		十三行二十八字，白口，四周单边	北图（见图录影）
	袁氏痘疹丛书五卷			北图

续表

刻书者	书　名	刻书年代	行　款	见存或著录
三台馆余夏彝	重刻补遗秘传痘疹全婴金镜录三卷首一卷		十行二十二字，上黑口，四周单边	科学院（见）
余仰止	五刻理气纂要详辩三台便览通书正宗十八卷首三卷又三卷	崇祯十年（1637）	十六行三十字，白口，四周双边，有图	北图、四川（见）
余元素	新刻按鉴编集二十四帝通俗演义全汉志传十四卷	清有宝华楼复印本	上图下文，下栏十二行廿五字，白口，单边	北大（见）
余开明	新刻玉函全奇五气朝元斗首合节三台通书正宗首三卷	明崇祯十年	十六行三十字，白口，四周双边	上图
余开明	刻陈眉公先生选注两汉龙骧二卷	明末	十行十八字，白口，四周双边	人大、天津等26家单位
三台馆	陈眉公先生选注左传龙骧四卷	清初		吉林大学
余南扶	新刻翰林诸名公评注先秦两汉文毅五卷	万历十八年（1590）	十行二十四字，白口，四周双边	辽宁（见）

续表

刻书者	书　名	刻书年代	行　款	见存或著录
余东泉	新锲温陵郑孩如先生约选古文四如编四卷		十行二十字，白口，四周单边	北师大（见）
克勤斋余碧泉	文选	万历十年（1582）	十一行廿二字，小字双行，白口，左右双边	科图（见）
	锲会元纂著句意句训易经翰林家说十二卷	万历十三年（1585）	三节本，正文十行，小字十九，白口，四周双边	安徽
	文选纂注评苑二十六卷	万历	九行十八字，小字双行，白口，四周双边	北大、南通、温州、安徽、江西
	孔子家语图十一卷	万历		台湾
	书经集注六卷		九行十七字，小字双行，白口无格，四周双边，有图	北图
怡庆堂	新镌翰林评选注释二场表学司南四卷	万历二十三年（1595）	十一行二十四字，白口，四周单边	北大（见）
余秀峰	新刻翰林汇选周礼三注六卷	万历二十四年（1596）	十行廿二字，白口，四周单边	北图

续表

刻书者	书　名	刻书年代	行　款	见存或著录
余良史	新锲太医院鳌头诸症辩疑六卷	万历二十五年（1597）		台湾
	新镌翰林高太史家藏注释考古诗典珊瑚类集十六卷	万历二十七年（1599）	十一行十九字，白口，左右双边	吉林大学
余良进 余苍泉	新刊官板本草真铨二卷	万历三十年（1602）	八行二十字，白口，四周单边	北大（见）
余良史	新镌太史许先生精选助捷辉珍论钞注释评林六卷	万历三十一年（1603）	十行二十三字，白口，四周单边	北大（见）
余完初	新刻续选批评文章轨范十卷	万历四十三年（1615）	十行二十字，白口，四周双边	清华
余秀峰	纲鉴汇约大成		十行二十字，白口	张文①
	草堂诗馀			张文①
	新锲续补注释古今名文经国大业十卷	明末	十一行二十三字，白口，四周双边	华东师大
	新锲温陵二太史选释卯辰科二三场司南蕫英六卷	明末	十一行二十四字，白口，四周单边	华东师大

续表

刻书者	书 名	刻书年代	行 款	见存或著录
近圣居 余应虬	新锓翰林校正鳌头合并古今名家诗学会海大成三十卷首一卷	万历二十六年（1598）	十一行，小字三十二，白口，四周单边	北大、科图、安徽（见）
	新锓评林旁训薛郑二先生家藏西阳掺古人物奇编十八卷	万历三十七年（1609）	九行二十一字，小字双行同，白口，四周单边	辽宁（见）、美国
	新编分类当代名公文武星案六卷首一卷	万历四十四年（1616）	十二行，二十五字，白口，四周单边	南京、杭州
	鼎镌徐笔洞增补睡庵四书脉讲意六卷	万历四十七年（1619）	十行廿四字，小字十八行十一字，白口，四周单边	浙江
	近圣居四书翼经图解十九卷	明末	上十九行二十字，下十一行廿二字，小字双行，白口，四周双边	华东师大
	新编古今品汇故事启牍二十卷		九行二十字，小字双行，白口，四周单边	首都
余应虬 余应科 合刊	刻仰止子参定正传地理统一全书十二卷首一卷	崇祯元年（1628）	十一行廿八字，白口，四周单边	上海

续表

刻书者	书　名	刻书年代	行　款	见存或著录
直方堂余昌祚	读史随笔	万历三十六年（1608）	九行十九字，白口，四周双边	北图
	仁狱类编三十卷	万历三十六年	九行十九字，白口，四周双边	北图
兴文堂	书经大全	万历三十三年（1605）	十行十八字，小字双行廿一字，黑口，四周双边	吉林大学
余熙宇	鼎锲四民便览蒙学珠玑四卷	万历三十七年（1609）		北图（见）
存庆堂余张豹余立予	新镌精采天下便用博闻胜览考实全书三十六卷	万历三十九年（1611）	上栏十五行十三字，下栏十三行十七字，有图，四周双边	北大（见）
永庆堂余仙源	鼎锲青螺郭先生注释小试论彀评林六卷	万历二十四年（1596）	十行二十二字，小字双行同，白口，四周单边	杭州
	新镂钞评校正标题皇明资治通纪二十卷	万历四十年（1612）	十二行二十八字，有眉栏，白口，四周单边	北图（见）
	新刻唐骆先生文集注释评林六卷		十一行十二字，小字双行同，白口	北大（见）
	新锲南雍会选古今名儒四书说苑十四卷首一卷		十二行三十字，小字双行，白口，双边	清华

续表

刻书者	书　名	刻书年代	行　款	见存或著录
永庆堂余郁生	精绣通俗全像梁武帝西来演义十卷	清康熙十二年（1673）	有图，十行二十七字，四周单边	北大（见）、日本
余应兴	魏仲雪增补李卓吾名文捷录六卷	万历四十年（1612）	九行二十字，白口，四周双边	上图
余继泉余祥我	新刻官板地理造福玄机体用全书十九卷	万历四十三年（1615）	十行二十八字白口，四周单边	北大（见）
余祥我余应兴	刻刘太史五车妙选十一卷		九行二十一字，白口，四周单边	北大（见）
	新镌李卓吾评释名文捷录四卷		十行二十字，小字双行，白口，四周单边，有眉栏	湖南哲社院研究所
居仁堂余应孔	新刻李袁二先生精选唐诗训解七卷首一卷（书衣写三台馆）	万历四十六年（1618）	九行二十字，小字双行同，四周单边	辽宁（见）、美国
余献可	新锲燕台校正天下通行文林聚宝万卷星罗三十九卷	万历	上下两栏，行字不等，白口，四周双边	北图（见）
余云波	新镌柳庄麻衣相法四卷	万历四十五年（1617）	十行二十二字，白口，四周单边	北图

续表

刻书者	书　名	刻书年代	行　款	见存或著录
余恒	艺林寻到源头	有万历四十七年（1619）序	九行二十一字，两栏，小字双行，白口，四周单边	北图（见）、辽宁、浙江
余楷	四书名物考二十四卷		九行二十字	美国
西园堂	新刊明解图像小学日记故事十卷	明	十五行二十字，小字双行，黑口，四周双边	北图（见）
余长庚	新刻注解雅俗便用折梅笺	明	十行二十六字，白口，四周单边	科图（见）
余寅伯	烹雪斋新编四民捷用注解翰墨骏五卷		二栏，上栏十行十字，下栏九行十九字，白口，四周单边	北图（见）
余成章	新刻全像牛郎织女传四卷		上图下文，十行十七字	日本
余廷甫	名家地理大全			张文①
余元熹 张运泰	汉魏名文乘一百四十卷	明末清初	十行二十七字或九行廿五字，四周单边	福建邵武、北大（见）

注：①张秀民《明代印书最多的建宁书坊》；②傅惜华《中国古典文学版画选集》；③郑振铎《明清二代的平话集》；④据《中国通俗小说书目》郑振铎序。

（2）现有传本的余氏刻书家

上表基本上是按时间排列，首先把所知所见的余氏刻本按刻

书家姓名或堂名集中，然后再按刻书年代排列，无年代可考者放
在后面。这样排的优点是可以看出各刻书家的大体活动时间，同
时也能看出余氏书坊有下列各种情况：有的有堂号又有姓名，如
近圣居余应虬、直方堂余昌祚、克勤斋余碧泉等。有的只有堂
号，不知姓名，如双桂堂、勤德堂、兴文堂、西园堂。有的只有
姓名，不知堂号，如余新安、余成章、余熙宇、余楷等。有的同
一人名有不同堂号，如余象斗的双峰堂、三台馆。还有的同一堂
号，所署人名不同，如自新斋的余允锡、余泰恒、余文杰、余绍
崖、余良木、余明吾，永庆堂的余仙源、余郁生等，这又分两种
情况，一是父子相传，如萃庆堂的余彰德和余泗泉，一是同一书
坊主人，起了不同的字号别名，如余象斗就有近十个别名（见下
文）。在同一种书里同时出现两个人名，如《南华真经三注大全》
卷端题"闽书林自新余良木梓，"书后牌记刻"万历癸巳岁冬月
自新斋余绍崖梓"，很可能即是一人。同样例子还有余苍泉（余
良进）、余秀峰（余良史）等。再一种情况就是堂号、人名均不
见，只注出闽建余氏，删去重复，明代余氏刻书坊共三十家，其
中有两家是元代延续下来的，即勤德堂、双桂堂，还有两家直到
清代还有刻本流传，即三台馆、永庆堂。下面是据前文统计的余
氏刻书家及所见刻本数。

	刻书家	知见人名	知见本种数	传本最多的刻书家
宋	5	5	16	余仁仲万卷堂12种
元	4	3	34	余志安勤有堂26种
明	30	49	160	余象斗三台馆43种
清	3	2	3	
合计	42	59	213	

以上统计是极不完整的，一则余氏刻书时间距今数百年，能

够流传下来的仅是他们所刻书中很少的一部分。其二，由于时间、条件、水平的限制，现有的各馆藏善本目录、古代藏书家目录以及国外汉籍善本目录，不可能全部查阅，只能选择最重要的书目翻阅一过，而且还会有疏漏，仅就《中国古籍善本目录》而言，征求意见稿也尚未出齐。其三，各家著录详略程度不同，有的仅注明刻本或明万历刻本，有的注建阳坊刻本，还有的即使注明为××堂或余××刻本，如果没有其他依据进一步断定其为建阳余氏本的话，仍不能列入本表。因此，这个表是一个初步的调查统计，只能提供某种程度的参考。

3. 明末著名的余氏刻书家——三台馆主人余象斗

上表所列的数十个余氏刻书家，不可能一一详述，只能做典型剖析。如果说余氏刻书南宋以余仁仲、元以余志安为最著名的话，那么明末余氏书坊主人中最有代表性的则是余象斗，我们可以从以下几个侧面来看其书坊规模之大、刻书数量之多、延续时间之久。

中国科学院图书馆所藏万历十九年（1591）余象斗所刻的《新锲朱状元芸窗汇辑百大家评注史记品粹十卷》一书，卷首有一"书目"，极为难得，现全文抄录于下：

辛卯之秋，不佞斗始辍儒家业，家世书坊，锓笈为事。遂广聘缙绅诸先生，凡讲说、文笈之禅业举者，悉付之梓。因具书目于后：

讲说类，计开：《四书拙学素言》（配五经），《四书披云新说》（配五经），《四书梦关醒意》（配五经），《四书萃谈正发》（配五经），《四书兜要妙解》（配五经）。

以上书目俱系梓行。乃者又觅得晋江二解元编辑《十二讲官四书天台御览》及乙未会元霍林汤先生考订《四书目录定意》，又指日刻出矣。

文笈类，计开：《诸子品粹》（系申、汪、钱三方家注释），《历子品粹》（系汤会元选集），《史记品粹》（正此部也，系朱殿元补注）。

以上书目俱系梓行。近又觅得：《皇明国朝群英品粹》（字字句句注释分明），《二续诸文品粹》（凡名家文笈已载在前部者，不复再录，俱系精选，一字不同），《再广历子品粹》。前历子姓氏：老子、庄子、列子、子华子、鹖冠子、管子、晏子、墨子、孔丛子、尹文子、屈子、高子、韩子、鬼谷子、孙武子、吕子、荀子、陆子、贾谊子、淮南子、杨子、刘子、相如子、文中子。后再广历子姓氏：尚父子、吴起子、尉缭子、韩婴子、王符子、马融子、鹿门子、关尹子、亢仓子、孔昭子、抱朴子、天隐子、玄真子、济丘子、无能子、邓析子、公孙子、鹖熊子、王充子、仲长子、孔明子、宣公子、宾王之、郁离子。

《汉书评林品粹》（依《史记》汇编）。

一切各色书样，业已次第命镂，以为寓内名士公矣，因备揭之于此。余重刻金陵等板及诸书杂传，无关于举业者，不敢赘录。双峰堂余象斗谨识。

余象斗的生平事迹，查遍明代各种传记资料均不载，就是《余氏宗谱》里，也只有寥寥数字："象斗公，孟和公长子，位三一，生子一应甲"（见前文图一），实在是少到不能再少的地步，生殁娶葬均失考，我们只能从他所刻的书中了解其人其事。仅从上面所引之"书目"，我们便可得知：

（1）余象斗念过几年书，年轻时也曾想考取功名，后因屡试不中，于万历十九年（1591）始弃学经商，专门从事祖传的刻书事业，时年恐已三十有馀。

（2）余象斗经营有方，仅万历十九年一年，他就刻了十几种书，其中既有四书五经，又有《史记》《汉书》，还有诸子百家，大都是名为"品粹"的选注本。除经史百家外，他还刻了一些小说杂书，只是"无关于举业"，才没有一一列出。在这么短的时间内，要刻这么多的书，显然是招工"命锓"，他的刻书作坊规模也不会太小，当有数十人之多。

（3）为了巩固和进一步发展自己的刻书事业，余象斗还注意丰富稿源和扩大销路。"广聘"有地位有影响的官、缙绅、知名学者为其撰稿。这本《史记品粹》就标着"状元朱之蕃汇辑，会元汤宾尹校正，翰林黄志清同订"，这无非是想证明自己版本之可贵，是否真有其事，那就靠不住了。

（4）从书目的最后一句还可看出余象斗与金陵也是有联系的。余象斗所刻的书中，不少都标有"京本"二字。这也有两种情况，有的确由南京版改编翻印①，有的则是伪托。

为了宣传上的需要，余象斗还把自己的图像也刻到自家所印的书中。万历二十六年（1598）三台馆所刊的《海篇正宗二十六卷》中就出现了"三台山人余仰止影图"，王重民先生是这样描绘的：

> 图绘仰止高坐三台馆中，文婢捧砚，婉童烹茶，凭几论文之状，榜云"一轮红日展依际，万里青云指顾间"，固一世之雄也。四百年来，余氏短书遍天下，家传而户诵，诚一草莽英雄。今观此图，仰止固以王者自居矣。②

---

① 孙楷第：《日本东京所见小说书目》，第31、58页。
② 王重民：《美国国会图书馆藏中国善本书录》，第69—70页。

该书除美国国会图书馆现存一部外，国内仅北师大图书馆还藏一部，可惜卷端残缺不全，已见不到此图。然而我在四川图书馆发现了三种余象斗图影，其中《新刊理气详辩纂要三台便览通书正宗二十卷首一卷》卷十一所附的"三台山人余仰止影图"，与王重民先生所讲的正相符合（见图二）。《五刻理气纂要详辩三台便览通书正宗十八卷首三卷又二卷》卷端有"三台余仰止先生历法"图（见图三），显系后来仿刻，不仅线条大为简化，神韵也失去不少，至于该书卷十一的"余仰止先生仰观天象"图（见图四）就更无特色了。可见余象斗的图影远不止一二种，而是多次上版，反复刻印，广为宣扬。

图二   图三

  由于余象斗书坊的规模越来越大，刻书种类越来越多，出于经营上的需要，他还为自己起了不少别名。他的书肆，就有三台馆、双峰堂两个名称。仰止为余象斗字，号三台山人，所谓余君召、余文台、余元素、余世腾、余象乌者，经孙楷第、刘修业二

先生考证，实为余象斗一人①。此外，三台馆刻本还有署余应鳌、
余夏彝、余开明的，我怀疑这几个人是余象斗子孙，一则刻本年
代较晚，大都在明末清初，二则在《余氏家谱》里，余象斗生子
为余应甲，其曾孙为余彝。现今所能见到最晚的余象斗刻本是
《五刻理气纂要详辩三台便览通书正宗十八卷》，卷端有"崇祯丁
丑岁仲春月三台余仰止重梓"字样。距万历十六年（1588）余象
斗刻《平学洞微宝镜》几近五十年。其后还有余开明补刻《玉函
全奇五气朝元斗首合节三台通书正宗二卷》，已是清初风格（图
五），直到清代仍有三台馆刻本，其历史当有七八十年以上。

图四

图五

原载于《文献》1984 年第 4 期

---

① 孙楷第：《日本东京所见小说书目》卷五，第 97—99 页。刘修业：
《古典戏曲小说丛考），第 66 页。

建阳余氏刻书考略（下）

肖东发

三、余氏刻本的特点及影响

（一）余氏刻本特点的分析

建阳书林余氏，作为一支著名的刻书世家，世代连绵相沿，因而在中国版刻史上，无论其版刻内容还是形式，都具有一些共同特点，并且形成了一定的影响，因而也就较为突出地成为建阳坊刻事业的典型代表之一。

1. 内容方面的特点

余氏刻本的内容十分广泛，既有供文人操觚射鹄的经史文集，又有供平民日常应用的类医卜算。下面就所知见的二百一十三种余氏刻本，列表做一分类统计：

种数\朝代	易类	书类	诗类	礼类	春秋	五经总义	四书	小学	经部合计	纪传类	编年类	传记类	史抄	政书	史评	地理	史部合计	子部总类	儒家	兵家	法家	医家	天文算法	术数	宗教	类书	子部合计	总集	别集	小说类	曲类	集部合计	丛部
宋	1	3		4	3				11								0					3				2	5		1			1	
元	2	3	5	1	1		3	2	17	1		2		1		1	5				1	4				3	8	1	3			4	
明	3	3	2	4	1	3	5	5	26	3	5	3	3	1	6	1	22	2	2	1	3	6	2	6	2	26	46	27	5	28	2	62	1
清					1				1													1					2	1		1		2	
合计	6	9	7	9	6	3	8	7	55	4	5	5	3	2	6	2	27	2	2	1	4	14	2	6	2	31	61	29	9	29	2	69	1

从上表可以看出，余氏刻本中占比重最大的主要是三类书：

①科举应试之书。即四书五经、小学、史评、总集等书。经史百家名著在官刻、私刻中并不少见，然而它们大都力求"仿古"，因而就有拘谨保守之弊。而余氏刻本不拘一格，在刊印这些书时，往往进行不同程度的加工，如添制插图、增印汇刻各种注疏等。正如岳珂在《愧郯录》中"场屋编类之书"条载："建阳书肆，方日辑月刊，时异而岁不同，以冀速售，而四方转致传习。"① 仅四书就有集注、大全、精义、会解、讲义、说苑、图解、句意句训、名物考以及拙学素言、披云新说、梦关醒意、萃谈正发、兜要妙解、天台御览、目录定意等多种名目。辽宁省图书馆藏有一部余应虬刊的《酉阳捄古奇编》，从书名上看不出该入何类，一翻内容，即是《四书人物考》原文。再如史部的《通鉴》《纲鉴》《纲目》，集部的《文章轨范》《诸子品粹》等均属此类。王重民先生在余氏双桂堂所刊《周易传义大全》一书的提要中指出："是书为明代功令书，学子们所必读，除《五经大全》本外，坊间翻刻必多，乃诸家绝少著录。或因坊刻差讹，见弃大方；今则有志搜访者，已不易得矣。"②

②民间日常参考实用之书。宋、元、明三代余氏都刻了不少医书、类书，这些书为广大中下层民众所重视和欢迎。尤其是广收博采、分门别类、包罗万象的类书，更是民众日常生活中不可缺少的工具书，其中有社会交往的参考书，如《往来翰墨分类》《雅俗便用折梅笺》；也有劳动人民实践经验的总结，如《博闻胜览考实全书》《万用正宗不求人全编》；还有启蒙普及读物，如《故事启牍》《艺林寻到源头》《小学日记故事》等。这类书不仅

---

① 岳珂：《愧郯录》，《四部丛刊续编》卷九。
② 王重民：《美国国会图书馆藏中国善本书录》，第3页。

在当时的社会生活中起过重要的普及文化的作用，就是在今天，仍有一定的参考价值。正如郑振铎先生所说："斯类通俗流行之作，为民间日用的兔园册子，随生随灭，最不易保存……研讨社会生活史者，将或有取于斯。"①

③通俗文学之书。宋元两代余氏只是刻了有限的几种诗文总集和汉唐几家别集，通俗文学作品尚未得见。到了明朝，这些作品就源源不断地问世，而且后来者居上，形成了"刊布成帙、举世传诵"的盛况。余氏刻印通俗小说的有余彰德的萃庆堂，余成章、余象斗的三台馆和双峰堂，余郁生的永庆堂等，其中尤以余象斗最为著名，不仅刊行数量大、品种多，他本人还编写了不少神魔公案小说。鲁迅先生曾针对这一时期出现的神魔小说做过十分中肯的评价："凡所敷叙，又非宋以来道士造作之谈，但为人民间巷间意，芜杂浅陋，率无可观。然其力之及于人心者甚大，又或有文人起而结集而润色之，则亦为鸿篇巨制之胚胎也。"②

后世的《杨家府演义》《说岳全传》等演义小说就是在余氏三台馆所刊行的《北宋志传通俗演义》《大宋中兴英烈传》基础上发展起来的。余象斗编印的《皇明诸司公案传》对后来的《三侠五义》等义侠公案小说也有启发和影响③。冯梦龙《警世通言》卷四十的《旌阳宫铁树成妖》直接取材于余氏萃庆堂刊的《许仙铁树记》，《醒世恒言》第二十二卷《吕洞宾飞剑斩黄龙》也取材于《吕仙飞剑记》。万历丙午年（1606）余象斗梓《全像列国志》，广告云：

---

① 郑振铎：《西谛书目》附《题跋》，第 10 页。
② 鲁迅：《中国小说史略》，第 127 页。
③ 方品光：《元明建本通俗演义对我国小说发展的影响》，《福建师大学报》（哲学社会科学版），1982 年第 1 期。

> 《列国》一书乃先族叔祖余邵鱼按鉴演义纂集，惟校一付，重刊数次，其板蒙补校正重刊，全像批判，以便海内君子一览，买者须认双峰堂为记。

后来冯梦龙依据余邵鱼本，"参采史鉴"，把西周一段腰斩，分为一百零八回，定名《新列国志》。蔡元放评定后，又称《东周列国志》，即现在的通行本。《三国志演义》《水浒传》《西游记》等著名长篇小说，余氏均有刻本，有的甚至一版再版，多次印行。

2. 形式方面的特点

为了吸引读者，扩大销路，书坊刻本在图书形式上也时有创新，并且产生了一定的影响。

①黑口与书耳。最早使用黑口和书耳的是南宋建阳书坊。余仁仲万卷堂所刻的几部经书均为左右双边，细黑口，栏外刊小题。余志安勤有堂重刻本中发展为粗黑口，有些栏外有耳，题记篇目。有了黑口就是有了中线，便于折叠、装订，有了书耳便于翻检书中内容，既提高了效率，又方便了读者。

②刊刻汇注本。即把各家不同注释汇编在一起，刻成一部书。有利于读者对各家注释进行比较，对水平不高的初学者尤为方便。唐五代之前的经史典籍，其正文与注疏是分开的，印本书出现之初亦是如此。从南宋开始，出现了"三位一体"和"四位一体"的合刊本，即把经、注疏、音义、释文等刻在一起，其中最著名的是建安黄善夫的《史记》和刘叔刚的《礼记》等。余仁仲也刻了诸如《春秋公羊经传解诂》《礼记》和《尚书注疏》一类的作品，每卷末均标出经、注、传、音义若干字（图一）。勤有堂的《分类补注李太白集注》和《集千家注分类杜工部诗》《书集传辑纂注》也颇受读者欢迎。余氏万卷堂有一部《纂图互注重言重意周礼》，也颇受欢迎。所谓"重言"就是把同一书中

重复出现的词，注明曾在哪一篇中出现过；"重意"就是把字词不同而意思相同的语句也注明出处。这种做法增加了上下文的联系，便于读者查考，也便于举子应试。

③上图下文，图文并重。插图是帮助理解、记忆正文内容，增加图书通俗性、趣味性的有效方式。印本书中，最早也是在坊刻本中使用插图的。前人一直认为余氏勤有堂刊印的《古列女传》为最早①。徐康在《前尘梦影录》中曾说："绣像书籍以来，以宋椠

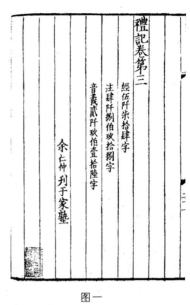

图一

《列女传》为最精。"尽管余靖安刊书年代还有待于进一步讨论，《列女传》的插图是否为顾恺之所画也有待于考定，然而"作为一部有完整的木刻插图的刊本来说，《列女传》的刊本在版画史上应该被列为重要的作品，而它的插图形式，虽不是首倡，但到了《列女传》的刊本，即形成了风格化，这又是在版画插图上有它一定价值的地方"②。

随着雕版手工业的发展，到了明朝万历、崇祯年间，插图本无论就数量而言还是就质量而言，都达到了极盛时期，尤其是通俗小说和杂书几乎无书不附插图。这些插图，格调新颖，形式多

---

① 傅惜华《中国古典文学版画选集》"出版说明"中提到："至于文学版画插图，现在所见最早的，要算北宋嘉祐八年（1063）福建建安余氏靖安勤有堂镌刻的《列女传》。"误，见前文。

② 王伯敏：《中国版画史》，第32页。

样，有每回卷首插一页版画的萃庆堂《大备对宗》（图二）、三台馆《三台便览通书正宗》（见上期图二、三、四）；有同一书页上半栏为图像，下半栏为书文的三台馆《全汉志传》《南北两宋志传》《唐虞志传》（图三）、《有夏志传》；有的刊本则是上评、中图、下文，如双峰堂《全像水浒志传评林》《全像批评三国志》（图四）；还有更新颖的是图嵌文中，如余新安的《荔镜记》（图五）、三台馆的《武功名世英烈传》和萃庆堂的《吕仙飞剑记》

图二　　　　　　　　　　图三

等；有的一部书插图几十幅，如永庆堂的《梁武帝传》①。这些余氏插图本虽不如徽派精致，但古朴简洁，自饶风趣。

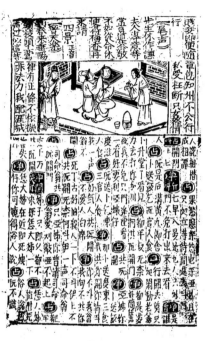

图四　　　　　　　　　　图五

④普遍附刻刊记，这也是建阳坊刻及余氏刻本的特点之一。如余仁仲刻《春秋公羊经传解诂》刊记：

> 《公羊》《穀梁》二书，书肆苦无善本，谨以家藏监本及江浙诸处官本参校，颇加厘正。惟是陆氏释音字或与正文字不同，如此序"酿嘲"，陆氏"酿"作"让"；隐元年"嫡

① 孙楷第《日本东京所见小说书目》卷三明清部，著录《精绣通俗全像梁武帝西来演义十卷四十回》："清永庆堂原刊本。无图。"我在北大图书馆见到的一部，有图四十幅。

子"作"适"、"归含"作"啥"、"召公"作"邵"；桓四年"日搜"作"廋"。若此者众，皆不敢以臆见更定，姑两存之，以俟知者。绍熙辛亥孟冬朔日，建安余仁仲敬书。

早期的刊记反映了刻书者对本书负责，作了一些搜辑和校勘工作，当然主要目的还是为了争取商业信誉，竞售产品。到了后来，纯商业性的宣传广告特点愈发明显，如余象斗刻《明律正宗》刊记云：

> 坊间杂刻《明律》，然多沿袭旧例，有琐言而无招拟，有招拟而无告判，读律者病之。本堂近锓此书，遵依新例，上有招拟，中有音释，下有判告琐言，井井有条，凿凿有据，阅者了然。买者可认三台为记。双峰堂余文台识。

明代余氏刻本中，此类广告不胜枚举，虽多为自诩之词，但从另一方面我们也不难看出这些书坊当时的发达活跃程度。书坊主人善于抓住读者心理，不断改进图书内容，在形式上也挖空心思、变换花样，千方百计地招揽生意，产品自然畅销。

以上这几点说明坊刻本在形式上较官刻、私刻更具有创新精神。从主观上分析，书坊主人这样做，无非是为增强竞争能力，谋取更多的利润。但从客观上分析，坊刻所受的思想束缚较少，接近下层，了解并注重民间需要，敢于标新立异，亦是一重要原因。从而促进了图书事业的发展，也加强了文化的传播。

3. 余氏刻书的局限性

余氏刻书是封建社会的一种民间手工业，其目的是为营利。因此，不可避免地存在着局限性，甚至产生过一些消极作用。综合文献记载和现存本状况的分析，可以发现以下问题：

①刻本质量参差不齐，有的书籍内容庸俗，价值低下。如所刻的类书、小说中往往有一些宣扬因果报应、鬼神迷信、色情淫秽内容的篇章。《柳庄麻衣相法》等书，当年曾成批生产、推销。

②刻印技术不精，纸墨粗劣，字迹不清。这种情况在余氏早期刻本中虽不多见，但到了明末，刻本质量明显下降，如余应虬刻的《诗学会海大成》，余寅伯刻的《四民捷用注解翰墨骏》等书，纸黄墨淡，刻版粗陋，有的书页模糊一片，无法卒读。

③文字校勘水平较低，伪误衍漏较多。余仁仲刻的九经备受推崇，但廖氏世绿堂仍以其"不免误解"，"而合诸本以重刊之。"①杨守敬《日本访书志》卷五谈到他订正余志安勤有堂本《唐律疏议》不下数百字②，可见刊书之不易。仁仲、志安二位算是较注重校勘文字的尚且如此，明代的刻本中错漏就更不胜枚举了。如余象斗三台馆刻的《南北两宋志传》，卷首序中把熊大木刻成"大本先生"；余彰德萃庆堂刊的《艺林聚锦故事白眉》，目录中卷九地理部，有都邑、市肆、乡村、关隘等目，而书中却找不到市肆一类的内容，都邑、乡村内容也不完整，可见其粗劣。

④有意作伪，以假乱真。在众多的余氏刻书家中，书贾气味最浓的当数余象斗，仅三台馆刻本就可举出几例，如《万用正宗不求人》一书，书后牌记题"万历岁次丁未潭阳余文台梓"，然而在卷十六末又有"万历新岁乔山堂刘少岗绣"，原来是余象斗把刘氏这一卷全部编入己书，匆忙间连乔山堂牌记都忘了剜去。粗心至此，却在卷端告白中把"坊间诸书杂刻"贬低一通，然后大肆自我吹嘘，结果成了自我讽刺。再如《大宋中兴岳王传》《唐国志传》这两部小说，本是熊钟谷（大木）所编，而三台馆

---

①　《天禄琳琅书目》卷二，第 8 页。

②　杨守敬：《日本访书志》卷五，第 16 页。

在翻刻时却赫然写上"红雪山人余应鳌编次"，把熊大木的序改署"三台馆主人言"，为此花费不少心机，结果还是把《唐国志传》卷一第七则《李密拥众》章"钟谷演义至此，亦笔七言绝句"漏下。余象斗不仅翻人已成之刻，甚至攘别人之作为己！

余氏刻本的局限性，原因是多方面的。

一方面，余氏坊刻的市场主要是中下阶层民众，在封建社会，中下层民众的购买力是有限的。而作为谋生手段的余氏刻书业，只有采取低价售书、薄利多销的原则，才能使自身存在下去并得以发展。为了达到降低书价的目的，就必须降低成本。在这个前提条件限制下，无论是纸、墨、版等原料，还是刻工，都很难达到高标准。例如，要减少篇幅，增加版面容量，就只好压缩字间行距，用建刻特有的瘦长字体。这样的细行小字，刻好了还算清楚，但看上去就不会像字大行宽、天头高地脚阔的监本那样疏朗悦目。刻版之后又没有用足够的工时认真仔细地校勘，只求速度、数量，质量自然要受影响。

另一方面，书坊主人大多不是文人学士，像余象斗、余昌祚等，只能算粗通文墨，谈不上有多深的造诣，他们在组织图书的生产过程中，无法对书籍的内容进行有效的考订。为了谋利赚钱，或剪头去尾，偷工减料，或胡编乱凑、冒名顶替，这些做法，无不给余氏刻本的质量和声誉带来严重后果。这恐怕就是明代后期的余氏刻本不为藏书家或某些学者所重的原因之一，也是余氏刻书业走向衰亡的内在原因吧。

（二）余氏刻本的流传和影响

余氏刻书持续数百年，苦心经营，久盛不衰，无论在国内还是在国外，无论在历史上还是在当今，都有相当的影响。

1. 在国内的流传影响

余氏刻本在其印行当时就享有较高的声誉，受到官私各家推重。最早为余氏赢得称誉的是余仁仲。岳珂曾评论过："且以世所传本，互有得失，难于取正，前辈谓兴国于氏本及建阳余氏本为最善。"[①] 接下来是余志安，《铁琴铜剑楼藏书目录》载勤有堂本《四书通》十六卷后张存中跋谓："泰定三年存中奉浙江儒学提举志行杨先生命，以胡先生《四书通》能删《纂疏》《集成》之所未删，能发《纂疏》《集成》之所未发，大有功于朱子，委命赍付建宁路建阳县书坊刊印。志安余君命工绣梓，度越三稔始克就云云。"明代余彰德、余象斗时也有类似情况。

自影抄翻印技术发展以后，余氏刻本又每被翻版影抄，可考者多达数十种，其中最著名的有：孙星衍仿刻勤有堂本《唐律疏议》、阮福仿刻勤有堂本《古列女传》、汪中仿万卷堂本《春秋公羊经传解诂》、黎庶昌仿万卷堂本《春秋榖梁经传集解》。后两种《四部丛刊》中亦有影印本。新中国成立后，中华书局还影印了勤有堂本《国朝名臣事略》，文学古籍刊行社影印了余象斗校评的《京本增补校正全像忠义水浒志传评林》。这都反映了余氏刻本的文献价值和版本价值。

通过上文"知见录"可知，余氏刻本流传遍及全国二十多个省市，有的远至黑龙江、新疆、青海、云南。仅台湾一省，现存余氏刊本就有三十余种，其中包括十几种罕见的宋元善本。

2. 在国外的流传影响

余氏刻本很早就传播到国外。南宋末年建阳学者熊禾在为书坊镇同文书院撰写的《上梁文》中就写道：

---

① 岳珂：《九经三传沿革例》，第1页。

儿郎伟，抛梁东，书籍日本高丽通；

儿郎伟，抛梁北，万里车书通上国。①

清代杨守敬《藏书绝句》"麻沙本"里也提到："建宁书本满人间，世历三朝远百蛮。"在他编撰的《日本访书志》中著录了《唐律疏义》《春秋穀梁传十二卷》《普济本事方十卷》等余氏刻本。现在不仅亚洲的日本和朝鲜，就是远在大洋彼岸的美国和欧洲的英、法、德等国均有余氏刻本。美国学者卡特（T. F. Carter）在他所著的《中国印刷术的发明和它的西传》一书中有一段文字专门写道：

> 福建建安余氏在宋代以前已经刊板印书，一直继续到明代，达四百多年之久。余氏世业相传，在旧宋板书幅中保留着他们好几代人的姓名；也可以顺便一说，他们所刊刻的经籍，是我们图书馆中所藏最精美的版本。②

国外的余氏刻本，以日本所藏数量最多，价值最高。仅以日本宫内省《图书寮汉籍善本书目》著录的十一种为例，国内罕见的宋元善本占一半以上。孙楷第先生《日本东京所见小说书目》中不少余氏所刻的小说，国内也已失传，如《万锦情林》《新刻全像牛郎织女传》等均是绝无仅有的孤本。上面提到的《水浒志传评林》就是据日本日光慈眼堂藏本影印的。美国国会图书馆藏余氏刻本也有十馀种，通过王重民先生撰写的提要，我们可知其大部分为明本，且国内亦有复本流传。英、法、德各国所藏数量不

---

① 嘉靖《建阳县志》卷六。

② ［美］卡特：《中国印刷术的发明和它的西传》，第 73 页。

多，但价值较高，情况也较复杂。如《新刻按鉴全像批评三国志传》一书，剑桥大学图书馆仅存第七、八两卷，牛津大学图书馆藏十一、十二两卷（见图四），伦敦博物院图书馆仅存第十九、二十两卷，另外西德司徒加、日本京都也有此书残卷。伦敦博物院图书馆藏《刻全像五显灵官大帝华光天王传》一书，下署"三台馆山人仰止余象斗编、书林昌远堂仕弘李氏梓"；《北方真武祖师玄天上帝出身志传》，卷端题"三台山人仰止余象斗编，建邑书林余氏双峰堂梓"，卷末牌子又记"壬寅岁季春月书林熊仰台梓"。两书均为上图下文，半页十行、十七字，当是李仕弘、熊仰台翻余氏双峰堂本，或就余氏原版重印。巴黎图书馆还有一部《新刊京本全像插增田虎王庆忠义水浒全传》，郑振铎先生怀疑亦为余氏双峰堂刻本。此书虽仅存一卷半，因与众本不同，别具一格，颇受《水浒传》的研究者珍视。

至于国外翻刻余氏刻本的记载亦屡见不鲜，仅森立之《经籍访古志》中就有以下数例：

①《新刊补注铜人腧穴针灸图经》五卷

元板，不记行年月，每半板十行，行二十字。按朝鲜国刊此本凡二通，其一整板，其一活字本，体裁俱与此本同，目录末并记'崇化余志安刊于勤有书堂'。盖余氏重刊此本，而朝鲜本均以余氏为祖也。整板仅存三卷，活字既完存，而文字端正，盖是为最佳之本云。[①]

②《增注太平惠民和济局方》

朝鲜本则有活字本二通，其一据余志安本者。①

③《十八史略》一为元刊本

卷端页头题云："勤德堂刊《增修宋季古今通要十八史略》。《通略》之书，行世久矣，惜其太简，读者憾焉。是编详略得宜，诚便后学，□梓与世共之。"

另一为七卷本。

题云"立斋先生标题解注音释十八史略，正统辛酉孟夏书林余氏新刊"，即翻雕明板者。今活板及通行诸本，盖原此本。②

元刊本是否为余氏勤德堂所刊，还需进一步考证。而后一种明正统辛酉年（1441）为余氏刻本则可确信不疑，它的日本翻印本，大连图书馆至今仍存一部。该馆还藏有日本贞享二年（1685）影印的余氏萃庆堂的《皇明千家诗》。我国台湾省"故宫博物院"也藏有朝鲜复明余氏勤德堂的《续古摘奇算法二卷》。美国国会图书馆现藏日本翻元余氏勤德堂的《增修互注礼部韵略》。日本学者长泽规矩也编的《善本影谱》中还有一部《千家注杜工部诗》，卷末余志安勤有堂刊记后还刻了这样两行字——"永和大岁柔兆执徐肃霜，京洛大藏坊法印观喜重刊"（图六），为日本重刻余氏本。永和丙辰相当于洪武九年（1376）。这样的例子举不

① 森立之：《经籍访古志》补遗，第58页。
② 森立之：《经籍访古志》卷三，第20页。

胜举，足以说明余氏刻本的流传之广，影响之大。

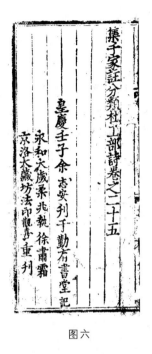

图六

结束语

　　通过以上初步分析，可以使我们明显地看出包括余氏在内的历代书坊刻书家对我国历史文化的发展所作出的重要贡献。

　　①从保存文化典籍方面看，我们今天所能见到的宋元时代的刻本是很有限的，而在这些有限的刻本中，却有不少是建阳书坊刻本，其中仅余氏宋元刻本我们就可以列举出数十种之多。由此可以想见这些刻书家在当时的生产数量之大。

　　②从传播文化方面看，尤其是对庙堂文化以外的民众文化的传播，余氏书坊由于自始至终扎根于民间，以中下层民众为主要

对象，是做出了不容忽视的贡献的。

　　③从雕版印刷术的改进与发展方面看，余氏书坊注意吸收劳动人民在版刻艺术上的发明创造成果，如黑口、书耳、汇注本，插图等形式，起到了推陈出新的作用。

　　在论及余氏书坊这些成就和贡献时，我们还必须连带地指出这样一种现象：在我国封建社会，某些封建士大夫及藏书家往往注重于图书的收藏而忽视流通与传播，甚至对其藏书做出"凡非契交，例不示人""借书不孝"等规定，保存图书之严，有如禁锢。所以，陈登原先生在其所写的《薛氏旧五代史之冥求》一文中才说："夫明明知所有之书为仅存之秘籍，于是过为珍视，秘而不宣；此藏书家自谓保存文化，实则戕贼文化也。惟其秘而不宣，书遂无由流通，人亦无由抄印。藏书家之子孙，未必人尽爱好，于是或以不肖子孙之损害，或以水火盗贼之侵陵，爱护之仅存硕果，卒致绝迹人间！讵非爱之而适以害之欤！"[①] 从这一点来看余氏等书坊刻书家的贡献，又岂在名声显赫的藏书家之下呢？我们难道不该为他们编写一部《书林列传》吗？

　　当然，余氏刻本也有其缺点，如上文谈到的纸墨粗劣，校勘不精，有意作伪等，但从总体上来看，余氏刻书业的贡献是主要的，不能忽视的。他们所刻的书籍在我国图书发展史上应当占有一定的地位。

本文主要参考文献

[明] 周弘祖：《古今书刻》，上海：古典文学出版社 1957 年

[明] 胡应麟：《少室山房笔丛》，北京：中华书局 1964 年

叶德辉：《书林清话》，北京：古籍出版社 1957 年

---

　　① 《东方杂志》第二十七卷第十四期，第 78 页。

孙毓修：《中国雕板源流考》，上海：商务印书馆 1934 年

陈彬龢、查猛济：《中国书史》，上海：商务印书馆 1931 年

钱基博：《版本通义》，北京：古籍出版社 1957 年

毛春翔：《古书版本常谈》，上海人民出版社 1977 年

郑振铎：《中国文学论集》，上海：开明书店 1947 年

鲁迅：《中国小说史略》，北京：人民文学出版社 1973 年

胡士莹：《话本小说概论》，北京：中华书局 1980 年

［美］卡特著，吴泽炎译：《中国印刷术发明及其西传》，北京：商务印书馆 1962 年

张秀民：《中国印刷术的发明及其影响》，北京：人民出版社 1978 年重印本

刘国钧、郑如斯：《中国书的故事》，北京：中国青年出版社 1979 年

刘国钧著，郑如斯订补：《中国书史简编》，北京：书目文献出版社 1982 年

北京大学图书馆学系目录学教研室中国书史教学小组编：《中国书史参考文选》，1980 年

武汉大学图书馆学系古籍整理小组编：《中国书史参考资料》，1980 年

武汉大学图书馆学系古籍整理小组编：《古书整理参考资料》，1980 年

张荣起、郑如斯、廖延唐合编，北京大学图书馆学系：《图书馆古籍整理（草稿）》，1981 年油印本

中国书店集体编：《古籍版本知识》，1961 年油印木

刘修业：《古典小说戏曲丛考》，北京：作家出版社 1958 年

北京图书馆编：《北京图书馆善本书目》，北京：中华书局 1959 年

北京人文科学研究所编印：《北京人文科学研究所藏书目录》，1938 年

故宫博物院图书馆：《故宫善本书目录》，1934 年

北京大学图书馆编：《北京大学图书馆藏善本书目》，1958 年

北京大学图书馆编：《北京大学图书馆藏李氏书目》，1956 年

北京师范大学图书馆编印：《北京师范大学图书馆中文古籍善本书目》，1982 年

北京图书馆编：《西谛书目》，北京：文物出版社 1963 年

王重民辑录：《美国国会图书馆藏中国善本书录》，美国国会图书馆 1957 年

台湾"国立中央图书馆"编印：《台湾公藏善本书目书名索引》，1971 年

孙楷第：《中国通俗小说书目》，《中国大辞典》编纂处、国立北平图书馆 1932 年

孙楷第：《日本东京所见小说书目》，北京：人民文学出版社 1981 年

瞿启甲编：《铁琴铜剑楼宋金元本书影附识语一卷》，常熟瞿氏影印本 1922 年

［日］长泽规矩也编：《善本影谱》，日本书志学会 1932 年

故宫博物院图书馆编印：《故宫善本书影初编》，1929 年

刘承幹编：《嘉业堂善本书影》，嘉业堂影印本 1929 年

［清］黎庶昌辑：《古逸丛书》，遵义黎氏日本东京使署清光绪年间影印本

上海图书馆编：《中国丛书综录》，北京：中华书局 1959—1962 年

［清］余振豪等修：《书林余氏宗谱》，福建省图书馆据光绪丙申（1896）年重刊本抄十二册

陈衍编：《福建版本志十卷》，1938 年铅印本

［明］冯继科纂：《［嘉靖］建阳县志十五卷》，上海古籍书店据宁波天一阁明嘉靖刻本影印 1962 年

［清］梁与等主修：《［道光］建阳县志十九卷》，福建省图书馆藏抄本

王宝仁纂修：《建阳县志》，民国十八年建瓯新明印刷所

方品光：《福建版本资料汇编》，福建师范大学图书馆 1979 年

王伯敏：《中国版画史》，上海人民美术出版社 1961 年

傅惜华：《中国古典文学版画选集》，上海人民美术出版社 1978 年

本书编辑组编辑：《中国历史地图集》（1—8），上海：中华地图学社 1975 年

赵万里：《中国刻版的发展过程》，《人民日报》1961 年 5 月 4 日

冀淑英：《我国优秀的雕版印刷书籍》，《图书馆工作》1957 年第 2 期

张秀民：《南宋（1127—1279 年）刻书地域考》，《图书馆》1961 年第 3 期

张秀民：《明代印书最多的建宁书坊》，《文物》1979 年第 6 期

宿白：《南宋的雕版印刷》，《文物》1962 年第 1 期

吴则虞：《版本通论》，《四川图书馆学报》1978 年第 4 期，1979 年第 1、2、3、4 期

叶长青：《闽本考》，《图书馆学季刊》第 2 卷第 1 期

张贻惠：《福建版本在中国文化上之地位》，《福建文化》1933 年第 7 期

冶心：《福建版本史述略》，《福建文化》1933 年第 12 期

朱维幹：《麻沙书话》，《福建文化》（季刊）第 1 卷第 1 期

谢水顺：《略谈福建的刻书》，《福建省图书馆学会通讯》

1980 年第 4 期

卢维春：《略谈福建坊肆刻书的几个特点》，福建省图书馆学会 1980 年科学讨论会论文和经验交流材料选编

冀淑英：《谈谈明刻本及刻工》，《文献》第七辑

赵万里：《南行日记》，《文物》1962 年第 9 期

钱亚新：《谈谈〈古今书刻〉上编的意义和作用》，《广东图书馆学刊》1982 年第 1 期

方品光：《元明建本通俗演义对我国小说发展的影响》，《福建师范大学学报》（哲学社会科学版）1982 年第 1 期

陈慧杰：《建刻兴衰——建阳刻书事业述评》，北京大学图书馆学系 1981 年毕业论文（稿本）

梁子涵：《建安余氏刻书考》，《福建文献》（台北）第 1 卷第 1 期 1968 年

原载于《文献》1985 年第 1 期

论明代建阳刊小说的地域特征及其生成原因

涂秀虹

建阳书坊刊刻小说的历史很长，但就现存刊本来看，宋元时代刊刻的小说还不多，大量刊行小说是在明代。而从元代至治（1321—1323）年间虞氏书坊刊刻平话，到明代正德六年（1511）杨氏清江书堂翻刻《剪灯新话》和《剪灯馀话》，一百馀年间建阳书坊少有小说刊本传世。与明代小说发展潮流相一致，建阳书坊刊刻小说兴盛于嘉靖以后。根据笔者统计，明代建阳刊小说版本至少有一百三十一种①，其中绝大多数刊刻于万历和万历以后。

一　书坊定位与官方政策

明代小说兴盛于嘉靖以后，这一发展状况固然是由小说创作的情况所决定的，但我认为与建阳书坊有很大关系。因为明代前期建阳书坊刻书占市场份额很大，建阳书坊的刻书与经营状况对于图书的市场流通具有重要的决定作用，明代小说的传播也受此

---

① 此就目前所见所知统计，包括一些已佚版本，还包括现存一些上图下文版式的残本（残叶），学界一般归为建阳刊本。同一种小说若存不同版本，以不同版本数计。以下涉及统计数字，亦以此为标准。

影响。

从文本流传来看，明代前期小说编撰和传播的主流显然是文言小说。成书于洪武十一年（1378）的《剪灯新话》在文人圈中影响极大，此后仿作很多。明代前期广为流传的另一类文言小说是以元代《娇红记》为发端的中篇传奇，到嘉靖时期至少已出现十几部。这两类小说坊间多有刻本，传播相当广泛。此外，继承前代传统，明代前期更有大量的文言小说集、文言小说丛钞等选编与传播。

然而，建阳书坊却很少刊刻文言小说，建阳书坊刻书似有明显的语体倾向。宋代建安刻书中有《夷坚志》和《类说》，但属于官刻。宋元书坊所刻文言小说现存只有宋麻沙镇虞叔异宅刻印《括异志》十卷、元至正年间建安书肆雕印《新编连相搜神广记》等不多的几种。明代宣德正统间建阳知县张光启刊刻《剪灯新话》和《剪灯馀话》，不久遭禁毁，建阳书坊迟至正德六年才有这两种小说的翻刻，但此后也未见重刊①。此外，确证为建阳书坊刊的文言小说现存只有数种，即弘治十七年（1504）书林梅轩和江氏宗德书堂刻印雷燮《新刊奇见异闻笔坡丛脞》一卷，万历二十三年（1595）书林熊体忠宏远堂刻印明庄镗实辑《新刊列仙降凡征应全编》二卷，书林陈应翔刻印唐牛僧孺撰《幽怪录》四

---

① 国内现存《剪灯新话》明刊本四种，建阳刊本占了两种，在《剪灯新话》的刊刻中建阳占有重要地位。而且张光启刻本是《剪灯馀话》的第一个刻本，在《剪灯馀话》的传播中具有重要意义。但这与建阳总体上较少刊刻文言小说并不矛盾。根据学界研究可知，《剪灯新话》的明代刊本并非仅此四种，洪武、永乐年间已有刊本，但已不存，永乐十九年（1421）之后由瞿暹刊刻的本子国内不存，但朝鲜、日本的本子多源于此本。张光启"命工刻梓"时《剪灯新话》已经是"四海盛传"了。另外，张光启出于文人雅好与推广《剪灯馀话》之意合刊二书，具有很大的偶然性，此后"剪灯系列"出现的一系列新作，尚未见建阳书坊刊本。

卷、附李复言撰《续幽怪录》一卷，以及书坊承刻乐纯《雪庵清史》等。就是在中篇传奇畅销、书坊争相刻印的万历年间，留存至今的建阳书坊刻书中也仅见双峰堂刊余象斗编《万锦情林》六卷、萃庆堂余泗泉刊《新刻增补全相燕居笔记》十卷。这在繁盛的建阳刻书中比例实在是很小的。虽然现存刻本并不是当时刻书的全部，但与白话小说等其他类型刻书相比，就刻书的存佚概率来说，现存各类型刻书的比例基本体现当时刻书的大致情况。建阳书坊很少涉足文言小说的刊刻，与书坊的读者定位有关。建阳书坊刻书就内容来说以普及为主，偏重于正经正史，特别多经史类普及读物，包括启蒙、科举辅助书，同时多刻与百姓日用密切相关的医书、通俗类书等。元代以后开始刊刻白话通俗小说，面向下层民众这一普通读者阶层。文言小说使用文言叙事，大量插入诗词文赋，表现文人生活和文人的观念世界，充满文人情趣，与识字量少、关心自己市井经验的下层民众离得很远，不为市井大众所接受，因而，面向市井大众的建阳刻书也就很少留意这类小说。

但语体的选择只是建阳书坊小说刊刻状况的一个方面。因为明代前期也存在通俗小说的编撰和传播，从叶盛（1420—1474）《水东日记》卷二一"小说戏文"的记载来看，当时书坊刊刻不少"小说杂书"①。而建阳书坊同样少有刊本。

那么，为什么明代前期建阳书坊很少刊刻小说呢？有人认为是刻书业不够发达的原因。事实上，元明之际的战火虽然烧毁了建阳书坊一些版片，但并不是毁灭性的打击。明代前期，据顾炎武《钞书自序》，至于正统年间，"其时天下惟王府官司及建宁书

---

① ［明］叶盛《水东日记》，中华书局1980年版"元明史料笔记丛刊"，第213页。

坊乃有刻板"①。洪武二十四年（1391）六月，太祖"命礼部颁书籍于北方学校。上谕之曰……向尝颁与五经四书，其他子史诸书未尝赐予，宜于国子监印颁，有未备者遣人往福建购与之"②。清代施鸿保《闽杂记》称："麻沙书板，自宋著称。明宣德四年，衍圣公孔彦缙以请市福建麻沙板书籍咨礼部尚书胡濙，奏闻许之，并令有司依时值买纸雇工摹印。"③ 明代嘉靖年间周弘祖《古今书刻》统计各地刻书，以福建最多，而福建又以建阳书坊最多，达三百六十七种，比南京国子监和各省都多。以私人之力统计必然不完全，但由此可见明代前期建阳书坊刻书之盛。在如此繁盛的刻书中没有小说，当然有着多方面的内外因，我认为影响建阳书坊明代前期刻书状况的因素首先在于官方的政策导向。

一方面，明初建阳书坊的地位很高，明代前期全国的科举应试之书多出于建阳书坊，书坊承接了许多官方委托刻书的任务。如成化二十三年（1487），礼部尚书丘濬进呈《大学衍义补》一书，孝宗命"誊副本下福建书坊印行"（《孝宗弘治实录》卷七）。丘濬《大学衍义补》最早的刊本即为弘治元年（1488）建宁府刊本。成化十六年（1480），福建按察司金事余谅请建阳书坊刻印丘濬辑《文公家礼仪节》八卷。当时福建巡抚、巡按以及建宁府、建阳县的官员、书院大量刻书，刻书地点多为建阳书坊。

建阳书坊的地位源于明王朝大力提倡程朱理学。元代仁宗延祐（1314—1320）年间恢复科举，就诏定以朱熹《四书集注》试

---

① ［清］顾炎武《亭林文集》卷二，上海古籍出版社 1995 年版《续修四库全书》据清刻本影印，第 1402 册，第 82 页。

② ［清］《太祖洪武实录》卷二〇九，《明实录》第二十八册，长乐梁鸿志民国二十九年影江苏国学图书馆传钞本，第九叶。

③ ［清］施鸿保《闽杂记》卷八"麻沙书板"，光绪戊寅（1878）申报馆印。

士子。明朝朱元璋推崇朱子学,洪武二年（1369）诏令天下立学,规定:"国家明经取士,说经者以宋儒传注为宗,行文者以典实纯正为主。今后务须颁降四书五经、《性理》《通鉴纲目》《大学衍义》《历代名臣奏议》《文章正宗》及历代诰律典制等书,课令生徒诵习讲解,其有剽窃异端邪说,炫奇立异者,文虽工,弗录。"① 这一政策对建阳书坊的发展非常有利,因为建阳是闽学中心、理学渊薮,是朱子一生讲学终老之地,而且建阳书坊刻书向来以儒家经典为主,自宋代以来就特别用力于科举考试用书,在读书士子中拥有广泛的市场。当时官方还规定理学诸子后裔可优免徭役,万历《建阳县志》卷三"籍产志"之"赋役"载:"本县昔为先贤所萃之乡,故各家子孙俱得优免。朱文公伍拾丁石,而蔡西山壹拾玖丁石,游鹰山、张横渠各壹拾陆丁石,刘云庄壹拾肆丁石,刘瑞樟、熊勿轩各捌丁石,黄勉斋伍丁石。盖士夫举监生员吏承之优免,各县所同,而先贤子孙之优免,则本县所独也。"② 为了取得这种优惠待遇,建阳刻书世家往往以名贤后裔自居,如刘弘毅慎独斋刻印《十七史详节》,就标明"五忠后裔""精力史学"③。在这样浓郁的文化氛围中,当时无论官刻、家刻、坊刻都以理学名著为主,多刻宋元理学诸子著作。悠久的刻书历史、理学名家的良好声誉和特别有利于建阳刻书发展的政治文化氛围,吸引了国子监乃至各地名士把经典著作和理学新作寄发建阳书坊刊刻。所以,建阳书坊稿源相当充足,销量也大。

---

① 佚名《松下杂钞》卷下,孙毓修编《涵芬楼秘笈》第三集,北京图书馆出版社2000年据上海商务印书馆1917年影印本影印,第三册,第368页。

② 《(万历)建阳县志》,书目文献出版社1991年影印《日本藏中国罕见地方志丛刊》,第350页。

③ 方彦寿《建阳刻书史》,中国社会出版社2003年版,第215页。

　　另一方面，当时官方对文艺的管理也使得书坊不敢轻举妄动刊刻违禁书籍。关于明代前期戏曲、说唱传播的禁令为学界所熟悉，如洪武六年（1373）诏令禁限戏曲装扮历代帝王后妃忠臣烈士先圣先贤神像，这条禁令被写进了洪武三十年（1397）正式颁布的《御制大明律》；永乐九年（1411）又再次出榜禁同类词曲的演出、收藏、传诵、印卖①。这样的规定对说书同样有效，据褚人获《坚瓠集》辛集卷二记载，就是在后来通俗文艺已经颇为繁荣的嘉靖、隆庆年间，王世贞的儿子王士骕还因为奴仆说平话而致罪。②

　　而关于小说传播的禁令现在所见似乎与建阳刻书关系较为密切。建阳书坊发展繁盛，必然也会产生一些非"经史有益之书"，由于建阳和建阳书坊引人注目的地位，"道所从出""文章萃聚"，官方对建阳刻书业的管理也较严。如宣德、正统间建阳知县张光启刊刻《剪灯新话》《剪灯馀话》后不久，明正统七年（1442），"国子监祭酒李时勉言五事……近年有俗儒假托怪异之事，饰以无根之言，如《剪灯新话》之类，不惟市井轻浮之徒争相诵习，至于经生儒士多舍正学不讲，日夜记意以资谈论，若不严禁，恐邪说异端日新月盛，惑乱人心，实非细故，乞敕礼部行文内外衙门及提调学校佥事、御史并按察司官巡历去处，凡遇此等书籍，即令焚毁，有印卖及藏习者问罪如律，庶俾人知正道，不为邪妄所惑。诏下礼部议，尚书胡濙等以其言多切理可行，但欲取太医院药于本监治病，原无旧例，难从。上是其议。"③李时勉的奏疏有可能是针对张光启刊刻《剪灯新话》《剪灯馀话》而发的。李

---

　　①　参看程华平《明清传奇编年史稿》，齐鲁书社 2008 年版，第2、4 页。

　　②　参看陈大康《明代小说史》，上海文艺出版社 2000 年版，第144 页。

　　③　《英宗正统实录》卷九〇，《明实录》第九十七册，第六叶。

时勉的奏书中虽言"《剪灯新话》之类"，而没有直接提《剪灯馀话》，但可能更为直接导致李时勉上书的是《剪灯馀话》。《剪灯新话》自洪武十一年成书，至此四海流传四十馀年，且已多有刊本。《剪灯馀话》大约成书于永乐十七年（1419），张光启刊本是《剪灯馀话》的第一个刻本。《剪灯馀话》作者李昌祺与李时勉同乡且为同年进士，曾经是好朋友，李时勉为李昌祺诗集作过序，永乐十八年还为李昌祺的《至正妓人行》作过跋，张光启刊本《剪灯馀话》附《至正妓人行》及诸名公跋，李时勉之跋也在其中。收录李时勉等名公之跋显然是为了提高《剪灯馀话》的身价，但是否正因为如此而更引起李时勉的注意乃至反感呢？历史细节无法还原，但从李时勉为《至正妓人行》写的跋可以知道，李时勉不赞成李昌祺撰写这样的作品，认为"公为方面大臣，固当以功名事业自期"。对比《剪灯馀话》诸篇，《至正妓人行》已属雅正。对于《至正妓人行》李时勉尚且认为不当用力于此，更不必说《剪灯馀话》诸篇的"怪异之事""无根之言"；而且比之《剪灯新话》，《剪灯馀话》对于男女之情更多露骨描写，触犯时忌的内容也更多，多处讥刺永乐朝"失节"大臣，"同时诸老，多面交而心恶之"①。李时勉是明代著名的理学名臣，《明史》有传，为了维护礼教，甚至曾经"庭辱"洪熙皇帝，据说洪熙皇帝就是被他气死的。可以想见，李时勉若读到《剪灯馀话》，必然如鲠在喉。正统六年（1441），李时勉任国子监祭酒，兢兢业业教诲国子监学生，终于因为"经生儒士多舍正学不讲"、沉迷于《剪灯新话》一类的小说而愤然上书建议禁毁。而从"上是其议"看来，李时勉禁书的建议必然被采纳了，因为此后二十多年不仅《剪灯新话》《剪灯馀话》未见传本，其他小说也少有流传，从现

---

① ［明］祝允明《野记》卷一，1936 年商务印书馆影印。

存刊本来看，成化以后才逐渐开禁。又据施鸿保《闽杂记》记载："宏（弘）治十二年给事中许天锡言今年阙里孔庙灾，福建建阳县书坊亦被火，古今书板尽毁，上天示警，必于道所从出、文所会萃之处，请禁伪学，以崇实用。下礼部议，遂敕福建巡按御史釐正麻沙书板。又嘉靖五年福建巡按御史杨瑞提督学校副使邵诜请于建阳设立官署，派翰林春坊官一员监校麻沙书板，……且有官监校矣。"① 在建阳书坊这么一个偏僻的小地方设置一名专任官员，可见中央政府对建阳书坊的重视，也可见建阳书坊之繁盛。嘉靖十一年（1532），福建提刑按察司还专门就建阳书坊刊刻的四书五经出了一道牒文，明文规范刻书的文字差讹和版式问题。可见政府的监管是有力的。

所以，明代前期建阳书坊少有小说刊刻决定于当时小说创作状况，但也与书坊的读者定位和官方的政策导向与文艺管理有关。

二 题材选择与理学的影响

建阳书坊的经史类典籍和理学著作的刊刻自明代中叶以后有所衰退，一方面是因为统治阶层日益腐败，无力倡导和维护理学，另一方面是心学的兴起使理学热潮弱减。心学的兴起对于建阳的文化思想影响不大，但客观上影响了建阳书坊刻书的稿源和销售。根据《建阳县志续集·典籍》记载："天下书籍备于建阳之书坊，书目具在，可考也。然近时学者自一经四书外，皆庋阁不用，故板刻日就脱落。况书坊之人苟图财利，而官府之征索偿不酬劳，往往阴毁之以便己私，殊不可慨叹。故今具纪其所有

---

① ［清］施鸿保《闽杂记》卷八"麻沙书板"。

者，而不全者止录其目。好古而有力者能搜访订正而重刻之以惠后学，亦一幸也。"① 由此可见，明代中期建阳书坊刊刻经史类典籍乃至科举参考书的衰退有着诸多具体的原因，其中越来越暴露弊端的八股取士制度对于建阳刻书有很大影响。建阳刻书的巨大支柱是辅助科举考试和蒙童学习的经史类普及读物，但八股考试改变了从前士子遍读经史的学习方式，使得建阳刊刻的经史类图书失去了销路而萎缩。而官府的征索又加重了书坊的负担，加剧了书坊的衰落。

正是在这样的背景下，又由于此时全国小说图书市场逐渐兴盛，建阳书坊因为本来就有着良好的通俗图书刊刻传统，所以，通俗小说很快成为书坊刻书的支柱品种。明代建阳小说刊本现在所知一百三十一种，从万历年间余象斗刊刻《三国志传评林》之《三国辨》、《水浒志传评林》之《水浒辨》看来，现存的刊本只是当时刻书中的一部分，佚失的版本应该比现存的还多。

但是，建阳刊刻的通俗小说仍然有着建阳这个"闽邦邹鲁""道南理窟"的明显地域特色。这一地域特色充分体现在建阳刊小说的题材选择上。检视目前所知建阳书坊刊刻小说，可见其明显的题材特征，即以讲史、神魔、公案三种类型为主，其中讲史小说刊本六十九种，神魔小说刊本二十七种②，公案小说刊本十八种。

---

① 《（弘治）建阳县志续集》，齐鲁书社 1995 年版《四库全书存目丛书》据明弘治刻本影印，史部第 176 册，第 87—88 页。

② 其中包括近年由潘建国发现的书林文萃堂刊《新刻全像五鼠闹东京》（见潘建国《海内孤本明刊〈新刻全像五鼠闹东京〉小说考》，《文学遗产》2008 年第 5 期）；叶明生发现的书林忠正堂刊《显法降蛇海游记传》（现存清乾隆十八年文元堂重刊本，参看叶明生《海游记校注》，台湾施合郑民俗文化基金会"民俗曲艺丛书"2000 年版）。

从现存刊本来看，建阳书坊少有人情小说。人情小说在明代后期的主要类型是"艳情小说"，这类小说在嘉靖后期开始出现，到万历后期形成高潮，像《如意君传》《痴婆子传》《浪史》等作品大量出现，但是，现存刊本多出于江浙一带，而建阳刻本今见惟有种德堂刊《绣榻野史》。其中"种德堂"是建阳熊氏书坊之一，但此《绣榻野史》不一定刊刻于建阳，因为明代后期熊氏种德堂在金陵有分店，其刊本有一部分刻于金陵①。而此本《绣榻野史》不是建阳刊小说常见的上图下文版式，而是图版夹于正文中间，左右两半叶合成一幅，上下卷各十二幅，是江南刊小说常见的版式。②

我们不能以现存小说刊本情况断言建阳书坊不刊艳情小说，但从存本在题材类型上的比例可以推断建阳书坊有着较为明显的题材取向。以《三国志演义》《水浒传》为典范的讲史小说无不

---

① 刘世德《〈三国志演义〉熊成冶刊本试论》，《文献》2004 年第 2 期。

② 当然并不绝对排除此本刻印于建阳。由此亦可见明代后期建阳书坊与江南书坊的合流。此合流体现在多方面，一是建阳书坊刻书地点的迁移，如建阳叶氏、余氏、熊氏等刻书世家都于金陵设立分肆。二是刻工的合流，建阳的优秀刻工如刘素明既为建阳书坊刻书，又为江南书坊刻书；建阳书坊也聘请江南刻工，如余君召刊本《英烈传》刻工署王少淮；建阳书坊还聘请建阳与江南的刻绘名家联手合作，如萧氏师俭堂刊戏曲《幽闺记》即为刘素明与版画高手蔡元勋、刘松年的合作。刘素明还与江南很多刻绘名手合作为江南书坊刻书。三是插图版式的融合，明代后期建阳书坊不少刊本，如熊飞刊《英雄谱》、人瑞堂刊《隋炀帝艳史》，以及大量的戏曲刊本，都是江南刊本所常见的大幅全图的版式，故而学界多认为这些刊本不刻于建阳本地。而建阳书坊刊本的插图形式也影响了江南刊本，除江南刊本也有上图下文的版式外，如余季岳刊《按鉴演义帝王御世盘古至唐虞传》所用的月光版插图形式就为后来李渔刻书所采用。最重要的是由于经济文化中心的转移，建阳书坊在刻书业中的重要地位逐渐淡化，建阳书坊逐渐消亡了，但其刻书和经营经验融进了以江南为中心的刻书业的长远发展之中。

是以纲常义理为指归，宣扬忠孝节义、惩恶扬善。建阳书坊组织编撰和刊刻的神魔小说虽然是在《西游记》影响下产生的，但实际上都融合了讲史小说的影响，是讲史小说发展的一个支流。这些神魔小说显然不同于传统的志怪小说以鬼神为表现对象、追求怪异的叙事趣味，而是通过神仙佛道的修行故事，达到教人向善的目的，所以与讲史小说实异途同归，为儒教之补。而公案小说向来被视为广义的讲史类小说，建阳书坊刊刻的公案小说还经常与法律文书上下栏刊刻，是普及司法知识的一种手段，也是法律文书的派生物，当然既有益于教育，又符合理学的精神。事实上，结合建阳书坊对通俗小说题材的选择来观照文言小说，我们会发现建阳书坊刊刻小说的语体倾向也主要取决于题材的选择。文言小说中的《剪灯》系列和中篇传奇在题材上属于人情一类，特别是被称为"话本"的中篇传奇，其题材与通俗小说之艳情一类相接近。正因为题材的原因，建阳书坊极少刊刻。

　　从建阳书坊刊刻小说的题材取向，我们不由得想到程朱理学最为人们所熟知的一句"语录"："明天理，灭人欲。"在通行的文学史和常见的文学研究论文中，说到程朱理学无不视之面目可憎，古代社会后半段社会生活的所有不合理，乃至文学发展之症结几乎都归之于"理学杀人""以理害情"。几百年来人们对朱熹理学太多误解，朱熹思想在元明清三朝被树为官学，置于至高无上的地位，很多文人又往往因为政治话语的需要有意曲解朱熹思想。事实上，朱熹集儒学之大成，建立了伦理、哲学、政治三位一体的伦理型理学体系，这一思想体系确实以"三纲""五常""明天理、灭人欲"作为最高的道德原则，但"三纲""五常"思想其实早在《尚书》中就已萌芽，《论语》就已提出"君君臣臣父父子子"，千百年来成为封建社会普遍遵循的最高的道德原则，有其恒久的合理性。特别值得指出的是，朱熹强调"欲"与"人欲"的区别，"欲"是人性的本然，"食色性也"①，而"人欲"则是人所追求的私欲邪念，所以朱熹强调以理节欲。有学者指出，这种表彰普遍道德原则的心态，一定程度上反映了人的理性自觉，表达了在天、地、人三才之中，追求理想人格和完善道德原则，以更好地尽人性与尽物性，从而，赞天地之化育，使人与天、地并立，以实现当时理学家所向往的那种"为天地立志，为生民立道，为去圣继绝学，为万世开太平"的"以道自任"的理想境界②。这也是朱子学自南宋至于清代为有胆识、有魄力的帝王所推崇、为文人士大夫普遍认同的重要原因。在建阳刊的很多小说中，我们都能真切地感受到朱子思想对作者的深刻影响。

正因为如此，理学思想成为影响建阳书坊刊刻小说题材选择的很重要的原因。尽管建阳刊小说题材类型上的特点有着文学发展内、外多种因素的作用，与当时文化政策有关，还与书坊长期大量刊刻史部图书以及讲史平话的积淀有关，但是最主要的生成动力是建阳地域文化形成的道德基准和书坊主的自觉选择。

在福建乃至全国，闽北地区是一个独特的区域，它分布于武夷山脉建溪一线，包括了建宁府、邵武军、南剑州三州府，建阳则处于这一地域网络的中心。这一地区被称为"道南理窟"确实非常形象，因为理学家在这里扎堆出现。至少从南唐时代开始，建安江文蔚、朱弼都是名重天下的儒学名家。宋代闽学的著名理学家从"南剑三先生"的杨时、罗从彦、李侗以下，武夷"胡氏五贤"：胡安国、胡寅、胡宁、胡宏、胡宪，以及游酢，刘勉之，刘子翚，到朱熹，其生活地域基本上集中于以建阳为中心的闽北

---

① 《孟子章句》卷一一，中华书局 1998 年版《四部要籍注疏丛刊·孟子》，第 89 页。

② 刘树勋主编《闽学源流》，福建教育出版社 1993 年版，第 228 页。

走廊。由于理学家如此密集，所以，闽学在闽北的影响非常深入，地位极其稳固，宋代"庆元党禁"中，闽北地区无一人充当反闽学的干将①。朱熹去世正当党禁最烈之时，庆元六年（1200）十一月，朱熹葬于建阳九峰山大林谷，参加葬礼的有六千人，其中不乏远道而来的朱子门人，但如此多的人数，必然更多的是本地人。《闽学源流》根据历代文献统计，列出朱熹门人有姓名记载的五百一十一人，其中占比例最多的还是闽北三州府，有八十四人。通过门人弟子的递相承传，朱子思想源远流长。尤其在建阳，由于政府的扶持与嘉奖，从宋末到明清，大量立祠堂、建书院，修复闽学学者创办的书院，弘扬闽学精神。

元代、明代，朱子著作遍行天下，"天下之学皆朱子之书"②，宋以来的刻书中心建阳得天时地利，大量印行朱子等理学家著作。同时，建州由于得天独厚的地理优势，是唐以来世族汇集之地，早期移民从中原地区带来崇儒重教的传统，教育极为普及，是宋以来福建地区教育最发达的州府，而福建又是全国教育最发达的地区。所以，建阳刻书家很多都有着良好的教育背景和较高的文化修养，宋以来不少书坊主都能亲自编书，他们很多都是幼读诗书、参加科举考试未能成功而重操父辈祖业的文人，如明代余象斗即如此。朱熹等理学名贤使建阳山川为之生色，建阳人引以为豪，根据嘉靖《建阳县志》记载，小小一个建阳建有四十八座坊表，这些坊表以弘扬理学道统为主，题名多如"南州阙里""道学渊源""世家先哲，力扶道统""道学传心，斯文缵绪"等，最值得注意的是书坊所在崇化里的"书坊"坊表，"内八坊，曰

①　林拓《文化的地理过程分析——福建文化的地域性考察》，上海书店出版社 2004 年版，第 74 页。

②　《虞集全集》，王颋点校，天津古籍出版社 2007 年版，上册，第 658 页。

崇孝，曰崇弟，曰崇忠，曰崇信，曰崇礼，曰崇义，曰崇廉，曰崇耻"①，由此可见建阳刻书所处的浓厚的理学氛围。理学对建阳的影响至为深远，教育的普及更使理学深入普通民众，理学成为建阳书坊主自觉的思想意识，由他们编撰和刊刻的小说必然受到理学强调文学的社会政治功能的影响，故建阳刊刻的小说在内容上重视社会性，在风格上则骨力刚健，以"天理"为指归，着力于教化人心。就是到了天启、崇祯，建阳书坊已逐渐走向衰落，对市场极为敏感的建阳书坊也仍然没有改变道德尺度以挽救自己的衰势。

三　编刻类型与稿源

建阳书坊刊刻小说大致可分为两类，一类是《剪灯新话》《三国志演义》《水浒传》《西游记》等典范作品，一类是这些典范作品影响下产生的小说。典范作品大体都是江南刊本的重新编刻，如《三国志演义》《水浒传》《西游记》三大奇书的各种版本占现存建阳小说刊本将近一半，其中绝大多数为简本。典范作品影响下产生的小说也有一些版本来自江南，如三台馆刊杨尔曾编订《新镌全像东西两晋演义志传》，如焕文堂印万卷楼刊本《海刚峰先生居官公案传》等，但是绝大多数出于建阳书坊组织文人自编。这些作品因袭模仿，其叙事水平与元刊平话比较接近，艺术成就远远无法与典范作品相比，因此，时至今日，这些小说已多被市场所遗忘，这是传播史上优胜劣汰的必然规律。

建阳刊小说的编刻类型有其深层的生成原因，最直接的因素

---

① 《（嘉靖）建阳县志》卷四《治署志》附坊表，《天一阁藏明代方志选刊》，上海古籍书店 1982 年影印。

在于稿源，特别是小说作者的构成。

对于建阳书坊来说，稿源的问题其实是书坊发展的瓶颈。当闽学发展走过了它的黄金时代，闽北文化复归于它山林的偏远和沉寂时，稿源问题特别突出地表现出来，并最终限制了建阳刻书业的持续发展。随着明代弘治、正德以后封建统治能力的下滑，理学在民众生活中的核心地位也逐渐减退，建阳书坊理学著作和经史类著作稿源不足，这是明代正德、嘉靖以后建阳书坊向小说刊刻转型的重要原因。但是，建阳刊刻小说若要持续发展，小说稿源同样是最为关键的因素。而建阳书坊不容易获得高质量的稿源。

从文言小说和白话小说全部作品和作者来看，典范作品的作者都不出于建阳，如"剪灯"系列的瞿佑《剪灯新话》和李昌祺《剪灯馀话》，中篇传奇（元）宋梅洞《娇红记》，白话长篇小说罗贯中《三国志演义》、施耐庵《水浒传》、吴承恩《西游记》。《三国志演义》《水浒传》《西游记》的作者研究至今存在争议，但这些作者也与福建地区无涉。典范作品影响下的小说其作者或者是建阳文人，包括建阳书坊主，更多的则是建阳书坊聘请的文人，多来自江西。笔者对"三国""水浒"、《剪灯新话》《剪灯馀话》之外的九十种刊本进行统计，除三十四种不明作者或不明作者籍贯之外，三十二种出自福建文人，其中以建阳刻书世家之熊大木、余邵鱼、余象斗之作最多；十一种出自江西文人如邓志谟、朱星祚、黄化宇、吴还初等；其他浙江、广州、金陵、湖北、河南、安徽、甘肃等地各有少量，其中如冯梦龙等可能系伪托。

从已知情况来看，建阳书坊组织编撰小说的作者都是名不见经传的下层文人，文学修养不高。但他们中有的人阅读面很广，所谓"博洽士"，善于做编辑的工作。如熊大木，《大宋中兴通俗演义》等数种小说之外，还编校、集成《日记故事》《新刊类纂天下利用通俗集成锦绣万花谷文林广记》《新刊明解音释校正书言故事大全》等，就是《大宋中兴通俗演义》《唐书志传通俗演义》《全汉志传》《南北宋志传》等小说，严格说来也具编辑性质，因为都有所据旧本，结合史料及其他传说资料编写而成，所以，我们往往称之为"编撰"，而不称之为"创作"。又如邓志谟，其编辑情况与熊大木非常相似，《铁树记》《飞剑记》《咒枣记》等小说之外，还有《山水争奇》等七种"争奇"、《故事白眉》《故事黄眉》《锲旁注事类捷录》《古事镜》等等，编了很多书，基本都属于类书。利用旧本，大量抄录史料及其他资料，拼凑痕迹比较明显，这是建阳书坊编撰小说的基本特征；甚至如公案小说，多转录、拼凑或只是更换书名而已。由建阳书坊编撰和刊行的很多小说都具有开拓新题材的意义，如《南北宋志传》《唐书志传通俗演义》《大宋中兴通俗演义》《列国志传》《包龙图判百家公案》等小说，开启了杨家将、说唐、说岳、列国志等小说题材的创作；大量同类型小说的刊刻从小说史发展的角度、从小说文体与小说类型形成的角度、从普及小说接受从而推进小说发展的角度来说有其重要意义，但若每一部小说单独分析，其叙事艺术成就不高。

明代小说的典范之作多已在嘉靖之前产生，但是，为数很少的几部作品远远无法满足读者的需求，而此时通俗小说的创作尚处于不自觉的状态，因此建阳书坊主以其商业敏感率先组织文人编撰小说，对于小说的发展显然有其重要意义。可惜的是，建阳书坊未能与高水平小说作家合作，未能获得高质量稿源，这是与建阳当地的经济文化发展水平密切相关的。

宋代闽北地区曾为全国文化最发达地区，这有着天时、地利、人和多方面的原因，但其中一个不容忽视的因素是带动闽北地区文化发展的理学属于山林文化，它不依赖于城市的发展，甚至它必须逃避城市发展的喧嚣，它要求学者远离城市归于山林，读书思考，涵泳性情，正如李侗传于朱熹的指诀："默坐澄心，体认天理。"闽北由于武夷山的阻隔，有深山大川之静僻，非常适合理学家体认天理的默坐澄心，同时离南宋的政治文化中心临安不太远，若以当时的半壁江山而论，建阳甚至正好处于全国中心的位置，因此又很方便于以天下为己任的理学家感触国家民族命脉，适时干预时事。这是闽学能建立集大成的思想体系，而又能成为主流意识形态的客观原因之一。

然而，时至明代中叶，山林文化衰微，城市文化成为主流，而通俗小说是商品经济发展的产物，与城市化的文明程度密切相关。从宋元话本、元刊杂剧来看，很多小说戏曲都出自"古杭新编"，苏杭一带由于城市规模大，经济发达，是小说戏曲之渊薮。而且江南地区当时事实上已初步形成以苏、杭为中心城市的经济区，包括镇江、应天（南京）、松江、常州、嘉兴、湖州等地在内，类似于今日的长江三角洲经济区，构成了都会、府县城、乡镇、村市等多层级的市场网络。江南地区人口密集，明代，苏州、杭州与北京、南京是全国人口最多的城市，比如苏州，据《明史》记载，洪武二十六年，户四十九万一千五百一十四，口二百三十五万五千三十。弘治四年，户五十三万五千四百九，口二百四万八千九十七。万历六年，户六十万七百五十五，口二百一万一千九百八十五。① 可以想见，在江南地区这个庞大、密集的人群中，有多少艺术人才，有多少热衷小说戏曲的读者，每天演绎着多少小说戏曲取之不尽的市井故事素材。而闽北，历来以

---

① 《明史》卷四〇《地理一》，中华书局1974年版，第4册，第918页。

山林文化著称，它培育出了唐宋以来大量的诗人和学者，武夷名山曾吸引众多道、释修行者。兴于宋代的建阳刻书正源于此深厚的文化意蕴。但是，它处于深山，刻书兴盛的麻沙和书坊更是两个远离尘嚣的秀美山村，明代的建阳经济文化都不发达，就城市化的发展程度来说与杭州、苏州、金陵等地相比更是望尘莫及。由于计产育子、溺婴等习俗，建阳乃至福建人口长期增长不大。根据万历《建阳县志》卷三"籍产志"记载，万历二十年建阳人口为"户二万五千四十六，内寄庄户二百二十三，口八万三千三百七十一"[①]。又由于福建山水阻隔的地理特征，福建从来未能形成调控全局的文化中心，闽人善于经商，但是，福建的商业贸易也始终未形成统一的区域性市场网络。闽南地区商业贸易发达，宋代泉州刺桐港、明代漳州月港都曾经非常兴盛，甚至一度成为全省的经济中心，但以闽南一带为中心主要向海外辐射，与闽北、闽西内地的交流由于交通不便相对较少。明代景泰年间至于天启，是漳州月港最为兴盛的时期，这个时期也是建阳刊刻小说的兴盛时期，但是，我认为两者没有必然联系。闽南对外贸易的商品中也有"建本文字"，但是，建阳书坊刻书是以江南刻书为向心的，其版本翻刻、编撰取材、图书集散都主要与江南地区交流，从图书销售的角度说，通过江南地区流向全国的市场绝对要比通过闽南流向海外的市场大。所以，一定程度上可以说，建阳书坊相当于当时全国图书行业的小商品生产（加工）地，小作坊密集，生产成本较低，生产水平也较低，但生产量很大。城市文明和市民文化的发展先天不足，没有喧嚣城市家长里短的丰厚积累，天马行空的空旷想象也受阻于触目的群山，缺乏叙事文学丰厚的土壤，建阳的小说编撰和小说刊刻必然缺乏原创性大手笔的

---

① 《（万历）建阳县志》，《日本藏中国罕见地方志丛刊》，第 342 页。

精品。

　　建阳经济不发达，在宋元时期尚有银矿和建茶产业，至于明代，则惟以书坊书籍为当地最大产业。万历《建阳县志》卷三"赋役"说："今潭产至单微。"① 卷一记各乡市集："在乡一十六里。乡市各有日期，如崇化里书坊街、洛田里崇洛街、崇文里将口街，每月俱以一、六日集……是日里人并诸商会聚，各以货物交易，至晡乃散，俗谓之墟。而惟书坊书籍，比屋为之，天下诸商皆集。次则崇洛绵花、纱布二集为大，馀若崇泰里马伏下街、后山街……则聚无常期，亦不过鱼盐米布而已。"② 由此可见其产业单一，商业不盛，经济相对落后。

　　明代，似乎福建文化的辉煌已成过去，特别闽北地区区域文化呈明显弱化趋势。从一些数据统计看来，明代福建进入政府中枢的官员已经很少，远远无法跟宋代相比，跟邻近的江西相比也大为逊色。明代闽北乃至福建都已经很少产生著名文人，像明初杨荣那样的名人极少。以科举及第情况来说，明代与宋代远远无法相比，而嘉靖以后闽北地区更明显衰落，明前期该地区进士总数一百一十九人，而嘉靖及其以后只有六十六人，仅占明代该地区进士总数的 35％；从各科平均及第人数来看，嘉靖以前每科及第近三人，嘉靖以后则为一人左右。而状元、榜眼、探花这三鼎甲中，仅明初洪武十八年（1385）建阳的丁显中状元，其馀空无一人。③ 根据万历《建阳县志》卷二"书院"之"同文书院"条下小字记载，"其地方业儒者少"④，建阳县学生员也不多。

────────────────

① 《（万历）建阳县志》，《日本藏中国罕见地方志丛刊》，第 343 页。

② 《（万历）建阳县志》，《日本藏中国罕见地方志丛刊》，第 265 页。

③ 林拓《文化的地理过程分析——福建文化的地域性考察》，第125 页。

④ 《（万历）建阳县志》，《日本藏中国罕见地方志丛刊》，第 300 页。

　　显然，由于地处偏僻，文化衰退，闽北本地较少产生人才，也留不住人才，更不能吸引外来人才。这是建阳刊小说作者构成的根本因素。建阳经济文化不发达，民间资金积累薄弱，使得建阳书坊主未能有大魄力向外地组织高水平的作者和稿源；而建阳之外经济文化发达地区，也许已经具备了创作较高水平小说的力量，但是，又缺乏像建阳书坊这样的组织推动力，同时期同样未能产生高水平小说。于此可观明代嘉靖、万历时期小说面貌生成之一斑。

四　版式特征与刻工及读者

　　假如说稿源问题还主要决定于客观条件的话，小说的版本面貌、版式特征则不能不说是建阳书坊的自觉选择了，建阳书坊有其明确的读者定位和销售策略。

　　建阳刻书集中于崇化书坊和麻沙两个乡镇，熊、刘、余、杨等几大刻书家族之外，还有很多书户，几乎家家刻书。建阳书坊刊小说现存版本都很复杂，版本复杂的原因之一是当时每一部小说行世之后，都有好几家书坊竞相翻刻，现存版本往往是好几家书坊刻本拼凑而成的，或者书版为别家书坊获得后挖改①。书坊以家庭为单位，各书坊之间虽有合作②，但从同一姓氏有好几家书坊，而且版面题署常见挖改看来，可能竞争多于合作。这样的民间商业经营形式一方面具有优长，小作坊运作，经营方式比较灵活，为求销售、竞争市场，在刻书内容和版式上力求创新；另

---

　　① 比如《全汉志传》的版本即如此，序文、卷端的题署和卷终的牌记所署书坊不一。

　　② 如余彰德与余象斗就曾合作刊刻《古今韵会小补》。

一方面也有严重局限，那就是资金薄弱，资本积累与文化积累层次低，小本经营，尽量压低成本；甚至因恶性竞争而导致盗版、偷工减料等，最终彻底毁坏了建阳刊本的声誉。

与建阳刊小说作者少名家相比，刻工水平更为直观地表现出来。建阳刊本大部分给人这样的印象：图像简陋，多错字、俗字，字句脱漏，版面较为拥挤，小型开本等。因此，历代文人对建阳刊本多无好评。

以版式而言，建阳刊小说有其明显的特征，即上图下文的版式。据笔者统计，在现存一百二十多种建阳刊小说版本中，至少有三分之二是上图下文的版式。上图下文的版式，几乎是建阳刊小说的标志性版式，人们往往以此作为判断一书是否出自建阳书坊。建阳刊本小说上图下文的版式有其悠远的历史和深厚的传统，是建阳书坊刻书在其发展过程中逐渐形成的特有的版刻风格。从版画艺术的角度，对于宋元建阳本上图下文的版式及其版画艺术成就，历来评价很高。诚然，在版画艺术发展史上，建阳刊本有其重要的地位；但是，插图版画发展至万历时期，金陵、新安等地版画精美，佳作如林，相比之下，建阳刊本小说插图比之宋元似乎更为简率了。若以建阳刊本上图下文小说中的一幅图与江浙本同题材小说插图中的一幅进行对比，建阳刊本实远为粗朴稚拙。建阳刊小说大量的图像都是略具形似而已，绝大部分的图像构图雷同，同样的图像在一本书中，乃至在好几本书中重复出现而用以表现不同的时间、地点、人物、事件是很常见的。房屋无论家居还是酒肆、旅馆、寺庙道观，造型一律，只以门上表明"店"字、"庙"字等区别。插图背景很少，往往只有很简略的人物动作，人物造型也没有大的区别，更没有人物表情等细致的刻画，雕刻确实非常粗糙，客观地说艺术价值不高。

那么，是否由于建阳缺乏优秀的刻工呢？建阳不乏技术精良的刻工，根据方彦寿统计，嘉靖《邵武府志》《建宁府志》《建阳县志》记载至少有八十四名刻工多次参加雕刻；而崇祯年间何乔远《闽书》的刊刻，征集了福州、泉州、漳州、兴化、建宁五府近一百二十名刻工，其中将近五十名来自建宁府[①]。官府主持刊刻的这些方志都质量很好，刻工精美。现存宋、元、明建本中，绝大多数的经史子集类图书都是刻印精美的善本。这一方面因为经史子集往往由官方或个人委托书坊刊刻，书坊必须按照委托要求刊刻，同时资金也较为充足；另一方面是由于经史子集的读者定位在较高文化层次的人群，这类人群同时也是经济能力较好的人群，消费能力较强。建阳书坊刊小说少量版式是卷首冠图、单面全幅的形式，如人瑞堂刊《隋炀帝艳史》、熊飞雄飞馆刊本《英雄谱》等，图像精美，多出于明代后期，明显受江南刊本影响，可能不刻于建阳本地。《英雄谱》插图刻绘者刘玉明，据方彦寿考证，是著名刻工刘素明的弟弟。刘素明长期生活于外地，经常与金陵、杭州、徽州等地的版画家合作，故学界对刘素明籍贯有多种说法，方彦寿根据建阳书坊《贞房刘氏宗谱》记载认定刘素明是明代建阳刻书家刘弘毅的五世孙。《三国志演义》版本中有一种吴观明本，刻工吴观明为建阳人，但一般认为此本也不刻于建阳。从这些情况看来，建阳刻工中的一些翘楚都主要活动于江南一带。这不是偶然的，福建的书画界从来不乏才俊，如宋代蔡襄、蔡京的影响及于全国，著名画僧惠崇便是建阳僧人，至于明代，书画界亦颇多闽人，但他们多供职于朝廷，或主要活动于福建之外的地区。这种情况正是由当地的经济状况所决定的。

明代建阳刊小说少量标署了刻工名字。这些小说多上图下文，刻工名字往往标于图像上，可能是专门刊刻图像的刻工。如

---

① 方彦寿《建阳刻书史》，第378—390页。

正德六年（1511）杨氏清江书堂刻印《剪灯新话》，署"书林正
己詹吾孟简图相"。嘉靖二十七年（1548）叶逢春刊本序言中说
明图像刻工是叶苍溪。建阳刊多种《三国志传》版本都题"次泉
刻"，万历间乔山堂刘龙田刊本题"三泉刻像"。李仕弘昌远堂刻
本《全像华光天王南游志传》末叶插图题"刘次泉刻像"。芝潭
朱苍岭梓《唐三藏出身全传》题"书林彭氏□图像秋月刻"。这
些刻本中有些图像质量较好，如叶逢春刊《新刊通俗演义三国志
史传》，但大多数刻本图像较为简陋。从建阳刊小说的整体情况
来看，刻工绝大多数不是名家，而且往往连名字也没有留下。跟
金陵、新安等地刻工多署名的情况对比，建阳刊小说不署名不是
偶然的，它说明一个非常重要的问题：建阳刻工没有专业意识，
建阳书坊不重视刻工素质。曾有论者以前人所谓"建阳故书肆，
妇人女子咸工剞劂"[①] 为据，说明建阳刻书业是多么发达；而我
认为，妇人女子都能刻书固然说明建阳刻书业刻工需求之大，但
也恰恰说明建阳刻书业刻工素质不高，不一定是专业刻工，很可
能是妇人女子闲时兼作。这是符合建阳地区的经济文化状况的。
闽北是福建的粮仓，所以本地的生业结构向来是以农为本，农闲
之时帮点工贴补日用，至今如此。由于偏僻闭塞，信息流通少，
如《邵武府志》所称"奇技淫巧，不接于目，故工安其拙，舟车
不通，故商贾不集"[②]。有学者认为，闽北长期作为物资输出地的
社会经济特征，使其安于本土，勤务农、力稼穑，导致商品经济
的萎缩及民风的变化。建阳并不发达的经济状况和建阳书坊的小
本经营，使之无力聘请书画名家和著名刻工。以农为本的生业结

---

　　① ［明］方日升《古今韵会举要小补》卷首《韵会小补再叙》，《四库
全书存目丛书》编纂委员会编《四库全书存目丛书》，经部第212册，齐鲁
书社1997年版，第351页。

　　② 林拓《文化的地理过程分析》，第127页。

构使书坊的商业经营成本很低，衣食无忧的小农经济形态使其没有发愤商贾的奋斗精神，又由于相对闭塞，因此书坊和刻工安于现状，只求微利，不思进取，没有强烈的创新意识，不像新安人那样，书坊主有意刊刻传世之作，刻工则立志成为名刻工。

事实上，建阳刻书的地理条件、经济文化状况在其发展之初就已经存在，但宋元时期因为理学的兴盛等各方面的天时地利，建阳刻书的先天不足没有暴露出来。而书坊主们显然斟酌过自己的实力，经济的实力，文化的实力，选择了基层读书士子为对象，在版本、版式、字体、用纸、刻工等方面都没有太高的要求，唯有实用与普及。对比宋代建阳坊刻（家刻）与官刻，以及其他地区的坊刻，就可见出这样的特点。明代建阳书坊的小说刊刻也正是如此，把自己的销售定位于文化层次较低、消费能力较弱的普通民众。如上图下文的版本形式，就体现了书坊主以图释文、以图补文的刻书理念，正是其普及通俗经营策略的直观体现，也是有着强烈商品意识的出版手段。事实证明他们的策略在很长时间内是有效的，从元代到明代万历的小说图书市场中，建阳书坊占了很大的份额。不可低估建阳书坊商品意识与出版手段的重要意义，他们在竞争市场、拓宽销路的同时也普及了文化。

当然，对于书价，目前未见能直接说明建阳刊小说价格的资料。结合沈津等学者所列举的一些书价[①]，我试图作些推论。

建阳刊本中有些书价格不菲，如《大明一统志》，九十卷，十六册，万历十六年（1588）杨氏归仁斋刻本，刘双松重梓，每部实价纹银三两。《新刻李袁二先生精选唐诗训解》七卷，明李攀龙辑。明万历四十六年（1618）居仁堂余献可刻本。藏美国哈

---

① 沈津《明代坊刻图书之流通与价格》，《书韵悠悠一脉香——沈津书目文献论集》，广西师范大学出版社 2006 年版，第 94—112 页。

佛，计四册，扉页刻"唐诗训解。二刻。李于麟先生选。书林三台馆梓"，钤有"每部纹银壹两"木记。《新编古今事文类聚》，前集六十卷后集五十卷续集二十八卷别集三十二卷（共一百七十卷），宋祝穆辑。新集三十六卷外集十五卷，元富大用辑。明万历三十五年（1607）书林刘双松安正堂刻本，共三十七册。每部实价纹银三两。这些著作的读者定位较高，应该是经济能力较好的读书士子。同时期有的书价格略低，如叶德辉《书林清话》记载，万历三十九年（1611）刘氏安正堂又刻有《新编事文类聚翰墨大全》一百二十五卷，价银一两。此书未注明册数，沈津怀疑有误，认为没有理由会这么便宜。但若以卷数来比较的话，《新编古今事文类聚》二百二十一卷售价三两，此一百二十五卷售价一两，则似乎相差也不是特别大；更重要的是从题目和卷数来看，《新编事文类聚翰墨大全》应该是个更为普及的本子，未知版式与《新编古今事文类聚》是否有差异，但可能定位是购买力略差的读者群。又根据方彦寿记载，崇祯元年（1628）陈怀轩刊刻明艾南英编《新刻艾先生天禄阁汇编采精便览万宝全书》三十七卷，扉页有"每部价银一钱"字样。这部书与《新编事文类聚翰墨大全》读者定位相似，都是普及性著作。所以，这么便宜的价格是可能的。建阳刊小说所定位的读者群与此相似或略低，价格应该也相接近或略低。

还有另一个参照系，即曲词刊本的价格。据沈津介绍，《新调万曲长春》，六卷，明程万里撰，三册，明万历年间书林拱塘金氏所刻。每部价银一钱二分。同类著作，杭本价高。如《月露音》四卷，八册，写刻精美，图尤雅致。万历杭城丰东桥三官巷口李衙刊发。每部纹银八钱。可见，建阳刊本价格不及杭本一半。曲词较雅，定位应该是比小说读者文化水平略高的人群，消费能力也略高，因此，建阳刊小说应该比《新调万曲长春》的价格水平略低。

综合起来考虑与推测，比如二十卷的《三国志传》，大概是四钱左右的价格。对比《列国志传》姑苏龚绍山刊十二卷本每部纹银一两的价格，《封神演义》舒文渊刻二十卷本每部纹银二两的定价，则建阳本的价格优势很明显。明代文人对各地图书质量与价格多所议论，此推论或许相去不远。

以上从明朝的社会政治与政策导向，从建阳的经济文化以及作者、刻工等各方面分析了建阳刊小说地域特色形成的诸多原因，对建阳刊小说的艺术价值作了相对客观的评价。然而，建阳刊小说在小说创作和传播史上的重要意义是不容置疑的。建阳丰富的林木资源使刻书具有优越的物质条件，其悠久的刻书传统足以在读者心中树立无形的品牌，它拥有当时全国数量最多的书坊，由于低成本运作，它能让江浙精雕细刻的书坊难以实现的大批量快速刻书成为现实，这对于通俗小说的传播来说，甚至与高质量的稿源同样重要。《三国志演义》和《水浒传》可能成书于元末明初，但由于没有刊刻，当时知道的人很少，流传相当有限。嘉靖元年到万历中期，《三国志演义》和《水浒传》在江南等地的刊刻还不是太多，可是，建阳的版本已经有几十种，有的书坊版片因刷印太多模糊了而新雕。嘉靖开始建阳书坊大量刊行通俗小说，这些小说以其刊刻迅速、价格低廉而把通俗小说向最广大的民众普及。从熊大木开始出现的通俗小说新编虽然今天看来艺术粗糙，但当时一再翻印，也被江浙等各地书坊大量翻刻，最大限度地普及了通俗小说。通俗小说的繁荣形成了小说传播的巨大声势，也更扩大了《三国志演义》《水浒传》等名著的影响。可以想象，若没有通俗小说繁荣的局面，没有大量的通俗小说培养大量的读者，那么《三国志演义》《水浒传》两部名著很难独秀于空林，像一些文言小说那样逐渐被遗忘并不是不可能的。以嘉靖之后通俗小说刊刻的盛况反观明代初年通俗小说的刊刻，我们不能不肯定建阳书坊对于小说创作与传播所起的巨大推动作用。

原载于《文学遗产》2010 年第 5 期

上图下文：建阳刊小说的标志性版式

涂秀虹

一

福建建阳作为全国的刻书中心之一，历宋元明三代之盛，至于明代又以大量刊刻小说、戏曲等通俗读物在中国文化史上留下深刻的印痕。建阳书坊刊刻的小说有其明显的特点，其中之一是上图下文的版式，小说题目多以"全像（相）"相标榜。

明代建阳书坊刊小说版本现存大约 120 种，其中至少 2/3 以上都是上图下文的版式。① 最为引人注目的《三国志演义》《水浒传》《西游记》三大名著的各种版本就有 40 馀种之多，大多数都是上图下文的版式。上图下文版式的其他小说略为列举如下：《新刊京本通俗演义全像百家公案全传》，万历甲午岁（二十二，1594）朱氏与畊堂梓行，另有万历年间书林景生杨文高刊本；《北方真武祖师玄天上帝出身志传》，内封题"书林熊仰台梓"，

---

① 这一统计包括了一些不详刊刻书坊、但依其版式学界一般认为出于建阳书坊的刊本。其中亦有上评中图下文、嵌图式、每叶仅一图等版式差别，本文未作区分，统归之上图下文版式。

卷首题"建邑书林余氏双峰堂梓"，万历壬寅年（三十年，1602）刊本；《新锲承运传》，万历年间刊本；《新镌全像达摩出身传灯传》，万历年间书林清白堂杨丽泉梓行；《全相东游记上洞八仙传》，万历年间书林余文台梓；《新镌全像东西两晋演义志传》，今存嘉庆四年（1799）敬书堂藏版，覆明三台馆刊本；《新刻全像二十四尊得道罗汉传》，现存万历乙巳（三十三年，1605）书林聚奎斋梓本，聚奎斋刊印时是利用杨氏清白堂万历甲辰（三十二年，1604）原版；《二十四帝通俗演义全汉志传》，存余文台刊20卷本，三台馆元素刊15卷本，清代宝华楼覆三台馆刊14卷本；《封神演义》，崇祯年间周之标序本；《新镌全相南海观世音菩萨出身修行传》，书林焕文堂刊；《新刻汤海若先生汇集古今律条公案》，万历年间萧氏师俭堂刊；《全像五显灵官大帝华光天王传》，末页牌记为"辛未岁孟冬月书林昌远堂梓"；《新镌龙兴名世录皇明开运英武传》，万历十九年（1591）书林杨明峰重梓，另存三台馆余君召刊六卷本；《新刻皇明诸司廉明公案》，存余氏建泉堂刊本、余氏双峰堂刊本、萃英堂重刊本等；《新刻皇明诸司公案传》，三台馆梓行；《新增全相剪灯新话大全》，《新增全相湖海新奇剪灯馀话大全》，正德六年（1511）杨氏清江堂翻刻，另存明宣德、正统年间张光启刊本；《全相孔圣宗师出身全传》，首佚七叶，刊刻书坊不详；《京板全像按鉴音释两汉开国中兴传志》，明万历三十三年西清堂詹秀闽刊本；《新刊京本春秋五霸七雄全像列国志传》，万历三十四年（1605）潭阳三台馆余象斗重刊本，另有万历四十六年（1618）余象斗重刊本；《新刻按鉴通俗演义列国前编十二朝》，署"闽双峰堂西一三台馆梓行"；《新刻名公神断明镜公案》，三槐堂王崑源刊本；《全像按鉴演义南北两宋志传》，潭阳书林三台馆梓行；《新刻全像牛郎织女传》，书林余成章永庆堂刊；《按鉴演义帝王御世盘古至唐虞传》，大约明

天启、崇祯间余季岳刊刻；《按鉴演义帝王御世有夏志传》，初刊
于明末，清嘉庆年间稽古堂将此书与《有商志传》合刻，题《夏
商合传》；《京本通俗演义按鉴全汉志传》，万历十六年（1588）
克勤斋余世腾刊本，《东汉志传》卷一题为"爱日堂继葵刘世忠
梓行"，尾叶图中有木记云："清白堂杨氏梓行"；《新锲图像潜龙
马再兴七姑传》，舒穆认为，从版式可定为万历间建阳刊本，今
存为覆刻本①；《京锲皇明通俗演义全像戚南塘剿平倭寇志传》，
疑为万历年间建阳刊本；《新刊按鉴演义全像唐国志传》，卷首题
"红雪山人余应鳌编次""潭阳书林三台馆梓行"；《新刻出像天妃
济世出身传》，万历忠正堂熊氏龙峰梓行；《新锲国朝名公神断详
情公案》，天启、崇祯年间存仁堂陈怀轩刻；《新锲国朝名公神断
详刑公案》，潭阳书林刘太华梓；《新刻按鉴演义全像大宋中兴岳
王传》，卷首题"红雪山人余应鳌编次""潭阳书林三台馆梓行"；
《鼎锲全像按鉴唐钟馗全传》，卷端署"书林安正堂补正""后街
刘双松梓行"；《新刻全像五鼠闹东京》，书林文萃堂梓②；《显法
降蛇海游记传》，书林忠正堂刊③。

　　明代印刷术发达，插图本普遍，前人称几乎无书不图。但江
南刊本小说插图方式与建阳刊本不同，多集中于全书正文之前，
或每卷（每回）一、二幅图，置于各卷正文之前，或插于正文之
中，图的方式以单面全幅或双面全幅为多，小说的题目也就相应
地标为"出像"。如《南北宋志传》，三台馆刊本上图下文，扉页

---

　　①　石昌渝主编：《中国古代小说总目》（白话卷），山西教育出版社
2004年版，第269页。

　　②　潘建国：《海内孤本明刊〈新刻全像五鼠闹东京〉小说考兼论明代
以降"五鼠闹东京"故事的历史流变》，《文学遗产》2008年第5期。

　　③　现存清乾隆十八年（1753）文元堂重刊本，参看叶明生《海游记校
注》，台湾施合郑民俗文化基金会《民俗曲艺丛书》2000年版。

题"新刻全像按鉴演义南北两宋志传"；而世德堂刊本《南北两宋志传题评》，插图95幅，图嵌文中，连页合式，其目录与卷端题"新刊出像补订参采史鉴南宋志传通俗题评"。又如《西游记》，清白堂本和杨闽斋本上图下文，都题"全像"；金陵世德堂本图155幅，图嵌正文中，左右半页为一幅，题"新刻出像官板大字西游记"。《春秋列国志》也是如此，余象斗刊本上图下文，故题"全像"；此书刊本很多，其他刊本不是上图下文版式，便都不题"全像"。

可见，所谓"全像"，就是整部书都以图像配合文字的意思。也就是相当于后世的连环画，但文字更多。虽然有例外，但大体如此。

建阳书坊在嘉靖、万历年间大量刊行这样上图下文版式的小说，以"全像"相标榜，并由此而决定了它插图多而文字少的版本面貌，故建阳刊的小说有的被称为"简本"。到天启、崇祯年间，大概受到江南刊本的影响，才渐渐多一些其他插图形式。当然，并非惟有建阳刊本小说才采用上图下文的版式，其他地区的书坊也刊刻这样的版式，但相对较少，不像建阳这样成规模，并成为标志性的版面特征，后人往往以此判断刊本是否出于建阳。

二

建阳刊本小说上图下文的版式有其悠远的历史和深厚的传统。

图文并茂，是中国书籍的传统之一，早在书籍抄本时代就已出现，现存早期的雕版印刷品都是有图有文的"插图本"。宋代雕版印刷空前繁荣兴盛，插图本普遍存在。建阳书坊刻书在其发展过程中逐渐形成了自己特有的版刻风格，上图下文的插图版式就是其特征之一。

宋代以来兴盛的福建刻书以经史类图书为主，这是与宋代以来学校的普及、闽学的兴盛密切相关的。前人多有论述。值得注意的是建阳书坊刊刻的这些典籍有的冠以"纂图互注"之名。所谓"纂图互注"，往往是为经史典籍加上图谱、重言、重意、互注，有的还有圈点句读，主要是为了便于参加科举考试的读书士子们课读。如《监本纂图重言重意互注点校毛诗》，"陈氏原藏本上有宋人朱笔点句，讳字有朱笔规识，盖正是宋时书塾中课读的遗迹"。① 这些书版行以后销售很快，供不应求，往往不久又重刻，或者其他书坊竞相翻刻。这些书籍的"纂图"，往往是上图下文的版式。如宋绍熙年间刻本《纂图互注礼记》二十卷，卷首"礼记举要图"九叶十四幅，多为上图下文。经典"纂图"中的"图"是重心，图所占比例往往大于文字，不多的文字起说明作用。"纂图互注"，显然是经典普及的方式，这种方式对于举子课读，乃至初学者或者文化水平不是很高的读者学习经典大有裨益。

正是在经典著作普及化的传统影响下，宋元时代的建阳书坊刊刻了大量叙事类图书。这些图书最早的都属于通俗历史读物，如向来被推为小说插图之冠的《新刊古列女传》，版式即上图下文。正是在《列女传》等通俗历史读物的基础上，产生了讲史、平话、小说的刊刻与传播，更好地普及了历史知识，并由此开启了明代小说的大繁荣。

现在所能见到的最早的平话都是元代建阳书坊刻本，而且全是上图下文版式的插图本。在小说史研究中广为人们所关注的"全相平话五种"，是元至治年间建安虞氏务本堂所刊，共有插图

---

① 李致忠：《宋版书叙录》，北京图书馆出版社 1994 年版，第 84 页。

228 幅，不仅是元代插图本小说的代表作，也是早期连续插图本小说的代表作，被称为现代连环画之祖。

"全相平话五种"包括《全相平话武王伐纣书》三卷，《全相平话乐毅图齐七国春秋后集》三卷，《全相秦并六国平话》三卷，《全相平话前汉书续集》三卷，《新全相三国志平话》三卷。从这些平话的题目来看，当时刊刻的平话当不只这五种。孙楷第先生在《日本东京所见小说书目》中认为："以书题测之，至少亦有八种"。郑振铎先生也据此认为："所谓《十七史演义》之类，在那时恐怕是的确曾出版过。"①

根据清道光年间杨尚文所刊《永乐大典目录》记载，"话"字部"评话"凡二十六卷，可惜未列出作品名目。这二十六卷应该就是元代讲史平话。元代的讲史平话或许还不只这些，但是，由此可见宋元时期通俗小说之兴盛，也可推知当时平话刊刻之繁盛。

明代早期建阳刊刻的小说所存很少，从明宣德、正统年间张光启刊本《剪灯新话》《剪灯馀话》以及正德六年（1511）杨氏清江堂翻刻本看来，明代小说刊刻版式与宋元是一脉相承的。从成化刊说唱词话《花关索传》和弘治金台岳家刊《西厢记》看，小说戏曲上图下文的版面形式从来就没有中断过，并且影响其他地区的图书刊刻。或许，建阳书坊刊刻小说的传统自元入明就没有中断过。因此，在嘉靖年间全国范围内广泛兴起小说戏曲刊刻的浪潮中，建阳书坊自然继续它的小说刊本上图下文的传统。这样的版式特征一直持续到明末清初，上图下文成为建阳刊本小说明显而一贯的特征。

---

① 郑振铎：《中国古代木刻画史略》，上海书店出版社 2006 年版，第23 页。

三

从版画艺术的角度，对于宋元建阳本上图下文的版式及其版画艺术成就，历来评价很高。比如郑振铎先生就如此评价"全相平话五种"："这些小说都是上图下文，继承了宋代建安版《列女传》的作风。上面的插图幅面虽狭长而不广，却有'咫尺而具千里之势'。人物图像似全用宋代画家梁楷的减笔法。这给后来连环画家们很深的影响。其背景是很小型的，有如连环图画式的长卷，人物的动作十分复杂，情感也千变万化，却都能以简捷的笔法，曲曲表现出来，不失其为繁复异常的'历史故事'的连续画的大杰作。"[①]

诚然，在版画艺术发展史上，建阳刊本版画有其重要的地位。但是，插图版画发展至于万历时期，金陵、新安等地版画精美佳作如林，相比之下，建阳刊本小说插图比之宋元似乎更为简率了。若以建阳刊本上图下文小说中的一幅图与江浙本同题材小说插图中的一幅进行对比，求其艺术上的细腻生动、情趣诗意等等，则建阳刊本实远为粗朴稚拙。

建阳刊本小说的面貌与建阳地区的经济、文化水平有很大关系。

首先，建阳的经济不发达。建阳与崇安被称为闽北粮仓，但随着唐宋以来一次又一次的人口迁移大潮，福建人口增长迅速，其中又以建州为最，人口密度很大。仅靠农业无法养活过剩的人口，于是，很多人转入农业之外的其他行业。福建其他地方如泉

---

① 　郑振铎：《中国古代木刻画史略》，上海书店出版社2006年版，第24页。

州、福州以海外贸易为生，而建阳呢？由于宋代以来文化的发展、理学的兴盛、雕版印刷的便利、邻近江浙而过往频繁的商业影响等各因素共同作用，宋代以来的建阳人自然而然选择了刻书作为他们经商的一种重要途径。因此，以谋生为目的的书坊刻书兴盛起来，在南宋以后成为福建刻书的主流。

经商谋生的性质决定以营利为目的。并不发达的经济使之资本不够雄厚。在这样的条件下，他们显然斟酌过自己的实力，经济的实力，文化的实力，选择了基层读书士子为对象，在版面、字体、用纸、刻工等方面都没有太高的要求，唯求实用与通俗（普及）。对比宋代建阳坊刻与官刻、以及其他地区的坊刻，就可见这样的特点。

建阳在宋元时期还有银矿和建茶产业，至于明代，则惟以书坊书籍为当地最大产业。万历《建阳县志》卷三"赋役"载："今潭产至单微。"① 卷一记各乡市集："在乡一十六里。乡市各有日期，如崇化里书坊街、洛田里崇洛街、崇文里将口街，每月俱以一、六日集……是日里人并诸商会聚，各以货物交易，至晡乃散，俗谓之墟。而惟书坊书籍，比屋为之，天下诸商皆集。次则崇洛绵花、纱布二集为大，馀若崇泰里马伏下街、后山街……则聚无常期，亦不过鱼盐米布而已。"②

卷二"书院"之"同文书院"条下小字记载："书院原未立田。万历丁酉知县魏时应以其地方业儒者少，特捐俸三十两，令书户余彰德买田一十五笋，给生员熊体信掌理。递年收租扣纳条

---

① 《（万历）建阳县志》，《日本藏中国罕见地方志丛刊》本，北京图书馆出版社1998年版，第343页。

② 《（万历）建阳县志》，《日本藏中国罕见地方志丛刊》本，北京图书馆出版社1998年版，第265页。

鞭外，留给生儒书灯之资。"① 这是万历《建阳县志》中记载的唯一一次知县要求民间捐款。当然，捐款人余彰德确实也是经营较好的书坊主。余彰德是书坊萃庆堂主人，萃庆堂刻书很多，流传至今的经史子集各部都有多种。书坊主在当地算是经济条件很好的商人了。由此可见，明代建阳产业单一，商业不盛，经济相对落后。

建阳刻书集中于崇化书坊和麻沙两个村镇，在这两个村镇，有熊、刘、余、杨等几大刻书家族，此外还有很多书户，几乎家家刻书。书坊以家庭为单位，各书坊之间虽有合作，如余彰德与余象斗就曾合作刊刻《古今韵会小补》，但从同一姓氏有好几家书坊，而且版面题署常见挖改来看，可能竞争多于合作。这样的民间商业经营模式一方面具有优长，小作坊运作，经营方式比较灵活，为求销售、竞争市场，在刻书内容和版式上力求创新。另一方面也有严重局限，那就是资金薄弱，资本积累与文化积累层次低，小本经营，尽量压低成本，甚至因恶性竞争而盗版、偷工减料，最终彻底毁坏了建阳刊本的声誉。

这里还必须说明的是，明代建阳刊刻的经史子集各部典籍仍有很多精美善本，它们与小说同时存在。这一方面是由于经史子集的读者定位是较高文化层次的人群，经济能力较好，消费能力较强。另一方面在于，经史子集往往由官方或个人委托书坊刊刻，书坊必须按照委托要求刊刻，同时资金也较为充足。但这类书版的数量在明代中期以后已是大为下降了，这与当时当地的经济文化状况有很大关系。根据《建阳县志续集·典籍》记载："天下书籍备于建阳之书坊，书目具在，可考也。然近时学者自

---

① 《（万历）建阳县志》，《日本藏中国罕见地方志丛刊》本，北京图书馆出版社 1998 年版，第 300 页。

一经四书外，皆庋阁不用，故板刻日就脱落。况书坊之人苟图财利，而官府之征索偿不酬劳，往往阴毁之以便己私，殊不可慨叹。故今具纪其所有者，而不全者止录其目。好古而有力者能搜访订正而重刻之以惠后学，亦一幸也。"①可见明代重新修订的科举考试制度对于建阳刻书有很大影响。建阳刻书的巨大支柱是辅助科举考试和蒙童学习的经史类普及读物，但八股考试改变了从前士子遍读经史的学习方式，使得建阳刊刻的经史类图书失去了销路而萎缩。而官府的征索又加重了书坊的负担，加剧了书坊的衰落。幸好明代小说图书市场逐渐兴盛，建阳书坊因为有着良好的通俗图书刊刻传统，所以通俗小说的刊刻成为书坊的支柱。

其次，从文化方面来说。建阳刻书初兴的宋代，正是福建经济文化全盛之时。唐代以后才逐渐发达起来的闽地文化，虽然不乏一时之才俊，然偏于一隅的地理位置，使其在文化交流、人才流动方面无法跟处于政治文化中心的中原地区、通过长江水系四通八达的江浙地区相比。宋代闽学的兴盛，是由于特别的天时地利。元明以后，随着政治中心复归于北，建阳的经济文化水平渐次回落。明代的建阳，经济相对落后，远离政治文化中心，没有"国子监""金陵国学"以及王公贵族的书版资源优势，从传播来说，也缺少来自名家大儒或权贵显要、巨商大贾的藏书需求。而建阳乃至福建的人文之盛主要在于儒学和科举，文学方面则主要是诗词创作在全国有较大影响。明代小说传播的主流白话通俗小说是商品经济发展的产物，与城市化的文明程度密切相关。建阳由于地处偏僻，书坊所在地（明代后期麻沙遭火灾后刻书较少）更是个偏远的山村，就城市化的发展程度来说与杭州、苏州、金

①《（弘治）建阳续志》，《四库全书存目丛书》史部第176册，齐鲁书社1995年版，第87—88页。

陵等地相比望尘莫及，既很难产生优秀的具城市化叙事的文人，也很难吸引优秀文人前来生活。

福建的书画界从来不乏才俊，如宋代蔡襄、蔡京的影响及于全国，著名画僧惠崇便是建阳僧人。至于明代，书画界亦颇多闽人，但他们多供职于朝廷，或主要活动于福建之外的地区。就建阳刊本小说上图下文的版本面貌来说，建阳乃至福建本地缺少优秀画手和刻工，万历后期虽出现了像刘素明①这样的优秀刻工，但是，他们的活动地域多在金陵、杭州等地。这种情况正是由当地的经济状况所决定的。建阳的经济状况和建阳书坊的小本经营，使之无力聘请书画名家和著名刻工。曾有论者以前人所谓"建阳故书肆，妇人女子咸工剞劂"②为据，说明建阳刻书业是多么发达。妇人女子都能刻书固然说明建阳刻书业刻工需求之大，但也说明建阳刻书业刻工素质不高，不一定是专业刻工，很可能是妇人女子闲时兼作。

这些决定了建阳刊刻小说只能把受众定位于文化层次较低、消费能力较弱的普通民众，决定了小说刊刻以普及和通俗为其主要经营策略。

四

然而，是否有必要以江南本的精致化为标准来要求建阳刊本呢？

---

① 刘素明是否为建阳人有争议，王重民认为是建阳人，方彦寿根据建阳书坊《贞房刘氏宗谱》卷三记载认定为建阳人。参看方彦寿《建阳刻书史》，中国社会出版社 2003 年，第 395 页。

② ［明］方日升：《古今韵会举要小补》卷首之《韵会小补再叙》，《四库全书存目丛书》经部第 212 册，齐鲁书社 1997 年，第 351 页。

版本面貌经常是接受者要求或曰市场需求的对象化。

在敦煌遗书中发现的约一百九十种变文中，有不少是带有"变图"的插图本，如《王陵变》《昭君变》《破魔变文》《十王经降魔变文》等。这种插图本，有一段文字配一幅图画的，也有正面是图画而背面抄写唱词的。插图本的文字，常常比单纯的文字本简略得多，而由于插图的作用，同样能使听众领会明白。①

从变文插图，我们联想到建阳刊的小说，与变文性质有点相似，就是面对的都是文化水平不是很高的受众，他们读文的能力不如读图的能力，图画帮助他们理解文意，同时，图画代替和补充了一部分的文字表达，这也是建阳刊刻的小说减少文字而增加插图的重要原因——适应普通民众的阅读。要说建阳刊刻的小说受到变文插图的影响也说得上，但更为本质的是因为变文书写者和书坊主面对的是相似的接受群——文化水平不高、识字不多的普通民众，对接受群的接受能力与接受兴趣的关注，使他们选择了相似的插图形式。

上图下文不是建阳书坊的独创，也不专属于建阳书坊。但是，我们发现，其他地区使用此形式的也都是通俗类读物，面对的是文化水平不高的读者群。如现存最早的连续插图本，是南宋嘉定三年（1210）临安府书铺印造的《佛国禅师文殊指南图赞》，上图下文，共有图54幅，属于通俗的宗教宣传图书。又如戏曲，现存最早的全本《西厢记》是明代弘治十一年（1498）北京金台岳家书籍铺刊印的《新刊大字魁本全相参增奇妙注释西厢记》，上图下文，共有图273面。郑振铎先生谓其"继承了建安版的上图下文的版型，而运以北派的刀法，'二美俱，两难并'，的确是

---

① 薛冰：《中国版本文化丛书·插图本》，江苏古籍出版社2002年版，第11页。

一部长篇大幅的名作。"① 再如万历二十四年（1596）宝善堂刊本《闺范》，是仿照《列女传》的形式编选的贤德女子故事，属于女性教育图书，上图下文，适合于文化水平未必很高的女子阅读。

从上图下文的版式，我们可以意会到建阳书坊刻书明确的读者定位——普通下层民众。

面对这样的读者群，建阳书坊主的认识是清醒的。嘉靖二十七年（1548）建阳叶逢春刊《新刊通俗演义三国志史传》的元峰子《三国志传加像序》中说："三国志，志三国也。传，传其志，而像，像其传也。……而罗贯中氏则又虑史笔之艰深，难于庸常之通晓，而作为传记。书林叶静轩子又虑阅者之厌怠，鲜于首末之尽详，而加以图像。又得乃中郎翁叶苍溪者，聪明巧思，镌而成之。而天下之人，因像以详传，因传以通志，而以劝以戒。"文化不高的读者群需要大量的图，需要上图下文的形式。假如求图像之精美，聘请名家写手，如此之多的图像其成本会是江浙本的数倍甚至上百倍，如此高的成本势必大大提高书价。书坊主对于读者群的消费能力的认识也是很清楚的，这些文化水平不高的人们基本上经济水平也较差，但这个消费群比之经济水平好的人群远为巨大。面对这样的一个消费群，既需要大量的图像，又不能提高书价，只能是低成本的运作，薄利多销。

建阳刻书相对固定的上图下文的版式，体现了书坊主以图释文、以图补文的刻书理念，同时，也可见书坊主明确自己的刻书走的是通俗路线，是有着强烈的商品意识。事实证明他们的策略在很长时间内是正确的，从元代到明代万历年间的小说图书市场中，建阳书坊占了很大的份额。不可低估建阳书坊的商品意识与

---

① 郑振铎：《中国古代木刻画史略》，上海书店出版社 2006 年版，第42 页。

出版手段的重要意义，他们在竞争市场、拓宽销路的同时也普及了文化。

原载于《福建论坛》（人文社会科学版）2009 年第 12 期

建本与建安版画

许建平

一、建本

建本是指古代福建建阳刻印的书籍。宋祝穆《方舆胜览》称建阳麻沙、崇化为"图书之府"，以其"版本书籍，上自六经，下及训传，行四方者，无远不至"。宝庆元年（1225）刘克庄任建阳县令，盛赞此间"两坊坟籍大备，比屋弦诵"，可以想见当时建阳刻书的繁荣景象。

麻沙、崇化都在建阳西部，是县治辖下的两个镇，两者相距十公里许。麻沙镇，别称麻阳、麻镇，旧置属永忠里；麻沙所刻书籍，称作麻沙本。崇化刻书，称为崇化本，其坊肆中心在书坊，又叫书林，于今名址俱在。一般而言，麻沙、崇化刻书都称之为建本，如果书籍版本上没有明确标明麻沙或崇化坊肆名，则定为建阳刻本为妥。

在宋代，麻沙、崇化两坊刻书齐名。但诸家刻书坊常在书中标注"建溪""建阳""建宁"，乃至别称"建安""潭阳"等，都是指建阳，这是由于古代建置沿革中名称变化，建阳唐代为建安（建州）郡，以后更隶建宁府名，所指皆建阳，今古建安的一部分已并入邻县建瓯了。弄清这一点方不至于为名所困，进而淆乱，因为有人就认为建本即指建阳麻沙书坊的刻书，当为不妥。

自宋以降，历元、明及清初，建本在国内刻售书量最大、影响最广，但历来也毁誉不一，其中最引人注目的就是"麻沙本"一词，几乎成为世间刻印不精书籍的代称。其实如前述，麻沙、崇化刻书已然判分，况麻沙书坊于元至正二十三年（1363）毁于兵火，版刻书籍俱焚殆尽（事见《八闽通志》及《建阳县志》），麻沙刻书业就此中道衰落，继兴者是崇化书坊，虽然明代麻沙书坊有所复兴，但终究远不如崇化兴旺。崇化书坊于有明一代，"书市比屋""贩者如织"，有名的书坊堂号近百家，如余象斗"三台馆"、余文台"双峰堂"、余氏"勤有堂"、熊大木"忠正堂"、刘氏"慎独斋"、詹氏"进德书堂"等。崇化坊肆因而享有"潭西书林"之谓，居民"以刀为锄，以版为田"，繁盛之极，非此时麻沙所能比肩。

撇开诸家争论不说，毕竟论家所经眼之建本各不相同。但在中国图书发展历史上，建本有以下几点贡献，却是多方认可的：

首先，宋以前的经、史书籍，正文与注疏分刻不同版面，另有一种正文、注释、音训三者分刻之"三行本"。建本却将三者（或二者）合刻于一版之中，用大字刻正文，小字刻注释，极大地方便了读者。

其次，建本早期版框作左右双栏，后期改作四周双栏，更加美观。同时又在栏外增刻"耳子"，内附篇名，或是章节名，检索起来十分方便。

第三，在通俗小说中加刻许多插图，例如著名的"建安虞氏新刊"五平话传世本，即元代虞氏刻本《全相武王伐纣平话》（见图一、二）、《乐毅图齐七国春秋后集》《全相秦并六国平话》《全相续前汉书平话》和《新全相三国志平话》（皆藏日本内阁文库），图文并茂、雅俗共赏。后来此风沿扩至经史书籍上，以至无书不有图。

建本的上述版式创新，为后代所普遍采用，更是建本俏销的重要原因。此外，在装帧形式上，一改以往包背装为线装，也为各地书坊所广泛采用。诸如这般，其原意为一种促销手段，迎合市场，客观上却对图书的进步发展开创了新局面，可谓功在千秋。

建本的衰没，原因很复杂，但不是历代评述的那般，由于柔木——榕树易刻——速售——不工，导致失去市场。否则，自宋迄清初建本仍盛，清康熙

图一　元至治年间建安虞氏刻本《全相武王伐纣平话》之内叶

三十七年（1698）查慎行游历建阳，留下诗作云："西江估客建阳来，不载兰花与药材。点缀溪山真不俗，麻沙村里贩书回。"伴行的为朱彝尊亦称："得观云谷山头水，恣读麻沙里下书"，可见当时建阳刻书仍盛。只是其后清政府钳制学术，建阳书坊两次大火焚毁版籍和坊肆，以及近代西方印刷技术的引进和广为运用，导致兴旺了七个多世纪的建本日渐衰落。但即便是这样，其馀响于清中后期及民国间仍存，只是限于一般日用生活和卜祝类书籍，能体现其真髓的，却在众多的民间家（族）谱牒上。

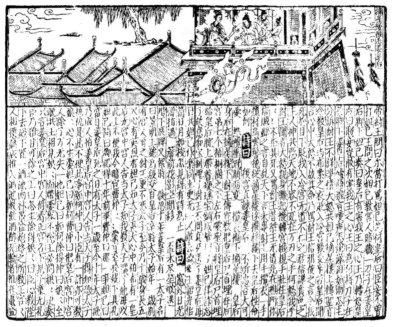

图二　《武王伐纣平话》上图下文，图作双面横卷边式

二、建安版画

雕版印刷术是中国人民的伟大发明，正因为有了雕版印刷，唐五代以后的刻本逐渐取代过去的手写本，进而大大推动了文化的传播和普及。

绘画与雕版技术的结合，产生了版画这一艺术形式。建安版画的形成与发展，离不开建本的发展。现存的宋建安虞氏刻本《老子道德经》、建安蔡梦弼刻本《史记集解索隐》和《杜工部草堂诗笺》、建安余氏万卷堂刻本《礼记注》，在宋代已然称善了。宋代建本就早已注意附图，即便是在经史典籍中亦采用所谓"纂图互注"的形式。其中以宋仁宗嘉祐八年（1063）余靖安勤有堂刻印《古列女传》享誉最高，其插图题顾恺之画，清阮福在扬州翻刻此书时判断插图"盖出于北宋摹刻本"，可见雕绘之精，且镌字亦秀美端庄，版式美观，作上图下文，图作横卷式画面，两页合成一幅全图，是建本中常用的版式设计。该书清代乾隆、嘉庆间内府有藏，后佚，今存本皆清代翻刻，大失原貌，惟《嘉业堂善本书影》残留宋刻插图书影两帧，据此可以窥豹之一斑。

郑振铎《中国版画史图录》收录有三幅南宋建刻《妙法莲花经》佛经扉画，署刻有"建安范生刊"。图卷展示场景浩大，佛像庄严，菩萨、弟子与诸神人物众多，人、物、景刻绘谨严精细，而又情景相融，很能显示其时建阳刻工的精湛技艺，代表宋代建安版画高超的艺术水平，如图三。

图三 南宋庆元间建安范氏刻《妙法莲华经》局部

元移宋祚，建阳的书籍插图仍继续保持了高水平的技艺，像日本内阁文库所藏之"五平话"及北京图书馆藏元至元六年（1340）建安积诚堂郑氏刻本《事林广记》，体现出建阳刻工浑厚古朴的錾刻艺术风格。刀法灵活多样，阴刻、阳刻兼具，字体逸秀，人物生动，是元代建刻之精品。众多插图间情节连贯紧凑，上图下文，图文对照，增加了读者的阅读兴致，因而购销两旺，建本书籍才能"犹水行地"般无远而不至。这种图文并茂的形式，是建本的一大特色，坊肆间蔚然成风，客观上开启了后世小说印本之先河，现代连环画就是受其影响。建本在文学史、版画史上都有很高的地位。

《事林广记》元代建本有两种存世，一为至顺年间建安椿庄书院刻本，现存台湾；一为至元六年建安积诚堂郑氏刻本，书中插图版幅较大，表现人物及场景详尽而具体，如"双陆图"中表现了蒙古贵族的形态，以及周围环境、侍仆等情状，对我们了解元人生活和社会风貌大有裨益，其史料价值弥足珍贵，见图四。其他刻画犹有孔子、朱子，以及农耕蚕桑等，无不兼具文史重要价值，行家评赞为元代书籍版画之代表作，绝非偶然。

图四　《新编纂图增类群书类要事林广记》之《双陆图》，
表现两名蒙古贵族于榻上作双陆游戏

　　明代建阳刻书进入了鼎盛时期，其所刻内容包括四书五经及日用杂书诸类，而且关注社会中下阶层的需求，因此，科举考试用书、医典、百科，尤其是通俗的戏曲小说，都有明显的增加。以《水浒传》为例，该书为建阳书坊首刻。余象斗双峰堂刻《水浒志传评林》，序文中曾自诩"《水浒》一书，坊间梓者纷纷，偏像者十馀副，全像止一家"。以"全像"本为号召，锐意出新，也是书坊扩大销路、招徕客商和广大读者的一种举措。宋郑樵《通志·图谱略》："图，经也；书，纬也。一经一纬，相错而成文。……图，至约也；书，至博也。即图而求易，即书而求难。古之学者，为学有要，置图于左，置书于右；索象于图，索理于书，故人亦易为学，学亦易为功。"建阳书坊主人，应该是深明其理，而广为运用了。

　　到了明中期，约于正德、隆庆间，各地版刻进入全盛时期，并对明后期版画高潮的到来产生了重要影响。这其中，建本实有开先河之举。在诸多建本版刻插图之中，除了传统的上图下文版式外，还出现了单面大图、文中设图、文旁出图、双面大图、多面连式、月光版等诸多变化，有时甚至在一本书中变换几种版式，可谓异彩纷呈（如图五）。建本此时已做到了"古今

图五　明万历间崇化鳌峰堂刻本《四书·论语》插图，作单面整页大图

传奇行于世者，靡不有图"，"戏曲无图，便滞不行"的程度，这虽是书坊速售的商业要诀，却能反映建安版画发展到此刻，才充分表现出了其自身的风格特点。由宗教图像一直到应用科学插图，进而小说戏曲之插图，一方面显示了建安木刻版画驰骋天地之广阔，另一方面也反映了图书文化社会功能的巨大，说明版画与出版史、图书史的密切关系。注重社会文化发展，敏锐把握世人的审美取向，建本所以能够上下七百馀年保持旺盛势头；在技艺上锐意进取、不断创新，也是建安版画的一个特点。

建阳乔山堂书肆在这方面是重要的代表。坊主刘福桑，字乔山，故书坊号"乔山堂"，所刻书有《古文大全》《重刻元本题评音释西厢记》等。其子刘大易，字龙田，承父业而刻书，以医书为多，但所刻《西厢记》《全像大字通俗演义三国志传》，为世人所称善。乔山堂所刻戏曲小说如万历间刊《重刻元本题评音释西厢记》，采用单面大图的形式，在插图上端配镌四字标题，左右两边附刻槛联式概说辞，使得读者一目了然，是版式上一次大胆创新。在绘刻表现上，汲取金陵（南京）、徽歙的精细风格，同时又保持建刻浑厚明快的传统，表现人物生动明确，补景简要，线刻劲健，又呈刚柔相济的新颖绘风，真正能够体现建本版画的刀、木味。

这种绘刻之风很快影响了建阳各书坊，渐由古朴粗犷而转求工巧细密，一直到明后期。具体表现为人物毫发纤细的线条，细长身材和面带微笑的形象特点，注重环境景物的渲染衬托。建阳萧氏师俭堂所刻诸本戏曲，是这种新风尚的突出代表，像所刻《明珠记》等，还采取双面连式大图，表现内容更加丰富。延及清初，仍然佳作迭呈，但旺盛的势头已然受阻，这之间受到佳评者，有明末清初建阳雄飞馆《英雄谱》、余季岳萃庆堂《盘古至唐虞传》和《有夏志传》、清顺治间广平堂《昆弋雅调》、余郁生永庆堂《梁武帝传》等诸本。

到了清康乾以后，由于清廷严禁"淫词小说"，钳制文化，建阳刻书受到极大冲击，原本为通俗出版，依托中下阶层的刻书业，自此一蹶不振。耿精忠之乱，遂致"溪南地方，旧有街三十六，有巷七十二，为兵所残"，坊主、刻工俱奔他乡，迁至浦城、建瓯、崇安（今武夷山市）等地。其后稍有恢复，但已是桑榆之晚霞。最令人痛心的是，咸丰间及光绪二十七年（1901）两次大火，崇化书坊众多藏版、书籍，连同坊肆、民居俱遭焚毁，建阳刻书遂走向衰没。同时，石印、铅印等近现代印刷技术的广泛应用，使建本的市场空间几乎丧尽，只有在民间谱牒刻印等极窄狭的间隙中，尚有建本椠刻之馀响。

其实，民间家（族）谱均为私藏，不为射利计，所以刻印较好，其间始祖像、服图、坟茔以及村坊、山水图绘等，建阳所刻诸本均不同程度地保留了古建安版画的风格特点，这在近来所见清同治、光绪间的本子中，较为突出。只是多为"本祠藏板"，一般人不易看得到。

要而言之，建本及建安古版画，对于研究我国历史文化，均有重要价值。即便如过去士大夫所诟讥的校刻不精的镂字，也仍要科学地甄别，因为其中有不少文字是取用了民间俗字，像明万历建安双峰堂刻本《京本增补校正全像忠义水浒传评林》，"叫"刻作"呌"，"氣"刻作"气"，"將"刻作"将"，"邊"刻作"边"等等，许多研究古今字形演变的学者，都一再把目光投注于此，其中尤以坊刻本为最。

清纪昀博览群书，指出建本中"然如魏氏诸刻，则有可观者，不得尽以讹陋斥也"。而观之历代名家书目，言精称善者迄止魏氏一门，无怪乎朱彝尊感慨道："福建本几遍天下，有字朗质坚、莹然可宝者。"（《经义考》）那么，古朴刚劲之建安版画，则不仅仅"有可观"，更有其珍贵的历史文化和艺术价值，自然是"莹然可宝"了。

原载于《文史知识》2002 年第 4 期

建本插图与戏曲传播

乔光辉

  据《福建省志·戏曲志》附录一《大事年表》记载，万历间建阳麻沙书坊刊刻出版昆山腔、弋阳腔系统的剧本共 320 多种。[①]附录三《文物古迹》著录"古刻本"，建阳地区刻本仅二十馀种"[②]。关于建阳地域刊刻戏曲的辑录，以陈旭东、涂秀虹《明代建阳书坊刊刻戏曲知见录》一文颇为详尽[③]。笔者在此基础上，检索现存建阳地区戏曲插图本，并剖析戏曲插图对于文本传播之功能。

一、现存建阳地区戏曲插图本考述

  经笔者过眼的建阳地区戏曲插图本基本包括两大类型，一为戏曲节选本，一为单个剧本。前者主要收入在台湾学生书局 1984

[①] 福建省地方志编纂委员会编：《福建省志·戏曲志》，方志出版社 2000 年，第 176 页。

[②] 福建省地方志编纂委员会编：《福建省志·戏曲志》，第 198—200 页。

[③] 陈旭东、涂秀虹：《明代建阳书坊刊刻戏曲知见录》，《中华戏曲》第 43 辑，文化艺术出版社 2011 年，第 290—307 页。

年出版的王秋桂主编《善本戏曲丛刊》以及上海古籍出版社 1993年出版的《海外孤本晚明戏剧选集三种》两种戏曲选本中，主要包括：

1.《鼎雕昆池新调乐府八能奏锦》六卷，明黄文华选，卷尾牌记署"皇明万历新岁爱日堂蔡正河梓行"，实际刊刻年代在万历三十三年至三十六年（1608）之间①。下简称《八能奏锦》。该书共六卷，分为上中下三层。台湾学生书局王秋桂主编《善本戏曲丛刊》第一辑据此影印。插图为单页整幅，除卷首图 1 幅外，尚有"木疏记"（即《宋公明智激李逵》）图 1 幅（第 9 页）、《琵琶记》图 2 幅（第 25、37 页）、《金印记》图 1 幅（第 49 页）、《西厢记》图 1 幅（第 63 页）、《投笔记》图 1 幅（第 75 页）、《金貂记》图 1 幅（第 89 页），共 8 幅单页整幅插图。

2.《鼎锲徽池雅调南北官腔乐府点板曲响大明春》六卷，明程万里选、朱鼎臣集，明万历间闽建书林拱唐金魁刻本。日本尊经阁文库藏原刻本，《善本戏曲丛刊》第一辑据以影印。该书体例同《八能奏锦》，也是六卷，分上中下三层。首题"教坊掌教司扶摇程万里选，后学庠生冲怀朱鼎臣集，闽建书林拱唐金魁绣"；卷二、三、五均题"书林拱塘金魁梓"。除卷首封面插图外，尚有 25 幅单页整幅插图。

3.《新锲天下时尚南北新调》二卷，明殷启圣汇辑，明熊稔寰刻本。《善本戏曲丛刊》第一辑第八册据以影印。卷首署"豫章饶安殷启圣汇集，闽建书林熊稔寰绣梓"。现存插图 8 幅，分别为《蟠桃记》《琵琶记》《西厢记》《织锦记》《古城记》《四德记》《拜月亭》《金印记》，均为单页整幅，无标目题记。

---

① 郭英德、王丽娟：《〈词林一枝〉、〈八能奏锦〉编纂年代考》，《文艺研究》2006 年第 8 期。

4.《新刊徽板合像滚调乐府官腔摘锦奇音》六卷，题徽歙袭正我选辑，明万历辛亥（1611）敦睦堂张三怀刊本。版式分上下层，各六卷，实十一卷。藏日本东京内阁文库，《善本戏曲丛刊》第一辑据以影印。其插图以单页整幅为主，而每卷卷首则为双页连式插图，卷二首残缺。该书共有 35 幅单面插图，4 幅双页连式插图。

5.《新锓天下时尚南北徽池雅调》二卷，明熊稔寰辑，明万历后期潭水燕石居主人刻本。《善本戏曲丛刊》第一辑据以影印。卷首题"闽建书林熊稔寰汇辑，潭水燕石居主人刊梓"。共有《白兔记》《奇逢记》《易鞋记》《墙间记》等单页插图 4 幅，图中有题记，署名有"纯元吴殿邦"等。吴殿邦又名吴尔达，号海日，海阳（今潮安县）人，万历四十一年癸丑（1613）进士。

6.《鼎镌精选增补滚调时兴歌令玉谷新簧》五卷，首一卷，明八景居士选辑，卷后牌记为"万历庚戌年孟秋月刊行"，封面署"书林廷礼梓行"。《善本戏曲丛刊》第一辑据以影印。版式与《八能奏锦》《大明春》同，分上中下三层。卷上题为"吉州景居士汇选，书林刘次泉绣梓"。其中"刘次泉绣梓"与封面"书林廷礼梓行"之关系待考。插图分为两种，一种是嵌入式，图嵌文中，上标图题，共 29 幅；另一种是单页整幅，位于每卷之前，图上标目，两旁联句，共 5 幅（第一卷前缺）。

7.《新锲梨园摘锦乐府菁华》六卷，明刘君锡辑，明万历庚子（1600）王会云三槐堂刻本。英国牛津博德莱安图书馆藏有原刻本，《善本戏曲丛刊》第一辑据以影印。书分上下层，各六卷。卷首题"豫章刘君锡辑，书林王会云梓。"内封上下双栏，板框上题"三槐堂"，上栏图，下栏中题"王会云刊行"，卷终有牌记"万历庚子岁仲秋月三槐堂王会云绣梓。"此本据陈旭东、涂秀虹考述，乃建阳刊本①。插图也分为两种，一种是嵌入式，图嵌文中，上标图题；一种是单页整幅，图上标目，两旁联句。前者共有 52 幅，后者位于每卷卷首，共 6 幅。

8.《新刻京板青阳时调词林一枝》四卷，书林叶志元刻本。原刻本日本内阁文库藏，明黄文华选辑，卷首署"闽建书林叶志元绣梓"，牌记署"万历新岁孟冬月叶志元绣梓"，实际刊刻年代在万历三十三年至三十六年（1608）之间②。《善本戏曲丛刊》第一辑据以影印。除去封面插图外，尚有 12 幅插图。《三桂记》《罗帕记》《玉簪记》《古城记》《金貂记》《荆钗记》《白兔记》《千金记》（"萧何月下追韩信"）均有单页插图 1 幅，《琵琶记》有单页插图 3 幅，分别是"赵五娘临妆感叹""赵五娘描画真容""牛氏诘问幽情"；而《白兔记》之"刘智远夫妇观花"插图署"书林陈腾云镌"、《调弓记》之"李巡打扇"插图署"聘洲镌"。

9.《新锲精选古今乐府滚调新词玉树英》一卷，明黄文华选辑，明万历二十七年（1599）书林余绍崖刻本。卷首有"古临玄明壮夫"写于"万历己亥"的序言。《海外孤本晚明戏剧选集三种》据以影印。仅存一卷，共上中下三层，插图共 16 幅，其中"伯喈长亭分别"以及"莺莺月下听琴"为单面整幅插图，上有标目，左右有联句。馀下 14 幅均为嵌入式。该书所选一折或一出戏文，必有一幅与之对应的插图（缺页除外），如下层《琵琶记》之"伯喈长亭分别""上表辞官""书馆思亲""剪发葬亲"等，上层《新增琵琶记》之"书馆托梦"、《鸣凤记》之"金阶三责""继盛修本"等。

---

① 陈旭东、涂秀虹：《明代建阳书坊刊刻戏曲知见录》，《中华戏曲》第 43 辑，第 290—307 页。

② 郭英德、王丽娟：《〈词林一枝〉、〈八能奏锦〉编纂年代考》，《文艺研究》2006 年第 8 期。

10.《梨园会选古今传奇滚调新词乐府万象新》二集八卷，残存前集四卷。明阮祥宇编，明万历年间书林刘龄甫刻本。《海外孤本晚明戏剧选集三种》据以影印。首题"安成阮祥宇编，书林刘龄甫梓"。该书分为上中下三层，插图共38幅，其中每卷卷首单页整图3幅，图上标目，左右无联句，分别为卷一《浣纱记》之"西施女诉心病"（第89页）、卷二《琵琶记》之"中郎凉亭理纹"（第151页）、《完璧记》之"九娘鬻环赡养"（第213页）插图。其馀35幅均为嵌入式插图。陈旭东、涂秀虹以为"从版式上看，是书当为建阳刻本无疑。"①

11.《精刻汇编新声雅杂乐府大明天下春》□卷，明佚名编，明万历年间刻本。《海外孤本晚明戏剧选集三种》据以影印。残存卷四、五、六、七及卷八前三十三叶，每卷也分为上中下三层，未知刻书者谁。陈旭东、涂秀虹"以版式风格看，当为建阳刊本"②，所断甚是。插图为嵌入式，共74幅。

12.《新选南北乐府时调青昆》二卷，首一卷次一卷，明黄儒卿选，明书林四知馆刻本。日本宫内厅书陵部（图书寮）藏原刻本一部，《善本戏曲丛刊》第一辑据以影印。内封左下镌"四知馆梓"；首题"江湖黄儒卿汇选，书林四知馆绣梓"。四知馆，为建阳书坊杨氏堂号。卷首目录采用上文下图（月光型）方式，共有8幅月光型插图。

13.《新刊耀目冠场擢奇风月锦囊正杂两科全集》四十一卷，明徐文昭编辑，明嘉靖癸丑（1553）书林詹氏进贤堂刊本。《善本戏曲丛刊》第四辑据以影印。该书自92页至522页所收之《伯

① 陈旭东、涂秀虹：《明代建阳书坊刊刻戏曲知见录》，《中华戏曲》第43辑，第290—307页。

② 陈旭东、涂秀虹：《明代建阳书坊刊刻戏曲知见录》，《中华戏曲》第43辑，第290—307页。

皆》《荆钗》《苏秦》《北西厢》《拜月亭》《孤儿》《王昭君》《沉
香》《八仙庆寿》《双兰花》《三国志》《还带记》《西瓜记》《寒衣
记》《张仪解纵》《金钱记》《回文记》《金山记》等，均为上图下
文版，即上层为图，下层为戏文，图上有标目，图两侧有联句。
全书卷末牌记"嘉靖癸丑岁秋月詹氏进贤堂重刊"。詹氏为建阳
著名书坊主。

第二种是单个剧本的插图本，包括：

1.《重刊五色潮泉插科增入诗词北曲勾栏荔镜记》不分卷，
明佚名撰，明嘉靖丙寅（1566）余氏新安堂重刻本。原本藏日本
天理大学图书馆、英国牛津大学图书馆，影印本有日本天理大学
图书馆《善本丛书》本、《明本潮州戏文五种》（广东人民出版社
1985 年）及《续修四库全书》（1774 册）本。该本版式为上文、
中图、下文版式，上栏刻《颜臣全部》，下栏为《荔镜记》正文，
中栏为《荔镜记》插图。此插图居中栏正中，左右两侧为联句诗
歌（如图 20，《明本潮州戏文五种》第 367 页），全本共有插图
208 幅，联句诗歌 209 首。

2.《新刻增补全像乡谈荔枝记》四卷，潮州东月李氏编集，
南阳堂叶文桥刻万历辛巳（1581）朱氏与耕堂印本。原本藏奥地
利国家图书馆，《明本潮州戏文五种》据以影印。卷二、卷四卷
端署"闽建书林南阳堂叶文桥绣梓"。插图为上图下文版式，该
本共有插图 175 幅。

3.《重刻元本题评音释西厢记》二卷，元王德信撰、关汉卿
续，明余泸东校，明万历间书林刘龙田乔山堂刊本，原藏国家图
书馆，《古本戏曲丛刊》初集第一函第 2 册据以影印。首题"上
饶余泸东校正，书林刘龙田绣梓。"刘龙田（1560—1625），名大
易，字号龙田、蟾文，建阳著名书坊主，曾刻小说《全像大字通
俗演义三国志传》二十卷（《古本小说丛刊》第 21 辑载）。该本

共单面整幅插图 22 幅，图上标目，两旁联句。

4.《重刻元本题评音释西厢记》，明余泸东校，明万历二十年（1592）刻本。原书藏日本内阁文库、东北大学附属图书馆。《日本所藏中国稀见戏曲文献丛刊》第一辑据内阁文库藏本影印。首题"上饶余泸东校正，书林熊龙峰绣梓"，卷末牌记"万历壬辰岁孟春月忠正堂熊龙峰梓行"。熊氏系建阳著名书坊主，忠正堂熊龙峰曾刻小说《冯伯玉风月相思小说》《孔淑芳双鱼扇坠传》《苏长公章台柳传》《张生彩莺灯传》《新刻出像天妃济世出身传》等。此本插图与刘龙田本完全一致。

5.《李九我先生批评破窑记》二卷，明书林陈含初、詹林我刻本。原书藏国家图书馆，《古本戏曲丛刊》初集第 19 册据以影印。上卷卷端题"书林陈含初绣梓"，下卷题"书林詹林我绣梓"。该本共有单页插图 9 幅。

6.《新编孔夫子周游列国大成麒麟记》二卷，题寰宇显圣公撰。国家图书馆、浙江图书馆藏。插图版式为单页整幅，《古本戏曲版画图录》称刻工为刘素明，《古本戏曲丛刊》二集 59 册影印本则不见刻工署名。

7.《红梨花记》二卷，明无名氏撰，明书林杨居寀刻本。原刻本藏国家图书馆，《古本戏曲丛刊》初集第 98 册据以影印，该本共有双页连式插图 10 幅。

8.《鼎镌西厢记》二卷、《鼎镌琵琶记》二卷、《鼎镌红拂记》二卷、《鼎镌玉簪记》二卷、《鼎镌幽闺记》二卷、《鼎镌绣襦记》二卷，明书林萧腾鸿万历间刻。清乾隆十二年（1747）修文堂合为《六合同春》梓行，《不登大雅文库珍本戏曲丛刊》据北京大学图书馆藏本影印。首题"云间眉公陈继儒评，一斋敬止余文熙阅，书林庆云萧腾鸿梓"。插图为双页连式，笔者在《六合同春》部分有详尽论述。

9.《西楼记传奇》二卷，明袁于令撰，陈继儒评，萧腾鸿校，明万历年间师俭堂刊本，藏戏曲研究院。插图为双页连式，绘工为熊莲泉、餐霞子等。《古本戏曲版画图录》有节选。

10.《新刻魏仲雪先生批评琵琶记》二卷，元高明撰，书林余少江刻本。明魏浣初批评，首都图书馆藏。插图为双页连版式，有绘工署名一元、之璜、若新、梅云等，《古本戏曲版画图录》有节选。

另外，尚有一些插图本，因资料收集难度大，笔者未及过目，兹列如下，以俟后补：1.《汤海若先生批评西厢记》二卷，元王德信、关汉卿撰，明汤显祖评。上海图书馆藏。《现存明刊〈西厢记〉综录》著录，首题"书林师俭堂梓"。插图10幅，以写意为主。2.《麒麟罽》二卷，明陈与郊撰，陈继儒评，明师俭堂刻本。上海图书馆藏。3.《鹦鹉洲》二卷，明陈与郊撰，明刻师俭堂印本。上海图书馆藏（陈与郊字广野，号隅阳，又别署玉阳仙史、高漫卿等，室名任诞轩）。4.《李卓吾先生批评红拂记》二卷，明张凤翼撰，明李贽评，明书林游敬泉刻本。上海图书馆藏。5.《李卓吾批评合像北西厢记》二卷，明李贽评，明万历间游敬泉刻本。原书藏日本天理图书馆。据《现存明刊〈西厢记〉综录》载，下卷所附《李卓吾先生批评蒲东珠玉诗集》卷尾牌记"皇明万历新岁书林游敬泉梓"。6.《新刻浙江新编出像题评范睢绨袍记》二卷，明顾觉宇撰，明书林朱仁斋刻本。国家图书馆藏。7.《重校北西厢记》二卷，附录一卷，明李贽评，明万历书林三槐堂刊本。原藏日本天理图书馆。第二十出之图，镌有"次泉刻像"①。次泉，即建阳刻工刘次泉。8.《李卓吾先生批评西厢

① 陈旭耀：《现存明刊〈西厢记〉版本综录》，上海古籍出版社2007年，第67页。

记》二卷，明李贽评，明万历刘应袭刻本。原刻本藏美国加州大学柏克莱东亚图书馆。据郭立暄《论刘应袭刊本〈李卓吾先生批评西厢记〉》一文描述，首题"温陵卓吾李贽评，潭阳太华刘应袭梓"①，存图八幅，与师俭堂陈眉公评本略同。然郭氏言"陈眉公评本的版画是据此本翻刻的"，显系草率。9.《重订元本评林点板琵琶记》二卷，元高明撰，明万历元年（1573）闽建书林种德堂熊成冶刻本。上海图书馆藏。

　　上述笔者所搜集到的23种建本戏曲选本与单行本插图，就版式而言，建阳地域戏曲插图本不拘于一种版式，而是兼容并包，形成了以嵌入式与单页整幅版式为主的建阳风格。上述所列举的13种戏曲选本中，其中1—5以单页整幅版式为主，偶有双页连式插图；6—11以嵌入式插图为主，偶有单页整幅插图；而12完全为月光式插图，13则纯为上图下文版式。而在10种单行册中，1、2采用上图下文或中图下文版式，3—6为单页整幅版式，7—10为双页连式。将上述单行册与戏曲选本插图版式略作统计，其中上图下文插图814幅，嵌入式插图206幅，单幅整页插图151幅（双页连式、月光式涉及插图合流现象，不作统计）。也就是说，建阳地域戏曲插图本至少涉及了五种插图版式：双页连式、单页整幅、上图下文、嵌入式、月光式，其中尤以嵌入式、单页整幅版式为主。而建阳地域的小说插图版式，则以上图下文版式为主要标志，其他版式则极为罕见。

　　就插图的演进来看，早期戏曲插图沿袭宋元旧风，上图下文版式一统天下。万历中期受到金陵戏曲插图影响，建阳地域插图大量采用单页整幅版式，形成嵌入式与单页整幅并行之局面。万

① 郭立暄：《论刘应袭刊本〈李卓吾先生批评西厢记〉》，《图书馆杂志》2006年第5期。

历后期以及其后，建阳地域插图与其他地域插图风格的合流化趋势明显，精工秀丽成为各书坊主追求的共同目标。

上列戏曲选本以嘉靖癸丑（1553）詹氏进贤堂重刊《新刊耀目冠场擢奇风月锦囊正杂两科全集》为最早，单行本中以明嘉靖丙寅（1566）余氏新安堂重刻《重刊五色潮泉插科增入诗词北曲勾栏荔镜记》以及叶文桥万历辛巳（1581）《新刻增补全像乡谈荔枝记》四卷为最早，这三种戏曲插图无一例外采用了上图下文（或中图下文，实为上图下文版式之变体）版式。因此，可以推断嘉靖与万历初，建阳书坊戏曲插图主要是上图下文版式。这与元代建安虞氏刊刻五种讲史平话所采用的上图下文版式一脉相承。至万历中后期，建阳地域戏曲插图出现了变化，采用了单页整幅插图，偶尔出现双页连式。众所周知，金陵唐氏富春堂等书坊在万历初所刊戏曲插图本普遍采用单页整幅插图，且上有标目；建阳地域书坊主采用单页插图，明显受到"京本"即金陵戏曲刊本的影响[1]。至于四知馆所刊《新选南北乐府时调青昆》，插图采用月光版式；萧腾鸿、余少江等戏曲单行册采用双页连式，则显示了万历后期至崇祯年间建阳地域插图与徽、杭、金陵、苏州插图风格"合流"之趋势。此时，插图地域特点逐渐消失，苏州、杭州的精致插图成为书坊主追求之目标，建阳地域书坊主亦莫逃其外。然就万历时期建阳戏曲插图的代表版式而言，嵌入式插图与单页整幅插图无疑占据主流。建阳插图与其他地域插图风格的"合流"现象，戏曲领域比小说领域表现得更为明显。

与嵌入式、上图下文版式相比，双页连式与单页整幅插图无疑更吸引读者的眼球。对于完全采用单页整幅插图的《八能奏

---

① 祝重寿：《刘龙田刊本〈西厢记〉插图的再认识》，《装饰》2003年第12期。

锦》《大明春》《南北新调》《徽池雅调》等戏曲选本来说，剧本所配插图数量多少体现出书坊主的价值倾向，即插图越多意味着书坊主对该剧本越感兴趣。而在单页整幅插图与嵌入式插图并存的戏曲选本中，单页插图更能体现出该剧在整个剧本中的核心地位，而剩下的嵌入式插图，则从剧本的插图数量可以判断出作者的价值取向。笔者对上述戏曲选本之单页插图统计结果如下：《琵琶记》24 幅、《西厢记》8 幅、《金印记》7 幅、《湘环记》《破窑记》《白兔记》各 4 幅、《投笔记》《五桂记》《千金记》《三国记》《金貂记》《玉簪记》《男后记》各 3 幅、《红叶记》《复仇记》《彩球记》《断发记》《荆钗记》各 2 幅，其他戏曲插图因数量少，故忽略不计。就单页插图总量而言，《琵琶记》远远领先，其次为《西厢记》《金印记》。建阳地域书坊主所刊行的戏曲选本中，《琵琶记》为各家所必选，且都以插图强化《琵琶记》在戏曲选本中的地位，《琵琶记》插图数量要远大于选本中其他戏曲插图数量，可见《琵琶记》对后来戏曲的重要影响。在笔者所见的 10 种戏曲单行本中，《西厢记》被 3 次翻刻，插图共有 52 幅；其次为《琵琶记》《荔枝记》，各翻刻 2 次，此也可看出，名著与闽南地方戏曲在建阳地域戏曲传播中的地位。

以上笔者就所见及的 13 种戏曲选本与 10 种单行册做了分析与统计。建阳地域戏曲插图版式众多，与小说插图单一的上图下文版式区别较大。建阳地域戏曲插图万历初及之前，以上图下文版式居多，其后借鉴金陵等地戏曲插图，形成嵌入式与单面整幅为主的版式特点，万历后期则合流现象严重。在建本戏曲插图中，《琵琶记》插图量远远领先，其次为《西厢记》《金印记》《荔枝记》等。《琵琶记》由于处于"南曲之祖"的地位，且文本倡导的伦理道德与建阳地域深厚的理学传统发生共振，故在建阳地域传播非常广泛。《金印记》乃明人苏复之作品，叙述战国时苏秦故事，重在抒写世态炎凉，因而在建阳读者中也产生了广泛共鸣。而《西厢记》因呼唤自由恋情而深受年轻人喜爱。此三种戏文得到书坊主的青睐绝非偶然。

二、借鉴与创新：建阳地域戏曲插图的文本接受

阅读建阳地域戏曲插图本，笔者有两点感受最深，一是建阳戏曲插图对于外地尤其是金陵插图的借鉴极为明显，其所谓的单页整幅与双页连式插图，版式与构图思路大多照搬金陵等外地插图；二是建阳地域插图对于戏曲文本有着自己的理解与再解读，这体现了建阳地域的戏曲接受特点。

建本地域传播最为盛行的《西厢记》插图，以刘龙田（1560—1625）、熊龙峰刊本最为出名。然如前所述，二书如出一辙。熊本刊刻于万历二十年（1592），刘本刊刻年代不详。但是，据方彦寿《建阳刻书史》统计："刘龙田刻本的内容以子部书为主，其中医书、类书、术数堪舆诸书占了很大比例。……刘龙田乔山堂刊刻的医书有 15 种，年代最早的是万历二十六年（1598）刻本。"[1] 而现存刘龙田所刊刻的其他书籍也以万历后期居多，独不见早于万历十九年之刊本，且学界都以为刘龙田与熊龙峰本为"同一底稿"[2]。因此，笔者以为刘龙田本刊刻时间应在熊龙峰本

---

① 方彦寿：《建阳刻书史》，中国社会出版社 2003 年，第 324 页。

② 董捷：《明清刊〈西厢记〉版画考析》，河北美术出版社 2006 年，第 3 页。

《西厢记》之后，也即万历二十年之后①。事实上，刘、熊之翻刻行为在建阳地域极为常见，如下文所列举的《玉树英》之"怨寄虞弦"插图与《玉谷新簧》之"莺红月下听琴"插图（刘次泉刻），《玉树英》"伯喈长亭分别"插图与《乐府菁华》"伯喈长亭分别"插图，以及《玉谷新簧》"五娘长亭分别"插图等，都高度雷同，相互翻刻的痕迹极为明显。可以看出，在建阳，凡是某书坊创造了具有影响力的版式、插图等，立刻会为其他书坊所采用并盗版。

　　建阳地域插图不仅彼此相互承袭，其单页整幅插图还多承袭金陵戏曲插图。万历前后金陵富春堂即开始大量印行戏曲插图本，在时间上远早于建阳。富春堂《琵琶记》卷末牌记"万历丁丑秋月金陵唐对溪梓。"② 富春堂《玉玦记》牌记署"万历辛巳夏月金陵唐对溪梓。"③ 而此时，建阳叶文桥于万历辛巳（1581）刻印《新刻增补全像乡谈荔枝记》时依然采用了上图下文。也就是说，当金陵单页整幅戏曲插图盛行之时，建阳还固守着传统的上图下文版式，《八能奏锦》《词林一枝》等牌记署名"万历新岁"，也只是书坊主的宣传手段，实际并非万历元年刊，学界已经考证出其编撰时代是"万历三十三至三十六年（1605—1608）"④。凡是建阳地域的单页整幅戏曲插图版式，在金陵或其他地域大多有

---

　　① 　汪龙麟：《〈西厢记〉明清刊本演变述略》（《北京社会科学》2012年第4期）一文判断"刘龙田乔山堂刻本"刻于万历三十六年（1608）前后。蒋星煜以为熊龙峰本是徐士范本到刘龙田本之间的过渡，也就是说，刘龙田本在熊本之后，见其《西厢记的文献学研究》（上海古籍出版社2007年，第84页），都与笔者判断不谋而合。
　　② 　俞为民：《明代南京书坊刊刻戏曲考述》，《艺术百家》1997年第4期。
　　③ 　见《古本戏曲丛刊》初集第51册，上海商务印书馆1954年。
　　④ 　郭英德、王丽娟：《〈词林一枝〉、〈八能奏锦〉编纂年代考》，《文艺研究》2006年第8期。

同样的戏曲插图本发行。建阳书坊主大量借鉴金陵以及其他地域的同类插图，才促使上图下文版式发生变化。以上述熊龙峰、刘龙田本《西厢记》为例，该本共 22 幅插图，上标分别为"佛殿奇逢""僧房假寓""墙角联吟""斋坛闹会""白马解围""红娘宴请""母氏停婚""琴心写怀""锦字传情""玉台窥简""乘夜踰墙""倩红问病""月下佳期""堂前巧辩""秋暮离怀""草桥惊梦""泥金捷报""尺素成愁""诡媒求配""衣锦还乡""莺红对奕""园林午梦"。金陵富春堂本《新刻出像音注花栏南调西厢记》共有插图 16 幅，上标分别为"夫人萧寺暂停丧""张生游普救""张生谒法本""红娘琴童斗嘴""莺莺问红娘""修斋追荐相国""贼兵围普救寺""飞虎阵前索莺莺""红娘请生赴宴""红娘递柬与生""张生跳粉墙同奕棋""红娘问病""生莺幽会佳期""长亭送别""琴童报生及第""郑恒红娘问辨"。将两者比较，刘本"佛殿奇逢"与富春堂本"张生游普救"、"僧房假寓"与"张生谒法本"、"斋坛闹会"与"修斋追荐相国"、"白马解围"与"贼兵围普救寺"极为相似，如图 1（《古本戏曲丛刊》初集第 30 册，上海商务印书馆 1954 年）与图 2（《古本戏曲丛刊》初集第 2 册）所示。刘龙田本插图人物较富春堂本缩小，画面空间有所扩大，人物也有所增加，如"僧房假寓"较"张生谒法本"人物增加两位，而"斋坛闹会"较"修斋追荐相国"立体感更为强烈。但是，刘本对于富春堂本的借鉴也极为明显，从构图到画面整体安排，都可看到富春堂本的影子。至于刘本"倩红问病"与富春堂本"红娘问病"、"泥金捷报"与"琴童报生及第"插图，画面几乎一模一样，几可视为抄袭；而"乘夜踰墙""月下假期"也无疑是在富春堂本"张生跳粉墙同奕棋""生莺幽会佳期"基础上略作改动而成，借鉴的痕迹也是极为明显，如图 3、4（《古本戏曲丛刊》初集第 30、2 册）所示。就画面整体风格而言，富春

张生游普救　　　　　　　　张生谒法本

修斋追荐相国　　　　　　　贼兵围普救寺

图 1　金陵富春堂本《南调西厢记》插图

佛殿奇逢　　　　　　　僧房假寓

斋坛闹会　　　　　　　白马解围

图 2　刘龙田本《西厢记》插图

张生跳粉墙同奕棋

红娘问病

生莺幽会佳期

琴童报生及第

图3　富春堂本《南调西厢记》插图

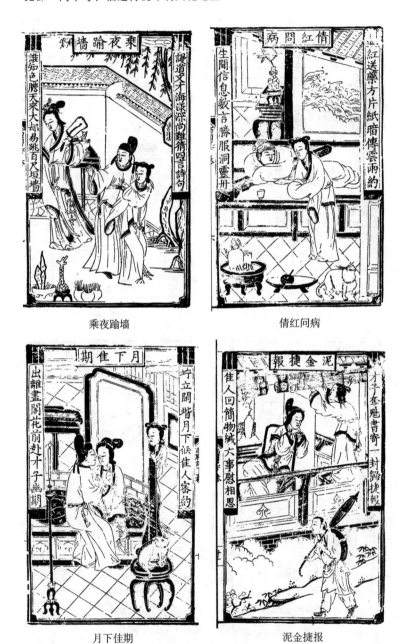

乘夜踰墙　　　　　　　　　　倩红问病

月下佳期　　　　　　　　　　泥金捷报

图 4　刘龙田本《西厢记》插图

堂插图人物硕大，风格粗犷；刘龙田本人物比例缩小，意境深远，立体感更为强烈。"将刘龙田本《西厢记》插图和万历年间金陵唐氏世德堂（笔者注：当为富春堂）所刊《新刻出像音注李日华西厢记》的版画作个比较……人物的动态、比例以及整个画面的处理，建安版的《西厢记》显然技高一筹，更加成熟。"① 这正说明了刘本插图是在富春堂本的基础上，并受到徽版插图的影响，由唐氏富春堂的重视人物向重视意境发展。也就是说，刘本借鉴了金陵唐氏《南西厢记》，而不是富春堂借鉴了刘本插图②。

就戏曲选本来看，建阳地域的《西厢记》之插图也明显借鉴了金陵插图。建阳敦睦堂张三怀万历辛亥（1611）刊本《摘锦奇音》"张生跳墙失约"插图（图5，《善本戏曲丛刊》第一辑第3册第81页），借鉴了继志斋万历戊戌（1598）的双页连式插图（图6，《日本所藏稀见中国戏曲文献丛刊》第一辑第14册），张三怀刊本所做的工作只是将继志斋的双页连式插图浓缩于单页而已。建阳书林金拱塘刊刻的《大明春》"张生托红寄简"插图也明显是取自继志斋本双页连式插图的一半而成，比较图7（《善本

---

① 陈铎：《建本与建安版画》，福建美术出版社2006年，第199页。

② 陈铎《建本与建安版画》（第195—202页）集中论述了建安版画对于金陵富春堂戏曲版画的影响，但是语焉不详。味其大概，主要沿袭郑振铎等人的观点，郑氏立论前提是建阳单页整幅版画出现比金陵早。郑振铎所列举的刘龙田刊本《古文大全》及《重刻元本题评音释西厢记》皆为万历后期所刊，前者当刊于万历十九年（1591）之后，后者实为万历二十年熊龙峰本《西厢记》之翻刻本，也就是说，当建阳刘龙田开始采用单页整幅插图时，金陵雕版界万历初年惯用的单页整幅已经开始衰落并"徽化"了。建阳对于金陵插图的影响微不足道，更多的是在跟金陵"京本"之风。陈铎承认"建阳坊肆后期翻刻金陵等地版画现象时有出现而且愈演愈烈"，实际上，刘龙田本《西厢记》插图部分翻刻了金陵富春堂之《南西厢记》，部分改进了金陵富春堂之《南西厢记》。照抄加改进，这正是建阳书坊的狡狯之处。

戏曲丛刊》第一辑第 6 册第 127 页）、图 8（《日本所藏稀见中国戏曲文献丛刊》第 14 册），读者自会得出结论。

图 5 《摘锦奇音》"张生跳墙   图 7 《大明春》"张生托红
失约"插图   寄简"插图

图 6   继志斋本《重校北西厢记》"张生跳墙"插图

图 8　继志斋本《重校北西厢记》"托红寄简"插图

　　建本《琵琶记》插图也同样受到了金陵插图的影响。将万历辛亥（1611）敦睦堂张三怀刊本《摘锦奇音》之"华堂庆寿"双页连式插图（图 9，《善本戏曲丛刊》第一辑第 3 册第 12—13 页）与万历三十三年至三十六年（1608）爱日堂蔡正河刊本《八能奏锦》之同类插图（图 10，《善本戏曲丛刊》第一辑第 5 册第 25 页）比较，即可发现，两者构图基本一致，后者只是截取前者之一半而成，人物设置也极为一致，唯一之区别在于蔡伯喈与赵五娘位置作了交换。观察构图思想与插图布局，金陵继志斋本《重校琵琶记》"华堂庆寿"插图（图 11，《日本所藏稀见中国戏曲文献丛刊》第 14 册），实际被建阳敦睦堂张三怀刊本所复制（图9）。由于刻工偷工减料，物图卷之墙角案桌与玄关存在漏刻现象，以致两幅单页插图无法做到无缝拼接，因此张三怀本效果不及继志斋本插图。但是，除了漏刻之外，两者几乎完全一致。读者将图 9 与图 11 比较，张三怀刊本抄袭继志斋本便一目了然。

图 9　《摘锦奇音》之《琵琶记》"华堂庆寿" 插图

图 10　《八能奏锦》之 "华堂庆寿" 插图

图 11　继志斋本《重校琵琶记》"华堂庆寿"插图

　　再如图 12 继志斋本《琵琶记》"长亭送别"双页连式插图（《日本所藏稀见中国戏曲文献丛刊》第 14 册），建阳敦睦堂张三怀刊本《摘锦奇音》径直截取其半幅，背景略加改动而已（图13）（《善本戏曲丛刊》第一辑第 3 册第 25 页）。但是，笔者所见继志斋本《琵琶记》①与笔者在《古本戏曲版画图录》②以及《徽派版画艺术》③中所见玩虎轩徽版《琵琶记》插图（图 14，《古本戏曲版画图录》第 2 册第 348—349 页）雷同，但笔者因未见玩虎轩全本，不敢妄作判断。据周亮云：（继志斋）"万历二十六年（1598 年）序刊本，图版与玩虎轩版本雷同，唯一不同之处是将

　　① 黄仕忠、［日］金文京、［日］乔秀岩主编：《日本所藏稀见中国戏曲文献丛刊》第 14 册，广西师范大学出版社 2006 年。
　　② 首都图书馆编：《古本戏曲版画图录》第 2 册，学苑出版社 2003年，第 392—395 页。
　　③ 张国标编撰：《徽派版画艺术》，安徽美术出版社 1996 年，第 103—107 页。

版心下'玩虎轩'书坊名挖去，可见翻刻速度之快。"① 如其所论，继志斋《琵琶记》实为玩虎轩之翻刻本。考虑到金陵书坊中，继志斋本插图之"徽化"程度极为突出，建阳借鉴京本，也意味着万历后期金陵、徽州、建阳等地域插图风格的"合流"。比如《千金记》，张三怀刊本（图15《善本戏曲丛刊》第一辑第3册第128—129页）与陈大来继志斋本插图（图16，周芜编著《金陵古版画》第156—157页）完全相同。考虑到张三怀刊本牌记"辛亥孟春"（1611）刊行，而继志斋刊刻"重校"系列戏曲约在1598—1608年之间，如1598年刊《重校琵琶记》、1602年刊《重校旗亭记》、1608年刊《重校锦笺记》，因此，笔者以为建本抄袭金陵"京本"可能性较大。

图12　继志斋本《重校琵琶记》插图

---

① 周亮：《明刊本〈琵琶记〉版画插图风格研究》，《艺术探索》2009年1期。

图 13　《摘锦奇音》之《琵琶记》"长亭送别"插图

图 14　玩虎轩万历二十五年（1597）刊本《琵琶记》"长亭分别"插图

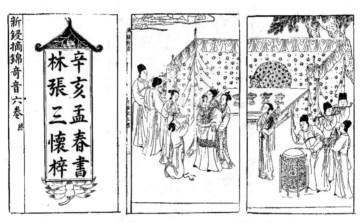

图 15 《摘锦奇音》之《千金记》"楚王营中夜宴"插图及卷末牌记

图 16 继志斋本《重校千金记》插图

图 17（《善本戏曲丛刊》第一辑第 3 册第 32 页）、图 18（周芜编《金陵古版画》第 75 页）、图 19（《日本所藏稀见中国戏曲文献丛刊》第 14 册）是建阳张三怀本《摘锦奇音》、金陵世德堂

本以及继志斋本《琵琶记》之第九出"临妆感叹"的不同插图。金陵世德堂本标"对镜梳妆",为单页整幅,继志斋变之为双页连式,注重意境与文本的共鸣,但对赵五娘对镜梳妆之画面,继志斋完全承袭了世德堂。张三怀敦睦堂所刊《摘锦奇音》"五娘对镜思夫"构图基本继承了世德堂以及继志斋的思路。

图 17 《摘锦奇音》之《琵琶记》 　图 18 世德堂唐晟本《琵琶记》
　　 "五娘对镜思夫"插图 　　　　　　 "对镜梳妆"插图

综上所述,建阳地域戏曲插图由于受到金陵等地插图影响,采用单页整幅插图与双页连式等版式,其插图构图也受到金陵等地戏曲插图的深远影响。也就是说,建阳戏曲插图由早期《荔镜记》为代表的清一色上图下文版式(图20),发展到后来的单页整幅与嵌入式并存局面,与其对金陵等地插图的借鉴分不开。

建阳地域戏曲选本插图表明刊刻者对文本有着自己的解读。《琵琶记》之"蔡伯喈长亭送别""伯喈华堂庆寿""蔡状元牛府

图 19　继志斋本《琵琶记》"对镜梳妆"插图

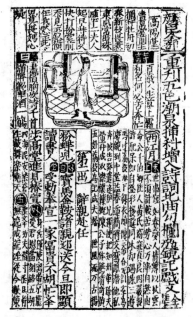

图 20　《明本潮州戏文五种》之《荔镜记》卷首页

成亲""蔡中郎上表辞官"(《摘锦奇音》《八能奏锦》)、"赵五娘临妆自叹"等戏文成为各书坊插图表现的重点,有关《琵琶记》的插图也多集中表现这几出内容。图13、21—24即为建阳地域不同戏曲选本"长亭分别"的插图,除了背景略微区别外,诸本构图差异不大。图21(《海外孤本晚明戏剧选集三种》第9页)、图22(《善本戏曲丛刊》第一辑第1册第9页)、图23(《善本戏曲丛刊》第一辑第2册第35页)上有标目"长亭分别",左右有联句"才子志冲天勒马长安期挂绿,佳人愁满地牵衣南浦怯啼红"。其中以图23即刘次泉绣梓之《玉谷新簧》本尤为精美,其联句也占据了左右两侧的全部空间。而图13(《善本戏曲丛刊》第一辑第3册第25页)、图24(《善本戏曲丛刊》第一辑第6册第137页)却留有空白。将《琵琶记》之"分离"模式插图与《西厢记》"分离"插图对比即可发现,两者极为类似,只是插图之左右两侧联句略有不同,图25(《古本戏曲丛刊》初集第2册)、

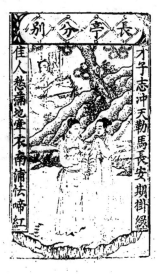

图 21　《玉树英》"长亭分别"插图　　图 22　《乐府菁华》"长亭分别"插图

图23 《玉谷新簧》"长亭分别"插图　　图24 《大明春》"长亭分别"插图

图25 刘龙田本《西厢记》　　　　图26 熊龙峰本《西厢记》
"秋暮离怀"插图　　　　　　　　"秋暮离怀"插图

图 27 富春堂本《西厢记》"长亭送别"插图

图 26（《日本所藏稀见中国戏曲文献丛刊》第 16 册）之"秋暮离怀"联句为："今朝酒别长亭缱绻前来把盏，异日名题金榜叮咛早整归鞭"。《琵琶记》将蔡伯喈改写成"才子志冲天长安期挂绿"的热衷于功名的士子形象，而在文本中，蔡伯喈却是被迫应试。同时，"长安期挂绿"与"异日名题金榜"一样，无论是张生应试还是伯喈应考，在建阳下层读者心目中，年轻儒生（"长亭送别"〔二煞〕）名题金榜在崔莺莺看来并不重要。建阳地域插图无一例外地突出了《琵琶记》《西厢记》中的功名意识，强调士子为取功名而与妻子分别，是站在蔡伯喈父亲、崔莺莺母亲等老人角度。在他们看来，晚生后辈应先取功名后恩爱。而《西厢记》"长亭送别"〔幺篇〕云："你与俺崔相国做女婿，妻荣夫贵，但得一个并头莲，煞强如状元及第。"莺莺再三强调："你则休'金榜无名誓不归'。"功名成了年轻人爱情的阻力，"三不从"

也是导致蔡、赵悲剧的主要原因，崔老夫人的"赖婚"，也给崔、张爱情增设了阻碍。插图模式的相近，意味着蔡伯喈、赵五娘的长亭分别与张生、莺莺长亭分别一样，如此描绘，《西厢记》反礼教的主题便被遮蔽了。而《琵琶记》对于儒家传统"全忠全孝"的道德张扬以及"不关风化体，纵好也徒然"的戏曲主张，在插图里便上升到"好德如好色"的高度，与崔、张恋情一样具有诱惑力，成为天下士子可仿而效之的理想目标了。

"伯喈再配鸾凤"一出戏文，诸本插图也多有表现。图28（《日本所藏稀见中国戏曲文献丛刊》第14册）为金陵继志斋本《重校琵琶记》之"蔡牛成亲"双页连式插图，张三怀刊本《琵琶记》"伯喈再配鸾凤"插图（图29，《善本戏曲丛刊》第一辑第3册第46页）便直接截取一页而成，读者比对自会得出结论。问题是，在陈大来继志斋刊本中，由于插图采用双页连式，其表现的空间增大。在双页布局构图中，一页全为女乐图，绘工竭力描

图28　继志斋本《重校琵琶记》"蔡牛成亲"插图及局部放大

绘婚礼的喜庆场面，而另一页则描绘婚礼现场众宾相的喜庆，特别是牛丞相的踌躇满志与蔡伯喈之喜忧参半形成鲜明对比。左右两页合为一幅整图，更加衬托了人物心理。绘工意图以此表现"辞婚不从"给蔡伯喈带来的内心苦闷。张三怀刊本截取一页，一喜一忧的对比力度明显降低。在陈大来、张三怀刊本插图中，蔡伯喈一直垂首而立，忧喜参半。但是，刘次泉刊本之《玉谷新簧》"蔡状元牛府成亲"插图改动较大

图 29　《摘锦奇音》之《琵琶记》"伯喈再配鸾凤"插图

（图 30，《善本戏曲丛刊》第一辑第 2 册第 143 页），画面中伯喈的忧郁之情消失得无影无踪，整个画面充满着婚庆的喜悦气氛。刘次泉的高明之处在于增加上标"逼谐秦晋"与两旁联句："御道先驰愁见红丝牵绣幕，阳台赴约枉将白璧种蓝田"，与插图的喜庆气氛产生皮里阳秋之效果。"逼""愁"与喜庆是相对立的概念，画面的喜庆将文本解构，蔡伯喈用笑脸迎接了牛小姐。绘工的潜台词是，蔡伯喈内心也是希望与牛府成亲，所谓"三不从"正中蔡伯喈下怀。正如陈继儒评《琵琶记》云："纯是一部嘲骂谱。赘牛府，嘲他是畜类；遇饥荒，骂他不顾养；厌糠、剪发，骂他撇下结发糟糠妻；裙包土，笑他不奔丧；抱琵琶，丑他乞儿行；受恩于广才，书他无仁义；操琴、赏月，虽吐孝词，却是不

孝题目；诉怨琵琶、题情书馆、庐墓族表，骂到无可骂处矣！"①
刘次泉参与了萧腾鸿《鼎镌琵琶记》的刊刻（见笔者师俭堂《六
合同春》相关论述），陈继儒的评点给他留下深刻印象，他的
"逼谐秦晋"插图与萧腾鸿本插图遥相呼应。

图 30　《玉谷新簧》"蔡状元牛府成亲"插图及局部放大

　　综上所述，可以得出以下几点结论：一、建阳地域的戏曲插
图本数量虽远不及小说插图，但插图版式多样，嵌入式与单页整
幅版式占据主流，这迥异于千篇一律的上图下文小说插图版式。
二、建阳地域戏曲的单页整幅插图不仅在版式上借鉴了金陵等地
插图，而且在构图思路上，也深受金陵插图的影响，建阳对于金
陵插图的借鉴与翻刻极为明显。三、建阳戏曲插图并不完全忠实

---

　　①　北京大学图书馆编：《不登大雅文库珍本戏曲丛刊》第 12 册《六合
同春》，学苑出版社 2003 年，第 228 页。

于原作，其对文本的理解伴随着先入为主的成见，其中夹杂着对传统道德的强化与反思。插图也体现着绘工、刻工甚至书坊主的价值判断，也是解读文本的一个参考路径。

原载于《艺术学界》2012 年第 2 期

论明代建阳出版业在全国的地位

何朝晖　管梓含

关于明代建阳出版业的地位问题，前人已有不少论述。张秀民《明代印书最多的建宁书坊》认为："自南宋至明季，福建建宁府书坊一直为全国重要的出版地之一。"[①] 谢水顺、李珽《福建古代刻书》"明代建阳刻书的鼎盛"[②] 一节论述了明代建阳坊刻的发展、概况、特点及评价等问题，但以宏观叙述为主，对建阳书坊出版地位、出版物内容和种类的历时性变化未作深入探讨。方彦寿《增订建阳刻书史》在讨论明代建阳书坊的发展时将其分为前后两个时期："明代建阳的坊刻，以正德为界，大致可分为前后两个时期。明前期，建阳刻本内容仍以传统的经、史、类书、医书为主。这一时期，全国的科举应试之书多出于建阳书坊。书坊也承接了许多官方委托刻书的工作。"[③] "明嘉靖以后是建阳刻书业的鼎盛时期。书坊及其刻本的数量均超出明前期若干倍，并远迈宋元。"[④] 主要强调明代后期建阳出版业在总量上超过前期。

①　张秀民：《张秀民印刷史论文集》，印刷工业出版社 1988 年，第 162 页。
②　谢水顺、李珽：《福建古代刻书》，福建人民出版社 1997 年，第 232—349 页。
③　方彦寿：《增订建阳刻书史》，福建人民出版社 2020 年，第 273 页。
④　方彦寿：《增订建阳刻书史》，第 321 页。

贾晋珠《谋利而印》在讨论明代前期的出版业时谈道："建阳出版业比全国其他大多数地方要活跃得多。所以，至少到 16 世纪初，很多著作的书版是如此稀缺，以至于中央、州县、各级政府都利用建阳所存的书版。"① 肯定了建阳书坊在明代前期的特殊地位。周启荣《近代中国早期的出版、文化与权力》也谈到了建阳书坊，他认为："就出版的数量和品种——从经史、小说、戏曲、举业书到医书和历书——来说，建阳无疑是最大的出版中心。"②

以上论述普遍肯定明代建阳出版业的地位，指出了建阳出版业在明代前后期的不同。但多为宏观的概括性叙述，深入细致的分析较少。并且，关注点在于建阳出版业的总量变化，因此得出明代建阳出版业在后期超过前期的结论。我们认为，出版物的品种和数量固然是考察出版业发展状况的重要指标，但对于评价建阳在全国出版业中所发挥的作用和所造成的影响来说，探讨其相对地位的变化可能更有意义。本文试就建阳出版业在明代相对地位的变化，出版物内容和种类的演变等问题略作探讨，以就教于方家。

一、明代前期的建阳：全国性的出版中心及发行中心

在宋代，建阳所在的建宁府已与杭州、蜀中并峙为三大坊刻中心，所刻书称为"建本"，也称为"闽本"。蜀中地区经南宋末年兵燹，刻书业一蹶不振；杭州书坊入元后亦衰落，刻书留存很少；元大都坊刻杂剧有少量留存至今。元代最重要的坊刻中心，

---

① ［美］贾晋珠著，邱葵等译：《谋利而印：11 至 17 世纪福建建阳的商业出版者》，福建人民出版社 2019 年，第 231—232 页。

② Chow，Kai-Wing. *Publishing，Culture，and Power in Early Modern China*. Stanford，CA：Stanford University Press，2004，p. 80.

南有建宁，北有平水，建宁书坊可考者数量多于平水。建刻在元代已执全国出版业之牛耳。宋元时建宁府的坊刻主要集中于其附郭县建安，建阳的书坊较少。到了明代，建安坊刻业衰落了，建阳刻书成为建刻的代名词，建阳进而成为全国唯一的坊刻中心。

（一）全国性的出版中心

明代前期是中国出版史上的一个低谷时期，其他的坊刻中心都衰落了，只有建阳硕果仅存。约成书于成化、弘治间的陆容《菽园杂记》说："国初书版，惟国子监有之，外郡县疑未有。观宋潜溪《送东阳马生序》可知矣。"① 顾炎武《钞书自序》："自先高祖为给事中，当正德之末，其时天下惟王府官司及建宁书坊乃有刻板，其流布于人间者不过四书五经、《通鉴》、性理诸书。"② 可见明代前期书版相当匮乏，除了政府刻书机构及藩府，仅建阳书坊藏有大量刻版。建阳书坊甚至成为"书坊"的代名词。《明太祖实录》载，洪武二十三年（1390）"福建布政使司进《南唐书》《金史》、苏辙《古史初》。上命礼部遣使购天下遗书，令书坊刊行。至是，三书先成，进之"③。这条材料说明，此时所谓令"书坊"刊行，就是令福建建阳书坊刊行；而建阳的坊刻进呈朝廷，表明建阳书坊承担了为中央政府刻书的任务。解缙曾向明太祖献《太平十策》，在"新学校之政"一条中称："宜令天下投进诗书著述，官为刊行。令福建各处书坊，今国学见在书板、文渊

① ［明］陆容撰，佚之点校：《菽园杂记》卷一〇，中华书局1985年，第128—129页。

② ［清］顾炎武撰，刘永翔校点：《亭林文集》卷二《钞书自序》，《顾炎武全集》第二十一册，上海古籍出版社2012年，第78页。

③ 《明太祖实录》卷二〇六，洪武二十三年十二月甲戌，《明实录》第七册，台湾"中央研究院"历史语言研究所1968年，第3075页。

阁见在书籍，参考有无，尽行刊完。"① 明朝开国之初，百废待兴，恢复和发展文化教育事业亟须大量书籍。建阳书坊奉朝廷之命刊行从各地访求征进之"遗书""诗书著述"，实际上成了政府文化政策的执行者，承担了一部分国家出版机构的职能。

　　明代的内府（司礼监）和中央许多政府部门都有刻书，是正式的国家出版机构。但这些官刻书的流通范围是十分有限的，若要使书籍广泛流通，则有赖于民间出版业的参与。在明代前期，朝廷为了推广某些重要著作，往往指令建阳书坊翻刻印行。成化二十三年（1487），以丘濬《大学衍义补》"考据精详，论述该博，有补政治"，下令由福建书坊刊行②。弘治九年（1496），朝廷将理学名臣薛瑄之《读书录》转发福建书坊"翻刻市鬻，务使天下之士皆得见之"③。嘉靖八年（1529）诏以蔡清所著《易经蒙引》，发建宁书坊刊行，书前有礼部公文云：

　　　　臣等访得天下科举之书，尽出建宁书坊。合无候命下之日，本部移咨都察院，转行福建提学副使，将《易经蒙引》订正明白，发刊书坊。庶几私相贸易，可以传播远迩，就便刊刻，亦不至虚废国财矣。④

---

　　① ［明］陈子龙选辑：《明经世文编》卷一一《解学士文集》，中华书局 1962 年，第 80 页。

　　② 《明孝宗实录》卷七，成化二十三年十一月丙辰，《明实录》第五十一册，第 135 页。

　　③ ［明］王鸿辑：《薛文清公行实录》，《四库全书存目丛书》史部第 083 册，齐鲁书社 1996 年，第 14—16 页。

　　④ ［明］蔡清撰，张吉昌、廖渊泉点校：《蔡文庄公集》，商务印书馆 2018 年，第 218 页。

要使书籍"传播远迩"，端赖建阳书坊刊行。嘉靖《惠州府志》卷十五载有一篇当地名士吴高的《啖蜜唧辩》，中云：

> 昔东坡谪惠，屡为恶少水蛋侵侮，难以势力折。先生出不得已，乃谓土人取鼠未生毛开眼者，饲以蜜，以箸挟而啖之，犹唧唧作声。咏诗云："朝盘见蜜唧，夜枕闻鸺鹠。"盖以恶鸟比恶少，蜜唧诮水蛋，而深嫉之之辞。祝穆和甫集《方舆胜览》，不曾亲履其地，乃以先生之诗为诚然。……予生也后，不得从先生游。自幼至长，询诸故老，皆曰无；访之乡落曰无；访之溪洞山谷亦无，则惠人之受诬明矣。尝欲于建阳书坊，命工刊去之，然存之亦无害。盖欲警吾乡人，自兹以后不敢侮贤者，又以见先生之侮甚不得已焉。[1]

苏轼贬谪岭南期间写有一首题为《闻子由瘦》的诗，其中有句"旧闻蜜唧尝呕吐"，写当地一种骇人的饮食习俗。吴高认为这是东坡有意编造的，被他书引用而广为流传。他认为要正本清源，就只有到建阳书坊去修改书版，才能消除天下人对岭南饮食的误解。从这个例子，可以知道当时建阳刻书在全国的影响力之大。

尤需注意的是，一些重要的官修著作，都是通过建阳书坊的翻刻而广为流通的，这是建阳书坊承担国家出版职能的典型例证。如成化四年（1468）《大明一统志》修成，令福建布政司下书坊翻刻印行[2]。嘉靖七年（1528）诏以《明伦大典》发福建书

---

① （嘉靖）《惠州府志》卷一五《杂志》，明嘉靖刻本，第11b—12b页。
② 《明宪宗实录》卷五四，成化四年五月乙丑，《明实录》第四十一册，第1094页。

坊刊行①。除了中央政府委托的刻书任务之外，地方政府与官员也往往委托建阳书坊刻书。这一方面方彦寿先生已撰有专文讨论，兹不赘。②

除了以福建书坊刊刻官方推行的典籍之外，在中央藏书的建设中建阳书坊也起到了重要作用。梁储《郁洲遗稿》卷二《修书籍疏》：

> 照得内阁及东阁所藏书籍，卷帙浩繁，但历岁既久，残缺颇多。臣等已督令典籍等官刘伟等，逐一查对明白，欲行礼部转行福建书坊等处，照依开去各书内所缺篇数，印写解京，以凭委官修补。……正德十二年四月二十四日奉圣旨："是该衙门知道。钦此。"③

正德十二年（1517），中央藏书残缺颇多，乃令福建书坊将所缺部分写刊解京，以使馆藏完足。福建书坊能够承担这项工作，必是具有相当大的书籍和书版储备，说是国家的典籍储备中心恐并不为过。

正是因为明代前期建阳刻书在书籍出版和文化传播中的重要作用，在当时的士大夫心目中，建阳不仅仅是一个坊刻业中心，也是国家的文脉政教之所系。弘治十二年（1499）建阳书坊发生火灾，吏科给事中许天锡把这场火灾与不久之前孔庙发生的火灾

---

① 《明世宗实录》卷九六，嘉靖七年十二月壬申，《明实录》第七十五册，第 2234—2235 页。

② 方彦寿：《建阳书坊接受官私方委托刊印之书》，《文献》2002 年第 3 期。

③ ［明］梁储：《郁洲遗稿》，《景印文渊阁四库全书》第 1256 册，台湾商务印书馆 1986 年，第 537 页。

相提并论：

> 今年阙里孔庙灾，远近闻之，罔不惊惧。迩者福建建阳县书坊被火，古今书板荡为灰烬。先儒尝谓建阳乃朱文公之阙里，今一岁之中，阙里既灾，建阳又火。上天示戒，必于道所从出，与文所萃聚之地，何哉？臣尝考之，成周宣榭火，《春秋》书之。说者曰："榭者，所以藏乐器也。天戒若曰：不能行正令，何以礼乐为言？礼乐不行，故天火其藏以示戒也。"今书坊之火，得无近于此耶？①

一向以民间坊刻中心著称的建阳，能够与作为圣人故里的曲阜并置一处，除了和朱熹的关系之外，主要在于它是书版汇聚之所，是"文所萃聚之地"，是关系国家礼乐政教的地方。从这段话我们可以看出，当时的建阳不仅在全国出版业有举足轻重的地位，而且在国家文化建设和道统延续中也扮演着关键角色。这种对建阳地位前所未有的高度评价，正是明代前期建阳在全国出版业中独尊地位的反映。

由于建阳在文化和教育上所具有的重要作用，明前期中央政府曾多次采取措施对建阳出版业进行监督和管理，这在中国古代众多的坊刻业中心中是绝无仅有的现象。弘治十一年（1498），河南按察司副使车玺奏言，因建阳书坊刊刻的举业书不利于举子读书穷理，"乞敕福建提督学校官亲诣书坊，搜出书板尽烧之，作数缴部。仍行两京国子监及天下提学、分巡、分守等官，严加

---

① 《明孝宗实录》卷一五七，弘治十二年十二月乙巳，《明实录》第五十七册，第 2825 页。

禁约，遇有贩卖此书并歇家，各治以罪"①。提学、分巡、分守都是地方监察官员，弘治十二年上引吏科给事中许天赐的奏疏更提出派中央官员到建阳对出版业进行监管，"推翰林院或文臣中素有学识官员，令其往彼提调考校"②。嘉靖五年（1526），鉴于建阳所刻书籍多有错讹，福建巡按御史杨瑞、提学副使邵锐提议在建阳专设儒官，校勘经籍。朝廷答复"毋设官，第于翰林、春坊中遣一人往"③，不久派翰林院侍读汪佃校书闽中。尽管事实上汪佃最终并未成行④，但派中央官员监管某一民间刻书中心这一举措本身，在中国出版史上就具有里程碑式的意义。

（二）全国性的流通发行中心

建阳书坊不仅是全国性出版中心，亦是全国性的图书流通发行中心。明代前期，为了丰富中央及地方学校的藏书，朝廷多次遣人前往建阳采买书籍。

洪武二十四年（1391），命礼部颁书籍于北方学校。明太祖在谕旨中说：

> 朕常念北方学校缺少书籍，士子有志于学者，往往病无书读。向尝颁与五经四书，其他子史诸书，未曾赐予。宜于

---

① 黄佐：《南雍志》卷四，台湾伟文图书出版社1976年，第426—427页。

② 《明孝宗实录》卷一五七，弘治十二年十二月乙巳，《明实录》第五十七册，第2826页。

③ 《明世宗实录》卷六五，嘉靖五年六月戊辰，《明实录》第七十三册，第1498页。

④ 参见包诗卿《明代图书检查制度新探——以汪佃奉敕校书建阳为线索》，《华东师范大学学报》（哲学社会科学版）2012年第5期。

国子监印颁，有未备者，遣人往福建购与之。①

明初书籍匮乏，朝廷向北方学校颁发子史诸书时，先由国子监印刷，国子监没有的，则需要到福建去采购。宣德四年（1429），山东曲阜的衍圣公孔彦缙得到朝廷批准，派人到福建采买书籍②。天顺年间，江西广信知府金铣派府吏江宪专程到建阳书坊，采买经史图书数千卷，置于府学及所属六县县学③。可见明代前期建阳不仅是全国的图书储备中心，也是图书采购中心、发行中心。

除了官方图书需到建阳采购外，士大夫个人前往建阳书坊购书的情况也很普遍。江西南昌人张元祯是天顺四年（1460）进士，官至吏部左侍郎。他在幼年时曾在父亲的带领下"游建阳书坊，欲得古今之书而尽读之"④。约在景泰年间，明代著名理学家、江西馀干人胡居仁曾往建阳书坊买求《程子遗书》《朱子语类》《伊洛渊源录》《晦庵文集》等宋代理学名家著作，虽然最后只找到《晦庵文集》，但他访书的目的地表明建阳是当时士人求购书籍的首选之地⑤。

通过这些记载，我们可以了解到，在其他地区的出版中心皆

---

① 《明太祖实录》卷二○九，洪武二十四年六月戊寅，《明实录》第七册，第 3122 页。

② 《明宣宗实录》卷五○，宣德四年正月戊辰，《明实录》第十八册，第 1206 页。

③ （嘉靖）《江西通志》卷一○，明嘉靖刻本，第 30a 页。

④ ［明］杨廉撰：《杨文恪公文集》卷二三《东白张先生文集序》，《续修四库全书》第 1332 册，上海古籍出版社 2002 年，第 563 页。

⑤ ［明］胡居仁：《胡文敬公集》卷一《奉于先生》，《景印文渊阁四库全书》第 1260 册，台湾商务印书馆 1986 年，第 3 页。这封信中提到"甲戌年冬，将《小学》习读"，"甲戌"年应为景泰五年（1454）。访书一事当稍晚于此。

已衰落的情况下，明代前期建阳书坊出版品类齐全，书籍保有量丰富，成为全国主要的书籍供给地。景泰间袁铦续修《建阳县志续集·典籍》云："天下书籍备于建阳之书坊，书目具在，可考也。"① 成书于天顺五年（1461）的《大明一统志》也说："建阳县有书坊，天下所资。"② 值得注意的是，一方面建阳书坊在为全国提供书籍方面做出了巨大贡献，另一方面官府对书坊的无度征索也使书户不堪重负。《建阳县志续集·典籍》记载："官府之征索，尝不酬劳，（书户）往往阴毁之，以便己私。"③ 建阳保存和出版的书籍丰富，因而成为官府征集书籍的来源地，但也因此背负了给官府供应书籍的任务。如果官府对书户不加体恤，任意压榨盘剥，书户就会想方设法加以逃避，甚至出现了暗中销毁书版这样的极端举动。

二、明代后期的建阳刻书：区域分工下的重新定位

在宋人眼里，相较于浙本、蜀本，建本的质量不高。叶梦得《石林燕语》卷八云："今天下印书，以杭州为上，蜀本次之，福建最下。京师比岁印板，殆不减杭州，但纸不佳；蜀与福建多以柔木刻之，取其易成而速售，故不能工；福建本几徧天下，正以其易成故也。"④ 陆游《老学庵笔记》里记载的教官根据讹误满纸

---

① （景泰）《建阳县志续集》，明弘治十七年刊本，第11b页。

② ［明］李贤等撰：《大明一统志》卷七六，三秦出版社1990年，第1168页。

③ （景泰）《建阳县志续集》，明弘治十七年刊本，第12a页。

④ ［宋］叶梦得撰，宇文绍奕考异，侯忠义点校：《石林燕语》卷八，中华书局1984年，第116页。

的麻沙本出错试题的故事，更是成为流传甚广的揶揄建本的笑话①。到了明代前期，建阳成为天下仅存的出版中心，因此时人对于建阳坊本中粗制滥造的毛病，谈论更多的是如何加以避免和纠正。前面谈到，在弘治和嘉靖年间，地方和中央都采取了一些举措对书坊进行监管，以提升建本的质量。

嘉靖以后，对建本的贬低之声渐多。郎瑛《七修类稿》卷四十五"书册"：

> 我朝太平日久，旧书多出，此大幸也，亦惜为福建书坊所坏。盖闽专以货利为计，但遇各省所刻好书，闻价高即便翻刊，卷数、目录相同而于篇中多所减去，使人不知。故一部止货半部之价，人争购之。近如徽州刻《山海经》亦效闽之书坊，只为省工本耳。②

据陈善序，《七修类稿》约成于嘉靖中后期。郎瑛指出建本存在偷工减料的现象，这是比文字讹误更大的毛病。万历后期谢肇淛在《五杂组》中说："闽建阳有书坊，出书最多而板纸俱最

---

① [宋]陆游撰，李剑雄、刘德权点校：《老学庵笔记》卷七："三舍法行时，有教官出《易》义题云：'乾为金，坤又为金，何也？'诸生乃怀监本《易》至帘前请云：'题有疑，请问。'教官作色曰：'经义岂当上请？'诸生曰：'若公试，固不敢。今乃私试，恐无害。'教官乃为讲解大概。诸生徐出监本，复请曰：'先生恐是看了麻沙本。若监本，则坤为釜也。'教授皇恐，乃谢曰：'某当罚。'即输罚，改题而止。然其后亦至通显。"中华书局1979年，第94页。

② [明]郎瑛：《七修类稿》卷四五，上海书店出版社2009年，第478页。

滥恶，盖徒为射利计，非以传世也。"① 明清之际的周亮工说：
"建阳书坊中所刻诸书，节缩纸板，求其易售，诸书多被刊落。"②
他又举出建本"错讹颇多"的例子，进而说道："予谓建阳诸书，
尽可焚也。"③ 在明代前期说出这样的话是不可想象的，因为那时
读书人唯一可以依赖的就是建本，而建本也并不是劣本的代名
词："建阳本明初时纸版尚精洁，字细而行密，类宋板式。近人
所藏宋板书，多是明初建阳本，不可不辨。"④ 很多明初的建本被
后人误认为宋本，可见质量是不低的。

之所以明代中期以后人们对建本的评价发生变化，原因就在
于出版中心开始在其他地区陆续涌现，而在江南地区崛起成为高
端读物出版中心之后，建阳对于自己在全国出版业中的角色进行
了重新定位：中低端读物出版中心。

正德、嘉靖间，出版业发展出现重大转折，民间刻书业蓬勃
发展，特别是江南地区，伴随着区域经济和文化的繁荣，商业出
版如火如荼。建阳的出版地位和市场定位在各个出版中心的相互
竞争中发生了变化。成书于万历十七年（1589）的胡应麟《少室
山房笔丛·经籍会通四》云："凡刻之地有三：吴也、越也、闽
也。……其精，吴为最；其多，闽为最；越皆次之。其直重，吴
为最；其直轻，闽为最；越皆次之。"⑤ 在该书另一处胡应麟更详

① ［明］谢肇淛撰，傅成校点：《五杂组》卷一三，上海古籍出版社
2012年，第241页。
② ［清］周亮工撰，张朝富点校：《因树屋书影》，凤凰出版社2018
年，第22页。
③ ［清］周亮工撰，张朝富点校：《因树屋书影》，第23页。
④ ［清］周亮工撰，张朝富点校：《因树屋书影》，第23页。
⑤ ［明］胡应麟：《少室山房笔丛》，上海书店出版社2009年，第
43页。

细地比较了各地的刻书质量："余所见当今刻本，苏、常为上，金陵次之，杭又次之。近湖刻、歙刻骤精，遂与苏、常争价。蜀本行世甚寡，闽本最下。"① 在胡应麟看来，苏州、常州、湖州、徽州刻书最精，其次是南京、杭州，闽本最下。谢肇淛在《五杂组》中也比较了南京、徽州、湖州、杭州、湖广、四川、建阳等地的刻书，同样认为建本质量最为低下②。在万历年间，人们已经形成了这样的共识：江南各地的出版物质量普遍较高；建阳书籍刻印量最大，但质量是各地刊本中最差的，同时价格也是最低的。明代后期在经济文化发展上，建阳难望江南地区之项背，因此无法在高端出版物上与江南地区的书坊竞争，不得不重新调整其市场定位，将出版重心放在面向中下层读者的通俗读物上。质低、价廉重新成为建阳坊本的标签，表面上看似是宋人对建阳坊本评价的延续，实际上是明代后期出版业重新洗牌的结果。

明代后期建阳专注于中低端读物的出版，注重通俗性和实用性，与江南地区形成事实上的区域分工。以下从丛书、日用类书、戏曲、小说几个方面比较建阳与江南地区出版物种类和特点的不同。

丛书虽发轫于宋代，但大量出版则是在明代，不仅刊刻数量大增，类型也更加丰富。明代丛书多汇集历代珍异文献，需要以较为雄厚的藏书储备为基础；对纂辑、校勘者的文化素质要求较高；一般成套出售，价格较高，消费者主要是具有较高知识水平和一定经济实力的士绅阶层。在这些方面，江南地区都优于建阳，因而成为丛书的主要出版地。明代出版的丛书，已知的有近400种。据李务艳《明代丛书编刻研究》，明代丛书编刊地域主要

---

① ［明］胡应麟：《少室山房笔丛》，第44页。
② ［明］谢肇淛撰，傅成校点：《五杂组》卷一三，第241页。

集中在江浙地区，其次是安徽、福建和两湖地区^①。福建地区所刻丛书仅有寥寥数种，如嘉靖中福建巡按李元阳刊《十三经注疏》、嘉靖十六年（1537）南平游氏刻《韩柳文》、万历三十三年（1605）建阳余氏刊袁黄《了凡杂著》、万历元年（1573）泉州郡丞丁一中刻《温陵留墨》等^②。其中属于坊刻的只有建阳余氏刊《了凡杂著》。

日用类书既包括作为民众日常生活指南的综合性日用类书，也包括一些专门性较强的商书、农书、消遣娱乐书等，皆具有鲜明的通俗性、实用性。《明代通俗日用类书集刊》^③收书42种，其中明确著录刊刻者的，有建阳刻本15种，南京刻本3种，其馀刊刻者不详的亦多具建阳坊本面貌。日用类书之著名者，如《五车拔锦》《三台万用正宗》《万用正宗不求人全编》《四民捷用学海群玉》，以及大量故事类日用类书，皆为建阳书坊所刊。

明代后期戏曲出版繁荣，戏曲刊本主要有传奇、杂剧、曲选几种形式。赵林平《晚明坊刻戏曲研究》揭示了坊刻戏曲的地域分布^④。从数量上看，南直隶与浙江两个地区出版的戏曲坊本占晚明坊刻戏曲总量的80％左右，出自福建地区的戏曲坊本不到晚明坊刻戏曲总量的10％。江南的戏曲刊刻明显超过建阳，刊刻戏

---

① 李务艳：《明代丛书编刻研究》，西北大学硕士学位论文，2014年，第27页。

② 李务艳：《明代丛书编刻研究》，第56页。

③ 中国社会科学院历史研究所文化室编：《明代通俗日用类书集刊》，西南师范大学出版社、东方出版社2011年。

④ 南直隶50家书坊，刊印传奇304本，杂剧179本，曲选12本；浙江46家，刊印传奇82本，杂剧351本，曲选6本；福建38家，刊印传奇39本，杂剧26本，曲选16本；江西2家，刊印杂剧1本，曲选1本；未知23家，刊印传奇47本，杂剧77本，曲选6本。赵林平：《晚明坊刻戏曲研究》，扬州大学博士学位论文，2014年，第92—93页。

曲较多、较著名的书坊皆在江南，如文林阁、世德堂、富春堂、广庆堂、墨憨斋、继志斋、汲古阁、玩虎轩、环翠堂、容与堂等。建阳书坊未见刊刻大型戏曲总集，而曲选的出版则较兴盛，出版数量多于江南地区。相对于传奇和杂剧，曲选具有较强的通俗性。建阳书坊所出曲选在版式上具有明显特征，多为两截版或三截版。三截版的上下两栏通常为传奇散出、折子戏，中栏为小曲、酒令、灯谜等消遣性的内容。戏曲文学面向的是具有一定文化水准和艺术素养的读者，江南地区刊刻的戏曲坊本往往十分精美，且不乏大部头的作品，体现出雅的倾向。建阳书坊所出戏曲全本数量远远少于江南地区，三截版之曲选则清一色为建阳坊本，这是由建阳书坊面向的读者群体决定的。

通俗小说出版方面，方志远据杜信孚《明代版刻综录》统计出117种白话小说，其中坊刻112种，占95.72%[①]。笔者又据程国赋《明代书坊与小说研究》附录《明代坊刻小说目录》统计：建阳有坊刻小说110种，苏州50种，南京42种，杭州25种，湖州2种，徽州、扬州、常州皆仅1种[②]。建阳出版的通俗小说数量接近总量的半数，远远超过其他地区。

三、结论

建阳书坊的繁盛持续至明末，然而明清易代之后，则迅速走向衰落。康熙间成书的王士禛《居易录》云："近则金陵、苏、

① 方志远：《明代城市与市民文学》，中华书局2004年，第286页。
② 程国赋：《明代书坊与小说研究》，中华书局2008年，第355—417页。

杭书坊刻板盛行，建本不复过岭。"① 至雍正年间，金埴《不下带编》中云："今闽版书本久绝矣，惟三地（按指苏、杭、金陵）书行于世。"② 不过几十年时间，建阳坊刻业就成为了历史的绝响。

纵观宋代以来的出版史，明代前期是建阳出版业在历史上地位最高、在全国书籍市场上扮演的角色最重要的时期。正德、嘉靖以后，与全国出版业复苏并走向繁荣的趋势相一致，建阳坊刻在出版物品种和数量上也大大超过明代前期，达到了一个高峰。但由于江南地区坊刻业崛起并在诸多方面超过建阳，建阳坊刻业在全国的地位反而严重下降了。建阳在新的出版业格局中调整了自己的定位，从全方位地向中央、地方政府和各地读者提供书籍，转向专注于中低端书籍市场，成为通俗性、实用性读物的出版、发行中心。从政府对建阳坊刻业的重视程度和士大夫阶层对建阳出版物的评价变化来看，建阳出版地位的分水岭在嘉靖初年。

明代前期建阳出版业的重要地位表现在，它是硕果仅存的坊刻中心，是全国性的出版中心及发行中心，并在事实上承担了一部分国家出版机构的职能。建阳还是全国性的书籍储备和提供中心，在士大夫眼中一度上升到国家文脉和政教所系的高度，与作为儒家圣地的曲阜并称。因此，我们需要重新认识和评估建阳在明代出版业和文化事业中的地位与价值。

原载于《中国出版史研究》2021 年第 1 期

---

① ［清］王士禛：《居易录》卷一四，《景印文渊阁四库全书》第 869 册，台湾商务印书馆 1986 年，第 480 页。

② ［清］金埴撰，王湜华点校：《不下带编》卷四，中华书局 1982 年，第 65 页。

宋代的建本与图书营销

张 积

　　建本的称呼，南宋时期已经出现，凡福建印刷出版的书籍都可以称为建本。不过，福建出版业最兴盛的地区是建宁府建阳县，所以建本实指建阳刻印出版的书本，其中最重要的代表就是麻沙本。宋代学者对建本的评价并不太高。叶梦得《石林燕语》卷八云："今天下印书，以杭州为上，蜀本次之，福建最下。"这种评价，反映了当时学者的一般看法。然而，并不为学者所看重的建本，其销售与流通，却是"几遍天下"[①]。为什么会出现这样的现象？对其原因古人也曾经加以探究，叶梦得的看法是，其地盛产质地柔软的榕树，以此而成的书版易于成书，所以建本可以遍行天下。[②] 诚然，建阳资源的富有自然是建本生产的有利条件，但建本能否成功地出售并占领全国的市场，这主要依赖建阳各书坊在图书编辑、出版、销售诸环节中精心的运筹和有效的措施，即实施了成功的营销策略。衡诸史实，可以得知营销策略所发挥的作用确乎更加重要。对此，本文拟详细论析。

---

① 叶梦得：《石林燕语》卷八，中华书局 1984 年，第 116 页。
② 叶梦得：《石林燕语》卷八，第 116 页。

一

　　建阳位于闽北，盛产榕树，为刻书业提供了丰富的版材和纸张资源。此外，此地又是闽浙、闽赣的交通孔道，运输条件较为便利。这自然为建阳书业的发展提供了有利的条件，所以自南宋以后此地的出版业持续兴旺，历久不衰。朱熹《建宁府建阳县学藏书记》云："建阳版本书籍行四方者，无远不至。"[①] 当时，建本不仅盛行于国内市场，而且大量出口高丽、日本，以至于宋人熊禾在《书坊同文书院上梁文》中有"儿郎伟，抛梁东，书籍日本高丽通"[②] 这样的句子。建阳的书业主要以麻沙和书坊两镇为基地，形成一大批著名的书籍作坊，如万卷堂、余氏勤有堂、黄三八郎书铺、阮氏种德堂、蔡氏一经堂、毕氏富学堂、詹氏月崖堂、虞氏务本堂、江氏群玉堂等十几家。其中如万卷堂和勤有堂，一直持续到明代，可称得上是历史悠久的出版企业了。

　　以麻沙和书坊两地出版物为代表的建本，在图书的经营上具有明确的定位：

　　第一，满足科考的需要。在科举考试的环境中，考生为了应考，存在大量的图书需求。为考生提供各种适用的备考图书，满足其考试需要，这为出版业创造了很大的商机。因此，宋代以来的书坊无不推此为首要的经营目标。建本中此类读物甚多，可以说四部皆备。如《毛诗》《礼记》《尚书》《周礼》《老子》《庄子》《荀子》《法言》《史记》《王注分类苏东坡诗》及《事文类聚》

---

　　① 朱熹：《晦庵先生朱文公文集》卷七十八，《四部丛刊初编》本。

　　② 清道光《建阳县志》卷五，转引自方彦寿《朱熹与建阳刻书》，载《历代刻书概况》，印刷工业出版社1991年，第157页。

《记纂渊海》《山堂考索》《万卷菁华》《翰墨全书》等，都是今天可知的建本中专供帖括之用的著名的出版物。

第二，满足大众的阅读需要。印刷技术的空前进步，科举制度的稳定发展，社会经济的持续繁荣，为宋代社会的大众阅读创造了外在的条件。城市人口的增加，市民意识的觉醒，对精神生活的渴望，为宋代的大众阅读创造了内在的需要。因此，充分满足大众的文化需要，为社会提供丰富多彩的精神产品，成为宋代书坊自觉的选择。这个领域的出版物涉及的内容极其广泛，饮食历书、花鸟虫鱼、琴棋书画、医卜星象、天文地理、诗词歌赋、话本传奇，等等，无所不有。举凡大众喜欢和需要的读物，皆在出版之列。值得一提的是，满足老百姓居家生活的大型类书也首先在建本中出现，如《居家必用》《事林广记》《水天一览》等，都是极负盛名的作品。把过去专供文士采撷辞藻丽句或诸生獭祭之用的类书，引入老百姓的天地，变成市民社会的一种生活指南，这是建阳书坊通过文化产品丰富社会需求的一大贡献。

二

在明确的经营目标的指导下，建阳书坊逐渐形成了针对性强、效果明显的图书编辑方针。各书坊悉心体会读者所求，努力编辑适合大众需要的出版物。归纳而言，当时坊刻的编辑方针着重体现了"三个突出"：

第一，突出编辑节钞本。出版节钞本，省工费，用时短，售价廉，阅读便，所以书坊从经营角度来说，最喜为之。南宋藏书家陈振孙在《直斋书录解题》中评价当时书坊出版物所说的"书肆所刊，皆不著姓名，亦阙不备"，可以说准确地描述了这种现象。麻沙本就是如此。陈振孙的著录，为后人留下可信的记录。

例如卷十："《慎子》一卷：……今麻沙刻本才五篇，固非全书也。"同书卷二十二："《吟窗杂录》三十卷：……麻沙尝有刻本，节略不全。"同书卷十七："《橘林集》十六卷、《后集》十五卷：密州教授石悫敏若撰。……其人与文皆不足道也。集仅二册，而卷数如此，麻沙坊本往往皆然。"

陈振孙从善本的角度着眼，对麻沙本不屑一顾。但陈氏的著录，确实反映了麻沙本的编辑实态。诚然，研究学术最好使用篇卷完整的足本。但麻沙本并不专为少数学者服务。它面对的是一个更广阔的市场和成分远比学者复杂的读者群。对购书者来讲，节钞本价格低，买得起，容易读；对书坊的经营者来说，出版节钞本是成本最经济、效益最显著的选择。

第二，突出编辑注疏合刻本与诗文汇注本。古书的注疏在北宋以前皆为单行，对于读者而言，既不便利用，也不便购买。进入南宋，注疏与正文合刊为一体，并逐渐成为定式。实现这种变革的媒介来自书坊。它们了解市场，了解读者的需求，故能实施此种变革之举。这种新式的编排方式，一下成为有力的卖点。当时的图书广告即以"正经注疏，萃见一书，便于披绎"[①] 号召市场。南宋的书坊合刊了诸经的注疏，还完成了史部重要作品的注疏合刊。建阳书坊这方面的成果是非常显著的，例如刘叔刚合刻《附释音礼记注疏》，黄善夫合刻《史记三家注》，都是比较典型的例子。此外，刊印集部重要作品的汇注本，也是建阳书坊显著的出版特色。最有名的出版物是黄善夫刊刻的《王状元集百家注分类东坡先生诗》。

大家都知道，注释是正文不可分割的部分，而一部书又往往

---

① 转引自叶德辉：《书林清话》卷六《宋刻经注疏分合之别》，古籍出版社 1957 年，第 146 页。

存在多种注释。如果读书时寻找不同的注本来阅读注释，这既不方便，也难以办到。假如将各种注释都为一集，刊刻传播，那就可以为读书人提供极大的方便，也能为研究者储集必要的资料。可见，建阳书坊这种具有创新意义的编辑出版活动，对于学术研究和大众阅读来讲，都是很有价值的工作。自然，这样的书籍其经济效益也是比较出色的。

第三，突出编辑插图本。在书中增加插图，形成上图下文的版式，是建阳书坊的一大创造，也是建本的又一特色。余氏勤有堂的《列女传》，虞氏刻的《全像平话五种》，就是这类作品的代表。插图辅文而行，可以发挥诠解正文的作用，为读者理解作品提供一种形象化的指导。书籍增加了插图，图文并茂，能够增加阅读的趣味性。另外，插图本书籍，可以吸引更多的读者，有效地扩大读者面，从而增加销售收入，至于它在文化传播方面的意义更是不言而喻的。所以，插图书籍的出现，既是我国印刷出版史上的一件大事，也是我国图书商品营销史上的一件大事。

三

正确的选题目标和到位的编辑方式，自然是开展有效营销的前提。但是徒有这些方面，缺乏有力的营销手段来贯彻落实，要增加图书的销售数量、提高经济收益仍然是比较困难的。建阳书坊似乎深谙此道。他们在注重选题与编辑环节的同时，对图书的市场营销也给予高度的关注，推行了有效的销售方式。建本能够行销四方，这一点是至为关键的。

建阳位于闽北山区，虽处在交通要冲，但位置偏僻。当地虽有朱熹建立的考亭书院，但毕竟称不上是一个文化中心。至于流动人口，那更不能与临安、成都等大城市相提并论。这样的一些条件，决定了建本的推销一定要采取走出去的办法。换言之，建阳必须要充分利用与浙、赣毗邻，交通便利的优势，通过书商以远途贸易的方式把建本推向全国。事实上，建本的推销正是如此。宿白先生曾对此有所论述："建宁书坊对扩大商品销路的要求，自然也要比临安更为迫切。所以他们不像临安书坊那样着重自己直接销售商品，而是主要依靠中间商人，转手负贩于外地。"[①] 宋代外地客商来建阳贩书的繁盛景象，书缺有间，暂不得其详，但例之后来的情况，可以间接地获得一些感受。据载，明代建阳"比屋皆鬻书籍，天下客商，贩者如织"[②]。清代诗人查慎行则描述了清初建阳贩书的兴旺场面："西江估客建阳来，不载兰花与药材。点缀溪山真不俗，麻沙村里贩书回。"[③]

既然建阳的图书销售主要依靠各地客商的远途贩运，那么利用广告来宣传图书就显得非常必要了。广告的功能在于推销商品与服务。只要存在商业交易和商业性质的服务，便会有广告的存在。我国古代虽推行重农抑商的统治政策，但从战国以来，整个社会的商业活动一直向前发展，不同形式的广告活动始终在商业活动中占有一席之地。特别是在唐宋时代，中国封建的商品经济更是进入一个新的发展阶段，城市规模扩大，城市人口增加，全国范围的市场逐渐形成，这些有利因素都为广告的广泛利用创造了机会。当时，经济生活中广告的活动异常活跃。现存南宋济南刘家针铺广告和卖眼药酸广告，表明广告已成为都市经济生活中一项重要的内容。

---

① 宿白：《南宋的雕版印刷》，《文物》1962 年第 1 期。

② 路工：《访宋元明刻书中心地之一——建阳》，《光明日报》1962 年 9 月 20 日。

③ 转引自路工《访宋元明刻书中心地之一——建阳》，《光明日报》1962 年 9 月 20 日。

　　书籍作为唐宋社会生活中一类重要的商品，同别的商品一样也在大做广告。图书的广告宣传，成为图书营销一个极其重要的手段。不论官刻、私刻还是坊刻，都一律借助广告的宣传，扩展影响，扩大销路。当然，相比而言，由于书坊的商业意识更深厚，销售愿望更强烈，对广告的重视程度也就更高，对广告的追求也就更为执着。

　　宋代的图书广告分为书名广告和牌记广告两类。

　　书名广告的特点，是充分利用书名来发布一部图书注释、插图、版本及编辑诸方面的信息。例如，《东莱先生诗律武库》《王状元集百家注分类东坡先生诗》《类编增广黄先生大全文集》《纂图重言重意互注礼记》《纂图重言重意互注点校毛诗》《纂图附释音重言重意互注周礼郑注》等等，都是比较典型的书名广告。①

　　书名广告的优点是直观醒目。读者一看书名，便能知道一部书的体例（重言重意互注）、编排（分类）、整理（点校、释音）、编者（吕东莱、王状元等）等最基本的信息。此种广告对于吸引读者购买，确实具有一定的刺激作用。

　　牌记广告，是利用刻本所刊牌记②做的广告。建阳各书坊所刊书籍多有这种牌记，这几乎成了建本最明显的外在标记。建本的牌记广告可以分为三个类型：

　　一是简单陈述型。此类广告字数较少，发布的信息主要是：刊印书籍的坊铺名称或地点、刊刻时间、主人姓名或校勘人姓

---

　　①　叶德辉《书林清话》卷六《宋刻纂图互注经子》云："宋刻经、子，有纂图、互注、重言、重意标题者，大都出于坊刻，以供士人帖括之用。"

　　②　叶德辉《书林清话》卷六《宋刻书之牌记》云："宋人刻书，于书之首尾或序后、目录后，往往刻一墨图记及牌记。其牌记亦谓之墨围，以其外墨阑环之也；又谓之碑牌，以其形式如碑也。元明以后，书坊刻书多效之，其文有详有略。"

名、简要的说明等。例如，蔡氏一经堂所刻《后汉书》的牌记文字：

> 时嘉定戊辰季春既望，刊于一经堂。将诸本校证，并无一字讹舛。建安蔡琪纯父谨咨。[1]

二是复杂陈述型。此类广告除陈述上述类型的内容之外，还要介绍版本来源、版本价值、校勘情况及表达客套语等。例如，麻沙本《类编增广黄先生大全集》目录后的牌记文字：

> 麻沙镇水南刘仲吉宅近求到《类编增广黄先生大全文集》，计五十卷，比之先印行者增三分之一。不欲私藏，庸镌木以广其传，幸学士详鉴焉。乾道端午识。[2]

建本《纂图互注扬子法言》序后的广告：

> 本宅今将监本四子纂图互注附入重言重意，精加校正，并无讹谬，誊作大字刊行。务令学者得以参考，互相发明，诚为益之大也。建安（下空三字）谨咨。

三是曲折介绍型。此类广告文字较多，叙事婉转，语言动人。除上述信息外，有的还兼及校勘，说明版本所包含的学术价值。例如，建本《挥麈录》卷后的牌记文字：

---

① 林申清：《宋元书刻牌记图录》，北京图书馆出版社1999年，第62页。

② 林申清：《宋元书刻牌记图录》，第40页。

此书浙间所刊，止前录四卷，学士大夫恨不得见全书。今得王知府宅真本全帙四录，条章无遗，诚冠世之异书也。敬三复校正，镂木以衍其传，览者幸鉴。龙山书院谨咨。①

建安余氏刻《春秋公羊经传解诂》序后的牌记文字：

《公羊》《榖梁》二书，书肆苦无善本。谨以家藏监本及江浙诸处官本参校，颇加厘正。惟是陆氏释音字，或与正文字不同。如此序'酿嘲'，陆氏'酿'作'讓'。隐元年'嫡子'作'適'，'归含'作'唅'，'召公'作'邵'。桓四年'日蒐'作'庚'。若此者众，皆不敢以臆见更定，姑两存之，以俟知者。绍熙辛亥孟冬朔日建安余仁仲敬书。②

从上述三个类型的牌记广告所表达的内容来看，建本广告强调的重点是：

第一，京监旧本。印刷术的发明，使书籍的复制（即由一本变成多本）变得容易起来。这样，同一种书便会出现多种版本。而这多种版本由于底本、校勘、刻工、纸墨、装潢等因素的不同，自然就会出现高下之别。一个好的版本，应该符合卷数足、错误少、纸墨精、刻工良、装潢美这样的条件，其中尤以错误少最为重要。这样的本子宋人称为善本。阅读善本，不仅不会因文字错讹而误人，而且会获得艺术的享受。正因为如此，宋人特别讲究版本。南宋尤袤的《遂初堂书目》，即以著录不同的版本见长。陈振孙的《直斋书录解题》，也广泛涉及版本，对一些重要

---

① 林申清：《宋元书刻牌记图录》，第 73 页。

② 林申清：《宋元书刻牌记图录》，第 56 页。

的版本都要特别拈出，加以说明。这表明在宋代读书人心目中，版本问题占有重要的位置。在这种气氛中，书籍广告强调版本就是极其必要的事情了。通常，售书广告中总要对选用的版本大力表彰。特别像监本、旧本、杭本、京本、秘本、名人校订本等版本，都要着力进行宣传。

第二，精加校正。在抄本时代，书籍在传抄过程中难免出现一些错误；在印本时代，书籍同样会存在许多舛讹。于是，在编辑出版诸环节中，校勘就成为极其重要的一环。书籍只有经过校勘，才可以减少错误，提高可阅读性，从而保证传播正确的知识和信息，体现图书的文化价值。由汉代刘向奠定基础的校勘学，到宋代之所以能够得到进一步发展，显然与印本校勘的需要有着密切的关系。当时，选择高质量的版本作底本，并广罗异本进行校勘，已经成为学界一致认同的做法。叶梦得谈宋祁校《汉书》时说："余在许昌得宋景文用监本手校西汉一部，末题用十三本校，中间有脱两行者。"① 南宋岳珂刻《九经三传沿革例》时，一书的版本竟达到 23 种之多。校勘既被读书人如此看重，书坊当然不能轻视。所以在广告中，常把校勘情况作为重点加以宣传，而且惯用"精加校正""三复校正""的无差错"这样炫人眼目的表达相标榜。

第三，大字刊本。宋代的印本，尤其是官刻与书院刻本，字体多选用欧（阳询）、颜（真卿）、柳（公权）三体。这是因为这几种字体结构严谨、字画隽秀，书卷气甚浓。这些字体若以大字刊出，不仅版面清秀疏朗，读起来不损目力，而且手把一卷，更有一种美的享受。鉴于大字版本深受读者喜爱，所以坊间的售书广告也常常特别标示此点，大力宣传。有的本子本是小字，但广

---

① 叶梦得：《石林燕语》卷八，第 116 页。

告中公然说成大字，不惜欺骗读者。例如，宋代饶州董应梦集古堂刻《重广眉山三苏先生文集》，书中几处广告文字中都有"写作大字"的承诺。① 然而据近人傅增湘考证，"卷中诸题识均称'写作大字'，而实为小字密行"②。这样的欺骗广告，建本一样存在。建本从降低成本考虑，用纸多用本地生产的色黄而薄的竹纸，排版则尽量挤紧版式，多纳文字，以减少册数。这种密行版式显然很难再以大字开雕，所以，在宋代中晚期，当地创造出一种与之相宜的粗细线分明的瘦长字体，建本即多用此种字体。然而，不少建本广告在宣传时，也同样是颠倒黑白，明明是小字，硬说成是大字刊本。这充分反映了一些书商不择手段唯利是图的本质。

第四，纸墨精良。选择精良的纸墨印书，是保证书籍质量的很重要的条件，也自然是读者较为关注的方面。所以，宋代的售书广告中，也常见夸示纸墨的文字。如宋刻《重广眉山三苏先生文集》的广告中就强调"衢用皮纸印造"。但建本多用当地生产的竹纸印刷，与官刻本、书院本相比，自不能算是"精良"，但这并未妨碍书商就纸墨质量大做宣传。

第五，不欲私藏。在中国古人的观念中，著书立说绝非仅为一己之私，而是大公无私的事业。既然如此，收藏珍本秘籍的人，就应该将其公之于众，与众共之。这是一种崇高的、为整个社会所向往的价值观念。因此，建本的售书广告也在此大做文章，常以"不欲自秘""不欲私藏""与众共之"等语，自表其公心，从而引起读者的注目。

---

① 林申清：《宋元书刻牌记图录》，第31页。
② 傅增湘：《藏园群书经眼录》卷十八集部七，中华书局1983年，第1531页。

四

建本广告所强调的上述各点，皆非泛泛之辞，而是对图书市场和阅读兴趣深入把握的结果。既然了解了图书卖点之所在，那么结撰文案，用广告语言的魅力去打动读者，就成了另一个值得重视的问题了。

建本广告的发布者，可以说深得广告语言的个中三昧，其运用达到了极其纯熟的地步。有的广告遣词造句务求简练、雅致、明晰；有的广告则努力追求叙事的波澜曲折，恳切委婉，不带书贾气。例如，前揭《后汉书》的广告文字：

时嘉定戊辰季春既望，刊于一经堂。将诸本校证，并无一字讹舛。建安蔡琪纯父谨咨。

这则广告以简约的文字、精练的语言，突出传达重点信息。显然，在书坊主人心目中，刊刻时间、店铺名称和该书的校勘情况，是他要传布的最重要信息，所以文案紧紧将此扣住，没有任何赘言。又如，前揭《挥尘录》的广告文字：

此书浙间所刊，此前录四卷，学士大夫恨不得见全书。今得王知府宅真本全帙四录，条章无遗，诚冠世之异书也。敬三复校正，锓木以衍其传，览者幸鉴。龙山书堂谨咨。

这则广告采取对比的手法，以夸饰性的语言，曲折其辞，烘托气氛，以吸引视听，争取顾客；其文字效果，显示了较强的冲击力。

　　由于图书价值的共同性和业主相互间的模仿，当时广告文案的结构也明显地表现出程式化的特点。例如，建安余氏刻本《重修事物纪原集》的广告：

　　　　此书系求到京本，将出处逐一比校，使无差谬，重新写作，大板雕开，并无一字误落。时庆元丁巳之岁建安余氏刊。①

　　前揭《纂图互注扬子法言》序后的广告：

　　　　本宅今将监本四子纂图互注附入重言重意，精加校正，并无讹谬，誊作大字刊行。务令学者得以参考，互相发明，城为益之大也。建安（下空三字）谨咨。

这两则广告文案的语言表达虽不甚相同，但叙事结构大致一样。这种结构的程式化，是建本的特色，其他坊刻也是如此。例如，宋刻本《新雕初学记》的广告：

　　　　东阳崇川余四十三郎宅，今将监本写作大字，校正雕开，并无讹谬。收书贤士幸详鉴焉。绍兴丁卯季冬日谨题。②

　　宋刻本《后汉书》的广告：

　　　　本家今将前、后《汉书》精加校证，并写作大字，锓版

────────────

① 林申清：《宋元书刻牌记图录》，第 60 页。
② 傅增湘：《藏园群书经眼录》卷十子部四，第 803 页。

刊行，的无差错。收书英杰，伏望炳察。钱塘王叔边谨咨。①

坊间广告程式化的文案结构，就其内容来说，分为底本情况、校勘情况、刊行情况、客套语四部分；就其语言来说，常见的句子是"精加校正""写作大字"或"大板雕开""并无讹谬""的无差错"等。

五

建阳图书无远不至，遍布四方，其推销成绩应当说是非常突出的，社会影响也是非常广泛的。但是，建本尤其是麻沙本，却遭到当时学者的激烈批评，竟被视为宋版书中最差的本子。这种批评当然不是信口雌黄，而是有着确凿的证据。麻沙本遭人诟病，主要表现在下列方面：

第一，校勘不精。麻沙本校勘粗劣，错讹严重，实在误人不浅。对此，宋人言之凿凿。陆游《老学庵笔记》卷七云："三舍法行时，有教官出《易》义题云：'乾为金，坤又为金，何也？'诸生乃怀监本《易》至帘前请云：'……先生恐是看了麻沙本。若监本，则坤为釜也。'"周煇《清波杂志》卷八云："印版文字，讹舛为常。盖校书如扫尘，旋扫旋生。……若麻沙本之差舛，误后学多矣。"

第二，妄改古书。自宋以来，书坊为了获利，往往妄改古书，造成古书的失真。此种风气开自建阳。清人顾广圻《思适斋文集》卷十《重刻古今说海序》云："若夫南宋时，建阳各坊，刻书最多。惟每刻一书，必倩雇不知谁何之人，任意增删换易，

_____

① 林申清：《宋元书刻牌记图录》，第54页。

标立新奇名目，冀以衒價，而古书多失其真。"

第三，篇卷不全。出版节钞本是书坊出书的一大特点，上文曾言之。对此，宋人颇有微词。陈振孙对麻沙本不屑一顾，即从此点着眼。

第四，大做虚假广告。明明用的是薄黄的竹纸，硬说是"纸墨精良"；本来是小字刻成，硬说是"大字开雕"；本来是未加校正，硬说是"详加校勘"；本来是错讹满篇，硬说是"的无差错"。

建本的这些问题，都是不能否认的事实。所以，建本得到恶评，实在也是事出有因。一些建本的讹误，竟然在广告中也有所表现。例如，阮仲猷种德堂本《春秋经传集解》牌记广告：

> 谨依监本写作大字，附以释文，三复校正刊行，如履通衢，了亡室碍处，诚可嘉矣。兼列图表如卷首，迹夫唐、虞、三代之本末源流，虽千载之久，豁然如一日矣。其明经之指南欤？以是衍传，愿垂清鉴。淳熙柔兆涒滩①中夏初吉，闽山阮仲猷种德堂刊。②

这则广告写得波澜曲折，婉转动人。然"了无室碍"之"室"，当是"窒"字之误。广告中信誓旦旦地讲并无讹谬，三复校正，而广告中就有明显的错字，一些建本的质量确实不能不让人皱眉。

当然，尽管建本存在这样的问题，但并非所有的建本都是如此。从保存到今天的一些建本来看，不少书的质量是非常好的。如黄善夫所刻《史记》、蔡氏一经堂所刻《后汉书》等，可以说

---

① 淳熙三年，公元 1176 年。
② 叶德辉：《书林清话》卷六《宋刻书之牌记》，第 152 页。

都是书中的精品。它对于古代学术的贡献是巨大的。事实上，宋代学者诟病建本，也反映了建本对学术的影响。此外，建本作为一种文化载体，在传播知识与信息方面所做的贡献也是值得肯定和表彰的。建阳一隅之地，能形成与杭、蜀齐名的出版中心和图书贸易中心，能把出版物销售到全国各地，乃至海外地区，为全国的读者提供精神食粮，为中外文化交流增加有益的内容，这是一个奇迹，功著当代，泽被后世。宋以来的中国社会，兴学重教，斯文不坠，建本的功劳绝不能忽视。在图书营销上，建阳因地制宜所形成的对策与措施，表现出中国古人在商业经营上的高度智慧；反映了中国古代在商品营销的理论与实践方面都达到了很高的水平。虽然，当今的时代与宋代相比发生了根本性的变化，但建本不惧竞争、敢于拓展市场的拼搏精神和基于积极的营销策略而建立的一整套商业化的营销方式，仍散发着旺盛的活力。这一古老的本土遗产，仍然能够为现在的出版企业提供有益的养料。

参考文献

叶梦得：《石林燕语》，中华书局 1984 年。

陈振孙：《直斋书录解题》，上海古籍出版社 1987 年。

叶德辉：《书林清话》，北京燕山出版社 1998 年。

傅增湘：《藏园群书经眼录》，中华书局 1983 年。

张舜徽：《中国文献学》，中州书画社 1982 年。

林申清：《宋元书刻牌记图录》，北京图书馆出版社 1999 年。

上海新四军历史研究会印刷印钞分会编：《历代刻书概况》，印刷工业出版社 1991 年。

原载于程曼丽主编《北大新闻与传播评论》（第一辑），北京大学出版社 2004 年

中国书籍社会史：四堡书业与清代书籍文化[①]

包筠雅（Cynthia Joanne Brokaw）撰，叶蕾蕾等译

一、引言：中国书籍史研究

大多数中国学者在听到"书史""书籍社会史"或"书籍文化"，又或"印刷文化"[②] 这些术语时，会将它们与版本学、校雠学或目录学联系起来。然而，书籍社会史或书籍文化与版本学、校雠学以及目录学截然不同，尽管这些研究领域为书籍史学家提供了极为有用的信息。区别在于，版本学家主要着眼于书籍的制作工艺和版本历史，校雠学家的兴趣基本集中在文本的校对与编校上，而目录学家则注重于书籍分类与文本结构。相比之下，书

---

① 包筠雅教授是美国布朗大学历史系教授，也是研究书籍文化史的国际著名学者。本文是包教授 2012 年 6 月 12 日在南京大学文学院"中国古代文献文化史"专题讲习会上的讲演稿的中译本，由叶蕾蕾、许勇、李晓林、章琦、许浩然、杨化坤、胡文娣、刘欢萍、张振国翻译，叶蕾蕾校。

② "印刷文化"不仅包括出版的图书，还包括单张的印制品，如年画、插图，报纸；但"印刷文化"不包含手写或手抄本。"书籍文化"则既包括印制本，也包括手写本。

籍史学家更关注书籍的社会、文化影响，以及书籍在社会各阶层中的功能作用。书籍的存在，不管是抄本还是刻本，给社会带来了什么影响？书册导向的社会如何区别于书籍匮乏的社会，如何区别于知识、信息只靠口耳相传的社会？在书面文化与口语文化混合的社会里（我认为大多数社会都是混合型的），文本的生产和传播对划分社会阶层、知识传播、文化融合的程度以及民族认同又有怎样的影响？

　　总之，书籍史和书籍文化的研究乃是就书籍在文化、社会和思想生活中所扮演的历史角色，进行大的历史提问。这是一个相对晚近、也就是在近五十年中才发展起来的研究领域。尽管很难将其起源追溯到某一个人，但我认为，公正地说，是法国年鉴学派史学家吕西安·费弗尔（Lucien Febvre）在他 1958 年出版的《书籍的产生》（L'Apparition du livre）一书中最早提出了"书籍史"这一概念（该书已有中文译本）。该书出版后，欧洲史的研究者们——亨利·让·马丁（Henri-Jean Martin）、伊丽莎白·爱森斯坦（Elizabeth Eisenstein）、罗伯特·达恩顿（Robert Darnton）、罗杰·夏特里埃（Roger Chartier）、阿德里安·琼斯（Adrian Johns）、安东尼·格拉夫顿（Anthony Grafton）以及安·布莱尔（Ann Blair）等，不胜枚举，——出版了数以百计的书史研究论著。1982 年，达恩顿在《什么是书籍史》一文中，列举了书籍史学家所特别关注的焦点——这正是书籍史学家与文献学家或目录学家的根本区别。他解释道，书籍史学家关注由一系列复杂的互动形成的，以书籍为中心的"交流圈"：材料的生产过程（包括基本原材料的采集，生产工艺的改进，印刷工人的雇佣）；知识的生产（文本的写作、编辑、校勘以及汇编）；市场与销售；生产与销售环节的控制与管理（由政府制定法规、审查制度，或通过出版协会）；购买与消费（包括私人与公共的阅读、收藏与展览）；接受（表现在书评、销售、新版本，对其他作品的影响，等等）以及分类与保存。总而言之，研究对象不仅仅是书籍本身，还包括书籍的生产、发行、接受以及对社会、政府、经济和文化造成的影响。

直到最近——大约近十年内——中国的史学家才开始关注这一研究领域。从某些层面来说，这种状况很令人吃惊。几乎无人质疑书籍与文字在中国具有的特殊重要性。很少有一种文化能拥有如此悠久的文字和学术生产的传统，也没有哪个民族能更始终如一地对学习与掌握文字表达敬意。至迟到 10 世纪，中国政府就已经用科举制度来衡量一个人的识字和受教育水平，这成为获得社会地位、财富和政治权力的途径。一言以蔽之，要在中国社会获得尊敬和成功，拥有或至少接触到书籍是必不可少的。书籍受到高度重视，不仅是因为它们所承载的信息，还由于其本身是商品以及文化的物质象征。藏书不仅是文人学士的普遍爱好，也是渴望获得更高社会地位的富商和地主们的爱好：所谓的"书香"能给一个家族带来一定的体面。

毫无疑问，汉语中有非常丰富的有关书籍和文本阅读的原始文献。中国文士在写作中喜好谈书，这为当今研究书籍在中国社会和知识生活中所扮演的角色的学者们提供了各种资料来源：书目、书话、读书法以及笔记，都在在显示了他们对书的痴迷。但是，研究中国书籍和阅读的社会/文化史，还需要研究其他方面的资料：记载出版活动的方志、出版家族的家谱、商业性的图书目录、书商的账簿、中文出版物的副文本①、图书的物质形式或

---

① "副文本"指一本书中围绕、支持基本文本的其他部分。因此，题辞、序言、后记、目次、评注、释文、插图，甚至某些文本版式的基本要素都可称为"副文本"。

版式，等等。

同时，它还需要扩展书籍研究的社会视野。迄今为止，中国书学的研究者一般都着眼于那些足以代表中国出版巅峰的书籍，即宋、元、明时代的善本或稀见本。实际上，这些书可能在渊博文士或富商手中，他们乐于将自己与士大夫阶层视为一体——简言之，学者们关注的那些价格昂贵、印制精美的书籍，其拥有和使用仅限于精英集团，他们只占帝制中国时代总人口的一小部分。但是，也必须要考虑文献的刻印、传播和消费对其他社会阶层，对文人、但未必是一流文人或精英之辈，对有志向的文士和商贾，对可算半识字的店主和蒙学生徒，以及对受过一些基础识字训练的乡村农夫，有什么样的影响。

如果中国印刷史上真正精良的书籍是出自官方或文士出版的精英书册，那么有无理由考虑其他那些印制廉价、流通广泛的书籍的生产、分配和消费？而这恰恰是书籍史研究的关键所在：探寻印刷文化更广泛的影响，我不是说书籍史学家应当忽略文学传统中的伟大作家和作品——他们当然非常重要，尤其是在了解思想史方面。但是，除了提出显而易见的关于图书出版在推动精英之间思想交流方面的问题——如在江南与北京的考证学的主要学者之间，还要考虑到书籍印刷所带来的更广泛的政治、文化和社会影响。随着印刷工业在清帝国全境的普及，下层文士亦能使用主流教材，这对他们意味着什么？17、18、19世纪印刷业的普及有着怎样的政治、文化和社会影响？印刷文化的普及是如何服务于盛清和晚清的中央集权制？地方和区域出版业对集权的挑战或破坏到了什么程度？研究中国印刷文化也许有助于解答所有这些问题。

这些问题范围广泛，需要一种跨学科的研究方法，因此，书籍史学家不仅要通晓印刷技术史、出版史和文字产生史，还要了解目录学和校勘学的研究手段。其中的联系不言而喻：为了理解书籍产生的影响，研究者除了要了解印刷（和手抄本）文化，而且要了解生产工序和排版布局，以及文本（和知识）的分类方式。我还将论证，书籍史学家也可以利用人类学学科的研究方法，尤其在进行田野考察时。

书籍史的研究与人类学之间有何联系？我在研究中国书籍时，人类学方法中有几个特征对我非常有吸引力。首先，人类学家通常很关注详细、具体的地方知识。他们把研究建立在对特定地区的密切调研基础上——即克利福德·格尔茨（Clifford Geertz）所谓之"深度描述"——住在这些地区，采访当地居民，直接观察这些人的生活。如果操作得当，就能获取某一地区或阶层之构成和运作的详尽信息。自然，人类学家或史学家可能想用某些归纳、某些从特定研究中发展出来的理论对其研究进行总结。然而，这些结论来源于某一特定时间对某一特定区域的集中研究，这就使得它们更容易被验证；同样，它们提供了对比的基础，可用于检验这些结论和原理。

其次，由于人类学家在处理地方性知识和研究整个区域时，通常非常关注不同群体和社群生活不同方面之间的相互关联，因此，他们更能看到经济、社会、宗教、文化和政治等各种因素之间的联系，进而更加全面、综合地理解社群是如何运作的。运用这种方法来研究书籍史，研究者就不仅能了解到在一个特定区域内，书籍是如何生产以及谁在阅读它们，还能够知道书籍生产的经济关系如何影响了当地经济；宗教信仰又如何被文本文化影响，或者说宗教活动如何影响了书籍的生产；教育体系如何影响人们的阅读内容以及阅读方式；书籍贸易如何表现性别关系——总之，结合文献与实地考察，就更容易抓住这一系列范围广泛、相互关联的主题。

再次，在研究文化、社会、经济关系时，人类学往往重视对于地位低微者或者普通人，如对农民、店主、工匠等的研究，而不是仅仅着眼于政治人物、文化精英、伟人与重大历史事件。为什么对书籍史学家而言，研究普通人的阅读习惯与研究文化精英的阅读习惯同样重要？为了评价一个社会的一体性或者凝聚力，有必要了解文本文化和知识为人共用的程度，以及文本文化与口头文化的互动程度。这一点也影响了文化认同：人们确定他们的身份，首先是通过类似于中华帝国科举制度鼓励的那种集权化、官方支持的文本文化，还是通过他们的地方文化以及口头传统或方言传统？文本知识或者缺乏文本知识会影响社会分化吗？也就是说，在一个社会中，了解文字、控制文本生产的人与既不会读也不会写的人之间，有没有一个大的、不可逾越的鸿沟？对于理解前现代社会的文化融合与认同以及政治一体化，这些问题非常重要，而它们对于评价现代社会的凝聚力或一体化也同样重要。本尼迪克特·安德森（Benedict Anderson）已经在《想象的共同体：民族主义的起源与散布》一书中指出了这一点，他强调了现代媒体促进东南亚民族主义与现代民族国家发展的程度。简而言之，这就是书籍与文本文化研究——即使是对最底层的社会，不管是前现代社会，还是在现代社会——都非常重要的原因。

二、个案研究：四堡书业

为了给我先前提出的基本方法和问题举例说明，我将介绍一个案例研究，即四堡书业，包括其书籍生产和销售。四堡，是福建西部的一簇村落。在清代，它是一个远离其他书籍与文化生产活跃区域的内陆地区。我在 20 世纪 90 年代中期开始了相关研究，当时我在四堡的一个村庄生活了近一年，收集文献的影本和照片，各种与书业有关的材料，包括家谱、分家析产档、账簿、四堡印本、印刷工具等等，并且还采访那些从事过书业工作的老人以及对此存有记忆的他们的后人。

首先我将简要地介绍四堡书业的背景，探寻它是如何适应从17世纪末至20世纪初中华帝国晚期的那个更大的出版界的。接下来，我会简要描述四堡书籍出品的特征，然后讨论该产业的组织及经营管理，解释四堡的出版结构是怎样影响出版何种书籍的决定的。最后，我将围绕四堡出版对中国书籍文化的影响，以及它对文化融合与社会稳定所起到的推动作用，作若干思考和总结。顺便，我想与大家分享自己研究四堡书籍生产与销售中最有用的各类材料。

（一）四堡与清代的商业雕版印刷

不单单是四堡，其他中等以及内陆出版中心也有证据表明，有清一代（1644—1911），商业雕版印刷的广泛传播主要呈现出两个重要趋势：从地理上而言，传播到了中国本土所有的区域；从社会层面而言，传播到了此前一直被排除在图书市场之外的下层百姓。晚明时期（15世纪末期至17世纪中叶）出版业的繁荣，至少就生产方面而言，只集中于几个主要地点：南京、苏州、杭州和建阳。但是，最迟到18世纪，新兴的雕版出版业几乎已遍布全国各地所有大小区域，从乡村到市镇再到省会和大都市，也包括当时的首都。出版业这种向外和向下的扩展，在某种程度上讲，是晚明时期出版业发达的自然结果，而简单、轻便又灵活的雕版印刷技术也在一定程度上使之成为可能。但它同时也受到清代独特的人口与社会变化的影响：18世纪人口的大幅度增长增加了人们对书籍的需求，同时，人口向内陆和西南边境地区的迁移，既扩散了需求，又将雕版印刷术传播到了先前罕见商业出版的地区。

正是在这种出版业在地域上不断扩展、同时书籍对社会有更深层渗透的背景之下，四堡出版凸显了其重要性。乍一看，四堡本身并不是一个非常重要的地方，在清代，它是个独特的地理和文化单元，是福建西部山区的一个贫穷的客家村落群，远离了其他文化和经济中心。四堡盆地内的两个村庄是主要的出版地：邹氏出版商所居住的雾阁村、马氏出版商们所居住的马屋村。两村的书坊中，最早的建于17世纪60年代。该行业的延续超过两个半世纪——四堡最后一家书坊停业于1946年，最后一家书店停业于1956年。

（二）四堡印本

四堡书坊出版哪些种类的书籍？它们对中国的印刷文化有何贡献呢？

为了简要说明四堡出版图书的概况，我将其大致分三大文本类别：教育文本、实用指南手册和小说。

首先，教育文本。这是四堡书业中真正的畅销书，销路很广，以至于只要几个印本就可养活一家书坊。例如，马定邦（1672－1743），作为马屋马氏的一员，他在17世纪晚期创立了一家颇为成功的书坊，仅靠出版六种书籍而自立，进而支撑起整个家庭。六种书中包括四种不同版本的四书（科举考试所用的基本教材），某一版本的《诗经》，还有一部蒙学读物。教育文本的总体范畴，不仅涵盖蒙书和经籍，而且囊括了各种有助于考试的辅助资料：字典、程文汇编、经史类书，等等。图1为最受欢迎的教材之一——蒙学读物《三字经》，在中华帝国晚期，它可能是使用最普遍的启蒙读本。在这本书中，文本是三言一句，并有押韵，其书页上部还有关于师生的简单插图。图2来自另一部蒙

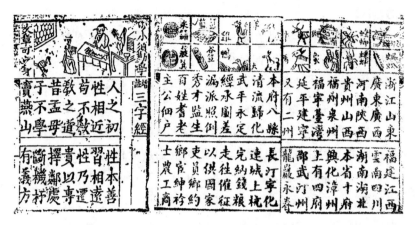

图 1 《增注三字经》   图 2 《人家日用》

学读物，该书是一部名为《人家日用》的字书。适应更高水准的教育，四堡也为考试复习印制各种版本的四书，如《四书补注备旨题窍汇参》（图 3）。在这本书中，基本文本（即《孟子》文本）位于底部，以较大的字印行；周围是正统的、官方认同的朱熹注本，以较小的字体穿插于字里行间。上部两栏提供更详细的评注和分析。当然，仅仅根据文本内容很难确定读者身份——尤其在中国，我们一般缺少读者身份的确切信息。不过，说该文本是针

图 3 《四书补注备旨题窍汇参》

对复习应考的指南，应该不会错。拥挤的页面和扁平的字体，造成了阅读上的不便——这是一种关于《孟子》的填鸭式的补习

书，很可能为雄心勃勃而家境贫寒的学生设计，抑或针对无真才实学，不得不对学生照本宣科的老师而打造。

然而，不是所有的四堡教材都面向复习应考。《信札/字辨》一书（图4）的序言宣称本书对经商做买卖的读者大有用处。该书的目的，一部分是为了帮助学生区分容易混淆的字符。全书以一位身份不明的顾客的推荐信开头，信中说他在18岁时，父亲勒令他休学以"远随往外经商"。如今，作一个成人，他对受教育的不足深感遗憾："遇执笔时，所用字面，每不能分别清楚，搔首想象，苦费心神，追悔从前诵读工夫，未有细心体认。"回家探亲时，他惊讶地发现上了五

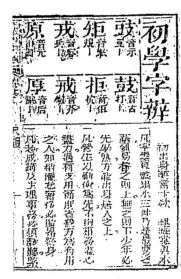

图4　《信札/字辨》

年学的儿子也有同样的问题，他儿子分不清"簿"和"薄"、"微"和"徵"。他儿子得到了一本《信札/字辨》，学了仅一个月，就能够通过考察精读能力的大型考试，"以一月之功足补数年之学，此中不无疑异"，自豪的父亲惊叹道。他随即夸赞这本教科书结构清晰，使用方便。在这里，本书上栏包含辨别字符的指南，正文位于下栏——此所谓二书合一——使其针对的读者能一目了然。书的开头列举"初出身要言十款"："凡字墨、算盘、银水三件，乃是最要之艺。贸易有之则上，无之则下，少年必先学熟，方能出身居人之上。"（页1a）紧接着是商业信函的范式。当然，这本书的流行，一方面说明阅读群体的扩大，另一方面也说明在中华帝国晚期，商贸作为一种值得尊敬的职业，在更大范围

内得到了接受：如果没有一个充满生机的市场，如邹氏、马氏之类的商业书坊，是不会出版这类书的。

纵观四堡出版史，教育文本在其书目中所占数量首屈一指。不过四堡刻本的第二个类型，即实用指南手册，在其产品中也占有较大的份额，这些书可作为参考书查询，而不是用来通读，这一类包含了日常生活中各种实际问题的应对指南。家用百科手册、书信写作指南界定了家庭生活的礼仪以及文雅社交的法则，它们往往相当细致地规定了适宜的行为和礼仪。例如，图5选自《（汇纂）家礼帖式集要》，它提供了一幅图表，可以分清服丧的不同等级；此图表按照与死者的亲疏关系来排列服丧者的位次，读者在表中可以找到自己的位置，并读到自己该穿何种样式的丧服。这本书还包括对于称呼的介绍（例如，根据一人与其母族成员的四十二种不同关系，该书列举了一百五十八条他称和自称）。另外，针对多种不同情况与通信关系，如夫妻、父子、朋友间借贷之事，该书还提供了相应的书信模本（图6）。

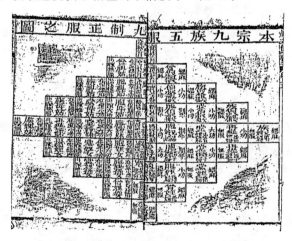

图 5 《（汇纂）家礼帖式集要》，1810 年

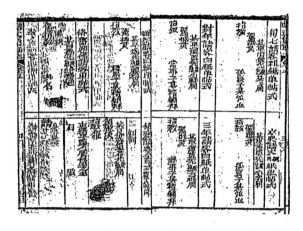

图 6 《（汇纂）家礼帖式集要》，1810 年

在这类实用、指南的书籍之中，我还想加入供病人自主诊疗或乡村医生使用的医药用书。它们包括诸如对医学的基本介绍（如《医学三字经》），易于记忆的押韵的处方集，各种疾病的症状指南。《内外科集症》（图 7）即属最后一种；图 8 即选自此书，它用插图展示并描述了病状。四堡还印制了至少一种兽医手册《元亨疗牛集》；图 9 为其中一页，图示了一头痛苦扭曲的病水牛。

图 7 《内外科集症》（务本堂）

与这种指南类书中的所有书籍一样，这些书宣称其适用于任何人、任何地点，不过，就其行文来看，其实这些书籍针对的是经济拮据的乡村读者。例如，此处摘录自《验方新编》的一段序文：

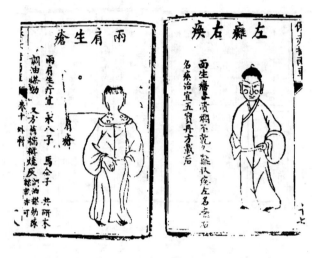

图 8 《保赤指南车》,《内外科集症》(务本堂)

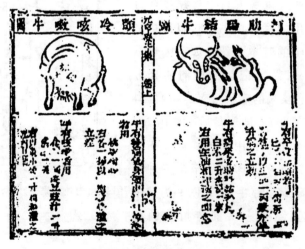

图 9 《元亨疗牛集》

凡人不能无病，病必延医服药。然医有时而难逢，药有时而昂贵。富者固无虑此，贫者时有束手之忧。为方便计，自莫良于单方一门矣。单方最夥，选择宜精，果能方与症对，则药到病除，无医亦可……［验方新编］期于有是病即有是方，有是方即有是药，却有不费一钱而其效如神者。虽至穷乡僻壤之区、马足船唇之地，无不可以仓猝立办，顷刻奏功。

在这些指南类书中，还有一类书，我称作好运指南。这类书包括风水手册——解说如何选择阴宅来使家族得到好运。还有插图本相面术指南，将生辰八字分门别类，并介绍抽签的奥秘；道德书籍以及宣扬通过仔细安排行事日程可以得到某种好运的历书。《玉匣记》（图10）就是一种非常流行的历书，它是一种记载日子宜忌的皇历，这样读者就不仅懂得在吉日安排婚葬之类的大事，还能在吉日里做些诸如

图 10 《玉匣记》

洗发之类的日常小事。这本书还列举了一长串神灵，附以简单说明，解释各位神灵对于祈祷者可能有何等效用，以及对于每位神灵，最有效的祈祷时间和形式是怎样的。

四堡印本的最后一类，主要是小说。这类书包括晚明与清代的著名通俗小说：《三国演义》《水浒传》《西游记》《红楼梦》。其中最流行的是通俗历史演义以及武侠传奇——著名历史人物，如岳飞、包青天以及他们的军功政绩——还有"才子佳人"的爱情故事。曲本也非常流行，这种便宜的小册子式的文本，在戏曲表演中被用来提示台词，如著名的爱情悲剧《梁山伯与祝英台》。图 11 所示这一页插图粗糙，印刷劣质，由此可见这些书的质量。

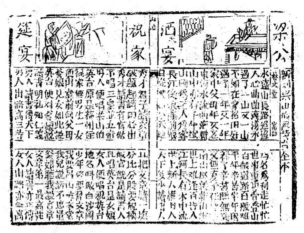

图 11　《梁山伯与祝英台》

　　综上所述，关于四堡印刷品本身，我想提出以下三点，并将其置于晚期帝国印刷业的背景之中，以显示出四堡所针对的读者群的一些信息。

　　首先，邹氏和马氏出版的书籍以通行书籍居多，它们构成了我所谓的中国书籍文化的"共同核心"：全国范围内对这些书籍都有所需求。邹氏和马氏书坊一直选择生产那些在中国书籍文化中经久不衰的畅销书，他们自信这些书籍可以在任何时间和地点销售。

　　其次，整个清朝和民国时期，四堡出版物的内容呈现出显著的稳定性。当然会有新书不时添加，但总体说来，邹氏和马氏在他们漫长商业史的最后即 20 世纪 40 年代所出版的，与 17 世纪末所出版的书籍是相同的文本，而且属于同一类型。

　　第三点也是最后一点，大体而言，四堡书印制粗劣——开本小，印在粗糙的竹纸上，版面拥挤，字划毛糙，常常错讹百出。因此，其价格低廉也就不足为奇。19 世纪后期，一位书商的销售账簿（图 12）与库存账目（图 13）显示，一些童蒙读物的批发价通常低至 5 厘；而一些经书的简注本，批发价也低至 3 分。此处仅列部分价目清单：《三字经》＝5 厘，《千字文》＝5 厘，《唐诗三百首》＝3 分，《易经旁训》＝3 分，《四书集注》＝1 钱，《古文析义》＝4 钱，《御纂医宗金鉴》＝6.5 钱。这本账簿所列的379 种书目中，几乎一半（191 种书目或 50.4%）都低于 1 钱。我采访的一位当地人说："我们的书这么便宜，什么人都买得起。"

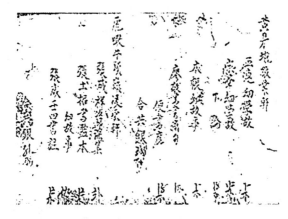

图 12　账簿

图 13　账目（文海楼）

（三）四堡出版销售业的结构

是什么促使四堡人做出这样的出版选择？他们又为何会选择这些特定的书目？下面我将论证，这种选择在很大程度上受到他们的居住地及其产业结构的影响。

在四堡，出版最初作为一种补贴性的手工业出现——在偏远贫困地区，它是对农业收入不足的一种补充。当时，福建西部是发达的造纸基地，还出产其他各种自然资源——适合刻版的木材，用以制作墨汁的松木，这些都是出版的必需品，我认为这一点有助于他们做出单单将印书作为副业的选择。一旦 17 世纪中叶外出的工匠将简单的雕版印刷术带回了四堡，换句话说，邹氏、马氏的后裔在邻省广东当刻工，又将技术带回了家乡。很自然地，当地雾阁村和马屋村的贫困居民便转向出书卖书，以此来贴补他们微薄的农业收入。

与中国南部的其他一些手工业一样，四堡书业由邹氏和马氏内部具有血缘关系的家族构成。这些家族通常包括几个核心家庭，规模最大的可达到 80 人左右。男性家长通常是主管，其兄弟、儿子和侄子分别从事刻版、印刷和销售。（图 14 为《梁山伯与祝英台》的四堡刻版）妇女与儿童也会帮忙，参与一些低技能的工作，

图 14　《梁山伯与祝英台》雕版

如印刷和装订等。书籍生产就在家中进行，在一些狭小的、棚子似的、紧靠院子的"印刷房"中，放着成桶的墨汁。（图 15 和图

16 展示了在雾阁村尚存的一些印书和卖书的器具：图 15 是用来在雕版上刷墨并可刷平雕版上的纸张的刷子、墨盆，图 16 是用来运书销售的书箱。）

图 15　印刷工具　　　　　　　　　图 16　书箱

　　家族作坊式书籍生产的主要优点是成本低廉，罕见书坊从家族外雇佣刻工和印刷工，这一点是必需的，因为四堡书坊没有大量资金投入经营。确实，出版行业吸引人的一点是，只要书坊愿意投身到廉价书籍生产中，那么，所需要的启动资金并不那么大。

　　四堡地处偏僻，要想获利，就需要将书籍运往其他地区销售。家族成员，通常是书坊负责人的儿子、兄弟或侄子，又会被派出去，或成为流动的书贩，或成为书坊分店的负责人。图 17 选自一部马氏家谱，记载了这一普遍规律中的例外情况：1687 年，父亲马权亨用祖产建立书坊，印刷四书、《诗经注》《幼学故事琼林》《增广贤文》等，都是非常通行的书籍。他动身去广东卖书，让儿子马定邦留在家中经营书坊：

　　　　小纸两箍，与先君为资本，以度家口日用之需。小纸两
　　箍抵银三钱，先君（马定邦）将此纸自为排印，卖完，入山

买纸，自己担回，又自为排印，如此循环不已。而家不至于饥寒者，皆此两簏小纸之力也。及后，二叔完娶，悉自先君，则此两簏小纸即变而为什百千万矣。大父（马权亨）外出，始无内顾之忧。（《马氏大宗族谱》集 7，卷 1，75a）

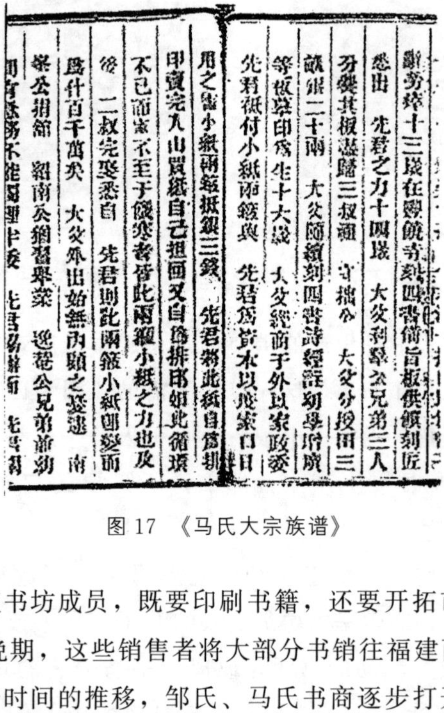
歲劳瘁十三歲在鄒晚寺刻四書備旨板供願刻匠
悉出 先君之力十四歲 大父别㬊公兄弟三人
分爨其板盡歸三叔 守揣分 大父分授田三
畝銀二十兩 大父隨續刻四書詩經註初學府成
等板與印為生十六歲 大父經商于外以家政委
先君祇付小紙兩簏與 先君爲資本以後家日日
用之皆小紙兩簏抵銀二錢 先君將此紙自當排
印賣完入山買紙自己担回又自爲排印如此循環
不已而家不至于饑寒者皆此兩簏小紙之力也及
後 二叔完娶悉自 先君則此兩簏小紙即變而
爲什百千萬矣 大父外出始無內顧之憂逮 南
峯公捐館 紹南公猶習舉業 遜菴公兄弟俱幼
門戶家務不能料理卡委 先君爲綜理 先君

图 17 《马氏大宗族谱》

这些家族书坊成员，既要印刷书籍，还要开拓市场，售卖书籍。17 世纪晚期，这些销售者将大部分书销往福建西部和广东的学校，但随着时间的推移，邹氏、马氏书商逐步打开了更为广阔的销售市场。在鼎盛时期，他们覆盖了相当大的一片区域，包括南方九省，东起福建、西至云南。个别书商的销售足迹，甚至到达了五个省份。

这种产业结构也会造成一些压力，比如向相邻省份逐步扩展销售网络，或是继续寻求新的市场。当家长去世，或决定分家的时候，根据中国人分家的传统习俗，书坊会被分割。分关文书会记录书籍版刻的分配结果：图 18 即此类文档中的一页，时间在 1839 年，它列出了 15 套雕版目录（一共有 107 套，每套代表一种书目），分给六个儿子中的马萃仲（1770 — 1848）。这次家产分割的结果，就是在原有的书坊之外，又新增了五个书坊。在书坊激增的状况下，书坊负责人为了走出经济困境，不得不扩张原有的销售网络，并增加新的销售网络。我认为，这种压力有助于解释四堡书籍销售市场的逐步扩张，起先从福建到江西，再逐渐扩展到湖南、湖北；从福建到广东东部，再到广东西部，穿过广西，到达云南和贵州。家谱中提供了相关信息，可据以确认这些四堡书坊分店的地址及其市场情况；例如，这份家谱（图 19）就记载了邹希道（1815—1884）于 19 世纪中叶在温州开了一家四堡书坊的分店。

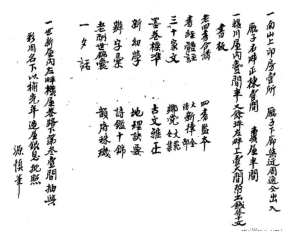

图 18　马萃仲分关文件（1839），在兹堂

开发新市场的压力，也有助于解释四堡售书业逐步深入的社会渗透力。邹氏和马氏书商有意避开大城市，因为大城市通常都有自己的出版业，他们更愿意去中低层次的居住点，通常都是些

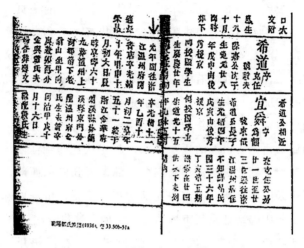

图 19 《范阳邹氏族谱》

内陆地区。县治或府治，官学和官府的所在地，通常是销售教材的最佳市场。但从 18 世纪中期开始，到 20 世纪早期，书商开始寻找更低层的定居点，如集镇和乡村，作为书籍销售市场。一位被采访者告诉我，在 20 世纪 20 年代到 30 年代，他曾与父亲、叔父外出贩书，带着两"箱"重约 70 磅左右的书籍，在福建的集镇和村庄之间来回穿行。他们通常在村镇赶集的时候过来，找个临时摊位摆开书籍，或者将书简单地放在铺于地上的竹席上，如图 20 的水彩画中所描绘的书商一样。就这样，邹氏、马氏书商带着书深入内地，到没有固定书店的村庄，那里的居民只能靠路过的流动书贩买书。当然，低级图书购买市场的增长，也促使他们继续生产售价低廉的书籍。

需要强调的是，尽管目前我以邹、马书坊畅销书为主要论述对象，但实际上，中国南部的出版地中，无论就相对廉价的"通行书籍"之生产，还是就该类书籍在广大地域的传播乃至渗透至社会最底层而言，四堡都不是独一无二的。我对浒湾镇（江西）、

图 20　书商摊贩

宝庆府（湖南）、岳池县（四川）等地进行过初步研究，研究表明，清代有很多这样的出版地。一些外国观察家也注意到了这种广泛分布的影响。仅举一例，19 世纪 30 年代，麦都思（W. H. Medhurst）曾经就当时在中国书籍可以轻易获得的现象做出评论："书籍成倍增加，几乎没有止境，而且价格低廉；每个农民和商贩手边都有通用的知识储备库。"

三、清代书本广泛流通的影响

研究中国书籍，趣味盎然又振奋人心，部分原因在于它涉及一系列重要课题，并且需要采取多种不同的研究方法，与此同时，它又提供了一条贯穿这些课题与方法的线索。研究中国书籍史，我必须研究并思考经济史（手工业经营情况、家庭作坊与宗族间的关系、行商的性质）、技术史（雕版印刷术在书籍文化迅速普及中所扮演的角色）、社会史（印刷工人的性别关系，印刷业对社会地位与权力的影响）、思想史（改变学术和文学品味）

等等问题。我在《文化中的商业：清代和民国时期的四堡书业》[①]一书中，对上述问题已进行了详尽探讨。在此，我将就四堡书业及其贸易（及其他诸如此类的）对清代的书籍文化和社会所产生的影响作简要的思考：

第一点十分简单，即邹氏、马氏书商促进了识字，尽管他们也从中盈利。虽然目前就帝制晚期中国的识字性质和识字率仍然存在激烈的争议，但大多数学者都赞同，自15世纪晚期以来，学校的增加和出版业的扩张促进了识字的普及与识字率的提高。毫无疑问，邹氏、马氏书商在促进中国南部农村及内陆地区识字率的提高方面，发挥了积极的作用。这当然不是他们的本意——他们只是热衷于盈利的书商——但是，他们的工作让更多潜在的读者能够得到书籍这一识字的工具。

其次，在向南部内陆及边陲日益增长的人口传播普及中国书籍文化的过程中，四堡书商无疑也扮演了文化融合的代理人这一角色。邹氏、马氏将蒙学读物和经典书籍带向州府、县城、集镇和乡村，这有助于建立起一个跨越地位阶层和区域界限的文化整体。明恩溥（Arthur Smith）认为，19世纪末的中国文化已高度融合，他注意到："古人的智慧已成为汉族儿女的共同财富，无论是贵为皇帝，还是卑为老妇，一个社会阶层可以和另一个阶层一样引用它们。"明恩溥在此处谈及的是经典，但邹氏和马氏所传播的当然不光是经典智慧，他们还引导人们去了解仪式和礼俗、民间故事和歌曲等，这些内容与经典一样，共同组成了文化所指库，从而有助于构建整合的文化。在此，我还要补充一点，这种文化融合过程并不只依赖于文本的阅读，文本中的故事、信

---

① 哈佛大学亚洲研究中心，2007年。本文所引与四堡相关的全部参考资料均可见于此书。

息的口头传播，也同样重要，此外，还包括把口头故事和民间智慧"译"成文本。因此，文化融合不仅依赖于印刷文字的传播，也同样依赖于书面传统和口头传统之间的积极互动。

毫无疑问，邹氏和马氏靠这种"文化传播"（他们这样自称）方式，于无意中加强了其目标受众对"中国文化"的认同，从而被划入一个相对统一而又特色鲜明的中国文化圈内。但有一点很重要，就是要对"融合"的意义略作限定。邹氏和马氏书商都支持文本的共同核心，也就是通行书籍的文化，并使之持久化。同时与此"共同核心"相共存的，至少还有另外两种书籍文化：一种是精英书籍文化，包括最精美昂贵的版本，也包括那些传达最新文学潮流或是表达最热门、最具争议性的当代学术成果的突破性的著作，我把盛清时期考据学大家的著作——他们敢于挑战神圣经典——归入这一类。还有一种是地域性和区域性的书籍文化，包括特制的印本，或是当地人为了当地消费需要而制作的文本，如用方言写成的书，或是不知名的当地作家创作的诗集。这类文本中，我最常看到的是用方言写成的唱本，如邹氏、马氏书坊出售的粤语"木鱼书"或客家话唱本。

这另外两种书籍文化有助于维持和延续身份区别，这一区别是基于获取知识的不同途径和特殊的地方文化及语言传统，尽管作为共同核心的那个文本传统是促进文化整合的。在我看来，詹姆斯·沃森（James Watson）所做的关于中国礼仪制度的论述，同样适用于清代书籍文化，它"如此灵活多样，所有自认是中国人的人，都可以鱼与熊掌兼得。他们既融入一个统一的、向中心凝聚的文化，同时又庆幸保留了各自的地方或区域特色"（在此我要增加一点，即也包括身份的区别）。这种活性支撑了文化的稳定，并在一定程度上有助于社会的稳定：精英书籍文化和地域书籍文化都证明，保持某些个人特性和区域特性是正当的要求。

同时，占主导地位的共同核心文本——这构成了邹氏、马氏图书生产和销售的主体——保证了在这个稳定、强大又高度具有普遍意义的中国文化中，人们对文化有广泛参与性。

最后，我想说的是：纵贯有清一代，四堡书商在维持普遍通行文本的共同核心（这是整合性中国文化的属性）的长期稳定方面，发挥了作用。当然，这并非四堡书商有意为之，而是他们赖以运作的背景与结构所带来的结果。四堡地处偏僻，邹氏和马氏经营资本有限，又受家族及血统秩序限制，这都促使他们选择了保守的出版策略。他们有理由害怕商业风险，因而选择印刷和销售被证明是受欢迎的"安全"的著作。通过出版和传播这些文本，特别是在那些不易接触到其他书商和书店的地区，他们推动了识字率的提升，促进了文化的整合，也延续了一个稳定的、保守的大众书籍文化。

原载于南京大学古典文献研究所编《古典文献研究》（第十五辑），凤凰出版社 2012 年

四堡版本鉴定相关问题之辩正

谢江飞

　　拙著《四堡遗珍》出版后，学界撰写的书评大多认为它是一部值得一读的好书，其中也指出了存在一些问题或不足。官桂铨先生①专门为此撰写了五千多言的《谈谈四堡版本的鉴定》，他对拙著总的是肯定的，认为《四堡遗珍》是第一部论述四堡刻书的专著，该书作者是一位值得尊敬的学者，云云。与此同时，他根据自己多年对四堡刻书的关注以及"自己收藏的四堡刻本和'汀刻本'"，对拙著罗列的某些刻本是否为四堡刻本提出了质疑，大致可归纳为三个方面：（一）清代汀刻本和四堡刻本是两种不同的版本，四堡刻本不等于汀刻本；（二）四堡刻本没有明显特征，与其他地方的刻本并无区别；（三）不可忽视书坊堂号存在重名

---

　　①　2015 年 11 月底，笔者应邀去连城县参加由中国民间文艺家协会、厦门大学国学研究院主办的"首届海丝客家·四堡雕版印刷国际学术研讨会"，从会议论文集上看到官桂铨先生的文章。笔者与官先生素未谋面，经福州与会专家吴世灯介绍，官先生是福州林则徐纪念馆的老馆长，是一位有水平有影响的地方文史专家，经常发表研究探讨文章。他本来也要参加这次研讨会的，不幸在两三个月前因病驾鹤西去，享年 73 岁。笔者听到这个消息，感到愕然与遗憾，猜想这篇文章很可能是他留下的最后一篇文章。他年事已高却不顾病痛，临终之前还在研究四堡刻本，其勤奋好学精神使人大受感动，笔者对他深怀敬意。

的现象，仅依据书坊堂号鉴定四堡刻本是不可靠的。笔者认为，官先生提出的这些问题，涉及汀刻本与四堡刻本的统属关系，以及四堡版本的鉴定。搞清楚这些问题，对于准确无误地鉴别四堡版本，充分认识四堡版本是我国版本系列中不可或缺的一员，都具有重要的意义。为此，本文相应梳理出以下三个部分予以澄清与辩正，并请教于诸位方家。

一、清代"汀版"指的是四堡版本无疑

官先生在文章的第二部分说："刻本扉页或首页中刻坊或坊主上题'汀城''汀郡'等字样，是否就是四堡的刻书呢？我认为不一定……四堡刻书创始于清初，与长汀城关（即题'汀城''汀郡'者）同时存在，后者囊括四堡等地汀州书坊，可统称'汀刻本'。反之，四堡书坊却不能这样。"[①] 也就是说，在他看来，清代的四堡刻本和汀刻本是两种不同的版本，要加以区别，四堡刻本就是四堡刻本，汀刻本就是汀刻本，两者不能混淆。换言之，汀刻本是汀州府所有书坊的刻本，它涵盖了包括四堡书坊在内的其他地方的刻本，而四堡刻本就是四堡书坊以及四堡人在外地开设的书坊之刻本，不能把长汀县城的所有书坊刻本归在它的名下。

对他这一观点，笔者不敢苟同。我们知道，古代的书籍版别，是时人或后人对某个区域书坊产品的统称，书坊的规模和刻书数量，是决定书籍版别的主要因素。在清代，称汀州所刻之书为"汀版"或"汀郡版"，是因为汀州聚集了大量的书坊，生产

① 林英健主编：《首届海丝客家·四堡雕版印刷国际学术研讨会论文集》，第142、144页。

了众多的刻本，并形成了自己独有的版本风格。而汀州的书坊又聚集在哪里呢？毫无疑问，它就聚集在连城县四堡乡（该乡原归长汀县管辖）雾阁、马屋一带，在那里拥有上百家书坊，并形成了有一定规模的以经营书籍为主的墟市。四堡的雾阁、马屋两村，既是图书的生产地，又是图书的集散地。"长汀四堡乡皆以书籍为业，家有藏版，岁一刷印，贩行远近，虽未必及建安之盛行，而经生应用典籍，以及课艺应试之文，一一皆备。"① "邑四堡乡昔多以书版为业，刻印制订，发行颇广。"② "乡多书肆，雕梨刻枣，古籍几于汗牛，不胫而走四方"；"吾乡在乾嘉时，书业甚盛，致富者累累相望"。③ 当然，除了四堡乡外，汀州府治所长汀县城及其他县城也有刻书，但它们基本上是官刻、家刻。至于坊刻，只有零星个别的书坊或刻字铺。文史学者谢水顺、李珽先生说："清代闽西北各县城或多或少都有刻书，除四堡书坊外，多为官刻和私刻。"④

　　笔者查阅相关地方志，清朝除四堡书坊外，长汀县城和各县民间刻书极少，仅见上杭、永定县有刻书记录。上杭县开设的书坊略多，有清末李梦兰、李晓东父子"兰滋轩"，民国初年雷世修"益智书局"、马传范"马林兰仪记书局"和安乡人李衡卿"同文书局"。⑤ 汀州治所长汀县城的民间刻书，地方志有记录的

---

①　［清］杨澜：《临汀汇考》卷四，清光绪四年（1878）刻本。

②　《长汀县志》卷一〇，1941年铅印本。

③　《范阳邹氏族谱》（四修），清宣统三年（1910）雾阁新奕堂刻本。

④　谢水顺、李珽：《福建古代刻书》，福建人民出版社1997年，第438页。

⑤　上杭县地方志编纂委员会编：《上杭县志》，福建人民出版社1993年，第247页。

书坊有 4 家，即清代毛明新书坊、廖壁香楼，民国师竹庄、友竹庄。① 四堡邹、马族谱有记录的 3 家，即邹建池书坊②、马德明"民生书局"、马伯准"马林兰准记书局"。长汀县城 7 家书坊四堡人占了 3 家。这里需要特别指出的是，四堡马源锡林兰堂是一个大家族，马氏后人对长汀县城及邻近的上杭、永定刻书有过较大的影响，马传范、马德明、马伯准曾先后在县城和上杭、永定等地设立分号。以上史料说明，长汀县城的几家书坊，不少是四堡人开设的，四堡书坊与县城书坊的关系不是像官先生说的"有点关系，但为数不多"，他们之间关系是相当密切的。正如谢水顺、李珽所说，"清代汀州的书坊几乎都集中在四堡，即便在长汀、上杭等县城的几家书坊，也多为邹、马书商所设，因而这里所指的'汀郡版'即是四堡版无疑。"③ 由此可见，汀州长汀县城及各县无论四堡人还是外姓人开设的书坊，就数量而言，与四堡书坊是无法较量的，其刻印的图书非主流且无代表性，不占主导地位，几乎可忽略不计。四堡书坊产品占据了广大的市场，是汀州府最具代表性的刻书，从这个意义上，将长汀县城乃至各县的所有书坊、刻字铺的产品，统归于四堡版本就属于情理之中了。

　　这种说法有无根据呢？回答是肯定的。笔者可提供与汀州邻近，先于四堡刻书业的建阳刻书例子加以说明。福建建阳地区宋、元、明三代刻书业相当发达，刻书持续时间长达六百馀年。建阳的刻书主要集中于麻沙、崇化（书坊）两个乡镇，宋代学者

---

　　① 　长汀县地方志编纂委员会编：《长汀县志》，生活、读书、新知三联书店 1983 年，第 220 页。

　　② 　《范阳邹氏族谱》（四修）称，邹建池"弃读而贾，辗转经营，恢廓前规。设肆于灵，又添于南宁，又于潮、于汀、于横，开张书肆五处，以一身经略其间，各皆就绪，大获资财。"这里的"汀"，指的是汀州城的书坊。

　　③ 　谢水顺、李珽：《福建古代刻书》，第 471 页。

祝穆在《方舆胜览》一书中称："麻沙、崇化两坊产书，号为图书之府"。人们将这一带的刻书，统称为"麻沙本"，有时称"建本"。但令人奇怪的是，麻沙、崇化两坊数百年来刻书规模旗鼓相当，为何只称"麻沙本"而不称"崇化本"或"书坊本"？按谢水顺、李珽先生的说法，"麻沙与书坊两地相距只有 10 公里，两地的书工刻工交流很容易，所刻书籍具有几乎完全相同的特征，因而人们常将这两地刻书统称为'麻沙本'"。①谢、李两先生只说了问题的一半，事实上，麻沙是宋、元、明书坊刻本的集散地，崇化刻印的书无论陆运还是水运，均要途经麻沙，除了麻沙本地刻印的书籍外，崇化的图书也多在此营销。久而久之，人们把麻沙书籍市场经售的本地书坊刻印的书籍，也包括崇化在此出售的书籍统称为"麻沙本"了。不可忽略的是，建阳在这一时期除麻沙、崇化两地外，治所及各县也有零星的书坊刻书，但它们终不成规模，尚未形成版别特征，时人或后人只知"麻沙本"，而不知其他什么本了。

　　很明显，汀州四堡与建阳麻沙的刻书情形十分相似，前者代表了清代汀州的刻书，后者代表了宋、元、明三朝建阳的刻书，它们都把当地的刻书业推向了极致。建阳刻书的题记往往有"建安""建邑"字样，人们常称之为"建本"或"麻沙本"，而汀州刻书往往也有"汀城""汀郡"字样，人们也称之为"汀版"或"四堡版本"。可见，麻沙本与"建本"、四堡版本与"汀版"都是同一个事物的不同称呼而已，没有什么本质区别。所以，拙著在叙述四堡版本时，常提到"四堡版本即'汀版'"，或将"汀版"与四堡版本两个概念交替使用，这一做法无疑是正确的。

　　官先生为了证明"坊刻堂号上冠以'汀城''汀郡'等字样，

---

　　①　谢水顺、李珽：《福建古代刻书》，第 118-119 页。

并不等同四堡刻坊"的观点，举了福州的例子。福州城内的书坊，往往冠以"福州"，如福州集新堂、福州锦华堂等，而涌泉寺刻的书仅题"鼓山藏版"或"鼓山涌泉寺藏版"。笔者以为，这个例子不能说明汀州、建阳刻书的真实情况。按照他的说法，只有汀州城内的书坊才能冠以"汀城""汀郡"，四堡书坊只能冠以"四堡"或"雾阁"；建阳城内的书坊才能冠以"建安"或"建邑"，麻沙、崇化书坊只冠以"麻沙""崇化"。事实并非如此。与官先生的"自我推测"恰恰相反，四堡坊刻、麻沙坊刻在激烈的商品竞争中，采取了高明的商业营销策略，为吸引更多的读者顾客，往往有意提高刻书地域的名分，企图表明自己的刻书不是偏远山区的粗劣产品，而是州府县城闹市的高端产品。为此，麻沙坊刻常冠以"建安""建邑"字样，同样的，四堡坊刻则常冠以"汀城""汀郡""汀州""长邑""闽汀"等字样。这些"自我标榜"，并不意味着他们离开了自己世代居住的村子，远到州府县城开坊刻书，他们大多数人仍然还在自己的村落月复一月、年复一年地持续刻书。

二、四堡版本有明显的版刻特征

拙著《四堡遗珍》在阐述四堡版本概念之后，对四堡版本的特征做了进一步的归纳，总结出"刊有雾阁、雾亭、闽汀、汀郡、汀州、长邑、汀城等款识标记，黄丹纸作封面、封底，特色书坊堂号，以及书籍用纸常用玉扣纸、黄丹纸"等几大特征，并认为这是辨别四堡版本的主要依据。官先生对此不以为然，他说："四堡刻本和各地书坊刻本差不多，很难看出有什么特别之处，大概传本不多，暂时无法总结其特点吧！"意思是说，由于四堡版本传本甚少，现在谈其特点还为时过早。

　　对于官先生的这一说法，笔者也不赞同。所谓特征（特点）是指一事物区别他事物的特殊性，它通过各种征象反映出来。书籍版本与其他事物一样，都有其固有的特性。四堡版本肯定有其自身的特点，不可能如官先生说的"和各地书坊刻本差不多"。除了上述几个特征外，可能还有一些未发觉的，但只要我们潜心研究，细心体会，就能把它比较完整地总结概括出来。

　　例如，玉扣纸是汀州的特产，相传有八百馀年的生产历史。它用经浸泡的嫩竹（客家话竹麻）制造，具有纤维细长、光滑柔韧、拉力强、摩擦不起毛绒、张片均匀、色泽洁白等特点。黄丹纸是一种色纸，黄丹为中药名，性辛、微寒、有毒，外用拔毒生肌，内服杀虫截疟，经过黄丹浸泡的纸张称为黄丹纸，这种纸张有杀虫防蛀的作用。《临汀汇考》云："汀地货物，惟纸远行四方，各邑制造不同。长邑有官边、花笺、麦子、黄独等名。色纸则有黄丹、木红。"① 这里的"官边"是指玉扣纸，"黄丹"是黄丹纸。四堡乡清朝时隶属于汀州府，四堡书坊以得天独厚的优势，常用"玉扣纸"作为印书用纸，用色纸"黄丹纸"做封面封底和内衬用纸。笔者收藏的四堡刻本很多是玉扣纸、黄丹纸，如《康熙字典》、李元仲《寒支集》、蓝鼎元《鹿洲全集》等，其纸张就是"玉扣纸"；《本草纲目》《景岳全书》《绣像红楼梦》《列国左传要诠》《家礼释要》等封面或衬页用的是黄丹纸。可见玉扣纸、黄丹纸是四堡刻本用纸方面的一大特色。

　　再如，官先生说到，他收藏了一册《应酬全书》，正文次行题"鄞江梧岗氏订"，他以为"梧岗氏"当为邹圣脉好理解，"鄞江"通常是指浙江宁波，邹圣脉与宁波怎么挂起钩来就不好理解了，四堡乡是否也有鄞江尚待研究。其实，这里的"鄞江"不是

---

　　① ［清］杨澜：《长汀汇考》卷四，清光绪四年（1878）刻本。

指宁波而是指汀江。宋代称汀江为鄞江，汀州府在历史上曾有两次修编《鄞江志》的记载，第一次是修于南宋孝宗隆兴二年（1164）的《鄞江志》；第二次修于宁宗庆元六年（1200），但未曾完成。一些史书上也有鄞江即汀江的记录："白石溪水在长汀县南二百步，下流入潮州界。则溪流至治所有异名也。宋时曰鄞江。"①"闽部所隶八州，而汀为绝区。山曰灵蛇、曰鸡笼、曰襄荷，水曰九龙、曰寅湖，曰鄞江。"②"长汀东有鄞江，即东溪，亦曰左溪。自宁化县流入，下流经广东大埔县入海，中有五百滩，亦谓之汀水。"③搞清楚了闽西"鄞江"即汀江，就与此书订者邹圣脉很自然地联系起来了。原来邹圣脉居于汀江流域的四堡乡，他订《应酬全书》署名时冠以"鄞江"字样，表明他是汀州府人。由此证明，此书肯定是四堡版本。

在清代，四堡人随着书坊发展的需要，自编自印了一定数量的书籍，诸如邹圣脉《五经备旨》《易经备旨详解》《诗经备旨》《书画同珍》《寄傲山房诗集》《幼学故事琼林》《增补鉴略》；邹可庭《酬世锦囊》；邹景扬《酬世锦囊全集》《新联采集》；马良奇《书经备旨辑要》；邹廷忠《时令诗林尤雅》《酬世精华》；马宽裕《古文精言》《催福通书》。这些书籍除邹圣脉《书画同珍》刻印难度大，初刻本委托杭州书坊刻印外，其他初刻本无疑属于四堡刻本，因为这些书籍的编者（作者）是四堡人，有的还是书坊主，当地的刻业又如此发达，他们不可能舍近求远延请外地的书坊印刷。正因为如此，为了说明四堡版本的真实性，拙著尽可能地选用这些书籍。当然，四堡人编著的书籍出版后，不排除

① ［宋］欧阳忞撰：《舆地广记》，清光绪版。
② ［明］解缙等编：《影印永乐大典珍本》，江苏古籍出版社2003年。
③ ［清］张廷玉等撰：《明史》卷四五，中华书局1974年，第1126—1127页。

因其可读性或实用性强被外地书坊翻印的可能，如邹景扬《酬世锦囊全集》的大德堂就十分可疑，拙著之所以将它收入，是因为该书编者是四堡人，其初刻本应该是四堡人所为，至于大德堂版本是否为四堡人刻印的就显得不那么重要了。

三、鉴定四堡版本的科学方法

在我国，民间刻书起始于唐代，宋代以降，民间大量涌现专业从事雕版印刷的书坊。坊主们往往要给自己的刻书坊起个文雅的堂号，如务本堂、素位堂、同文堂等等。书坊堂号作为民间刻书作坊的标识，坊主们极为重视，有的把堂号制作牌匾高悬于宅院厅堂门楼之上，有的还将堂号名称署在书籍的内封或卷末，表示本坊刻书与他坊刻书的区别。这样一来，古人在书籍内封上留下的堂号印记，就成为后人辨别书籍版别的重要依据。

古籍鉴定离不开书坊堂号的标识，辨认版别首先要看是哪个堂号的，堂号的主人是谁，这个堂号是属于哪个地方的。由于历代书坊众多，所刻之书汗牛充栋，很多堂号存在重名现象，例如务本堂、本立堂、同文堂，全国各地同名的可能有几个、十几个甚至几十个，因此光凭堂号鉴定书籍版别显然根据不足。概括起来，鉴定四堡版本主要有以下四种方法。

（一）堂号考证法

即揭示堂号名称的内涵，尽可能收集堂主的生平资料，搞清其家族的文化背景。笔者发现，但凡堂号文化内涵深刻的，其同名重号的就少，反之亦然。四堡坊主对自己的堂号取名是很讲究的，有的堂号很特别，内涵很丰富。如雾阁邹翼顺、邹作就父子的堂号分别为"素位堂"和"素位山房"。"素位"一词出自《中庸》"君子素其位而行，不愿乎其外"，意思是说，君子安于现在所处的位置去做应该做的事，不生非分之想。坊主邹翼顺、邹作就父子将自己的书坊取名为"素位堂"或"素位山房"，意在勉励自己或告诫子孙，要安心、专注做好自己的刻书事业。凡署有"素位堂"的本子，由于堂号名称的唯一性、排他性，此书可基本断定为四堡版本。又如，马屋马权亨"在兹堂"，"斯文在兹"出自《论语·子罕》："子畏于匡，曰：文王既没，文不在兹乎？天之将丧斯文也，后死者不得与斯文也。天之未丧斯文也，匡人其如予何！"正由于"在兹堂"同名书坊少，因而有人认为国家图书馆藏的在兹堂本《金瓶梅》是四堡版本。

（二）地域甄别法

即对版本扉页所署的地域简称（别称）与堂号联系起来加以考察，搞清二者之间的关系，从而判定某版本的归属。我们不妨对现存的地名、坊名俱全的版本做些分析：《四子书》汀郡九思堂藏版；《新增字学举偶》汀城邹万卷楼藏版；《卫济馀编》（通天晓）汀城万卷楼藏版；《四书正文音义辨讹》汀郡邹应文堂藏版；《对联全新》汀城应文堂藏版，雾阁碧清堂发兑；《时务新策》闽汀应文堂藏版，雾阁经史居发兑；《较正监韵分章分节四书正文》汀城文行堂藏版；《诗韵集成》闽汀继文堂藏版；《新增大观续编》闽汀同文堂藏版；《玉历钞传警世》汀郡九经堂藏版；《新刻千家诗》汀城马林兰堂藏版等。这些图书所录的地名、坊名相当清晰，必定是四堡邹、马二姓书坊刻印的。《胎产秘书》闽汀廖壁香楼藏版；《一年使用杂字》汀郡张友竹藏版；《空忙惺人传》长邑城西南吕家庄归善坛存版等三个版本，前二个版本从堂号前的姓氏看，有可能是外姓人在县城开设的书坊刻印的，后一个版本明显是道观寺院的刻书。上文说过，清代四堡书坊在汀州府占据绝对的规模优势，县城外姓人开设的书坊只有寥寥数家，同时也没有形成自己独特的版面风格，因而完全可将县城所有书坊刻印的书籍，统归于四堡版本系列之中。据此，凡扉页、卷末堂号上方署"汀郡""闽汀""汀城""长邑"等字样的，无论是外姓人刻书，还是道观寺院的刻书，皆可认定为四堡版本。此外，雾阁邹作就于 19 世纪末坐贾漳州，开设素位山房书局，曾依雍正年初刻本翻刻《鹿洲全集》，此书署闽漳素位堂藏版，也应归入四堡版本。邹建芳在南宁开设文海楼，曾刊印《铁网珊瑚全集》，此书署南宁文海楼藏版，亦应归入四堡版本。

（三）序跋解读法

即从版本的序言、题跋和牌记中，了解此书的撰写、内容和付梓情况，从而认定版本的归属。例如邹圣脉增补本《幼学故事琼林》是清代妇孺皆知的启蒙读物，有人认为此书的成书时间是清朝嘉庆年间。通过阅读邹圣脉自序便知，明代程允升有《幼学须知》传世，他觉得此书是一本好书，很受大家的欢迎，但美中不足的是，原文内容单薄一些，名言警句不够使用，于是他参考了各种史料，增补了一些联句，并将书更名为"幼学故事琼林"。"自序"落款时间为乾隆二十五年（1760）。根据自序所述，该书的成书时间不是清朝的嘉庆而是乾隆年间。再加上此书署崇文堂藏版，而崇文堂是四堡书坊的堂号，由此推知，崇文堂本是四堡刻本。蓝鼎元《鹿洲全集》四十三卷，有"闽漳素位堂"牌记，此本原序、续序、题跋和启事十多篇，其中一篇光绪六年（1880）蓝氏七世孙蓝王佐《重修鹿洲集跋》值得注意，跋语清楚地交代了此集于雍正四年（1726）初版，由于年代久远，初版书籍存世很少，原版虽存，但遗失颇多，有的漫漶不清，故斥巨资延聘漳州素位堂修版翻刻。漳州素位堂是四堡雾阁村人邹作就开设的，由此可断定此书是四堡版本无疑。

（四）整体观察法

即依据已知的版本基本特征，对某一刻本的各种元素及堂号、版式、序跋、铭记、字体、纸张、油墨等进行综合分析。书籍的鉴定比较复杂，要综合考量版本的各种要素，抓住其自身固有的特点。官先生认为，汀城应文堂《对联全新》可能不是四堡版本，"应文堂恐与四堡无关"。实际上，这是一本地地道道的四堡版本。应文堂之名有可能重名，但扉页题记应文堂前冠有"汀城"二字，左侧题"雾阁碧清堂发兑"。"汀城"是长汀县城的简称，"雾阁"是四堡的村名，"碧清堂"是四堡书坊的堂号，创始人为邹尚忠。再参考此书封面封底用的是黄丹纸，字体是古拙的宋体字。应文堂堂主邹应乾，四堡乡人，生于1755年，卒于1819年，除刻印此书外，还刻印了《时务新策》《洋务通鉴论》《四书正文音义辨讹》《较正监韵四书正文》等书，这些书籍扉页堂号题署基本相同。将以上要素综合起来考察，就可断定此书是四堡版本。又如，《书经备旨辑要》六卷，此书扉页上署文光堂梓行，马良奇手辑，马宽裕参订等字样。四堡书坊有文光堂的堂号，编著者马良奇、参订者马宽裕皆是四堡马屋人，加之此书版式分为上下两栏，上栏为备旨，下栏为原典，符合四堡版本的版式特征，将以上要素综合起来考察，可判断它是四堡版本。

以上办法，各有其合理之处，但有的仍存在缺陷或不足。相对而言，整体观察法是比较科学的方法，它把版本所呈现的种种特征综合起来，依据现有的史料和研究成果加以考察，结果是相当可靠的。

原载于《龙岩学院学报》2017年第3期

黄裳与《万寿道藏》在福州的雕版

许起山

宋徽宗政和年间修成的《道藏》，不仅在当时是项空前的工程，而且对后世有着重大影响，"金元各藏都以此为蓝本"①。因该《道藏》雕版于福州闽县万寿观，故称之为《万寿道藏》；又因其是在政和年间完成的，又被称为《政和万寿道藏》。除了这两种通用的名称，南宋也有人称其为《福州道藏》②，但并不多见。虽然《万寿道藏》中所收各种道家典籍今天已见不到当时的原本，但对后世《道藏》的刊刻和对道家典籍的传承有着深远的影响。《万寿道藏》的雕版是在福州闽县进行的，这项工程的负责人便是时任福州知州的黄裳，然而他在《万寿道藏》刊刻过程中所做的杰出贡献却往往不为人所知。

一、《万寿道藏》的雕版缘起

《道藏》为道教经籍的总集。道教起源时，经书尚少，主要

---

① 卿希泰、赵宗诚：《道藏》，《宗教学研究》1983年第2期。

② ［宋］洪迈撰，孔凡礼点校：《容斋随笔》卷五《易举正》，中华书局2005年，第67页。

以只有五千馀言的《道德经》为主。随着道教的流行，各类道书也逐渐增多。到了两晋南北朝时期，有人开始把道教典籍汇集在一起，从当时所编的道家书目，如《三洞经书目录》《玉纬七部经书目》《玄都经目》等，可看到那时期道书搜集的一些情况。从《隋书·经籍志》中，也可看到唐以前道教著作的编撰与流传情况。到了唐玄宗时，皇帝下诏搜集道书，亲加审阅后，令人抄写成《开元道藏》。这是古代把道家书籍列入"藏"的开始。唐玄宗末年的安史之乱，所藏道书焚毁严重，之后朝廷又开始对道书进行搜集、贮藏。宋朝开国以来，朝廷对道书的搜寻与编撰更是不遗馀力，宋真宗时便修成《大宋天宫宝藏》。因为受到雕版印刷术的限制，唐以前的道家典籍皆为手抄，到了五代，才有雕版印刷的道书流传，但只是局限于几部道家经典。而全藏的雕版则始于宋徽宗政和年间的《万寿道藏》。

宋代是中国古代史上内忧外患较为严重的朝代，统治者希望利用宗教来缓和社会矛盾，同时吸取唐朝教训，转变了对宗教的态度。宋朝统治者出于巩固自身统治、对百姓进行思想控制以及打击佛教势力等目的，积极推动道教的发展。宋太祖从孤儿寡母手中夺得皇位，急需用道家的符命观来神化自己所谓"真命天子"的身份。宋太宗靠"烛影斧声"和"金匮之盟"等非正常手段谋得帝位，便千方百计地利用道士制造舆论，说他夺得帝位是上天和神灵的意志。他还让徐铉等人专门负责搜集、校正道书，编写成册藏在皇宫中。到宋真宗时期，为了粉饰太平以及所谓的"镇服四海，夸示戎狄"，他便伙同别有用心的大臣丁谓、王钦若等自导自演一出出天降祥瑞的闹剧，同时还大规模修建道家宫殿如玉清昭应宫等，还把传说中的道教人物赵玄朗当作自家始祖，并加封被道教徒奉为教祖的李耳为太上老君混元皇帝。同时令王钦若等人尽力搜寻道家典籍，又命张君房修编《大宋天宫道藏》，共修成 4565 卷。宋真宗时期，道教受到了空前的崇奉，直至真宗去世才有所回落。

而这种回落只是暂时的，到了北宋末年，宋徽宗对道教的推崇更是达到了无以复加的地步。他不仅提高道士的地位，发展道徒，大规模建立道教宫观，打击佛教，让各级学校学习道家典籍①，还册封自己为"教主道君皇帝"②。可以说，这一时期朝廷上下对道教的崇拜是无所不用其极的。在宋徽宗之前，由于皇帝们对道教的重视，多次对前代道家书籍进行详细的校勘，"北宋时期确为中国历史上对《道藏》校理最频繁的时段"③，这一点是其他各朝代、各时期都无法比拟的。宋徽宗不仅御注《道德经》等道家典籍，还令太学生学习《道德经》《庄子》《列子》等，组织编写《道史》《道典》《仙史》等书。而这些并不能满足道君皇帝对道教的热情，他不断下令对道家典籍进行搜集整理，并令道法较高的道士校勘，准备刊刻有史以来最大的一部《道藏》。

二、《万寿道藏》的雕版进程及其与黄裳的关系

在《万寿道藏》雕版以前，即宋徽宗崇宁年间，在前几朝搜集道书的基础上，所得道书已增至 5387 卷。但是，宋徽宗还是不满足，他想穷尽人世间所有的道家典籍，进行完整的雕印。当时负责搜寻及校勘的道士元妙宗曾在政和六年（1116）上书皇

---

①　唐代剑：《宋代道教管理制度研究》，线装书局 2003 年，第 26—52 页。

②　[元] 脱脱等：《宋史》卷二一《徽宗纪三》，中华书局 1977 年，第 398 页。

③　汝企和：《论北宋官府对道教书籍的校勘》，《中国道教》2003 第 4 期。

帝："哀访仙经，补完遗阙，周于海寓，无不毕集。继用校雠秘藏，将以刊镂，传诸无穷……臣于前岁七月，被旨差入经局，详定访遗及琼文藏经，开版符篆，因得窃览经篆。殆至周遍神章宝篆，靡所不有。"① 在耗费大量人力、财力、物力的基础上，搜寻来的道家典籍确实是异常丰富、无所不有的，雕成后的《万寿道藏》达到 5481 卷。

关于《万寿道藏》开雕的时间，陈国符先生根据《宋史·徽宗本纪》《茅山志》《古楼观紫云衍庆集》《大宗圣宫重建文始殿记》《太上助国救民总真秘要》等文献认为，《万寿道藏》"至藏经雕版，当在政和六、七年"②。而这部《道藏》是在政和年间完成的，"政和"这个年号又只用到政和八年（1118）的十月，如此说来，《万寿道藏》雕版所用的时间绝不会超过三年。此速度让人惊叹，因为先前也在闽县开雕的佛藏《崇宁万寿大藏》共计6434 卷，一共用了 23 年时间。在《万寿道藏》雕版时，另一部佛藏《毗卢大藏》也在刊刻，有人就开始疑惑，认为不可能在一二年内刻印完成，并且认为："《万寿道藏》当在政和三年黄裳四月到任不久即已开雕，约至政和八年十月间完工（因为十一月已改年号为重和），全藏刊印历 5 年有馀。"③ 其实这种推测是没有史料根据的，只是根据"政和"这个年号和宋徽宗政和三年（1113）正式下诏搜集道书的时间，主观地认为如此大的工程不可能在一两年内完成。从元妙宗的上书也可看出，在政和六年时，《万寿道藏》还没有开始"刊镂"，也正印证了陈国符先生所

<hr>

① ［宋］元妙宗：《太上助国救民总真秘要·序》，《道藏》第 32 册，上海书店出版社、文物出版社、天津古籍出版社 1988 年，第 53 页。
② 陈国符：《道藏源流考》，中华书局 2012 年，第 133—135 页。
③ 谢水顺、李珽：《福建古代刻书》，福建人民出版社 1997 年，第49—50 页。

说的"政和六七年"才开雕的推断。这项工程完成的速度之快自然有其特殊的原因。

　　首先，宋徽宗对这部《道藏》的雕版早有准备。《文献通考》卷二百二十四引《四九章经》李壁序："崇、观间大藏增至五千三百八十七卷。"① 这说明早在宋徽宗崇宁、大观年间，便已开始着手《道藏》的搜集与校刊，并且已经达到很大的规模，到了政和时这些已经整理好的《道藏》典籍便可以直接雕版，无须再校。

　　其次，宋徽宗受蔡京等人的鼓动，办一切事情皆追求"丰、亨、豫、大"，修造《道藏》也是受到这种思想的支配。这次修《道藏》的规模必然是要超越前代的，宋徽宗也想把这次《道藏》修成后人难以超越的一部。再加上他当时对道教的痴迷，对该工程的进展速度定会做出严格的要求。为了达到"丰、亨、豫、大"的效果，在政和三年（1113）十二月他便下诏："天下应道教仙经不以多寡，许官吏、道俗、士庶缴申所属附，急递投进，及所至，委监郡守搜访。"②

　　从这则史料中可以看出，宋徽宗下诏对民间道书的搜索之急，而下诏已是在政和三年的十二月，所以有些学者所认为的在政和三年《万寿道藏》已经开雕的说法是不正确的，此时还在准备阶段。此次搜集完备后，再由道法较高的道士进行校勘。陈国符先生认为当时的校经道士主要是元妙宗、王道坚，但从宋人的

---

　　① ［宋］马端临著，上海师范大学古籍研究所、华东师范大学古籍研究所点校：《文献通考》卷二二四《经籍考五十一》，中华书局 2011 年，第6185 页。

　　② ［清］黄以周等辑注，顾吉辰点校：《续资治通鉴长编拾补》卷三二"政和三年十二月癸丑条"，中华书局 2004 年，第 1068 页。

记载中可知，校经道士中还有程若清①，并且他应是主要的负责人。在众道士的共同努力下，搜集来的道家书籍便能在很短的时间内完成校勘的任务，所以便可直接送往福州雕版了。

第三，《万寿道藏》只是雕，没有印。也就是说把已经整理好的《道藏》运到福州，然后按字句雕刻在木版上，并不在雕版之处印刷成册，而是把镂好的版送到当时的京城开封，然后在开封据版印刷成书。

把整理好的《道藏》原稿从开封运到福州雕刻，路途遥远，殊为不便。但这样做反而能增加这项工程的进度。在此特别说明一下福州在当时作为刻书中心的重要作用。

福州地区在宋代已经属于文教昌盛，人才辈出的地方，这就极大地推动了书籍的刊刻和流通。同时该地区多山林竹木，造纸业兴盛，久而久之便形成了著名的刻书中心。宋代四大刻书中心，"福建要算第一"②。在四大刻书中心里面，宋人和现在的学者一般认为浙刻最佳，蜀刻其次，闽刻最下。很多学者对闽刻本的质量评价不高，经常会有学者对闽本进行严厉批评，《福建板本志》中便罗列了各代学者对闽本的诸多不良评价。③但稍有注意便可发现，历代的批评都是针对建阳地区的刻书。建阳地区刻书的兴盛是从南宋才开始的，该地刻书极为广泛，所刻之书也流传最广，但刊刻的质量则远不及其他刻书中心，有的甚至十分低劣，贻误学者，所以才遭到学者们的痛批。又因建阳地区书坊最多、刻书最快、书籍流传最广，自南宋以后人们已把建阳本作为

---

　　①　［宋］陆游：《陆放翁全集·渭南文集》卷五《条对状》，中国书店1986年，第27页。

　　②　陈彬龢、查猛济：《中国书史》，商务印书馆1935年，第69页。

　　③　陈衍：《福建板本志》卷一，北京图书馆出版社2003年，第1—7页。

闽刻本的代表。但学者们批评的是建阳地区的刻书而非福州地区
的刻书，因为福州地区的刻书与建阳地区的刻书大不一样。福州
地区的刻书在北宋比较出名，到了南宋其刻书中心的位置便被建
阳地区所代替。① 在北宋，福州地区的刻书又快又精，随着朝廷
把一些大部头的书如《崇宁万寿大藏》《毗卢大藏》等交给该地
刊刻后，福州刻书业更加繁荣。因为此地经常刻一些大部头的著
作，所以该地汇集了大量技术娴熟的雕版工人，再加上本地优越
的自然环境，很容易找到适合雕版所用的材料。《万寿道藏》开
雕时，《毗卢大藏》还在刻版中。② 有学者认为，在同一个地方不
可能同时雕刻两部大部头的书。笔者认为，在当时的社会背景
下，宋徽宗对道教的崇拜正是"急剧升温阶段"③，而《毗卢大
藏》是佛家大藏，依据当时朝廷一再打击佛教、扶植道教的情况
推测，朝廷可能会下令暂停《毗卢大藏》的雕刻，集中所有的人
力、物力来开雕《万寿道藏》，所以只用了不到三年的时间便完
成了这项巨大的工程。而《毗卢大藏》却直到宋高宗绍兴年间才
全部刻成。

　　除了以上三点原因，《万寿道藏》的迅速刻成也与监雕官黄
裳有十分重要的关系。

　　黄裳（1044—1130）④，福建延平（今福建南平）人，字冕
仲，自号紫玄翁。自幼刻苦读书，"为书生时，常有魁天下之

---

　　①　谢水顺、李珽：《福建古代刻书》，第 65 页。

　　②　张丽娟、程有庆：《宋本》，任继愈主编：《中国版本文化丛书》，江
苏古籍出版社 2002 年，第 15 页。

　　③　汪圣铎：《宋代政教关系研究》，人民出版社 2010 年，第 153 页。

　　④　马里扬：《黄裳与陈师锡生卒年考》，《文献》2007 年第 3 期。

志"①。后中元丰五年（1082）状元，官至端明殿学士、礼部尚书，有《演山先生文集》六十卷传世。关于黄裳的生平、诗作、交游等方面，学术界已有一定的研究②，但对其道家思想以及这种思想与他主持雕版《万寿道藏》的关系讨论尚少。

黄裳与道家的渊源很深，这从他的号即可看出。黄裳自号"紫玄翁"，单从字面上便可知此号与道家的密切关系。其文集名为《演山集》，也是因为相传演容避晋乱炼丹在演峰之上以及"自古善言阴阳者及今日事，皆如其说"③ 而命名的，也与道家学说关系紧密。

黄裳终其一生也没做过高官，虽然也曾担任过像侍郎、尚书这一类的品阶不算低的官，但在宋代，这些官职都是虚职，是不管事的。虽然黄裳常常在诗文中吐露不想做官的思想，但他最终没有辞官归隐，"身计苟未适，安能为道谋"④，还是先解决好日常所需，然后再作归隐道山的打算。在宋代，中状元者一般升迁很快，官至宰相者大有人在，而黄裳却仕途平平，这与他自身浓厚的道家清静无为的思想有很大关系。当然，他也并不是完全追求无为，从他诗文"俱骨力坚劲，不为委靡之音"的风格，也可

---

① ［宋］祝穆撰、祝洙增订，施和金点校：《方舆胜览》卷一二，中华书局 2003 年，第 205 页。

② 参见赵荣凤：《黄裳其人其诗》，《贵州大学学报》（社会科学版）2007 年第 4 期；马里扬：《黄裳与陈师锡生卒年考》，《文献》2007 年第 3 期；马里扬：《宋人事迹考证五则——以黄裳交游为中心》，《中国典籍与文化》2010 年第 4 期。

③ ［宋］黄裳：《演山先生文集·自序》，《宋集珍本丛刊》第 24 册，线装书局 2004 年，第 672—673 页。

④ ［宋］黄裳：《演山先生文集》卷一《寄题存心堂因简正仲运使》，《宋集珍本丛刊》第 24 册，第 688 页。

看出他"亦伉直有守之士"①。例如在蔡攸欲推行太学舍法时，黄裳认为此法弊端百出，是不宜推行的，于是他不惜得罪当时宰执而公然上书宋徽宗，认为此法"宜近不宜远，宜少不宜老，宜富不宜贫。不若遵祖宗旧章，以科举取士"②。朝廷虽然没听从黄裳的建议，但因后来推行此法的过程中确实遇到了很多麻烦，不久便罢去了。这是黄裳在朝为官时所做的最为人称道的事。

由于蔡京等人的擅权，朝政腐败，黄裳由京官请求外任。虽然朝廷把他留为礼部尚书，但他还是向朝廷请求允许他到地方做官。③ 先后知青州、庐州、郓州，后因其热衷于道家思想的无为而治，"以言者论其目昏不事事"④ 而命其做提举杭州洞霄宫的闲差，但他对道教事业尽心竭力。《万寿道藏》的雕版正是在黄裳任福州知州期间完成的，作为监雕官员，身为福建人的黄裳不仅熟知福州地区的雕版情况，并且他本身也是位拥有浓厚道教思想的人，这些都极有利于他主持《万寿道藏》的雕版工作。

三、黄裳对《万寿道藏》雕版的贡献

黄裳"自少年已慕清修之道"⑤，"未第时，尝作《游仙传》

---

① ［清］永瑢：《四库全书总目》卷一五五，中华书局 1965 年，第 1336 页。

② ［宋］吴曾：《能改斋漫录》卷一三《罢舍法卒如黄裳言》，上海古籍出版社 1979 年，第 382 页。

③ ［宋］程瑀：《黄裳神道碑》，《宋集珍本丛刊》第 25 册《演山先生文集·附录》，第 190 页。

④ ［清］徐松辑：《宋会要辑稿·职官》（六八），中华书局 1957 年，第 3914 页。

⑤ ［宋］黄玠：《演山先生文集·题跋》，《宋集珍本丛刊》第 25 册《演山先生文集·附录》，第 193 页。

于京师，神宗览而爱之"①。年轻时候曾有过"寓居阆仙洞者十馀载"②的经历，年长时所作诗文更是常常引用道家术语。如《演山先生文集》卷一《湖上间赋》："名字人不知，闲藏洞霄吏。"卷二《陪会稽太守游鉴湖会于禹祠之下》："去探禹冗升稽山，语笑相逢洞天上。"《送延平太守》："霁色还宫影高下，蓬莱幻化俄顷生。"卷三《送骆君归隐庐阜》："况是天台掌仙箓，炼矿成金石龙谷。"卷四《鸿雁渚》："看破眼前人与物，紫玄翁在小桥东。"卷五《通道瓢吟》："青衣为我折幽芳，待插陶巾访真侣。"卷六《赠吕梦得》："香药一炉经一卷，红尘应是懒回头。"卷七《还乡有感》："不向洞霄归未得，此宫犹是地行仙。"《江下山居》："海门有信蓬莱近，丹室无尘宇宙宽。"卷八《赠张太保》："不妨林下权寻药，未可云中便买山。"卷九《道中有作呈崔风子》："有分寻真英雄难，蓬莱诗句请君看。双轮辗出三清路，二气烧成几转丹。"卷十《延平阁闲望十首》："百花岩上人长在，谁识神仙指顾中。"卷十一《游吴有作五首》："俸人未辞聊助道，客来多避为忘机。"卷十二《春日有感》："桃李娇春总不知，风情惟与道相宜。"卷十四《鄂州白云阁记》："若将为我拥黄鹤、乘清风、脱万累而超六合也。"这样的诗词文句在《演山先生文集》中举不胜举。黄裳在其诗文中往往引用道教的仙名人物如"真人""仙翁""道人"之类，又时而引用修炼术语如"金丹""丹砂""餐霞"等，也有引用道教宫观的名字如"蓬莱宫""九仙山""紫泽观"之类，又或者引用道教经典如《老子》《庄子》

① 〔清〕陆心源：《宋史翼》卷二六《黄裳传》，文海出版社 1980 年，第 1131 页。

② 〔清〕嵇曾筠：《浙江通志》卷一九五《寓贤下》，《影印文津阁四库全书》本，商务印书馆 2005 年，第 393 页。

《黄庭》等等。这些充分反映了黄裳渴望辞官归隐炼丹成仙的思想，使其作品在迷离变幻中有一种清幽与古朴的色调，"而这一色调依旧与道教存在着不解之缘"①。到了晚年，黄裳对炼丹术十分痴迷，病重时"喻诸子曰：'我死以大缸一枚坐之，复以大缸覆之，用铁线上下管定，赤石脂固缝，置之穴中足矣'"②。黄裳对道教的崇拜可谓如痴如醉。

笔者认为，黄裳对道教的钟爱之心和对道教原理的深刻理解，乃是宋徽宗派他监雕《道藏》的原因之一。另外一种原因，早在宋徽宗刚即位不久，黄裳便上书皇帝："黄裳言：'南郊大驾诸名物，除用典故制号外，馀因时事取名。伏见近者玺授元符，茅山之上日有重轮，太上老君眉间发红光，武夷君庙有仙鹤，臣请制为旗号，曰宝符，曰重轮，曰祥光，曰瑞鹤。'从之。"③

此时徽宗刚即位，还没有展开对道教的大规模崇拜，黄裳的上书自然谈不上对徽宗的阿谀奉承，它所体现的是黄裳本人替朝廷留意道教，所上书也在宋朝统治者对道教的重视程度之内，自然被朝廷所接受。而正是这道奏疏，使宋徽宗把喜好道教的黄裳记在心中，后来便让其监雕《道藏》。

黄裳是政和四年（1114）担任福州知州的，刚上任便向朝廷"奏请建飞天法藏，藏天下道书，总五百四十函"④。可知在政和四年，全藏已经初步搜集、校勘完毕，原稿最初藏在黄裳主持建

① 詹石窗：《论道教对宋诗的影响》，陈鼓应主编：《道家文化研究》第九辑，上海古籍出版社 1996 年，第 378 页。

② ［明］陆楫辑：《古今说海·说略部》三二《拊掌录》，上海文艺出版社 1989 年。

③ ［元］脱脱等：《宋史》卷一四八《仪卫六》，第 3462 页。

④ ［宋］梁克家撰，李勇先校点：《淳熙三山志》卷三八《道观》，《宋元珍稀地方志丛刊》甲编第七册，四川大学出版社 2007 年，第 1599 页。

造的飞天法藏内。而要雕版540函的《道藏》绝非易事，雕刻过程中会遇到很多麻烦，这就要考验黄裳对各方面的协调能力了。黄裳的优势是既是福建本地人，对当地的风土人情比较了解，又是深受道教思想影响的人，自然会竭尽全力办好这件事。

在黄裳任福州知州满一任后，《道藏》雕版的工作还在进行中，朝廷下令让他连任，这表明朝廷对黄裳在监雕《道藏》时所做工作是认可的。最终黄裳以最短的时间出色地完成了这项艰巨的任务，把雕版运到京师，印出数部分藏各地。后来该版在金兵攻破开封时被毁坏一部分，残版被金人带走。南宋时，朝廷又派人把保留完整的《万寿道藏》运到临安抄写数部。

综上所述，宋徽宗政和年间在福州雕版的《万寿道藏》，作为中国历史上第一部完全雕版的《道藏》，不仅在当时是一件盛大的工程，即使后世所修的几部《道藏》也很难望其项背。《万寿道藏》在福州的雕版，自然与时任知州兼监雕官的黄裳紧密相连。黄裳对道教的冷静崇拜，既不为世俗所累，又不累世俗的道教态度，再加上他的原籍就在福建，使他成为监雕《万寿道藏》的最佳人选。最终，他以惊人的速度完成了这部令人瞩目的《道藏》的雕版。

原载于《闽江学院学报》2014年第3期

抽象与世俗：建本《西游记》插图的文本接受

乔光辉

现存建阳地域刊刻的《西游记》插图本有四种：杨闽斋本，《古本小说集成》第四辑与《明清善本小说丛刊》第五辑影印；闽斋堂本，此本 2006 年日本学者矶部彰根据庆应义塾大学图书馆本影印赠送学界友人，闽斋堂本插图基本沿袭杨闽斋本而略有变化；朱鼎臣本，全名《唐三藏西游释厄传》，《古本小说集成》第二辑与《明清善本小说丛刊》第五辑均予以影印；杨致和本，全名《新锲唐三藏出身全传》，《古本小说集成》第三辑影印。由于插图的存在，插图与文本间发生了互动，插图本较之单纯文字本便产生了意义的增殖。插图本的独特价值很大程度上是由插图而导致的文本增殖，这种增殖无疑限制了小说传播的对象、范围。笔者即以明刊四种《西游记》插图本为例，剖析建阳地域刊本《西游记》插图之于文本的接受。

一、象征与示意：建本《西游记》插图的艺术表达

现存《西游记》插图本中，建本以插图数量多见称。其中，杨闽斋本共有插图 1239 幅，朱鼎臣本 556 幅，杨致和本 293 幅，闽斋堂本 1246 幅；其图式均为上图下文，人物与背景简单，仅

初具特征，模式化痕迹突出。深入考察建本插图与《西游记》文本之关系，即可发现建本插图试图以示意与象征来阐释《西游记》文本的精神。这主要表现在以一代多的艺术手法、依题作图的绘制方式、变相"双页连式"插图、时空表达的会意、人物局部特征的强化以及程式化的构图模式诸方面，兹略述之。

建本《西游记》插图惯于使用"以一代多"的构图手法。建本《西游记》插图相对于《西游记》的文本描述而言，并非亦步亦趋。由于受到插图画面空间的限制，也难以完全照搬文本情节。因而，建本插图对文本内容采取了简洁化处理方式。绘工所追求的是，如何在简约的绘图中张扬作品的神韵。插图经常采取"以一代多"的虚拟化处理方式。如第二十五回文本叙述观音讲经："见观音在紫竹林中与诸天大神、木吒、龙女，讲经说法。"(71册)① 图1插图"普陀岩上观音讲经"即绘此情节。但是，插图只绘出一神（疑为木吒）和观音，不见其他诸神；讲经的环境"紫竹林"在插图中也压根看不出，且观音的"莲花宝座"也仅为一块岩石或木墩；更为重要的是，观音并非双足结跏趺而坐，其身体倾斜，尚有一足露出，显得极为不雅。图2为文本第二十八回"众猴叩头参见大圣"的情景插图，插图只见一猴，"众猴叩头"的宏大场面也没有得到表现。翻阅全本插图，凡"群猴拜见大圣"插图一律绘作"一猴参见"（如三十回"众猴参见齐天大圣"图亦如此）。由此可见，绘工并非不了解文本情节，但是，在狭小的空间中绘出"诸神"与"众猴"，的确是一件费神的事情，况且有了画稿之后，还需要刻工的雕版，将绘图转刻于图版需要刻工高超的技艺，因此绘工（刻工）便采取了"以一代多"

---

① ［明］吴承恩：《西游记》（杨闽斋本），《古本小说集成》第四辑，上海古籍出版社1991年，第229页。

的虚拟化处理方式。不仅杨闽斋本插图如此，在其他建本插图
中，所绘人物也一般不超过三个。

图 1　《鼎镌京本全像西游记》第二十六回插图，
摘自《古本小说集成》第四辑第 71 册 292 页

图 2　《鼎镌京本全像西游记》二十八回插图，
摘自《古本小说集成》第四辑第 71 册第 343 页

　　建本《西游记》采用"依题作图"的程式化绘图方式，必然
导致图文冲突。从插图绘制过程来看，插图并非完全根据文本而
创作，而是先由文本提取故事大意，再由绘工根据总结出来的文
本大意即"标目"或"图题"绘制插图，因而插图的程式化、模
式化痕迹很明显。仔细阅读插图与文本，即可以发现建本插图绘
工并没有细读文本，插图的描绘与文本描述多处不符。如图 3 插
图图题为"行者登途，唐僧投宿"，插图下面的文本描述内容与

图题并不吻合，文本叙述了唐僧师徒二人遇到了一名叫高才的人，行者与他问讯。而插图上画的却是唐僧与一位老者坐在屋中叙话。这一情景当发生在唐僧师徒来到高老庄之后，插图在情节的展现上出现了时间上的倒错。再如图4"太宗登坛拜佛拈香"插图，文本叙述："却说太宗就与众文武一齐登坛礼拜，拈香参了佛祖，拜了罗汉。"① 但画面太宗跪在一僧面前，给人的感觉是拜僧，佛祖、罗汉等俱不见及。而另一"玄奘递榜，榜谕孤魂"插图，文本描述是："玄奘法师引众僧罗拜唐王，礼毕，各安禅

图3　朱鼎臣本《唐三藏西游释厄传》卷八插图，
摘自《明清善本小说丛刊初编》第五辑

图4　朱鼎臣本《唐三藏西游释厄传》卷六插图，
摘自《明清善本小说丛刊初编》第五辑

① ［明］吴承恩：《唐三藏西游释厄传》（朱鼎臣本），《明清善本小说丛刊初编》第五辑，天一出版社1985年，第138页。

位。法师献上《济孤榜文》，递与太宗观看，太宗就当案宣读……"①
也就是说，宣读榜文的是太宗，但是插图画面所示偏偏是玄奘。
又如图 5 "行者假公主见魔王"插图，原文说孙行者扮作假公主
哄骗妖怪的内丹，而且公主是哭哭啼啼的，但插图上公主不但没
有哭哭啼啼，反而面带微笑，仔细阅读本回中的公主形象，插图
中的公主均面带微笑，公主模式化的微笑表明绘工没有阅读文
本。图 5 "八戒芭蕉树下开井"插图，文本多次强调："八戒用嘴
一拱，拱了有三四尺深。"（第二册）② 而本插图中八戒却是用耙
子在掘，原文本的韵趣顿失。以上所列举的插图与文本并不相符
的情况在建本《西游记》插图本中比比皆是。笔者起初很是纳
闷，为何绘工对于文本的描写视而不见呢？再一思考，由于上图
下文图式，使得插图绘制总量很大，有的多达上千幅，绘工无法
一一细读文本，只能抽取出本页文本的情节大意，再根据情节大
意绘图。如高老庄收伏八戒的故事，朱本共从文本中抽取了"行
者登途，唐僧投宿""高才寻师，途遇三藏""高老说妖，行者往
看""行者变妇，猪精来戏""闻请大圣，猪妖惊走""齐天大圣，
大战妖精""高老下拜，乞除灭妖""猪妖愿降，行者带见""三
藏准降，取名八戒"等九句话来概括文本大意，绘工再根据这九
句"图题"创绘出九幅插图，也就是说，插图与文本之间隔了一
层。这样就造成了插图与文本之间并非一一吻合的现象。如图 5
"天鸡公收众蛇蝎"插图中，据原文本描述，当为鸡公收蝎子精。
正是因为依题作图的缘故，绘工仅在插图中画了一条蛇以及一只
四条腿模样的动物，却找不到一只蝎子。但是，绘工却完成了

① ［明］吴承恩：《唐三藏西游释厄传》（朱鼎臣本），第 139 页。
② ［明］吴承恩：《鼎镌京本全像西游记》（杨闽斋本），《明清善本小
说丛刊初编》第五辑，天一出版社 1985 年，第 209 页。

"收众蛇蝎"的题目要求。如此命题而绘图，插图虽与图题一一
对应，但却与文本出现了矛盾与冲突，文本描述的是蝎子精而不
是蛇精。毕竟，抽象出来的故事大意虽能大致上反映出故事的进
程①，但却并不能完全反映出文本的具体细节。

图 5　杨闽斋本《鼎镌京本全像西游
　　　记》第二册插图，摘自《明清
　　　善本小说丛刊初编》第五辑

　　建本《西游记》插图中变相"双页连式"的使用也较为普
遍。上图下文的版式使插图表现空间受限，如何在有限的空间内
使插图简洁且传神，建本绘工在图式上也不断寻求变化。绘工考
虑到了相邻两幅插图的并置效果，采用上图下文的"双面连式"，
客观上将插图空间进一步扩大。如图 6"三藏昏倦，案上盹睡"
"乌鸡国王托三藏梦"是相连的两幅插图，由于两幅插图内容紧

---

　　① 汪燕岗在《古代小说插图方式之演变及意义》一文中说："何谷理
的这个论点很重要，上图下文式的插图并不能通过看图来了解故事情节的发
展，与近代的连环画不同，连环画文字简略，以画为主，画足以涵括整个故
事，古代小说则不能。"见《学术研究》2007 年第 10 期第 143 页。汪、何
二氏的失察之处在于缺乏对一个插图叙事单元的完整考察。如杨闽斋本
"高老庄收伏八戒"的故事，以插图了解故事大概是完全可行的，杨致和
本插图的叙事单元则更为明晰。也就是说，上图下文版式开启了后世连环
画之先声。

密相关，且以虚拟曲线形式将梦境与现实联系起来，虽属于两幅插图，实际效果相当于变相的"双页连式"。再如图7"行者大战黄风大王""行者变化，围打老妖"两幅插图，由于单幅插图并没有图绘出交战双方，而将两幅插图衔接起来，更容易理解插图内容，具有"双页连式"的某些特征。但是，上图下文的变相"双页连"较之于双页整幅的"双页连式"插图，时间的流动性则更为明显。如图8朱本两幅相连的插图，表达的是行者大战黑熊精的场景，因此具有"双页连式"插图的特征；其插图标题分别是"行者大战黑风妖熊"与"熊精回洞紧闭石门"，表达的却是时间前后的不同进程。由于图题的提示，插图的时间流动性更为明显。正是采用了"双页连式"版式，建本《西游记》插图在简洁的构图之中传达了更为丰富的内容。

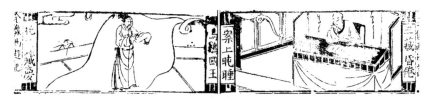

图6　杨闽斋本《西游记》第三十七回插图，
摘自《古本小说集成》第四辑第71册第414、415页

图7　杨闽斋本《西游记》第二十一回插图，
摘自《古本小说集成》第四辑第71册第226页

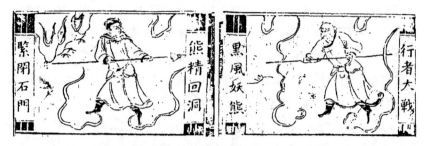

图8　朱鼎臣本《唐三藏西游释厄传》卷八插图，
摘自《明清善本小说丛刊》第五辑

　　插图时空处理方式的抽象与会意，是建本《西游记》绘工所
采用的独特的时空表达方式。由于画面扩大，苏州的李评本则经
常绘出日月星辰等具有时间标志的景象以衬托时间，空间的立体
化效果也很鲜明。相对于《西游记》李卓吾评本而言，建本插图
由于采用上图下文的图式，时间更多依靠文本交代，故插图往往
忽视时间的表达。即便有所交代，其时空处理方式也是粗线条
的，民间艺术的象征性、示意性也更为突出。建本常用的方式也
是以云朵或线条区别空间，这在建本插图中几乎成为程式化的处
理方式，如图1、7、8，无不以"云线"将空间区隔开来。第四
十八回"行者腾空，三众沉河"插图（图9第4幅），描述唐僧一
行趟冰过河，冰层破裂，"慌得孙大圣跳上空中，早把那白马落
于水内，三人尽皆脱下"（71册）[1]的瞬间情节。画面空间可分为
空中、冰面、冰下三个层次，由于画面狭窄，这种空间层次表现
不是太明显，特别是冰面以下没有得到体现。悟空的腾空而起也只
能用云线、云朵等虚拟示意，看起来并不高，悟空的神通没有得到
淋漓尽致的展示。上图下文版式的插图，严重束缚了时间与空间的
表现。

---

　　①　[明] 吴承恩：《西游记》（杨闽斋本），第552页。

　　但是，仔细观察《西游记》插图，也可以发现民间艺人对于时间表现的突破。如第四十六回叙述虎力大仙与行者斗法，虎力大仙被刽子手砍头之后，行者趁机拔下一根毫毛，"变作一条黄犬，跑入场中，把那道士人头，一口衔来，径跑到御水河边丢下不提。"（71册）①而图9"犬叼人头，虎显本相"插图即表现这一细节。图中行者与虎力大仙各自手执一刀，暗示二人比试砍头，而图中所描绘的"黄犬叼着人头而去"则是文本之后情节的内容。绘工将不同时间发生的情节置于同一插图空间中，极易产生时间的错乱。因为在同一时空中，一个人物不可能同时做两件事情。空间既已固定，时间必然变化，故事的情节便产生了连续性。正是通过同一人物如虎力大仙两次出现在同一空间中，使时间产生了抽象地流动，以暗示情节的发展。绘工通过这一抽象手法，虚拟地传达出故事时间的流动性。同一回的插图"鹰抓肠肝，死鹿现相"（图9），叙述鹿力大仙与行者斗法，鹿力大仙在梳理自己的肠肝时，行者以毫毛变作饿鹰，将其肠肝抓走。鹿力大仙便显出本相，原来是一头白毛角鹿！"鹰抓肠肝，死鹿现相"本是次第发生的情节，绘工却将其置于同一空间，抽象地表现了时间的推进。四十七回插图"厅前变作小儿跳舞"（图9），插图中出现三个人物：悟空、童男陈关保、童女一秤金，其中童男童女分别为悟空与八戒变化而成，悟空既已经变作童男陈关保，怎么还会出现图中？插图正是以同一人物的多次出现，来展示同一空间的时间变化。较之于西方莱辛的"顷刻"理论，插图当善于捕捉文本"某一瞬间"发生的事件；建本插图却将不同时间发生的故事置于同一空间，颇令人费解。由于东方绘画的散点透视，同一人物多次出现于同一空间，却能抽象地表达时间的流动，这

---

　　① ［明］吴承恩：《西游记》（杨闽斋本），第529页。

成为建本《西游记》插图表现时间的重要方法，也是民间绘工对于插图时间表现的重要突破。

图 9　杨闽斋本《西游记》第四十六回、四十七回、四十八回插图，
摘自《古本小说集成》第四辑第 71 册第 529、530、543、552 页

　　《西游记》属于神魔小说，建本插图以人物局部特征的强化来表现文本的神幻色彩。上文"以一代多"是绘工（刻工）将文本的宏大场面作简洁化处理的惯用方式，由于插图的空间限制与绘工、刻工的技术水平，建阳刊本《西游记》插图无法追求图文的精确对应，会意传神是绘工、刻工的无奈选择。如第五十一回叙述三太子哪吒与魔王交战，"那太子使出法来，将身一变，变作三头六臂，手持六般武器"（72 册）①；插图左右两侧题作"二员三头六手相杀"，但是插图中哪吒只有一个头，武器也只有"三般"，见图 10。再如，第二十一回"护教设庄留大圣，须弥灵吉定风魔"叙述行者大战黄袍怪，文本称："有千百十个行者，都是一样打扮，各执一根铁棒，把那怪围在空中。"（71 册）② 其中"千百十个行者"在插图中变作了两个行者（见图 10）。这两

①　[明] 吴承恩：《西游记》（杨闽斋本），第 584 页。
②　[明] 吴承恩：《西游记》（杨闽斋本），第 227 页。

幅插图，绘工与刻工均采用了会意的构图方法，以两个行者表现文本"千百十个行者"，哪吒形象也只作局部表现。受制于插图空间，上图下文版式无法展开宏大的插图场景，绘工尽可能将插图内容简洁化与抽象化，选择文本情节的个性特征加以刻画，追求与文本神韵的对应。如文本第四十九回叙述行者为打探师父下落，变作长脚虾婆与大肚虾婆说话，插图"长脚虾与大肚虾话"即表现这一情节（图11）。但是，文本对于长脚虾与大肚虾的外貌并没有详细描绘，插图却有效地弥补了这一不足。长脚虾拥有细长的腿，大肚虾的肚子特别宽大，两者都有长长的触须。再如"妖精与鳜婆议闭门"插图，也是对水族怪物的"鱼头"作了强化。经过插图如此描绘，虾婆、鳜婆等形象顿出！这是对原文的一种增补，可以进一步强化文本的幽默与喜剧色彩。绘图尽管简约，却恰到好处地传达出文本的神韵。

图10　杨闽斋本《西游记》第五十一、二十一回插图，
摘自《古本小说集成》第四辑第72册584页，第71册227页

图11　杨闽斋本《西游记》第四十九、五十回插图，
摘自《古本小说集成》第四辑第71册第556、561页

如前所述，导致建本《西游记》插图模式化的原因是绘工
"依题作图"的绘制方式，除此以外，底层绘工所能接受到的戏
曲舞台艺术性，也是一个重要因素。建本《西游记》插图的模式
化特征首先表现在脸谱式人物形象，其中以孙悟空和猪八戒最为
突出。在万历初期的金陵戏曲插图中，如图 12 富春堂本《香山
记》插图"鬼判助力""五殿阎罗"中已经出现牛头马面等面具
造型，此可证明脸谱在戏曲演出中的广泛使用。建阳绘工也大量
借用面具以完成人物造型。孙悟空与猪八戒贯穿文本始终的模式
化造型，即采用面具的形式。插图中悟空、八戒以及鬼使等穿着与
常人无异，但是其面部造型却有很大区别，即采用了面具形式。由
于普遍采用了面具以造型，建本《西游记》才穿梭于芸芸众生与神
魔之间，其插图才具备了神魔小说插图的某些特征。

图 12　富春堂本《香山记》"鬼判助力""五殿阎罗"插图
以及局部放大，均摘自《古本戏曲丛刊》第 2 集

除了人物的面具化之外，构图的模式化也很明显。仅以杨闽
斋本二十一至二十四回插图为例，如下图 13 分别为"师徒行路，
遇流沙河""三藏行路，遇晚借宿""八戒悔罪，再从三藏""老
妇留宿，具言招夫"四幅插图，其中第一幅与第三幅几乎没有区
别，只是悟空换成了八戒；第二幅与第四幅人物设置也极为类

似。而这四幅插图中，唐僧的坐骑白龙马造型一直没有变化，无论有人骑否，均处于奔跑的状态。而在这四幅插图中，唐僧均面无表情。笔者再以影印较为清晰的矶部彰赠本来看，图14"二童进果，三藏不受"插图再现了文本中"（二童）敲下两个果来，托在盘中径至前殿奉献，……那长老见了战战兢兢，远离三尺"①这一情节，唐僧因为害怕恐惧而不敢食用人参果。"二童失果，上殿骂僧"插图则再现了文本"两个出了园门，径来殿上，指着唐僧秽语污言，不绝口骂"②的情节。两幅插图不但背景设置基

图13　杨闽斋本《鼎镌京本全像西游记》第二册插图，
摘自《明清善本小说丛刊初编》第五辑

图14　闽斋堂本《鼎镌京本全像西游记》上册插图，
摘自矶部彰赠闽斋堂影印本

---

①　[明] 吴承恩：《鼎镌京本全像西游记》（闽斋堂本），矶部彰编赠闽斋堂影印本，第295页。

②　[明] 吴承恩：《鼎镌京本全像西游记》（闽斋堂本），第301页。

本相同，且人物位置也大同小异，唐僧无论是害怕还是被责骂，都始终面不改色。

插图背景设置的模式化是建本插图最明显的特征之一。背景设置的模式化与绘工所能接触到的戏曲演出密不可分。即戏曲演出舞台背景的模式化特征启发了绘工的插图创作。其中屏风背景的运用极为普遍，如图14以及图15"行者八戒回见师父""老妇三藏两家斗言""行者探知八戒私话"等插图，背景布置呈现出雷同化的特征。至于"妇人究问三藏来因""八戒告求行者助救""行者私与公主议计"三幅插图虽撤掉屏风，但文本所描绘的黄袍怪的洞穴与美猴王的水帘洞，在插图中却没有区别，内部的摆设也完全一致。其他如朱本、杨本模式化的插图布局也极为明显。图16"师徒说梦""行者请丹"，即将唐僧师徒所居住的馆驿与太上老君的仙宫设置为同一背景。

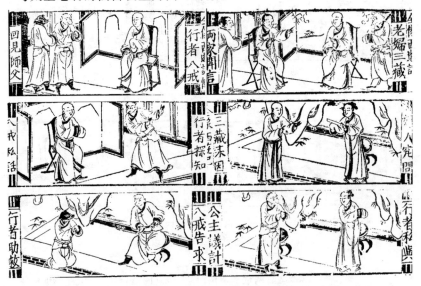

图15　杨闽斋本《鼎镌京本全像西游记》第二册插图，
摘自《明清善本小说丛刊初编》第五辑

图16　杨致和本《唐三藏出身全传》插图，
摘自《明清善本小说丛刊初编》第五辑

综上所述，受制于上图下文的插图版式，简约而传神便成为绘工所追求的目标。绘工运用多种艺术手法如依题作图、以一代多、变相式"双页连"、抽象化的时空处理、人物局部特征的强化以及程式化的插图等，在简洁的构图之中充分张扬了文本的内容。其艺术处理方式，更多体现了民间插图艺人的智慧。

二、礼节化、世俗化与建本《西游记》的插图接受

纵观建本《西游记》插图，其对《西游记》文本的接受显示出强烈的礼节化与世俗化的倾向。当然，《西游记》文本自身便洋溢着心学的影子与世俗的精神，只不过渗透于文字之中，惟细心解读，才能理解作者"求放心，致良知"的用心。与文本"游戏之中暗藏密谛"的隐约含蓄不同，插图体现着绘工以儒家礼仪改造文本的强烈主观用意；而对于文本原有的世俗精神，插图则进一步强化与加深。

先说建本《西游记》插图的泛礼节化倾向。鲁迅对于"神魔小说"的描述是："历来三教之争，都无解决，互相容受，乃曰'同源'，所谓义利邪正善恶是非真妄诸端，皆混而又析之，统之

于二元，虽无专名，谓之神魔，盖可赅括矣。"① 也就是说，"神魔小说"主要描述有关儒道释之争的虚幻故事。《西游记》文本也有崇佛抑道的强烈倾向。但是，在建本《西游记》插图中，却体现了以儒家礼仪改造文本的主观用意。打开建本插图，随处可见施礼作揖的场景。如此众多的仪礼图，正体现了绘工以儒家伦理来解释神魔小说《西游记》文本的用意。

孙悟空形象的插图表现可作为建本插图泛礼节化的形象注脚。笔者以矶部彰所赠的闽斋堂本为据统计，该本涉及描绘孙悟空跪拜图的共有 24 幅，分别是"祖师询问美猴姓氏"（第一回第38 页）、"悟空详问长生秘诀"（第二回第 42 页）、"祖师暗谜悟空打破"（第二回第 43 页）、"悟空榻前乞传秘道"（第二回第 44页）、"祖师口授悟空秘诀"第二回第 45 页）、"悟空变松惊动祖师"（第二回第 46 页）、"老猴跪拜三藏为徒"（第十四回第 174页）、"行者涧边迎接观音"（第十五回第 189 页）、"行者辞三藏去求方"（第二十六回第 316 页）、"大神引行者见观音"（第二十七回第 323 页）、"大仙行者结拜兄弟"（第二十七回第 326 页）、"悟空诉苦三藏前去"（第二十七回第 333 页）、"三藏写贬书逐行者"（第二十七回第 337 页）、"三藏怒责行者回家"（第五十七回第 22 页）、"观音送行者见三藏"（第五十八回第 45 页）、佛祖指引行者交战（第六十六回第 142 页）、"观音见行者取金犼"（第七十一回第 212 页）、"行者参见如来诉苦"（第七十七回第 293页）、"行者见帝请旨降雨"（第八十七回第 424 页）、"行者禀过三藏传教"（第八十八回第 442 页）、"四众殿上参拜佛祖"（第九十八回第 572 页）、"四众再拜如来求经"（第九十八回第 577 页）、"如来受职四众谢恩"（第一百回第 601 页）。纵观 24 幅孙行者跪

---

① 鲁迅：《中国小说史略》，上海古籍出版社 1998 年，第 104 页。

拜图，其中 11 幅与文本描写的跪拜相符，即文本有明确的描写悟空下跪的文字，而插图也描绘了跪拜的场景；馀下 13 幅与文本描述不符，即文本并没有描写孙行者跪拜，但是绘工对文本加以扭曲，绘工强行让行者行跪拜礼，这正是绘工对文本的一种改写。据此可推知，建本《西游记》中层见叠出的施礼作揖插图，有一半以上是绘工的合理想象与加工，还有一些施礼作揖动作，在文本中并不重要，但是在插图中得到了进一步的强化。绘工如此绘图，夹杂着一种先入为主的成见，即无论何方神魔，都当遵守儒家的仪礼制度。这体现了绘工试图以儒家伦理改造神魔小说《西游记》的主观用意。

　　研读具体插图，即可解读插图对于文本中美猴王形象的儒家改造策略。如图 17 "行者辞三藏去求方"插图，叙述行者告别三藏求方医树，文本叙说："好猴王，急纵筋斗云，别了五庄观，径上东洋大海。"① 所谓"行者跪拜三藏"在文本中根本找不到此类文字，只是绘工基于文本的一种"合理"加工与想象。而沉重繁琐的礼节与"好猴王，急纵筋斗云"的轻灵形成强烈对比，其目的是要把"妖猴"改造为颇知礼仪的"儒猴"。图 17 "行者涧边迎接菩萨"插图，原文本描述为："那菩萨与揭谛不多时到了蛇盘山，却在那半空里留住祥云，低头观看……行者闻得，急纵云跳到空中，对他大叫道：'你这个七佛之师，慈悲的教主！你怎么生方法儿害我！'"② 也就是说，文本中行者对观音非常不满，急于发泄，并与观音菩萨对峙于空中，并非插图所描绘的那样屈膝拜迎、唯唯诺诺。但是杨闽斋以及后来的闽斋堂本将世德堂刊

---

① [明] 吴承恩：《鼎镌京本全像西游记》（闽斋堂本），第 316 页。
② [明] 吴承恩著，黄素秋注，李洪甫校：《西游记》，人民文学出版社 2010 年，第 184 页。

本中"对他大叫道"改为"对他礼拜大叫道"，改动显得生硬牵强，倒是与插图发生了联系。无论闽斋堂是因图而改抑或是其他原因，绘工有意识寻求文本中的礼节因素，并片面抽取而绘为插图，其主观用意极为明显，那就是，绘工的插图客观上将文本中的野蛮"妖猴"改造成戴着猴头面具的儒家礼义君子了！

图 17　闽斋堂本《西游记》插图，摘自矶部彰赠本第 189、316 页

再看图 18 "三藏问老者借歇宿"插图，图中所描绘的是三藏师徒二人借宿之景。根据文本的描述，老者因行者相貌凶恶而害怕，继而发生争执，遑论行者向老者施礼作揖了；而图中的行者立于师父身后，合掌礼拜，文质彬彬，宛如一位戴着猴头面具的儒生。这种改编在建本《西游记》中几成模式化复制。绘工将文本的细节扭曲，将桀骜不驯的行者塑造成为颇执礼仪的"儒猴"，但诚如行者自言："老孙自小儿做好汉，不晓得拜人，就是见了玉皇大帝、太上老君，我也只是唱个喏便罢了。"① 绘工的插图改造，抹杀了行者的自由个性，淡化了文本对悟空性格的塑造。图 18 "行者撇三藏回东去"插图，描绘了悟空在杀了六个盗贼后，受不得三藏絮叨，撇下师父回东而去时的情景。原文道："三藏急抬头，早已不见，只闻得呼的一声，回东而去。"（第一册）② 悟空纵身一跃便不见踪影。而插图之中，悟空将去时仍回头看

① ［明］吴承恩著，黄素秋注，李洪甫校：《西游记》，第 190 页。
② ［明］吴承恩：《鼎镌京本全像西游记》（杨闽斋本），第 179 页。

师父，充满着留恋之情。这体现出绘工试图以儒家伦理改造文本的强烈意向，如此描绘，孙悟空便由"泼猴""妖猴"走向"儒猴"了。

图18　杨闽斋本《西游记》第一册插图，摘自《明清善本小说丛刊初编》第五辑

　　除了孙悟空形象外，绘工还尽可能以儒家礼仪规范修饰、改写文本之间人物关系，并以插图的形式加以强化。如图19"行者允擒妖精还女"插图，文本提到了"行者见请，遂进坐下"（第一册）①，下文对三人的位置与状态只字未提，内容都是高老讲述妖怪之事。但是绘工的插图宾主分明，唐僧居于上座，高老居下座，行者在身边侍候。这种改动，突出了师徒有别，也强化了儒家仪礼规范。即便在唐僧师徒到了西天，拜见佛祖，如图20杨致和本"师徒拜佛"插图，佛祖端坐于案桌之后，行者等跪拜案桌之前。其中佛祖蓄有须发，宛若一长者；而背景设置为厅堂，

图19　杨闽斋本《西游记》第一册　　图20　杨致和本《唐三藏出生全传》
　　　　插图，摘自《明清善本小说　　　　　　插图，摘自《明清善本小说
　　　　丛刊初编》第五辑　　　　　　　　　　丛刊初编》第五辑

①　［明］吴承恩：《鼎镌京本全像西游记》（杨闽斋本），第216页。

一如儒家官吏处理政务之所。画面所展示的背景与人物关系也完全遵循儒家伦理规范。

绘工通过插图的礼仪位置设置，传达了自己的立场，寄予了对人物的褒贬，这主要体现在宴会情节。传统宴会以左为尊，如图 21"玉皇会众仙宴如来"插图，虽然玉皇请客，但主角是如来，玉皇居其左，太上老君居其右。小说文本没有详细交代众神排列位序，绘工的排列源于自己的理解，即如来当在众神之首。至于涉及唐僧师徒的宴席，一般突出唐僧的重要性，如图 21 之"老者款待三藏行者"以及图 22 之"高老筵谢三位起程""二老设筵款待四众"等，唐僧均位居于左，体现了绘工对唐僧的尊重。其他如九十六回"员外请众客伴三藏"插图（杨闽斋本第六册第 74 页）、七十九回"国王大宴老人四众"插图（杨闽斋本第五册第 50 页）都以唐僧为上座。但是，图 23"三藏暗祝强饮素酒"描绘唐僧为白毛鼠精所逼而共饮素酒，唐僧居正座，白毛鼠精侧坐侍候。其绘图布局与"假牛王与女仙饮酒"图基本一致。这种男性居正座、女性陪侍的仪礼，暗示着建本绘工对女性的偏见。将此两幅插图与世德堂本同类插图（图 24）比较，即可发现在金陵插图中，牛王与女仙并坐于案桌前，唐僧也与白毛鼠精并坐，并坐即意味着地位的平等，侧坐则意味着地位的从属。由此可见，在建本插图中，绘工有意识地强化女性的附属身份，有男权中心主义的倾向，这也是传统儒家男尊女卑观念的反映。

图 21　杨闽斋本《西游记》第一册第七、十四回插图，
摘自《明清善本小说丛刊初编》第五辑

图 22　杨闽斋本《西游记》第十九、四十七回插图，
摘自《明清善本小说丛刊初编》第五辑

图 23　杨闽斋本《西游记》第八十二、六十回插图，
摘自《明清善本小说丛刊初编》第五辑

图 24　世德堂本《西游记》第六十、八十二回插图，摘自《古本小说集成》
第四辑第 68—70 册第 1534—1535、2092—2093 页

　　再说建本插图世俗化。世俗化是《西游记》文本的重要特征之一。神魔小说《西游记》虽取材于宗教，但与宗教的神秘性、超脱性有所不同，流露出浓郁的世俗化特征。世俗化与神魔小说的奇幻特征和谐交融，奇幻当中流露出世俗，亦幻亦真，两者相辅相成。但是，建本插图中的世俗性却成为消解神魔小说崇幻尚奇的重要手段。同时，在文本既有世俗性倾向的基础上，插图又进一步消解了宗教的神圣性。

　　纵观建本《西游记》插图，由于受限于上图下文的版式，绘工不能充分展开画面，对于《西游记》中上天入地等神幻内容只能采用象征、示意等虚拟化、程式化的艺术手法予以展示，同时绘工也深受传统儒教"子不语怪力乱神"与朱子理学等的影响，致使《西游记》神魔小说的玄幻特点在插图中大打折扣。建本绘工以写实的手法诠释神幻的内容，因此插图也流露出浓郁的世俗性化征。图 25"先锋捧唐僧献洞主"插图，文本叙述："（先锋）脱真身，化一阵狂风，径回路口上。见唐僧正念《心经》，被他拿住，驾长风摄将去了。"[1] 文本的描述充满着奇幻的色彩；文本的"摄"变为插图图题的"捧"，插图画面实际所绘则是虎先锋"驾"着唐僧。朱本插图倒是更为实在，如图 25"虎脱真身活擒三藏"插图，原文本中的"摄""捧"等神魔小说特有的奇幻性动词，朱本插图径改为"擒"，便成了历史演义、英雄传奇小说的常用动词了。绘工"子不绘怪力乱神"，文本超现实的奇幻描写被绘工写实化。其他如图 25"三众再被三魔捉住""唐僧被妖摄入洞中"等插图，文本描写都充满着神话色彩，但插图中均采用了写实手法，所谓唐僧被妖魔所捉，便成为唐僧为妖魔绑架。将神奇虚幻的文本描写坐实，是建本《西游记》插图常用的手

------

　　① 　[明] 吴承恩：《鼎镌京本全像西游记》（闽斋堂本），第 250 页。

图 25　①②③，闽斋堂本《西游记》第二十、七十七、八十五回插图，
　　　　摘自矶部彰赠本；④，朱鼎臣《唐三藏西游释厄传》卷八插图，
　　　　摘自《明清善本小说丛刊初编》第五辑

法，几乎变成程式化的模式。

　　将建本插图与苏州李卓吾评本插图比较，即可进一步理解建
本插图的写实性特征。图 26 为李评本"心猿获宝伏邪魔"插图，
文本描述："那妖抵敌不住，纵风云往南逃走。八戒、沙僧紧紧
赶来。大圣见了，急纵云跳在空中，解下净瓶，罩定老魔……。"
（第二册）①绘工即抓住了这一瞬间，将这一瞬间的故事予以定
型，画面展示了空中打斗的动态过程。相比较而言，杨闽斋本插
图无法展示空中发生的场景，受制于画面空间，杨本只能以线条
象征空中打斗。"三众得胜打死妖精"插图画面中，"三众"也只
绘出行者一人，人物动作也停留在"摆姿势"的虚拟化演示层
面，更多地依靠读者的想象予以完成。神魔小说以奇幻见长，如

────────────

　　①　[明]吴承恩：《鼎镌京本全像西游记》（杨闽斋本），第 177 页。

图 26　李卓吾评本（左）与杨闽斋本（右）第三十五回插图，
摘自《明清善本小说丛刊初编》第五辑

以虚拟化的舞台动作演绎文本内容，神魔小说的神幻内容难以充
分展开，神魔小说的魔幻色彩也被绘工改写为写实人生。

　　如上所述，建本绘工以现实人生描绘神仙鬼怪，借助于舞台
艺术的虚拟化动作完成对神幻内容的描绘，将神幻改写为世俗人
生，以现实生活描绘玄幻内容，其客观效果是将神魔小说世情
化。在建本绘工那里，神魔小说与英雄传奇、历史演义等其他小
说没有本质的区别。在朱子理学影响深远的建阳地区，"子不语
怪力乱神"影响着绘工的插图创作，插图将神魔小说的奇幻色彩
理学化、写实化，神幻色彩为世俗人生替代。

　　建本《西游记》插图的世俗化特征还表现在对宗教人物的世
俗图绘方面，某种意义上进一步强化了原文本的世俗性色彩。

《西游记》文本中的主要人物唐三藏，建本插图对于他的描绘也充满着世俗化的色彩。图27是杨闽斋与闽斋堂本第五十五回唐僧与蝎子精约会的插图对比，由于绘工采取了写实的绘图方法，"路傍女怪摄去三藏"插图中，女怪的神通依靠虚拟化的线条加以传达，画面只绘出女怪架着唐僧的动作。"女妖唤出女童掌烛"插图则描绘成唐僧与女妖的亲昵行为，至于"女妖引三藏床上坐"插图则更为直接展示了唐僧与女妖的近距离接触。在深受理学影响的建阳地区，男女授受不亲的思想对下层绘工有着根深蒂固的影响。如此大胆刻画唐僧与女性的亲昵举止，绘工自有其主观立场，即以下层民众的世俗观点解读唐僧。因此，唐僧佛门弟子的神圣性被解构，唐僧也变为一个有情欲的世俗化的唐僧。

图27　矶部彰赠本（左）与杨闽斋本（右）第五十五回插图对比

　　将金陵世德堂本、苏州李卓吾评本的插图与上述建本插图作比较，即可以看出在塑造唐僧与女妖关系上，金陵插图与苏州插图均有所顾忌，两者均着意将唐僧塑造为一个圣僧形象。如图28李评本插图中的唐僧显得忧郁，对女妖的挑逗不予理睬，而不是如建本那样施礼作揖，积极配合；世德堂本中的唐僧正在劝女妖吃下由行者变幻成的桃子，画面中的唐僧显得严肃而心有旁骛。在金陵、苏州的《西游记》插图中，唐僧形象与文本基本保持一致，即不为女色所动。但是在建本插图中，唐僧与女妖极为亲昵。建本插图如此刻画唐僧形象，无疑消解了原文本中佛教徒的神圣性。

图28　李卓吾评本（上）与世德堂本（下）《西游记》第五十五回插图对比，摘自《明清善本小说丛刊初编》第五辑

　　将宗教世俗化是建本插图一以贯之的策略。建本插图体现了建阳地区绘工对宗教的接受，其中佛教人物造型的儒士化、道士化特征极为明显。以如来形象为例说明，上文所列举的图20杨致和本《唐三藏出生全传》"师徒拜佛"插图之如来形象，画面公堂的背景设置与人物的胡须等，都充满着儒家和道家的色彩，这体现出下层绘工对于如来形象的接受。无独有偶，在图29朱鼎臣本"如来转寺玉皇扳留"插图中，中坐者如来，左侍者玉皇，如来须发皆具，施拳作揖，穿戴亦如道士装束，而其背景的厅堂设置也一如杨本，如来的"道士化"、世俗化特征便更为明晰。再如图30杨闽斋本"王母奉仙桃与如来"插图，如来身穿儒服，施礼也并非双手合十，而是完全呈儒生模样。杨闽斋、杨致和、朱鼎臣本《西游记》插图中如出一辙的佛教人物造型，反

图29　李卓吾评本（左）第八回与朱鼎臣本（右）卷三插图对比，
摘自《明清善本小说丛刊初编》第五辑

映了绘工对于佛教的陌生。相反，在李评本插图中，佛教人物均神圣而庄严，如图 29 李卓吾评本第 8 回"我佛造经传极乐"插图，如来的形象远非建本的世俗性插图可比。

图 30　杨闽斋本《鼎镌京本全像西游记》第一册、第二册插图，
摘自《明清善本小说丛刊初编》第五辑

对于《西游记》文本中的儒道释三教之争，绘工并没有真正理解。图 30"观音至观中见大仙"插图，描绘了观音前去救治镇元大仙的人参果树场景。文本与之对应的叙述是："忽见孙大圣按落云头，叫道：'菩萨来了！快接快接。'慌得那福寿星与镇元子共三藏师徒一起迎出宝殿。菩萨才住了祥云，先与镇元子陪了话；后与三星作礼。礼毕上座。"（第二册）①文本说得很清楚，由于菩萨地位远比镇元子要尊贵，所以镇元子等要"迎出宝殿"，菩萨也要"礼毕上座"。但是插图的描绘却是观音主动拜见镇元子，镇元大仙居于图左，其地位要比观音更为尊贵。也就是说，《西游记》文本中的崇佛意识在插图中被解构。在建阳地域的底层绘工看来，佛教、道教、儒教的区别并不明显，绘工更多的是以儒教与道家因素解读佛教。这正是插图将文本世俗化改造的体现。

综上所述，建本《西游记》中繁复出现的礼节化插图正是绘工以儒家仪礼改造原文本的反映，而其以写实表达神幻、以世俗解读佛教，均体现了建阳地区下层民众对于《西游记》的接受。诚如葛兆光所言："图像资料的意义并不仅仅限于'辅助'文字

---

① ［明］吴承恩：《鼎镌京本全像西游记》（杨闽斋本），第 71 页。

文献，也不仅仅局限于被用作'图说历史'的插图，当然更不仅仅是艺术史的课题，而是蕴涵着某种有意识的选择、设计和构想，隐藏了历史、价值和观念。"① 建本《西游记》插图，正是明后期建阳地区民众价值与观念的体现，是特定时期民众解读《西游记》的生动注释与活化石。

原载于《东南大学学报》(哲学社会科学版) 2013 年第 1 期

---

① 葛兆光：《思想史研究视野中的图像》，《中国社会科学》2002 年第 2 期。

《酬世锦囊》与民间日用礼书

杨 华

闽西四堡地区是清代著名的坊刻中心，以坊号众多、刻印量大、行销广泛著称。在四堡刻印的众多"汀版"图书中，日用类书占很大一部分，例如，《不求人》（《万事不求人》）、《万宝全书》《人家日用》《传家宝》《通天晓》之类。其中有一部分书籍，与日常生活礼仪活动直接相关，被称为"酬世"或"应酬"类文本，也可以称为"民间日用礼书"。本文试图以《酬世锦囊》为线索对之加以讨论。

一、《酬世锦囊》的版本源流

《酬世锦囊》是一部以日用应酬为主要内容的民间类书。对其著者和版本源流，不少学者已有初步研究。

日本学者仁井田陞最早注意到此书，并将其与《万宝全书》并称，引用其中史料进行明清社会经济史的研究。他根据其第二集《家礼纂要》中的"闽中""吾闽""闽人"等字眼，最早判断该书与福建有关。他指出，此书存在两个版本：一是《酬世锦囊全集》，光绪二十六年（1900）刊本，全书四集六册，署谢梅林、邹可庭定，邹景扬辑，书前有乾隆三十六（1771）序；二是《酬世锦囊全书》，全书四集八册，署谢梅林、邹可庭辑，邹景扬订正，序文年代是乾隆庚戌年（即乾隆五十五年，1790年），刊年不详。[①] 书中序言，只能表明该书最初编辑的成书时间，而今天所见实物，无疑都是被多次翻刻之后的结果。

其后，今堀诚二继续了仁井田陞的研究，他说："笔者从仁井田博士处获准借阅了两种版本的《锦囊》，分别是博古堂版和炼石斋书局本。"也就是说，他看到了仁井田陞的上述两个版本，然后，"因博士的帮助有幸又入手了其他若干的版本"。据之，他将该书的流传谱系，归纳为四大系列[②]：

> 第一种是邹可庭所作的原始刊本，第二种是邹景扬编辑的新辑本，第三种是友于堂版一系的通行本，第四种则是乾隆末年博古堂印刷发行的异本。

他认为，该书的原始祖本是由邹可庭与谢梅林编印的，"邹梧冈有编印《锦囊》一类书籍的成果，其相关的资料也大都收在不久后的《酬世锦囊》中，但实际成书并进行印制方面的工作，则是邹可庭和谢梅林两人共同的成绩"。不过，他也承认，"原始刊本已无法见到"，根据第二集《家礼纂要》卷七中所收邹景扬《家大人可庭公六十初度征诗文行实》，他只能判断，"原始刊本无疑

----

① 仁井田陞：《中国法制史研究（奴隶农奴法·家庭村落法）》（《中國法制史研究（奴隸農奴法·家庭村落法）》），东京大学出版会1962年，第748页注4，第825页注7、8。

② 今堀诚二：《中国封建社会的构成》第三部（《中國封建社會の構成》第三部），日本劲草书房1991年，第535—548页。以下引用其观点均出自该书，不另作注。此处内容，即出自今堀诚二《关于酬世锦囊的版本》一文，载《岩井博士古稀纪念论文集》，该事业会1963年。

是在乾隆三十八年以前出版的"。

后来，邹景扬于乾隆三十六年（1771）作了一个新辑本。这应当就是上文仁井田陞看到的第一种版本，也就是此后各种流行本的源头。正如今堀诚二所说，"这新辑本都有着堪称《锦囊》祖本的地位。"

乾隆五十四年（1789），江西金溪（明清时期另一坊刻中心）的友于堂为了使《酬世锦囊》便于携带，就以邹景扬的新辑本为底本，稍加修正改编，刻印了一个袖珍本。该袖珍本前缀有《重刊袖珍酬世锦囊序》，署乾隆乙酉（即乾隆五十四年）。序中还提到，新刊本不仅是为了便于携带，还修正了原文中的部分错别字。友于堂版第一集的目录上方记有"绣谷周光霁校"字，周光霁正是友于堂的主人。据今堀诚二考证，这个基于邹景扬新辑本的袖珍本，后来风行天下，在全国各地出现了一系列翻刻本（如得月楼版、联墨堂版、维经堂版等）。到了光绪年间又涌现出石印和铅印的新复制本（如鸿宝斋本、炼石斋本等），在市面上大受欢迎。这也是下文笔者要介绍的版本。

而今堀诚二所谓的"异本"，署博古堂版，应当就是上文仁井田陞看到的第二种版本。它刊行于乾隆五十五年，此时正是友于堂版发行后的第二年："这是一个由邹可庭所编，可庭与谢梅林同订，景扬、景鸿、景章负责订正，并最终由可庭藏版的闽本。出版过程中，有意地打压和抹杀了景扬的工作成果。其形式、内容都与友于堂版大相径庭：首先在原先的各集之外增加了第五集，变成《书启合编》《家礼纂要》《帖式称呼》《类联新编》和《天下路程》共五集，全部都附带有题目和可庭作的序文。"

从 20 世纪晚期开始，《酬世锦囊》越来越受到学界关注。王尔敏研究了该书的适用人群，他披露自己的藏本，有乾隆三十七年壬辰刻本、光绪二十六年（1900）石印本（小字六册）、民国十一年（1922）石印小字本（题为《分类酬世锦囊》）①。谢江飞也介绍其藏有四集本的《酬世锦囊全集》，署清溪谢梅林、雾阁邹可庭定，大德堂梓②。许舒（Hayes）、包筠雅（Cynthia Joanne Brokaw）等学者，对此也有所介绍③。

实际上，因为此书实用性强，流传太广，坊间翻印极多，远不止上述这些版本。正如许舒（Hayes）所说，直至19世纪末的上海仍在不断重印此书④。在1920年代售往广东河源各学堂四堡刻本中，《酬世锦囊》也赫然在列⑤。笔者所藏就不下6种版本（寓目的则更多），惜多为残本。而网络上所见则更多。大多开本较小，在12cm×18cm左右。

总的说来，该书的印刷和流行高峰大致有两个阶段：一是乾隆时期，大量刊刻，有邹家的初编初印版、改编改印版（这都在闽西四堡这一刻书中心完成），以及其他各地的翻刻版（在江西金溪等刻书中心完成）；二是晚清时期，大量石印乃至铅印，如

---

① 王尔敏：《〈酬世锦囊〉之内涵及其适用之人际网络》，台湾《近代中国史研究通讯》，1997年第24期；又收入氏著《明清社会文化生态》，广西师范大学出版社2009年，第279—286页。

② 谢江飞：《四堡遗珍》，厦门大学出版社2014年，第175—177、240、245页。

③ 包筠雅：《文化贸易：清代至民国时期四堡的书籍交易》，刘永华等译，北京大学出版社2015年，第288—291页。Hayes，James. "Specialists and Written Materials in Village World". In *Popular Culture in Late Imperial China*. 转引自包筠雅《文化贸易》，第289—290页。

④ Hayes，James. "Specialists and Written Materials in Village World". In *Popular Culture in Late Imperial China*. 转引自包筠雅《文化贸易》，第289—290页。

⑤ 刘永华：《1920年代广东河源中小学师生的阅读偏好：来自一本四堡售书账的例证》，林英健主编：《首届海丝客家·四堡雕版印刷国际学术研讨会论文集》，福建连城2015年，第189—198页。

鸿宝斋本、炼石斋本等。然而，由于此类坊刻书籍大都是因利起印，互相抄袭，版本多而不定，传承混乱，目前还有很多线索未能厘清，且待今后另文再加探讨。尤其是，谢梅林（砚傭）是邹可庭之岳父，邹、谢两家为姻亲关系，共同编纂完成实属正常。是否存在今堀诚二所说"为了打压以邹景扬为主编纂的过于流行的友于堂本"，也还需进一步考证。

二、《酬世锦囊》与"民间日用礼书"

关于明清时期民间日用类书的研究，自酒井忠夫、仁井田陞、坂出祥伸、小川洋一等学者以来，早已引起海内外学术界的关注，王尔敏、吴蕙芳、王振忠、王正华等学者均有丰富的成果问世①。需要指出的是，对于《酬世锦囊》所涉及的相关内容，学者们也有所注意。例如，在王尔敏的《明清时代庶民文化生活》中，专立有"日常礼仪规矩"和"应世规矩与关禁契约"二章②。吴蕙芳也从民间日用类书的诸多内容中提炼出"社交活动"一类，它包括日常礼仪规范（童训教养、四礼规范、劝谕）、人

---

① 相关学术前史，参见王尔敏《明清时代庶民文化生活》（台湾"中研院"近代史所 1996 年；岳麓书社 2002 年）、《明清社会文化生态》（广西师范大学出版社 2009 年）；吴蕙芳《万宝全书：明清时期的民间生活实录》（花木兰文化出版社 2005 年）、《明清以来民间生活知识的建构与传递》（台湾学生书局 2007 年）；王振忠《徽州社会文化史探微》（上海社会科学院出版社 2002 年）、《明清以来徽州村落社会史研究——以新发现的民间珍稀文献为中心》（上海人民出版社 2011 年）；王正华《生活、知识与文化商品：晚明福建版"日用类书"与其书画门》（原载《"中央研究院"近代史研究所集刊》第 41 本，2003 年，收入蒲慕州主编《生活与文化》，中国大百科全书出版社 2005 年），等等。

② 王尔敏：《明清时代庶民文化生活》，第 52—91 页。

际交往与应世规矩（柬帖运用、关禁契约、呈结诉讼）两类①。包筠雅把它称为"实用指南"类，包括礼仪指南、医药指南和占卜指南，她又称之为"礼仪大全"②。

究竟如何理解《酬世锦囊》的性质？这是对其作进一步研究的基础，不能不有所辨析。我们认为，可以称之为"民间日用礼书"。

首先，《酬世锦囊》的编纂体例大不同于前。此前的《万事不求人》《万宝全书》《人家日用》《五车拔锦》《万用正宗》之类，都是大而全的百科全书，也就是所谓"综合型日用类书"，其内容上至天文，下至地理，旁及人事，古往今来，无所不包。而《酬世锦囊》则专以人事应酬为旨归，不涉及天文、地舆、笑谈、风月、养生、识字之类。《酬世锦囊》的某些内容，或许可从此前的明代日用类书中找到源头，例如《书启合编》或许与明代的《新编事文类聚翰墨全书》《新镌赤心子汇编四民利观翰府锦囊》《新镌历世诸大名家往来翰墨分类纂注品粹》等类书不无渊源关系，但是将书启、家礼、应酬、对联四类合编为一书的做法，在乾隆之前的日用类书中似未曾见。其独特性由此可见一斑。

其次，《酬世锦囊》的适用对象，与明清其他日用类书大有不同，似乎指向固定的阅读人群。正如王尔敏所说：

　　《酬世锦囊》出于深入世俗的科名小儒之手。其应用领

---

① 吴蕙芳：《万宝全书：明清时期的民间生活实录》第五章，第209—256页。

② 包筠雅：《文化贸易：清代至民国时期四堡的书籍交易》第十一章，第287—332页。

域亦限于市井中知书文士，特以散布各地的蒙塾教师、府县书吏、店肆账房为其参考阶层，并非平民大众所能使用，所愿参考。因是与《时宪通书》《万宝全书》有重大区别。虽可确认为庶民应用之书，而其功用，仅止在于应酬人事，故有相当确定局限。①

换言之，《酬世锦囊》的使用者并非白丁，他们显然略具文化知识，能够在民间社会缮写书启，主持礼仪，进行人际交接，课童授业，甚至涉及律例。那么，这是些什么人呢？可能以各地广泛存在的"礼生"为多。近年来学术界对明清礼生的关注越来越多，李丰楙、王振忠、刘永华等学者都有论述②。一般的民间礼生大都拥有一册礼仪文本（所谓"祭文本"），以便主持各类礼仪，此外还要通晓各类称谓③、启札、契约，有的礼生还兼课私

---

① 　王尔敏：《明清社会文化生态》，第280页。

② 　王振忠：《明清以来徽州的礼生与仪式》，《传统中国研究集刊》第八辑，上海人民出版社2011年，又以《礼生与仪式：明清以来徽州村落的文化资源》为题收入氏著《明清以来徽州村落社会史研究——以新发现的民间珍稀文献为中心》，第138—181页。刘永华：《亦礼亦俗：晚清至民国闽西四保礼生的初步分析》，《历史人类学学刊》第2卷第2期。刘永华：《明清时期的礼生与王朝礼仪》，《中国社会历史评论》第九卷。刘永华：《闽西四保地区所见五种祭文本》，《华南研究资料中心通讯》第33期，2003年10月。李丰楙：《朱子家礼与闽台家礼》，收入杨儒宾主编《朱子学的开展——东亚篇》，台北汉学研究中心2002年。李丰楙：《礼生与道士：台湾民间社会中礼仪实践的两个面向》，收入王秋桂、庄英章、陈中民主编《社会、民族与文化展演国际研讨会论文集》，台湾汉学研究中心2001年。李丰楙：《礼生、道士、法师与宗族长老、族人：一个金门宗祠奠安的图像》，《金门历史、文化与生态国际学术研讨会论文集》，台北施合郑民俗文化基金会2004年。

③ 　例如，刘永华揭示的四堡某礼生便抄录了近三千种用于不同场合的称呼用语。《亦礼亦俗：晚清至民国闽西四保礼生的初步分析》第63页。

塾、兼通佛道，可以说是乡间知识分子的集合体。《酬世锦囊》
的知识结构与他们的营生诉求正相吻合。刘永华注意到，四堡地
区礼生的常用祭文，有些来自明末陆培所编百科全书《云锦书
笺》，有些来自江浩然、江健资编《汇纂家礼帖式集要》①，虽然
目前还没与《酬世锦囊》所载内容进行对照研究，但是不难看
出，各类帖式正是《酬世锦囊》的精华所在，《汇纂家礼帖式集
要》成书于 1810 年左右，远后于《酬世锦囊》。刘永华还发现，
四堡地区有些祭文本的祭文与光绪五年（1879）刻本《长汀县
志》所载的内容完全相同②，如果进一步深究，该《长汀县志》
的祭文格式又来自何处呢？不能否认地方志从《酬世锦囊》之类
礼仪文本承袭而来的可能。王振忠否认《万宝全书》等百科全书
的主要阅读对象是礼生③，这当然正确，因为一般庶民大众都可
以在综合型日用类书中找到自己的用途。然而，像《酬世锦囊》
这样专门的礼类文本，并非一般民众所能使用，尺牍、帖式、对
联、丽句、各种礼文（如祭、挽、祝、传、贺等）等内容，无疑
必须具备一定的文化知识积累才能掌握，此书才有应用的必要性
和可能性。就此意义而言，《酬世锦囊》最合适的阅读对象大概
就是礼生了。

再次，《酬世锦囊》的编纂，正反映了综合型民间日用类书
的变化趋势，是日用礼书从综合型民间日用类书中"分离"出来
的表现。众所周知，随着时代的演进，明清综合型日用类书是沿
着"实用与通俗""普及而广泛""日渐简化、固定化乃至制式

---

① 刘永华：《亦礼亦俗：晚清至民国闽西四堡礼生的初步分析》，第 76 页。

② 刘永华：《亦礼亦俗：晚清至民国闽西四堡礼生的初步分析》，第
74—75 页。

③ 王振忠：《明清以来徽州村落社会史研究——以新发现的民间珍稀
文献为中心》，第 172—173 页。

化"的趋势发展的①。吴蕙芳分析了明清时期综合型日用类书《万宝全书》的类目变化，其结论是：

> 大致而言，自明代至清代前期版本中，主要减少的是社会生活方面内容，包括童训教养、四礼规范，及部分关禁契约、呈结诉讼，精神生活方面则是部分文字游戏及风月娱乐，还有物质生活方面的养生部分等门类；至于清代前期至清代后期版本中，则将社会生活方面的关禁契约、呈结诉讼，精神生活方面的琴学、技法及文字游戏，物质生活方面的养生、医学及玄理术数部分等门类大量删除。②

值得追问的是，为什么在综合型日用类书中会删除（或脱落）童训教养、四礼规范，以及部分关禁契约、呈结诉讼等内容？难道清代社会对这些知识的需求减弱了吗？

　　显然并非如此。我们认为，这种现象印证了民间日用类书在清代趋于"专门化"的倾向。王振忠曾指出："在综合性日用类书一再刊行的同时，一方面，专科性民间日用类书（包括商业、卜筮等方面的）仍然是层出不穷，这使得民间的日用常识更加专门化，也就是说——原本见诸综合性民间日用类书中的丰富内容

---

　　① 吴蕙芳：《"日用"与"类书"的结合——从〈事林广记〉到〈万事不求人〉》，《辅仁历史学报》第十六期，2005年7月。收入氏著《明清以来民间生活知识的建构与传递》，台湾学生书局2007年，第1—54页。王振忠：《清代前期徽州民间的日常生活——以婺源民间日用类书〈目录十六条〉为例》，《明清以来徽州村落社会史研究——以新发现的民间珍稀文献为中心》，第108页。

　　② 吴蕙芳：《万宝全书：明清时期的民间生活实录》，第66页。

其实并未流失，而是趋于更为专门化。"① 就礼类文本而言，自从
《酬世锦囊》出现之后，以"酬世""应酬"为名的类书大量出
现，例如《酬世锦囊续编》② 《酬世合璧》《酬世精华》③，以及
《酬世便览》《酬世汇编》《酬世续编》《仕商应酬便览》《乡党应
酬》《实用应酬》《通用应酬》《酬世大全》，等等，它们把综合型
日用类书中的人际交往应世规范（柬帖运用、关禁契约、呈结诉
讼）和日常礼仪规范（童训教养、四礼规范）等内容，都从综合
型日用类书中"分离"出来，针对专门的受众而单行于世。这种
现象，与清代医药类、占卜类、风水类等专科型日用类书单独流
行的趋势，可能具有同步的历史节奏。正因为它们分别针对固定

---

① 王振忠：《明清以来徽州村落社会史研究——以新发现的民间珍稀
文献为中心》，第 108 页。吴蕙芳则指出，"专科性民间日用类书早于综合性
民间日用类书出现前即已产生，如唐代坊刻已普遍刊印历书、阴阳、卜筮、
占梦、相宅等术数书，宋元时则增印许多医书、农书等实用书；事实上，晚
明以来《万宝全书》系列的综合性民间日用类书即是收录流通当时的各式专
科性民间日用类书而成，而当各式专科性民间日用类书始终刊行不断时，
《万宝全书》系列的综合性民间日用类书却是自晚明至清代后期在内容上呈
现从丰富、多样化到简化、制式化的变化趋势，其意义恐非代表清代后期
'日用知识的专门化'而已。"《明清以来民间生活知识的建构与传递》注
80，第 37—38 页。

② 此书出版时间有待考证，据云署有"鄞江梧岗氏订""同学校阅"，
官桂铨推测"梧岗氏"编者当为邹圣脉，邹圣脉的卒年绝对早于 1771 年，
其《续编》要早于其子（邹可庭）、孙（邹景扬）所编《酬世锦囊》本身，
似不可信，或许出于托伪。见官桂铨：《谈谈四堡版本的鉴定》，《首届海丝
客家·四堡雕版印刷国际学术研讨会论文集》，福建连城 2015 年，第 142—
146 页。

③ 《酬世合璧》署眉山苏湖二州氏辑，上有乾隆庚戌年（五十五年，
1790）陈超群序一篇。《酬世精华》四卷，署雾亭邹廷忠（汝达）辑，上有
嘉庆七年（1802）、嘉庆二十五年（1820）自序三篇。谢江飞：《四堡遗珍》，
厦门大学出版社 2014 年，第 179—182 页。

的阅读人群，所以也不失商业市场，屡印不衰。

就以上意义而言，我们将《酬世锦囊》视为"民间日用礼书"的开端，庶几可通。

三、"日用应酬"与《酬世锦囊》

《酬世锦囊》为什么出现在四堡？为什么出现在清代前期？

其一，这与邹可庭、邹景扬等人的家庭礼学实践和个人经历有关。《酬世锦囊》的编纂核心是邹可庭。第二集《家礼纂要》卷七中，收入了邹氏三代及其亲戚为家族长辈举行寿礼的多篇贺寿、辞寿之文，例如，《祝邹太君罗安人七十》（王紫绅作）、《祝邹大姻母罗安人八十寿》（谢梅林作）、《六十辞寿亲知》（邹梧冈作）等，足见其礼学实践之富厚。据前述《酬世锦囊》之总序和四集分序，邹景扬从小心系举业，"自弱冠以前，初攻帖括文字"，可见不乏经史训练。后科场蹭蹬，于是转而留意"应酬杂著"。他的一生至少有两次"北上"经历：一是"己丑驱车北上"，二是"庚寅北上京师"。这分别是乾隆三十四、三十五年，即1769、1770年。这些北上经历，使其走出深山，广其交游，增加见闻，了解全国文化大势。在远行他乡途中，难免与家庭、同乡之间有书信往来，"其离合悲欢，无不假寸管以舒情，藉片纸以达意，不然，鱼堪寄语，雁可传书，难将一心缕缕远递千里迢迢矣"，这令他对书契、尺牍的实用功能有真实、准确的体认。同时他又是个有心之人，在北上途中，"凡通都大市及胜迹名区，靡不登观，见有佳句，即默识之。每用零小纸缮写于邸中，积经多载，不下几千。尽拾行囊载以归里，细加校雠，务期雅饬"，他沿途收集的名联妙对，为他日后编纂《类联新编》作了充分的资料准备。邹家为当地印刷世家，一旦转而从事民间日用类书的编纂，必然更能切中实务，超迈同类。

其二，四堡的印刷品中，礼类书籍本身就占有相当的比例。如果把"三礼"经注、家礼、帖式、契约、尺牍、对联、称谓等与《酬世锦囊》相关的内容，放到整个四堡地区的出版物中来审视，便会发现，相关出版物的比例相当可观。在包筠雅《文化贸易》所录的全部刻书（1300 种）中，相关内容近 140 种，约占 10％①。这还不算当地流传的各类手抄"祭文本"②，那些抄本大多可能也是从《酬世锦囊》类刻本转抄或摘抄而来。刘永华指出：

> 在晚清四保出版商的一份书名清单中，列入礼仪类的书籍有 15 种，其中应酬类占 11 种，家礼类占 4 种。在这些书籍中，值得注意的有应酬类的《酬世续编》《酬世精华》《酬世探囊》《酬世便览》《应酬四六新编》《酬世宝要》《酬世八珍》和家礼类的《文公四宝》《家礼集要》等书。③

除了商业贸利的实际追求，邹氏家族的文化眼光也值得一提。据统计，"从明中叶至清末，邹氏家族共有 169 人获得科举功名，其中仅有 2 人考上举人，其馀均为生员、监生和贡生"④，当他们因慨叹"业儒不就""终困场屋"，转而从事刊刻书贾时，

① 该统计来自包雅筠著《文化贸易：清代至民国时期四堡的书籍交易》之附录 7。
② 刘永华：《闽西四保地区所见五种祭文本》，《华南研究资料中心通讯》第 33 期。
③ 刘永华：《礼仪下乡：明代以降闽西四保的礼仪变革与社会转型》，生活·读书·新知三联书店 2019 年，第 45 页。
④ 陈支平：《民间文书与明清东南族商研究》，中华书局 2009 年，第 304 页。

其原来的文化修养多少起到一些作用。邹圣脉、邹可庭、邹景扬、景鸿、景章三代都受过较好的经史训练，共同刊刻过不少经书讲义，例如包括《礼记备旨》在内的《五经备旨》。这无疑也是编纂《酬世锦囊》的有利条件之一。

其三，四堡地区丰厚的民间礼仪基础和全国各地广泛的礼仪需求，催生了《酬世锦囊》等民间日用礼书。明清时期，朝廷推动民间礼教活动。听读《圣谕》是各地乡约活动的一个基本礼仪环节。明太祖所颁《圣谕六言》中的"孝顺父母，恭敬长上，和睦乡里，教训子孙，各安生理，无作非为"，清康熙所颁《圣谕十六条》（1670）和雍正所颁《圣谕广训》（1724）中的"敦孝弟""笃宗族""和乡党""明礼让""训子弟"等内容，落实到民间，都需要实实在在的礼仪细节和日常约束。例如，四堡的上堡乡约在邹公庙举行，其中厅就立有此六言圣谕。在上堡乡民国时期的约帖上，明确写有"谨择来年新正月初二日辰刻，敢屈某字班新约公诣约所，领接《圣谕广训》，办理约束是望"的启文。刘永华还注意到，四堡乡约中的某些禁约条款，与仁井田陞《中国法制史研究》所揭示的元明日用百科全书中的乡村规约极为相似，并指出其中一条禁约与明末刊陆培汇编《云锦书笺》中的"田禾禁约"几乎完全相同①。这些亦官亦民的礼仪活动和重复使用的礼俗帖式，无疑是编制民间日用礼书的文化基础；换言之，正是这些礼仪活动的需求，催生了《酬世锦囊》等民间日用礼书的编纂，因为没有一定的消费群体便没有编纂印制该书的商业动力。

刘永华指出，四堡地区历来民间礼生非常活跃，他们大都购

---

① 刘永华：《明清时期闽西四保的乡约》，《历史人类学学刊》第一卷第二期，第35、32、40页。

买或手抄有各类祭礼文本，对于礼仪程式（包括祖先祭祀、地方神祀、人生礼仪、乡约礼仪、节日礼仪）、人际称谓、时日推算、契约订立等活动十分熟悉。与《洪武礼制》等官方组织的祭孔活动、社祭活动也大同小异①。从作者的描述看来，祭祖等仪式所行之三献之礼，与《仪礼》《朱子家礼》有直接承续关系。而民间手抄"祭文本"（礼仪手册）的某些称谓用语和礼仪程式，则直接抄录自四保刊行的礼仪手册《汇纂家礼帖式集要》②，该《集要》的编纂时间据说是嘉庆十五年（1810），要比《酬世锦囊》晚40年。关于家庭礼仪类书籍的编纂过程，包筠雅的调查材料表明：

> 据说书坊老版一旦感觉到这种新书需求量大，他们便邀请地方文人来喝茶，鼓励他们谈论家政、家庭礼仪或日常生活的礼节，并勤作笔录，然后把这些笔记集结成书，把出版商列为"撰者"或"编纂者"出版。③

这种运作方式，多少反映了《酬世锦囊》的编纂来历。

其四，"应酬""酬世"类类书的流行，与明清以来关于"礼"的文化风尚有关。宋明以来，行礼的主体下移，礼之内涵也大大扩充，礼越来越从士大夫的精英规范落实到民间日常行为。从程、朱到陆、王，再到颜、李，都极重视礼的实践层面，颜元说："欲知礼，任读几百遍礼书，讲问几十次，思辨几十层，

---

① 刘永华：《亦礼亦俗：晚清至民国闽西四保礼生的初步分析》，第53—82页。

② 刘永华：《闽西四保地区所见五种祭文本》，《华南研究资料中心通讯》第33期。

③ 包筠雅：《文化贸易：清代至民国时期四堡的书籍交易》，第220—221页。

总不算知；真须跪拜周旋，捧玉爵，执币帛，亲下手一番，方知礼是如此，知礼者斯至矣。"① 这种实践性的礼学追求，无疑将"日用应酬"也纳入到格物、求道、"作圣"的体系之中。阳明后学胡直说，礼不分内外、不分轻重：

> 夫子因颜子求之高坚前后，不免探索测度，而无所归着，不知日用应酬即文也。文至不一者也，而学之事在焉，故博之以文，俾知日用应酬，可见之行者，皆所学之事，而不必探索于高深。日用应酬，准诸吾心之天则者，礼也。礼至一者也，而学之功在焉，故约之以礼，俾知日用应酬，必准诸吾心之天则，而不可损益者，乃为学之功，而不必测度于渺茫。……由是用功，似不落空，日用应酬，似稍得其理，处上下亦似稍安。②

王道也说，要在"日用应酬人物处，观其会通"③。类似论述不一而足，兹不赘举。清代延续了这种礼学追求，精英士人研经考礼时，也汲汲于具体的习礼方法，张寿安归纳凌廷堪（1755—1809）"以礼代理"的三个步骤是：

> 习礼、明礼意、和复性于礼。习礼不只包括循文字诂训以知解礼之器数、仪文，也包括小学洒扫应对等的及身工夫。④

---

① ［清］颜元：《四书正误》卷一《大学》。
② ［清］黄宗羲著，沈芝盈点校：《明儒学案》卷二二，中华书局 1985年，第 525 页。
③ ［清］黄宗羲著，沈芝盈点校：《明儒学案》卷四二，第 1041—1042 页。
④ 张寿安：《以礼代理：凌廷堪与清中叶儒学思想之转变》，河北教育出版社 2001 年，第 181 页。

凌氏与邹景扬是同时代人，二者同年去世。如果把《礼经释例》与《酬世锦囊》进行对比，是颇有象征意味的事情。上层精英明礼、习礼的文化理想，最终要落实到民间社会尊祖收族、恤党赒里、约乡正俗的礼仪实践之中，而乡里庶民在书启谢答、冠婚丧祭、祭挽寿贺、交接称谓、序坐宾筵等日用应酬中，无时无刻不与精英士人的文化追求相通相印，在这一点上并无士、庶之别①。这正是应酬、酬世类日用礼书流行于世的文化基础。

综上，由四堡雾阁邹氏父子编纂的《酬世锦囊》，大约成书于 1771 年。它由《书启合编》《家礼集成》《应酬宝要》《类联新编》四集组成。该书因其简明实用的特点，在 18 至 20 世纪流传甚广，印刷版本很多。从编纂体例、适用对象来看，此书独具特色，与其他综合型民间日用类书不同，反映了一部分民间日用类书走向专门化的趋势，它是礼类类书从综合型类书中"分离"出来的表现，可以视为"民间日用礼书"的开端。该书之所以出现在清代前期的四堡地区，与邹景扬的个人经历、四堡地区的刻书倾向和民间礼仪基础有关。同时，清代社会广泛的礼仪需求和重视"日用应酬"的礼学文化，与《酬世锦囊》的产生和民间日用礼书的流行，也具有直接关系。

（附记：本文在写作过程中，得到刘永华、杨国安、谢江飞、侯笑如、郑威、古宏韬、黄杰诸位友人的热情帮助，特此申谢。）

原载于《中国出版史研究》2016 年第 4 期

---

① 此问题已溢出本文主旨，笔者拟另文讨论，于兹不赘。

福建省图书馆藏宋嘉熙本《新编四六必用方舆胜览》谫谈

许建平　林益莉

　　据国内外汉文古籍书目的著录，宋嘉熙本《新编四六必用方舆胜览》仅见日本宫内厅书陵部一家有藏。2014 年福建省图书馆在馆藏古籍普查期间，发现宋刻《新编四六必用方舆胜览》残卷（存卷六九、七十），经多方考证，最终确认为南宋嘉熙建安祝氏刻本。

一、祝穆与《方舆胜览》

　　祝穆（？—1256）初名丙，字和甫（一作父），南宋建宁府崇安县（今武夷山市）人。据民国《建宁府志》记载，祝穆之父祝康国是朱熹表弟，从朱子而居崇安，祝穆与弟遂一同受业于朱熹门下。祝穆嗜书，手不释卷，禀赋颇高，撰作文章千言立就，语辄惊人，且喜游历，往来于闽浙、江淮及湖广间，领略各地山川民俗风情，阅历十分丰富。后卜隐于建阳县，筑庐于麻沙溪南，号为"南溪樟隐"，著述辄署刻"建安祝穆"，晚年自号"樟隐老人"。其间乃构筑小楼四楹为藏书楼，读书著述于其中，举凡"经史子集、稗官野史、金石刻、列郡志，有可采摭，必昼夜抄录"①，纂成两部传世巨著，一为《事文类聚》一百七十卷，二是《方舆胜览》七十卷。宋理宗宝祐四年（1256），祝穆撰成名篇《南溪樟隐记》，于当年逝世，学者尊为"樟隐先生"，"谥文修，祀先儒祠"②。

祝穆"酷好编辑郡志，如耆昌歜"③，居麻沙南溪时，着力编纂《方舆胜览》，三易其稿，历时18年，终于南宋理宗嘉熙年间纂成《新编四六必用方舆胜览》。是书博采正史、稗官小说、金石、郡志、图经等，按当时十七路行政区划，分门类记所辖府州军之风俗、形胜、土产、山川、学馆、堂院、楼阁、亭榭、井泉、馆驿、桥梁、佛寺、道观、古迹、名宦、人物、题咏等各项内容，尤重名胜古迹，更详载古今诗赋、记序及俪语，独具风格。

祝氏纂成此书后，"名以《方舆胜览》，而锓梓以广其传"④，刻成后旋即风行，颇受重视，以至于"学士大夫家有其书"⑤。此书虽为地理总志，而以"四六必用"冠其名，"有益于文章"⑥，符合文士喜好与市场需求，故刊行后畅销三十载，盛行于宋末元明各代，影响颇深。

① ［宋］祝穆编，［宋］祝洙补订：《宋本方舆胜览》序，上海古籍出版社2012年，第3页。
② 赵模等修，王宝仁等纂：《建阳县志》卷十，《中国地方志集成·福建省县志辑》第6辑，上海书店出版社2000年，第292页。
③ ［宋］祝穆编，［宋］祝洙补订：《宋本方舆胜览》跋，第597页。
④ ［宋］祝穆编，［宋］祝洙补订：《宋本方舆胜览》序，第3页。
⑤ ［宋］祝穆编，［宋］祝洙补订：《宋本方舆胜览》跋，第599页。
⑥ ［清］永瑢等纂：《四库全书总目》卷六八史部地理类，中华书局1965年，第596页。

二、《方舆胜览》的两种宋刻本

查考日本宫内厅书陵部藏宋祝氏刻本《新编四六必用方舆胜览》及宋咸淳刻本《新编方舆胜览》可知，《方舆胜览》一书的初刻当在其成书之际，今人或称之为"嘉熙刻本"，概因书前刊有嘉熙己亥年（1239）祝穆《自序》，以及友人新安吕午的《方舆胜览序》。另据日藏祝氏刻本《自序》后所载嘉熙二年（1238）十二月《两浙转运司榜文》（录白），有祝太博宅干人吴吉状称："本宅见雕诸郡志，名曰《方舆胜览》□《四六宝苑》两书，并系本宅进士私自编辑，数载辛勤。今来雕板，所费浩瀚"① 等语，可知《方舆胜览》系由祝宅所锓梓。

全书分为《前集》四十三卷（含浙西路至广西路）、《后集》七卷（含淮东、淮西两路）、《续集》二十卷（含成都府路至利州西路），以及《拾遗》若干。各卷之卷端题名皆称《新编四六必用方舆胜览》，并署"建安祝穆和父编"字样。有学者认为定居于建阳的祝穆，在自己名字前冠以"建安"，实与"建安"的历史沿革有关，概因"文人喜用古地名称呼某地，以示古雅"②。该书之"前""后""续集"及"拾遗"诸字系于题名下方阴刻。清光绪年间，著名学者杨守敬在日本访得此书祝氏原刻本，并推测"其分数次开雕者，当因资费不足，随雕随印行，非别为起讫也"③，或可备一说。祝氏锓梓《方舆胜览》一书确实因为"所费

---

① 《新编四六必用方舆胜览》卷端，日本宫内厅书陵部藏宋嘉熙三年（1239）刻本。

② 方彦寿：《增订建阳刻书史》，福建人民出版社 2020 年，第 88 页。

③ ［清］杨守敬撰：《日本访书志》卷六，《续修四库全书》930 册，上海古籍出版社 1996 年，第 567 页。

浩瀚"，至嘉熙二年即已刊成，在请得两浙转运司榜文约束书肆等保护之后，于嘉熙三年正式行世。所以，祝氏刻本难以追溯始刻时间，但可以由截止时间——祝氏自序和吕序的落款日期，认定在宋嘉熙三年全书正式印行，故而"嘉熙本"之说有所来源。

南宋度宗咸淳二年（1266）至三年，祝穆之子祝洙鉴于初刻本"板老而字漫"，决定对原书删补重订，并重新镌版印行。祝洙字安道，宝祐四年（1256）进士，"景定中知兴化军，徐直谅荐其学行于朝"，其间曾任兴化军（今福建莆田）涵江书院山长。祝洙在祝穆原书的基础上，"惟重整凡例，《拾遗》则各附其州，新增则各从其类，合为一帙，分为七十卷"，又称："文昌实堂先生吴公漕兼府事，乃遣工新之；中书朔斋先生刘公府兼漕事，又委官董之，厥书克成"①，即谓吴坚、刘震孙二位宦闽官员负责刊刻重订本。

吴坚（1213—1276）字彦恺，号实堂，浙江省仙居县人，南宋淳祐四年（1244）进士，累仕至左丞相兼枢密使。刘震孙（1197—1268）字长卿，号朔斋，东平（今山东东平县）人，北宋丞相刘挚六世孙，累迁至宗正少卿兼中书舍人。咸淳间，二人先后视事于建阳。故《中国古籍善本书目·史部》将其版本著录为"宋咸淳三年吴坚、刘震孙刻本"②，简称为"咸淳本"。显然，咸淳本的镌梓是在建宁府、漕的大力支持下才得以完成。

咸淳本与嘉熙本相较，有三点显著不同：

首先，各卷卷端之题名皆删除"四六必用"四字，名之曰"新编方舆胜览"。

---

① ［宋］祝穆编，［宋］祝洙补订：《宋本方舆胜览》跋，第600页。
② 《中国古籍善本书目》编辑委员会：《中国古籍善本书目》，上海古籍出版社1998年，第728页。

其次，通编为七十卷，不再有"前集""后集""续集"和"拾遗"之分，原本《拾遗》的内容则上靠，附录于各府州之下。

再次，据谭其骧先生《论〈方舆胜览〉的流传与评价问题》一文的考证，祝洙的重订版较之原版，还新增加了 500 馀条内容①。

由此看来，祝洙的重订工作，实际上就是版本学意义上的重修，其于刊成之际，亦循祝穆旧例，在咸淳二年请得福建转运使司重颁禁止翻刊的榜文录白，镌刻于书中。

咸淳本刊行后，嘉熙本遂鲜为人关注，渐至湮没。目前仅见日本宫内厅书陵部犹存嘉熙祝氏刻本，且被认定为孤本②。近人杨守敬、傅增湘于访日期间曾经眼此书，并留下详细记录。国内所存《方舆胜览》多属祝洙重订本。国家图书馆所藏祝洙重订本为咸淳本之初印本，上海图书馆所藏则为咸淳本之后印本，虽然二者都著录为"宋咸淳三年吴坚、刘震孙刻本"，"但在版刻、字迹乃至内容上却有许多不同……出于某种原因，又用原版重印，但原版中已有部分朽坏，只得重雕，顺便也就对其中的某些内容作了增损和修改。"③ 故施和金认为二者当作两种不同的宋本对待。1986 年上海古籍出版社将上海图书馆所藏咸淳本（国家图书馆所藏咸淳本缺页较多）影印出版。

检阅后世《方舆胜览》诸本，有元代据宋咸淳本翻刻者，题

---

① 谭其骧：《论〈方舆胜览〉的流传与评价问题》，《中华文史论丛》1984 年第 4 辑，上海古籍出版社 1984 年。

② 刘玉才：《日本宫内厅书陵部藏宋本汉籍三种》，《宫廷典籍与东亚文化交流国际学术研讨会论文集》，故宫博物院图书馆 2013 年，第 285—286 页。

③ 施和金：《祝穆与〈方舆胜览〉散论》，《南京师大学报（社会科学版）》，1993 年第 3 期。

名亦作《新编方舆胜览》，且版式与咸淳本基本相同，存世较多，除国家图书馆藏三种元刻本外，上海图书馆、北京大学图书馆、南京博物院等单位皆有收藏。《新编方舆胜览》在明代亦有翻刻记录，但目前尚未见存世之本。清代未曾刻印此书，但抄本存世较多，著名的有昆山徐氏传是楼抄本、《四库全书》本等。

三、福建省图书馆藏宋本《方舆胜览》之发现与著录

福建省图书馆藏《新编四六必用方舆胜览》（存卷六十九、七十），原与馆藏元刻本《新编方舆胜览》合订为一部，见著于《中国古籍善本书目·史部》之八〇八〇条目。2014 年 10 月 14 日，复旦大学古籍整理研究所陈正宏教授和日本庆应义塾大学附属研究所斯道文库主事住吉朋彦教授一同前来馆中访书。住吉教授在认真查看馆藏《新编方舆胜览》后指出，该书的末二卷（即卷六十九、七十）"当为宋刻"。陈正宏老师认同住吉朋彦教授的意见，同时指出馆藏本在修复后被改装过，原有信息部分丢失，易造成误判。

下面分别从版式风格、字体、用纸、墨色等方面对福建省图书馆所藏残卷进行考订分析。

该本末二卷卷端题名均作"新编四六必用方舆胜览"，题名下方亦皆有阴刻"续集"二字，与此前各卷元刻版的风格迥异（元版无前、后、续集之分，如前述）。以卷六十九为例，其版框为 17.5 厘米×12.1 厘米；半叶 14 行，行 25 字，路、府名称等大字跨双行；上下黑口，左右双边，双对黑鱼尾（图 1）；版框外镌有书耳，此版式特征明显区别于宋咸淳本（以国家图书馆藏宋咸淳三年吴坚、刘震孙刻本为准）。咸淳本版框为 17.3 厘米×11.8 厘米，半叶 14 行，行 23 字，大字跨双行；上下黑口，左右

双边，双顺黑鱼尾；版框外镌有书耳。元刻本题名作《新编方舆胜览》，版式与宋咸淳本基本相同，显然是翻刻自宋咸淳本。另，福建省图书馆所藏元刻本书口及叶面缺损较多，其于修复之际又有过描栏画线，将左右双边描成四周单边，从而掩盖了一些版印痕迹，需逐叶仔细鉴别（图2）。

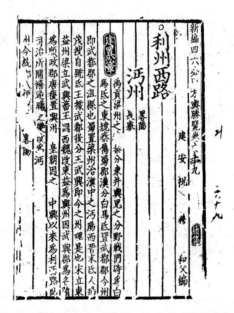

图1　福建省图书馆藏宋嘉熙本《新编四六必用方舆胜览》卷六十九卷端

福建省图书馆所藏嘉熙本《新编四六必用方舆胜览》较之馆藏元刻本，还存在字迹、纸张和墨色等方面的明显差别。嘉熙本的镌字略小，但结字严正，字体工整，刀工圆转流畅，疏朗有致；而元刻本字体稍大，结字较为松散，刀工刻画粗硬，甚而个别字还有任意点画，如"建"字，元版在"聿"部右下增刻一"丶"，但在嘉熙本及咸淳本中没有这样的点划。嘉熙本着墨较深而字迹沉稳、莹润，相较之下元刻本则逊色不少。嘉熙本与元刻

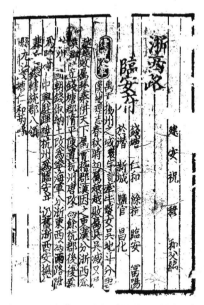

图 2　福建省图书馆藏元刻本《新编方舆胜览》卷一卷端

本所用都是竹纸，但嘉熙本纸质细密，元刻本则显得较为粗粝。

《新编四六必用方舆胜览》之版本既已定谳，福建省图书馆所藏《方舆胜览》的卷帙及相关著录，就产生了不同的意见：一是维持原著录状态，但需要注明"配补本"情形；二是根据实际情况分别著录。概述如下：

（一）维持原状，但在版本著录方面予以修订。著录为：

新编方舆胜览七十卷　（宋）祝穆辑，元刻本（卷六十九、七十配南宋嘉熙建安祝氏刻本）十八册（存卷一、二、十九至二十五、三十二至七十）

这样的解决方案尽管有保存内容相对完整的作用，但如前述，其于版刻风貌、行款字数等方面，则未予以揭示。

（二）据实分编。福建省图书馆藏《新编四六必用方舆胜览》（存卷六十九、七十）是在古籍普查期间甄别出来的，是福建省图书馆乃至福建省古籍普查工作取得的一项重要成果，同时也是"中华古籍保护计划"启动实施以来的一次重要发现，虽为残卷，但可藉此管窥宋嘉熙祝氏刻本之概貌，洵可宝贵，因此有必要从元刻本中析出，单独分编和著录如下：

新编四六必用方舆胜览七十卷 （宋）祝穆辑，宋嘉熙建安祝氏刻本一册（存卷六十九、七十）

关于咸淳本《方舆胜览》之著录，方家已有论定，《中国古籍藏书书目·史部》八〇七八作：

新编方舆胜览七十卷 （宋）祝穆辑，宋咸淳三年吴坚、刘震孙刻本

然而，在细审嘉熙祝氏刻本与咸淳本纂辑者责任要素后，我们认为可对撰著者项进行增补，以体现祝洙"重订"工作的重要性，故拟订为：

新编方舆胜览七十卷 （宋）祝穆辑、（宋）祝洙重订，宋咸淳三年吴坚、刘震孙刻本

吴坚于福建漕治任上，曾经刻有《邵子观物》《龟山先生语录》和《张子语录》等书，字朗质坚，皆称精善，此咸淳本自当同此而视之。

既然已将宋嘉熙刻本从元刻本中析出，那么福建省图书馆藏元刻本的著录，就必须予以重新审定。元刻本《新编方舆胜览》经李作梅、李宗言祖孙传藏，并非全帙，大部分卷次藏于福建省图书馆，但卷五至十、十七、十八共计八卷藏于福建师范大学图书馆，两处藏本皆为金镶玉装帧，钤盖的印章也相同。有鉴于此，现应予以区判，故修订福建省图书馆所藏元本《方舆胜览》著录如下：

新编方舆胜览七十卷 （宋）祝穆辑、（宋）祝洙重订，元刻本十八册（存卷一、二、十九至二十五、三十二至六十八）

　　福建省图书馆藏"元刻本"《方舆胜览》是否为宋刻元椠的争论被廓清后，湮没日久的南宋建安祝氏刻本《新编四六必用方舆胜览》终得彰显于世。